全国普通高等院校生命科学类"十二五"规划教材

遗 传 学

主　编　宗宪春　　施树良
副主编　张凤伟　　郭晓农　　郭　娟
　　　　邓红梅　　仇雪梅　　薛栋升
参　编　李然红　　陈爱葵　　王有武
　　　　吴广庆

华中科技大学出版社
中国·武汉

内 容 简 介

　　本书是根据遗传学进展及作者多年的遗传学教学实践,在参考国内外教材的基础上编写而成,建立了较为科学和完善的、便于学生理解和掌握的遗传学知识体系,系统地介绍了遗传学的基本概念和基本原理。概念准确,文字流畅,条理清晰,层次分明。

　　全书共分十四章,主要阐述遗传的细胞学基础,孟德尔遗传定律及扩展,性别决定与伴性遗传,连锁遗传分析,细菌的遗传分析,病毒的遗传分析,数量性状遗传,染色体变异,基因与基因组学,基因突变,细胞质遗传,群体遗传与进化。每章均有习题,以巩固各章的理论知识。

　　本书可作为生物类相关专业本科生的遗传学课程教材,也可供相关专业教师和研究生参考。

图书在版编目(CIP)数据

遗传学/宗宪春,施树良主编. —武汉:华中科技大学出版社,2014.10 (2021.8重印)
ISBN 978-7-5609-9699-8

Ⅰ.①遗…　Ⅱ.①宗…　②施…　Ⅲ.①遗传学-高等学校-教材　Ⅳ.①Q3

中国版本图书馆 CIP 数据核字(2014)第 250939 号

遗传学　　　　　　　　　　　　　　　　　　　　　　　宗宪春　施树良　主编

策划编辑:王新华
责任编辑:熊　彦　程　芳
封面设计:刘　卉
责任校对:马燕红
责任监印:周治超
出版发行:华中科技大学出版社(中国·武汉)　　电话:(027)81321913
　　　　　武汉市东湖新技术开发区华工科技园　　邮编:430223
录　　排:华中科技大学惠友文印中心
印　　刷:广东虎彩云印刷有限公司
开　　本:787mm×1092mm　1/16
印　　张:19.75
字　　数:517 千字
版　　次:2021 年 8 月第 1 版第 3 次印刷
定　　价:46.00 元

全国普通高等院校生命科学类"十二五"规划教材
编 委 会

全国普通高等院校生命科学类"十二五"规划教材
组编院校

（排名不分先后）

北京理工大学	华中科技大学	云南大学
广西大学	华中师范大学	西北农林科技大学
广州大学	暨南大学	中央民族大学
哈尔滨工业大学	首都师范大学	郑州大学
华东师范大学	南京工业大学	新疆大学
重庆邮电大学	湖北大学	青岛科技大学
滨州学院	湖北第二师范学院	青岛农业大学
河南师范大学	湖北工程学院	青岛农业大学海都学院
嘉兴学院	湖北工业大学	山西农业大学
武汉轻工大学	湖北科技学院	陕西科技大学
长春工业大学	湖北师范学院	陕西理工学院
长治学院	湖南农业大学	上海海洋大学
常熟理工学院	湖南文理学院	塔里木大学
大连大学	华侨大学	唐山师范学院
大连工业大学	华中科技大学武昌分校	天津师范大学
大连海洋大学	淮北师范大学	天津医科大学
大连民族学院	淮阴工学院	西北民族大学
大庆师范学院	黄冈师范学院	西南交通大学
佛山科学技术学院	惠州学院	新乡医学院
阜阳师范学院	吉林农业科技学院	信阳师范学院
广东第二师范学院	集美大学	延安大学
广东石油化工学院	济南大学	盐城工学院
广西师范大学	佳木斯大学	云南农业大学
贵州师范大学	江汉大学文理学院	肇庆学院
哈尔滨师范大学	江苏大学	浙江农林大学
合肥学院	江西科技师范大学	浙江师范大学
河北大学	荆楚理工学院	浙江树人大学
河北经贸大学	军事经济学院	浙江中医药大学
河北科技大学	辽东学院	郑州轻工业学院
河南科技大学	辽宁医学院	中国海洋大学
河南科技学院	聊城大学	中南民族大学
河南农业大学	聊城大学东昌学院	重庆工商大学
菏泽学院	牡丹江师范学院	重庆三峡学院
贺州学院	内蒙古民族大学	重庆文理学院
黑龙江八一农垦大学	仲恺农业工程学院	

前　言

　　遗传学是研究生物遗传与变异规律的科学,也是生命科学领域发展最为迅速的前沿学科,同时又是一门紧密联系生产实际的基础学科。随着新技术、新方法、新成果的层出不穷,遗传学的研究范畴更是大幅度拓宽,研究内容不断深化。为了紧跟生命科学发展的步伐,适应高等教育改革和学科发展的需要,由华中科技大学出版社发起,全国十所高等院校多年从事遗传学教学工作的教师在参考国内外各类遗传学教材的基础上编写了这本教材。

　　全书共十四章,各章具体分工如下:第一章和第八章由牡丹江师范学院宗宪春编写,第二章由贵州师范大学郭娟编写,第三章由牡丹江师范学院李然红编写,第四章由西北民族大学郭晓农编写,第五章由广东第二师范学院陈爱葵编写,第六章由哈尔滨工业大学张凤伟编写,第七章由聊城大学东昌学院吴广庆编写,第九章由塔里木大学王有武编写,第十章由大连海洋大学仇雪梅编写,第十一章和第十三章由哈尔滨工业大学施树良编写,第十二章由湖北工业大学薛栋升编写,第十四章由广东石油化工学院邓红梅编写。最后由宗宪春负责统稿工作。

　　华中科技大学出版社对本书的编写给予了大力支持与帮助,相关编辑对本书的编辑和出版花费了大量心血,在此表示最诚挚的谢意!

　　由于作者水平有限,书中不足之处在所难免,恳请各高校在教学实践过程中对本书多多指正,以便今后再版时予以更正。

编　者

目　录

第一章

绪论

第一节　什么是遗传学

遗传学(genetics)是研究生物遗传与变异的科学。它是一门涉及生命起源和生物进化的理论科学,是生命科学中最基本的、发展最迅速的并与其他各分支学科有着密切联系的基础学科。

生物通过其特有的生殖方式产生与自己相似的个体,保证生命在世代间的连续,以繁衍其种族。这种生物亲代与子代之间相似的现象称为遗传(heredity)。如"种瓜得瓜、种豆得豆"就是早期的人们对遗传现象的认知。同时亲代与子代之间、子代与子代之间又存在不同程度的差异,生物界没有绝对相同的两个个体,即使是孪生同胞,也不会完全相同,这种生物个体之间的差异,称为变异(variation)。如"一母生九子,连娘十个样"是早期人们对变异现象的理解。

无论哪种生物,动物还是植物,高等还是低等,复杂的如人类本身,简单的如细菌和病毒,都表现出子代与亲代之间的相似或类同。同时,子代与亲代之间,子代个体之间总能察觉出不同程度的差异,这种遗传与变异现象在生物界普遍存在,是生命活动的基本特征之一。遗传是相对的、保守的,而变异是绝对的、发展的;没有遗传就没有物种的相对稳定,也就不存在变异的问题。没有变异,生物界就失去进化的素材,遗传只能是简单的重复,不会产生新的性状。遗传与变异是矛盾的两个方面,是对立、统一的。这对矛盾不断地运动,经过自然选择才形成形形色色的物种。同时经过人工选择才育成适合人类需要的各个品种。所以说,遗传、变异和选择是生物进化和新品种选育的三大因素。

遗传和变异的表现都离不开一定的环境条件。因为任何生物都必须生活在环境中,从环境中摄取营养,通过新陈代谢进行生长、发育和繁殖,从而表现出性状的遗传和变异。生物与环境的辩证统一是生物生存和发展的必要条件。

因此,研究生物的遗传与变异现象及其表现规律,深入探索遗传和变异的原因及其物质基础,揭露其内在的规律,从而进一步指导动植物和微生物的育种实践,提高医疗水平,更好地为人类服务,这就是遗传学的任务。

第二节　遗传学的产生和发展

一、遗传学的诞生

恩格斯指出："科学的发生和发展一开始就是由生产决定的。"遗传学和其他学科一样,是劳动人民在长期的生产实践和科学试验中总结出来的。我国是世界上最早的作物和家畜的起源中心之一,在新石器时代的遗址中就发现了粟、小麦和高粱的种子以及家畜猪、羊、狗等骨头的化石。古代巴比伦人和亚述人早就学会了人工授粉的方法,这说明劳动人民对遗传已有了粗浅的认识,但未形成一套遗传学理论。直到18世纪下半叶和19世纪上半叶,才有拉马克(Lamarck,J. B. ,1744—1829)和达尔文(Darwin,C. ,1809—1882)对生物界遗传和变异进行了系统研究。拉马克认为环境条件的改变是生物变异的根本原因,提出"用进废退"(生物变异的根本原因是环境条件的改变)和"获得性状遗传"〔有生物变异(获得性状)都是可遗传的,并在生物世代间积累〕等学说。这些学说虽然具有某些唯心主义的成分,但是对于后来生物进化学说的发展,以及遗传和变异的研究有着重要的推动作用。达尔文出生在19世纪初叶,正是资本主义社会萌芽的时代,工农业生产上升,动植物育种工作蓬勃发展。他对野生和家养的动植物进行了调查研究,于1859年发表了《物种起源》的著作,提出了自然选择和人工选择的进化学说。该学说不仅否定了物种不变的谬论,而且有力地论证了生物是由简单到复杂、由低级到高级逐渐进化的。这是19世纪自然科学中最伟大的成就之一。对于遗传和变异的解释,达尔文承认获得性状遗传的一些论点,并提出泛生假说(hypothesis of pangenesis),认为动物每个器官里都普遍存在微小的"泛子/泛生粒",它们能够分裂繁殖,并能在体内流动,聚集到生殖器官里,形成生殖细胞。当受精卵发育为成体时,各种泛生粒即进入各器官发生作用,因而表现遗传。如果亲代的泛生粒发生改变,则子代表现变异。这一假说全属推想,并未获得科学证实。

达尔文之后,在生物科学中广泛流行的是新达尔文主义。这一论说在生物进化方面支持达尔文的选择理论,但在遗传上否定获得性状遗传。魏斯曼(Weismann,A. ,1834—1914)是其首创者。他提出种质连续论(theory of continuity of germplasm),认为多细胞生物体是由种质和体质两部分组成,种质指生殖细胞,负责生殖和遗传,体质指体细胞,负责营养活动。种质是"潜在的",世代相传,不受体质和环境影响,所以获得性状不能遗传。他的试验就是把小鼠的尾巴切掉,然后由它进行繁殖,连续19代,新生小鼠的尾巴仍像正常的尾巴一样长。这一论点在后来的生物科学中,特别是在遗传学方面发生了重大而广泛的影响。但是,这样把生物体绝对地划分为种质和体质是片面的。这种划分在植物界一般是不存在的,而在动物界也仅仅是相对的。

真正有分析地研究生物的遗传和变异是从孟德尔(Mendel,G. J. ,1822—1884)开始的。他在前人植物杂交试验的基础上,于1856—1864年从事豌豆杂交试验,进行细致的后代记载和统计分析,1866年发表《植物杂交试验》论文,首次提出分离和独立分配两个遗传基本规律,认为性状遗传是受细胞里的遗传因子(hereditary factor)控制的。但是孟德尔的工作在当时并未引起重视,直到1900年,荷兰的狄·弗里斯(De Vries,H.),德国的柯伦斯(Correns,C.)和奥地利的柴马克(Tschermak,E.)三个植物学家,经过大量的植物杂交工作,在不同的地点,不同的植物上,得出与孟德尔相同的遗传规律,并重新发现了孟德尔的被人忽视的重要论文。这时遗传学作为独立的科学分支诞生了。但是,遗传学作为一个学科的名称,是贝特生(Bateson,W.)于1906年首先提出的。

二、遗传学的发展

遗传学的发展大致可以分为四个时期。

(一)细胞遗传学时期(1910—1940年)

细胞遗传学是通过细胞学手段对遗传物质结构、功能和行为进行研究的遗传学分支学科。显微镜的发明和放大倍数的提高,促进了细胞学的发展。1903年,美国细胞学家Sutton和德国细胞学家Boveri发现雌、雄配子的形成和受精过程中染色体的行为与孟德尔的遗传因子的行为是平行的,他们分别提出染色体遗传理论,认为遗传因子位于细胞核内染色体上,从而将孟德尔遗传定律与细胞学研究结合起来,开拓了细胞遗传学的研究领域。1909年,约翰生(Johannsen,W.,1859—1927)发表"纯系学说",明确区别基因型和表型,并提出"gene"的概念,以代替孟德尔假设的"遗传因子"。1906年,贝特生等在香豌豆杂交试验中发现性状连锁现象。1910年以后,Morgan和他的学生Sturtevant、Bridges和Muller用果蝇做材料,研究性状的遗传方式,得出连锁交换定律,确定基因直线排列在染色体上。1927年,Muller在果蝇中、Stadler等在玉米中各自用X射线成功地诱导基因突变。1937年,Blakeslee,A.F.等利用秋水仙素诱导植物多倍体成功,为探索遗传的变异开创了新的途径。

(二)生化和微生物遗传学时期(1941—1960年)

生化遗传学是研究基因的化学结构和调控因子的结构与合成的机制等的遗传学的另一个重要分支学科。这一时期的标志性成果是:1941年,美国生化学家比德尔(G.W.Beadle)和他的老师泰特姆(E.L.Tatum)以链孢霉为材料,着重研究基因的生理和生化功能、分子结构及诱发突变等问题,证明了基因是通过酶而起作用,提出了"一基因一酶"学说,把基因与蛋白质的功能结合起来,发展了微生物遗传学和生化遗传学。1944年,美国细菌学家O.T.Avery、MacLeod和McCarty等从肺炎双球菌的转化试验中发现,转化因子是DNA(脱氧核糖核酸),而不是蛋白质。1952年,赫尔歇(Hershey A.D.)和简斯(Chase,M.)证明,噬菌体感染大肠杆菌时,DNA进入细菌细胞,而大多数蛋白质留在外面。这些试验证明,DNA是遗传物质。1953年,沃森(Watson,J.D.)和克里克(Crick,F.H.C.)通过X射线衍射分析的研究,提出了DNA双螺旋结构模型,用来阐明有关基因的核心问题——遗传物质的自体复制,这一划时代的成果为分子遗传学奠定了最重要的基础。1956年,A.Kornberg发现了DNA聚合酶,为基因工程提供了重要的工具。1958年,克里克提出中心法则,确立了遗传信息流的方向。显然,这一时期的研究对象从真核生物转到了原核生物,对遗传学的发展和揭示遗传物质的基础做出了重要贡献,并建立了遗传学的又一个重要分支学科——微生物遗传学,它是研究微生物的遗传机制和遗传规律的学科。

(三)分子遗传学时期(1961—1990年)

分子遗传学是研究遗传信息大分子结构与功能的一门学科。此期的标志性成果是:1961年法国分子遗传学家雅各布(F.Jacob)和莫诺(J.L.Monod)在研究大肠杆菌乳糖代谢的调节机制中发现结构基因和调节基因的差别,提出了大肠杆菌的操纵子学说,指出基因的表达是可以调节的。1965 年,美国生化学家尼伦伯格(Nirenberg,M. W.)创用了无细胞系统和三联体结合试验,破译了遗传密码。1966 年,印度裔的美籍科学家科拉纳(Khorana,H. G.)利用重复共聚物分析也破译了遗传密码,弄清了密码子的三联体结构,从而把生物界统一起来。1970 年,美国病毒学家特明(H. M. Temin)在 Rouse 肉瘤病毒体内发现一种能以 RNA 为模板合成 DNA 的反转录酶,这一发现不仅对研究人类癌症具有重要意义,而且进一步发展和完善了中心法则,揭示了生命活动的基本特征和奥秘。1973 年,美国遗传学家伯格(P. Berg)在体外把两种不同生物的 DNA 人工地重组在一起,获得了杂种分子,建立了重组 DNA 技术,奠定了基因工程的基础。1977 年,美国的 F. Sanger 和 W. Gilbert 分别用酶法和化学法建立了 DNA 测序方法。以后用 DNA 重组技术生产出第一个动物激素——生长激素抑制因子。20 世纪 80 年代,用基因工程生产的人胰岛素进入市场;外源基因导入烟草细胞,在再生植株中表达,并能通过有性繁殖遗传下去,从而使人类在定向改造生物方面跨入一个新的阶段。

（四）基因组和蛋白质组时期（1990 年至今）

这一时期遗传学发展主要体现在两个方向:一是基因组学;二是动物的体细胞克隆,包括干细胞的研究。基因组学的突出成就是 1990 年美国正式开始实施的人类基因组作图及测序计划(human genome project,HGP),测定和分析人体基因组全部核苷酸排列次序;揭示所携带的全部遗传信息;阐明遗传信息的表达规律及其最终生物学效应。2003 年 4 月 14 日全部完成 HGP。体细胞克隆的突出成果是 1997 年英国 I. Wilmut 等将羊的乳腺细胞成功地克隆出以"多莉(Dolly)"羊为代表的系列体细胞克隆成果,包括克隆猴"泰特拉(Tetra)"、克隆猫"茜茜(CC)"、克隆牛"基因(Gene)"等。

从研究的策略来看,遗传学的发展可分为三个时期。以 50 年为一个周期,20 世纪 50 年代以前,遗传学的研究是以杂交为主要试验方法,通过观察比较生物体亲代和杂交后代的性状变化,进行统计分析,从而认识与生物性状相关的基因及其突变与传递的规律。这是遗传学的杂交分析时代,即从生物体的性状改变来认识基因,称为正向遗传学(forward genetics)。20 世纪 50 年代以后,遗传学急剧地演变为运用物理学和化学的原理和试验技术,在分子水平上揭示基因的结构和功能,以及两者之间的关系。这是遗传物质分子分析时期,即从基因的结构出发,认识基因的功能,称为反向遗传学(reverse genetics)。2000 年以后,遗传学的研究已着眼于整个基因组,注重基因间的相互作用,而不是单个基因。在研究方法上已采用高通量、大规模的检测手段,来适应基因组学和后基因组学研究的需要。目前遗传学已成为自然科学中进展快、成果多的活跃的学科之一了。

第三节　遗传学的应用

遗传学的发展是与生产实践紧密联系在一起的。生产上升,推动遗传学前进,而遗传学进展又带动生产发展。

一、遗传学与农牧业的关系

遗传学理论是指导生产实践的主要基础理论之一。提高农畜产品的产量,增进农畜产品的品质,最直接而主要的手段就是育种。应用各种遗传学方法,改造它们的遗传结构,以育成高产优质的品种。例如,在墨西哥由波罗格(N. Borlaug)率领的研究小组收集了世界各地的小麦品种,并将其基因综合到一个小麦品种中,培育出了高产、优质、适应性强的超级墨西哥小麦品种。这种小麦品种不仅适合在墨西哥种植,也适于在其他许多国家栽培。这一成果导致了20世纪70年代世界上一场所谓的"绿色革命",波罗格本人也因此获得了1970年的诺贝尔和平奖。20世纪80年代后,植物组织培养技术的发展,重组DNA技术的应用,将外源基因导入植物细胞,并在其中整合、表达和传代,从而创造出新型的作物品种,其中玉米、大豆、油菜、马铃薯等转基因品种已经大面积种植。

在动物育种方面,近年来,运用转基因、胚胎分割移植、克隆个体等技术培育出大量优良动物品种。例如,转基因的瘦肉型猪、高产奶的奶牛、快速生长的家畜和鱼类等已经进入实用阶段。目前,正在试验将人的基因转入猪中,目的是使器官移入人体而不发生排斥作用。

二、遗传学与工业的关系

遗传学的诱变技术和理论使医药工业有了较大突破。由于不断地诱变和选育高产菌株,使抗生素的产量成百倍地增长。如青霉素、链霉素这些过去只有富人才能用得起的药现在平民百姓也可以使用了。20世纪70年代,基因调控原理的阐明,使一些国家将这一原理应用到微生物发酵工业,大大推动了氨基酸和甘氨酸的生产。在工业方面,遗传工程有一个重要的应用前景,就是设法培育一些与贵重金属有特殊亲和力的菌类,便于人们从废物、矿渣和海水中回收汞、金、铂等贵重金属,不仅节约资源,还可清除污染。

三、遗传学与医学的关系

随着科学的发展,遗传学与医学的关系越来越密切。包括遗传性疾病、肿瘤以及高血压、哮喘、糖尿病等在内的许多疾病的发病机制都与基因有关。目前已发现的遗传病有四千多种。要了解这些遗传病,为优生而进行产前诊断,进而达到治疗的目的,缺少遗传学的基本理论,特别是分子遗传学的最新成就,那是无法想象的。肿瘤是严重危害人类生命的疾病之一,一般认为,细胞的恶性转化过程的前提是遗传物质的损伤和基因结构的改变,所以从遗传学角度研究癌基因,就是研究具有引起细胞恶性转化能力的DNA区段,为其防治提供可能性。

基因治疗以及小分子干扰RNA(siRNA)等技术在临床上已进行了一些尝试,这些方法给一些遗传病和肿瘤的治疗带来了很大的希望。

当今,遗传学涉及面越来越广,如法律上的亲子鉴定、环境保护、采用人体指纹鉴定犯罪嫌疑人等。总之,研究遗传和变异的规律,是为了能动地改造生物,更好地为人类服务。遗传学的基本理论及其最新成就必将对农牧业、医学、工业等的发展起着积极的推动作用。

习题

1.名词解释:

遗传学、遗传、变异、种质、正向遗传学、反向遗传学

2.遗传学发展中有哪几个重要里程碑?

3.生物进化与新品种选育的三大因素是什么?

4.遗传与变异的关系如何?

参考文献

[1] 卢龙斗.普通遗传学[M].北京:科学出版社,2009.

[2] 刘祖洞,乔守怡,吴燕华,等.遗传学[M].3版.北京:高等教育出版社,2012.

[3] 戴灼华,王亚馥,粟翼玟.遗传学[M].2版.北京:高等教育出版社,2008.

[4] 徐晋麟,赵耕春.基础遗传学[M].北京:高等教育出版社,2009.

[5] 杨业华.普通遗传学[M].2版.北京:高等教育出版社,2006.

[6] 朱军.遗传学[M].3版.北京:中国农业出版社,2002.

第二章

遗传的细胞学基础

辩证唯物主义认为:世界上的物质是单一性的,自然界一切运动都是有其物质基础的。遗传和变异这对矛盾也必然有其物质基础。那么遗传的物质基础是什么呢? 在生物的生命活动中,繁殖后代是一个重要的基本特征。正因为生物具有繁殖后代的能力,才能世代相传,表现遗传和变异,促进生物的进化。在繁殖过程中,小部分生物是从亲体的分割部分直接产生后代,属于无性繁殖。另一大部分生物则是靠生殖细胞繁殖后代的,属于有性繁殖,在此过程中,联系子代和亲代的物质桥梁是精细胞和卵细胞。生物体无论是有性繁殖还是无性繁殖,都必须通过一系列的细胞分裂,才能连绵不绝地繁衍后代,说明遗传物质必然存在于细胞之中。那么,细胞中什么样的物质具有这样的遗传能力呢? 这些物质的化学组成又是什么? 结构是如何的呢? 由于这些问题都是建立在细胞的结构和功能的基础上的,所以先来了解一下细胞。

第一节 细 胞

自然界中,除了病毒、噬菌体(细菌病毒)是非细胞形态的生命体外,其他一切生物体都是由细胞组成的。所有的植物和动物,无论是低等的或高等的、简单的或复杂的、单细胞的或多细胞的生物,其生命活动都是以细胞为基础的。细胞是生物体形态结构和生命活动的基本单位,也是生长发育和遗传的基本单位。根据细胞核和遗传物质的存在方式不同,生物又可以分为原核生物(prokaryote)和真核生物(eukaryote)。

原核生物的细胞由于没有核被膜围绕,因此没有真正意义上的细胞核,遗传物质以裸露的形式分布在整个细胞中,有时也相对集中在一定区域,称为拟核(图 2-1)。

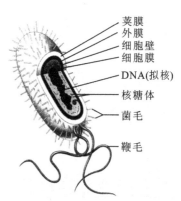

荚膜
外膜
细胞壁
细胞膜
DNA(拟核)
核糖体
菌毛
鞭毛

图 2-1 原核生物细胞结构示意图

真核生物的遗传物质则集中分布在由核膜包围的细胞核中,并与特定的蛋白质相结合,经过一系列压缩组装形成染色体(图 2-2)。

关于细胞的结构通过光学显微镜、电子显微镜和结合物理化学方法的观察与分析研究,被分为三个部分,即细胞膜、细胞质和细胞核。试验证明:没有细胞核的细胞质、没有细胞质的细胞核都是不能较长时间生存的。因此细胞是这三个组成部分不可分割的统一体。

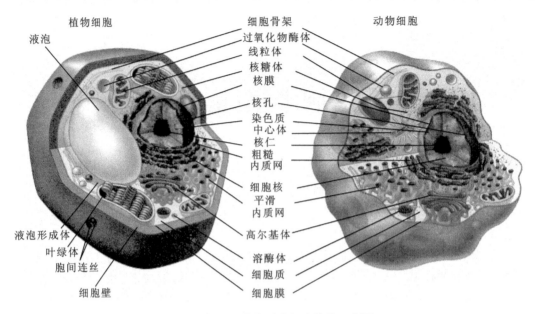

图 2-2　植物细胞与动物细胞结构示意图

一、细胞膜

细胞膜(cell membrane)又称质膜(plasma membrane,plasmalemma),是包围在细胞最外面的一层薄膜,是一切细胞不可缺少的表面结构,厚度75~100 Å(1 Å=0.1 nm),由蛋白质和脂质组成,其中还有少量的糖类、固醇类物质及核酸。大量试验证明,细胞膜是一种嵌有蛋白质的脂质双分子层的液态结构,具有流动性,它的组成经常随着细胞生命活动的改变而变化。在真核细胞中,除了细胞膜外,细胞内还具有构成各种细胞器的膜,称为细胞内膜。细胞膜与细胞内膜统称为生物膜(biomembrane)。

每一个细胞都是以细胞膜为界,使细胞成为具有一定形状的结构单位,从而调节和维持细胞内微环境的相对稳定性。对于植物而言,其细胞膜外还有一层由果胶和纤维素构成的细胞壁,因为两者皆可溶于盐酸,所以可用盐酸除掉细胞壁。这层细胞壁是无生命的,只对细胞起保护作用。

细胞膜的主要功能在于主动而有选择性地透过某些物质,既能阻止细胞内许多有机物质的输出,同时又能调节细胞外一些营养物质的输入。细胞膜上的各种蛋白质,特别是酶,可与某些物质结合,引起蛋白质的结构改变,即所谓变构作用,因而导致物质通过细胞膜而进入细胞或从细胞中排出,这对于多种物质通过细胞膜起着关键性的作用。细胞膜在信息传递、能量转换、代谢调控、细胞识别和癌变等方面也都具有重要的作用,为这些过程所涉及的生理生化反应提供场所,并通过对细胞内空间进行分隔,形成结构、功能不同又相互协调的区域。

另外,在植物的细胞中还具有特有的结构——胞间连丝,它们是相邻细胞间的通道,植物相邻细胞间的细胞膜通过许多胞间连丝穿过细胞壁连接起来,因而相连细胞的原生质是连续的。胞间连丝有利于细胞间的物质转运,并且大分子物质可以通过细胞膜上这些孔道从一个细胞进入另一个细胞。

二、细胞质

细胞质(cytoplasm)是指细胞膜内、细胞核外的由蛋白质、脂肪、游离氨基酸和电解质组成的原生质,呈胶体溶液状态。原生质是指细胞所含有的全部生活物质,包括细胞质和细胞核两部分。细胞质中包含一些功能不同、形态各异、具有各自独特的化学组分,有的还能进行自我复制的重要结构,即细胞器(organelle)。主要的细胞器有内质网、核糖体、高尔基体、线粒体和溶酶体,动物、一些蕨类及裸子植物中特有中心体,植物细胞还有特殊的结构如液泡和质体等。

(一)线粒体

除细菌和蓝绿藻外,线粒体普遍存在于动植物细胞中。在光学显微镜下典型的线粒体(mitochondria)呈粒线状,有时呈现颗粒状、很小的线条状、棒状或球状,大小不等,直径一般为 $0.5 \sim 1.0\ \mu m$,长度 $1 \sim 3\ \mu m$,最长可达 $7\ \mu m$。电子显微镜下观察,线粒体由内、外两层膜组成。外膜光滑,内膜的不同的部位向内折叠形成嵴。在相同组织的不同细胞中,线粒体的数量、形状也不一样。另外,在生长旺盛、幼小的细胞内含有大量的线粒体,而在衰老的细胞内,线粒体数量很少,甚至还会消失。

线粒体含有自身的 DNA,在 GC 含量上与核 DNA 成分不同,而且不与组蛋白结合,呈环状 DNA。不同生物线粒体 DNA 长度不同,动物细胞中约 $5\ \mu m$,原生动物或植物细胞中较长。线粒体内还有核糖体,能合成蛋白质,并有自身复制的能力。因此,线粒体在遗传上有一定的自主性。

在细胞的有丝分裂过程中,全部的线粒体都集中于纺锤丝周围,当纺锤丝牵引着染色体向两极移动时,原来的线粒体随之均匀地分成两份。正常的线粒体生命为一周,除可以通过分裂增生之外,还可以从细胞基质中形成新的线粒体。通过对线粒体进行化学分析发现,线粒体内含有多种参与氧化磷酸化的酶,可以传递和储存所产生的能量,是细胞的供能中心,所以通常被称为是细胞的动力工厂,细胞生命活动所必需能量的 95% 来自线粒体。

(二)核糖体

核糖体(ribosome)是直径为 200 Å 的微小细胞器,是细胞内蛋白质合成的主要场所,游离或附着于内质网上。普遍存在于活细胞内,由大小不等的两个亚基组成,在细胞质中数量最多,是细胞中一个极为重要的组成部分。核糖体是由大约 40% 的蛋白质和 60% 的 RNA 组成,其中 RNA 主要是核糖体核糖核酸(rRNA),故亦称为核糖蛋白体。真核生物中的核糖体为 80 S(S 为沉降单位,S 值可反映出颗粒的大小、形状和质量等),原核细胞和线粒体、质体中则为 70 S。核糖体可以游离在细胞质或核质内,也可以附着在内质网上,或者有规律地沿mRNA 排列成一串链珠状的多聚核糖体。在线粒体和叶绿体中也都含有核糖体。

(三)内质网

内质网(endoplasmic reticulum)是由封闭的单层膜系统及其围成的腔形成的互相连通的网状结构。它的形态多样,不仅有管状,也有一些呈囊泡状或小泡状。除原核细胞如细菌及人体成熟红细胞外,内质网广泛分布在各种细胞中。在靠近细胞膜的部分可以与细胞膜的内褶部分相连,靠近细胞核的部分可以与核膜相通,它们像是分布在细胞质中的管道,把细胞膜与核膜连成了一个完整的膜体系。

内质网上常常附着许多的核糖体,凡是有核糖体附着的内质网称为粗面(粗糙)内质网,没有核糖体附着的内质网则称为光面（滑面）内质网。有时两者是相互联系的。

粗面内质网既是核糖体的支架，又是新合成蛋白质的运输系统；光面内质网虽然与蛋白质的形成无关，但它参与糖原及脂类的合成，与固醇类激素的合成和分泌有关，是一种多功能性的结构。内质网的出现为真核细胞造成一个极为理想的代谢环境，这样的一个膜系统能够将细胞基质分隔成若干区域，使细胞内一些物质的代谢活动能够在特定的环境条件下进行。此外，内质网可以在细胞极有限的空间内建立起很大的表面，使各种反应能够高效率地进行。内质网膜结构上的各种酶系，也能在最有利的空间关系中发挥作用。内质网主要是转运蛋白质合成的原料和最终合成的产物的通道。

（四）高尔基体

高尔基体（Golgi apparatus），亦称高尔基复合体，是位于细胞核附近的一种网状结构。在电子显微镜下高尔基体是一些紧密地堆积在一起的囊状结构，有些膜紧密地折叠成片层状的扁平囊，有些扁平囊的末端扩大成大小不等的泡状或囊泡状结构。组成高尔基体的小囊泡、层状扁平囊和大囊泡并不是固定的构造，而是相互有关系的，是高尔基体机能活动不同阶段的形态表现。

高尔基体负责蛋白质加工、分类、包装、运输或分泌。例如分泌性蛋白质在粗面内质网的核糖体上合成，然后沿着内质网的空腔进入高尔基体内，随后通过修饰即将寡糖分子连在蛋白质分子的氨基酸残基上，形成坚固的侧链，并且将修饰好的蛋白质包装到小囊泡中，然后，这些小囊泡离开高尔基体，向细胞膜运输，之后或被分泌或被用于组成细胞。

（五）溶酶体

溶酶体（lysosome）是由单层膜包被的一种囊状结构，内含多种酸性水解酶，能把复杂的物质分解，用于细胞的消化过程。由于溶酶体有膜包被，其中的消化酶被封闭起来，不致损害细胞的其他部分。否则膜一旦破裂，将导致细胞自溶而死亡。研究表明，溶酶体对外源的有害物质和细胞内已经损坏的衰老的细胞器起分解作用，因而又是细胞内非常主要的防御、保护性细胞器。

溶酶体可分成三种类型：一是初级溶酶体，它是由高尔基囊的边缘膨大而出来的泡状结构，因此它本质上是分泌泡的一种，其中含有各种水解酶。这些酶是在粗面内质网的核糖体上合成并转运到高尔基囊的。初级溶酶体的各种酶还没有开始消化作用，处于潜伏状态。二是次级溶酶体，它是吞噬泡和初级溶酶体融合的产物，是正在进行或已经进行消化作用的液泡。有时亦称消化泡。在次级溶酶体中把吞噬泡中的物质消化后剩余的物质排出细胞外。吞噬泡有两种，异体吞噬泡和自体吞噬泡，前者吞噬的是外源物质，后者吞噬的是细胞本身的成分。三是残余小体，又称后溶酶体，已失去酶活性，仅保留未消化的残渣。残余小体可通过外排作用排出细胞，也可能留在细胞内逐年增多，如表皮细胞的老年斑、肝细胞的脂褐质。常见的残余小体有脂褐质、含铁小体、多泡体和髓样结构等。

溶酶体的主要功能是参与细胞内的正常消化作用。大分子物质经内吞作用进入细胞后，通过溶酶体消化，分解为小分子物质扩散到细胞质中，对细胞起营养作用。而且还可以通过自体吞噬作用，消化细胞内衰老的细胞器，其降解的产物重新被细胞利用。此外，在一定条件下，溶酶体膜破裂，其内的水解酶释放到细胞质中，从而使整个细胞被酶水解、消化，甚至死亡，发生细胞自溶现象。细胞自溶有重要的作用，如无尾两栖类尾巴的消失、受精时精子顶体的破裂等。

（六）中心体

中心体（centriole）主要见于动物及某些低等植物细胞,光学显微镜下中心体是由一对互相垂直的短筒状中心粒及其周围的比较致密的细胞质基质构成。细胞分裂的间期,中心体不易观察到,而在细胞进行有丝分裂时特别明显。在电子显微镜下中心粒是短筒状的小体,这种短筒状的小体的筒壁是由九束环状结构环列而成,每束实际上又是由 A、B、C 三个更小的微管所组成,这些微管是由 13 根直径为 45 Å 的丝状结构组成。对中心粒的确切的机能还没有深入的了解,但它肯定与细胞分裂中纺锤丝的排列方向和染色体的移动方向有密切的关系。

（七）质体

质体是植物所具有的特殊的细胞器,分为叶绿体、白色体和有色体三种。叶绿体中含有绿色的叶绿素,是光合作用的主要场所。白色体与淀粉及类脂的产生有关。有色体主要含有类胡萝卜素。

质体当中最主要的是叶绿体,叶绿体的形状有盘状、球状、棒状和泡状等,叶绿体的大小、形状和分布因植物和细胞类型不同而变化很大。细胞内叶绿体的数目在同种植物中是相对稳定的,叶绿体也是双层膜,内含叶绿素的基粒由内膜的褶皱所包被,这些褶皱彼此平行延伸为许多片层。叶绿体的主要功能是光合作用,它必须在有光的条件下,才能利用光能而合成出碳水化合物等物质,而线粒体在黑暗条件下,仍能进行氧化磷酸化。叶绿体含有 DNA、RNA 和核糖体,能分裂增殖,也能合成蛋白质,还可能发生白化的突变,表明叶绿体具有特定的遗传功能,是遗传物质的载体之一。

（八）液泡

液泡（vacuole）是植物所具有的特殊构造,由内质网膨胀形成。在成熟的植物细胞中具有一个大的液泡,其体积约占细胞质体积的 90%。液泡内含有盐类、糖类以及其他物质。在植物中的作用表现在:①它可以把细胞质压迫到细胞靠外的边缘,细胞质在这里形成薄层,在这样的薄层之中很容易发生物质的交换。液泡的膜具有特殊的通透性。②储存在液泡之中的糖类、盐类和其他的物质往往浓度很大,会产生很高的渗透压,通过引起水分的向内流动,帮助保持细胞的紧张度。③液泡又是植物细胞的仓库,把细胞不能使用的或不需再用的物质储存起来,例如在细胞的液泡内经常存在草酸钙的晶体。有些原生动物也含有液泡,原生动物可借助这个手段把一些废液或过量的水排出到外部。

三、细胞核

一般呈球形,大小相差很大,一般为 5～25 μm,最小的只有 1 μm,最大的可达 600 μm。由核膜、核液、核仁和染色质构成（图 2-3）。试验证明:细胞核（nuclear）是遗传物质聚集的场所,对细胞的发育、控制性状的遗传都起主导作用。

（一）核膜

核膜（nuclear envelope）是由两层薄膜构成的,中间有空腔被称为核周隙,整个膜的总厚度为 200～400 Å,每层膜厚为 60～90 Å。核周隙厚度为 150～300 Å。外膜附着许多核蛋白体,其形态与粗面内质网相似,有时还可以看到它向细胞质的方向突出,甚至可以见到与细胞质中的内质网相连。由于外膜在结构上与粗面内质网相似,而且在某些方面还与它相通,因此

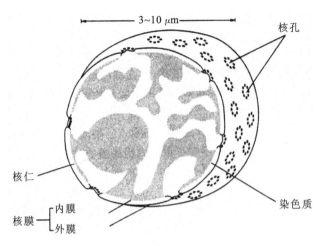

图 2-3　细胞核的结构示意图

可以表明,核膜实质上是包围核物质的内质网的一部分,可以认为核膜是遍布整个细胞中膜系统的一部分,而不是独立的结构,这部分膜的特殊作用是把部分的核酸集中于细胞内某一特定的区域。

这种核膜概念可以帮助我们解释,为什么在细胞有丝分裂的前期核膜逐渐消失,核的范围不复存在,而到了有丝分裂的末期,在两个新合成的子细胞中又重新出现了核膜,原因就在于细胞分裂的前期,核膜裂解成碎片,然后在细胞质中形成圆形的小囊泡,在细胞分裂的较晚时期,这些囊泡移动到两个子细胞,集聚在这些细胞的染色体物质的周围,随后展平形成新的核膜。

在核膜上有许多的小孔,称为核孔复合体,其所占面积为核膜总面积的 5%～25%。核孔复合体的作用是传递遗传信息,与细胞的活性有密切关系。

（二）核仁

核仁通常是单一的或者多个匀质的球形小体,呈圆形或椭圆形的颗粒状结构,没有外膜。核仁具有很大的折光率,根据折光率的不同,呈现均一的相或分为两相,其中一相比另一相更致密些,致密部分形成一个紧密集中的致密圆球,而较亮部分的物质是纤维丝状的。

在细胞分裂的间期、前期一般能看到细胞内有一个核仁(nucleolus),有时也会有 2～3 个甚至更多个核仁。在细胞分裂的短时间内消失,然后随着子细胞的产生而出现。研究证明,在分裂过程中,核仁并不是真正地"消失",而是暂时分散开来,它的再次出现,是重新聚集的结果。核仁中含有较多的 RNA 和蛋白质,还可能有类脂和少量的 DNA,一般认为核仁与核糖体的合成有关,核糖体又和蛋白质的合成有关,因此核仁与蛋白质的形成是有密切关系的。人们早已观察到细胞内核仁的大小与细胞质内蛋白质的合成的旺盛程度有明显的关系。

（三）核液

核液(核基质,nuclear matrix)是被包围在核膜内的透明的物质,存在于细胞核内。含有各种酶和无机盐等,其成分与细胞质基质相似,含有很多组分,如多种蛋白质(合成 DNA 所需的 DNA 聚合酶,转录所需的 RNA 聚合酶,各种 NTP、dNTP),为细胞核的功能提供一个内环境。核仁与染色质就埋在核液之中。在电子显微镜下,可以看到核液是分散在低电子密度构造中的、直径为 100～200 Å 的小颗粒和微细纤维。由于这些小颗粒和细胞质内核糖体非常相似,因此有人认为它可能是核内蛋白质合成的场所。

（四）染色质和染色体

1. 染色质（chromatin）

染色质是在细胞分裂间期，细胞核中易被碱性染料染上颜色的纤细的网状物质。成分有 DNA、RNA、组蛋白和非组蛋白，比例为 $1:0.05:1:(0.5\sim1.5)$。显微镜下观察发现染色不均匀，这种染色质着色深浅不同的现象称为异固缩。着色浅部位的染色质称为常染色质（euchromatin），着色深的部分称为异染色质（heterochromatin）。

2. 染色体（chromosome）

染色体是在细胞分裂时，细胞核内形成的能被碱性染料着色的一类棒状小体。在细胞分裂结束进入间期时，染色体又逐渐松散而回复为染色质。所以说，染色质和染色体实际上是同一物质在细胞分裂过程中所表现的不同形态，即相同物质在不同时期的表现形态。遗传学中通常把控制生物性状的遗传物质单位称为基因，试验表明基因就是按一定顺序在染色体上呈直线排列的。因此，染色体是遗传物质的主要载体，在生物的遗传和变异中起重要作用。

总之，细胞核是遗传物质聚集的主要场所，在功能上是遗传学信息传递的中枢，指导细胞内蛋白质的合成，对细胞的发育和控制性状的遗传都起着主导作用（表 2-1）。

表 2-1　原核细胞与真核细胞的比较

类　别	原 核 细 胞	真 核 细 胞
细胞大小	很小	较大
细胞核	无核膜、核仁	具有真正的细胞核
遗传信息	裸露、1 条环状 DNA 分子，无核小体结构	DNA 与蛋白质结合形成核小体，每个细胞含 2 个以上 DNA 分子
DNA、RNA、蛋白质合成	均在细胞质中进行	DNA、RNA 在核中合成，蛋白质在细胞质中合成
细胞质	无细胞器分化	有细胞器分化
细胞壁	主要是肽聚糖、磷壁酸	植物是纤维素，微生物是几丁质
生物种类	细菌、放线菌、古生菌等	真菌、原生动物、高等动植物等

第二节　染色质与染色体

细胞的分裂是遗传的必经之路，而在细胞的内部又是什么物质在起遗传作用呢？研究显示，主要的遗传物质是细胞核内的染色体，生物的各种性状是靠染色体世代相传的。

一、染色体的发现与研究简史

早在 19 世纪中叶（1848 年前后），植物学家 H. Fofmeister 在研究紫鸭跖草属（*Tradescanticq*）的花粉母细胞时，发现了染色体，并描绘成图载于生物学文献中。1873 年，Schreder 在茎顶端生长点细胞中也发现了染色体。1880 年，Waldeyer 把它定名为"染色体"（chromosome，chromo＝color，some＝body），并对染色体在细胞分裂和受精过程中的行为进行了详细的描述。

从遗传学的角度,虽然在豌豆试验中,孟德尔已经指出:遗传性状受遗传因子所控制,遗传因子在体细胞中成双存在,一个来自父本,一个来自母本。在性细胞中,单独存在并含成对中的一个。但他并没有提到遗传因子在细胞中的位置,以及遗传因子的物质基础,因此没有解决遗传因子和细胞中的什么结构相对应的问题。直到 1903 年,Sutton 和 Boveri 根据他们长期研究的结果,发现在杂交菌种中,遗传因子的行为与配子形成和受精过程中染色体的行为完全平行,提出了基因位于染色体上。之后摩尔根的工作,不仅验证上述论断的正确性,而且指出基因在染色体上呈直线排列,这就为遗传的染色体学说奠定了基础。

二、染色体的形态结构

染色体(图 2-4)是细胞核内的最重要的组成部分,在细胞间期一般看不到,必须在细胞分裂期,经过一定的处理才能看到一些能被碱性染料着色的点状或杆状的小体。

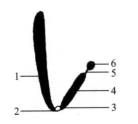

图 2-4　中期染色体形态示意图
1.长臂　2.主缢痕　3.着丝粒
4.短臂　5.次缢痕　6.随体

(一)染色体的一般形态

1.主缢痕(初级缢痕、着丝粒区)

主缢痕是染色体上染色较浅、向内凹陷成狭小区段的部位。

1)着丝粒

着丝粒是位于着丝粒区,连接两条染色单体的染色体特殊区段。

2)动粒(着丝点、着丝盘)

动粒是主缢痕处,两条染色单体外侧表层部位与纺锤丝接触的,由微管蛋白组装而成的颗粒结构,与染色体的运动有关。

通常根据着丝粒的位置和染色体两臂的长度比(臂比),将染色体分成 4 类:中央着丝粒染色体、近中央着丝粒染色体、近端着丝粒染色体和顶端着丝粒染色体(表 2-2)。

表 2-2　根据着丝粒位置进行的染色体分类

染色体类型	符号	臂比	着丝粒指数	分裂后形态
中央着丝粒染色体	M	1~1.7	0.375~0.5	V
近中央着丝粒染色体	SM	1.7~3	0.25~0.374	L
近端着丝粒染色体	ST	3~7	0.125~0.249	I
顶端着丝粒染色体	T	>7	0~0.124	I

着丝粒和着丝点是在空间位置上相关而构造上有差别的两种结构。着丝粒是细胞分裂中期两条姐妹染色单体相互连接的部位,而着丝点是指主缢痕处和纺锤体微管相接触的结构。

2.次缢痕(副缢痕、核仁形成区)

次缢痕是主缢痕外的着色较浅的染色体缢缩区,此处不能弯曲,与核仁形成有关。经常出现在短臂一端。在染色体上的位置是相对稳定的。

3.核仁组织区(核仁组织者、NOR)

核仁组织区位于染色体次缢痕部位,是 rRNA 基因所在部位(5S rRNA 除外),与间期细胞的核仁形成有关。

4.随体

某些染色体,从次缢痕到臂末端有一种圆形或略呈长形的染色体节段,由一根纤细的染色质细丝与染色体相连。它的有无和大小等也是某些染色体所特有的形态特征。

5.端粒

端粒是每条染色体末端特化的部位,着色较深。由端粒 DNA 和端粒蛋白组成。其作用是防止染色体降解、粘连,抑制细胞凋亡,与寿命长短有关。

(二)染色体的超微结构(真核生物)

染色体的超微结构包括:一级结构、二级结构、三级结构和四级结构(图 2-5)。

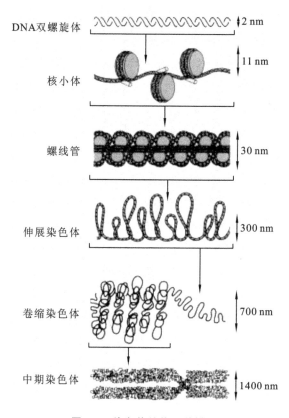

图 2-5　染色体结构组装模型

1.一级结构

由核小体组成细纤丝。

核小体(核体)的核心是 8 个组蛋白分子组成的球体。组蛋白共有 5 种:H_1、H_2A、H_2B、H_3、H_4,其中 H_2A、H_2B、H_3、H_4 各两个分子,共 8 个分子构成一个球形的结构,称为核心颗粒。DNA 在这个核心颗粒上缠绕 1.75 圈,构成核粒(核心加上外圈的 DNA);核粒之间有 DNA 连接,称为连接 DNA。每个核粒长度 140～168 bp,连接 DNA 长 50～60 bp。在连接 DNA 部位结合有一个组蛋白分子 H_1,去除 H_1 不影响核小体的基本结构。采用酶解等方法轻微处理可以消化掉 H_1,而不影响其他蛋白质分子。

2.二级结构

染色质细纤丝呈螺旋化缠绕,每圈 6 个核小体,形成直径 30 nm、内径 10 nm、间距 11 nm

15 ⌐

的中空螺线管,DNA压缩了6倍,成为染色质粗纤丝。

3. 三级结构(超螺线管)

染色质粗纤丝继续螺旋化,形成超螺线管。即以二级结构为基础再螺旋化,直径300 nm,长度11～60 mm。

4. 四级结构

超螺线管再次压缩成为光学显微镜下可见的2～10 μm的染色体。

三、染色体的数目和大小

(一)染色体的数目

不同物种染色体的形态不一致,同一物种细胞内各染色体组内的各染色体的形态也不相同。但每一物种细胞内染色体的形状、大小又是相对稳定的,从而可以作为鉴定的标准。

1. 正常情况

每种生物不同时期的染色体数目是恒定的。一般生物10～60条,人类46条(表2-3)。

表 2-3　部分生物的染色体数目

物　　种	二倍体数	物　　种	二倍体数
人类	46	水稻	24
猕猴	42	小麦	42
黄牛	60	玉米	20
猪	38	大麦	14
狗	78	陆地棉	52
猫	38	豌豆	14
马	64	烟草	48
鸡	78	番茄	24
鸭	80	甘蓝	18
果蝇	8	洋葱	16
蜜蜂	雌32雄16	松	24

2. 不同物种间染色体数目差异很大

动物中某些扁虫只有2对染色体($n=2$),甚至线虫类的一种马蛔虫变种只有1对染色体($n=1$);而另有一种蝶类可达190对染色体($n=190$)。被子植物中有一种菊科植物也只有2对染色体,但在隐花植物中瓶尔小草属的一些物种含有600对以上的染色体。被子植物常比裸子植物的染色体数目多些。

染色体数目的多少与物种的进化程度一般并无关系。某些低等生物可比高等生物具有更多的染色体或者相反。但染色体的数目和形态特征对于鉴定系统发育过程中物种间的亲缘关系,特别是对于植物近缘类型的分类,常具有重要的意义。染色体数目的恒定性是相对的,各种生物常因不同组织、不同生理机能等因素而含有不同的染色体数目。例如:动物的肝细胞中染色体的数目常超过正常细胞中的染色体数目的2～4倍。高等植物的胚乳细胞的染色体数目总是性细胞的3倍。

(二)染色体的大小

不同生物染色体大小差别悬殊,即使同种生物的同一细胞中,也有很大差别。

绝对长度:一般为 $1\sim25~\mu m$。最短的染色体长度为 $0.25~\mu m$,接近光学显微镜的分辨率。最长的染色体长度是 $30~\mu m$。

相对长度:某一染色体绝对长度占该染色体组绝对长度的百分数。

四、特殊染色体

(一)多线染色体

多线染色体是一类存在于双翅目昆虫幼虫消化道细胞的有丝分裂间期核中的、可见的、巨大的染色体。多线染色体是意大利贝尔比尼 1881 年观察双翅目昆虫摇蚊幼虫唾液腺细胞时发现的。

多线染色体产生于内源有丝分裂,染色单体在间期正常进行复制,但未发生着丝粒分裂和染色单体分离,导致一条染色体的染色单体数目成倍增长。例如,在果蝇中唾液腺染色体经 10、11 次内源有丝分裂分别可形成 1024、2048 条染色质线的多线染色体(图 2-6)。双翅目昆虫的幼虫唾液腺细胞增大而不分裂,染色质复制而不分开,多条染色质(500~1000 条)重叠成类似染色体状结构。每一根称为染色线,这种染色体为多线染色体。比一般染色体长 100~200 倍,粗 1000~2000 倍。而且在其上边有很多横纹,这是染色质上面的异固缩颗粒重复而形成的。

唾液腺染色体的特点如下。①巨大性和伸展性。②体细胞联会:体细胞在有丝分裂过程中,出现的同源染色体联会的现象。③有横纹结构:染色体浓缩致密程度不同,被碱性染料染色深浅程度不同,深色部分表示带纹区,浅色部分表示间带区,两者交替排列形成横纹。染色体的螺旋化程度体现了染色质遗传活性,因而横纹的深浅和变化也可以作为研究基因活性差异的依据。

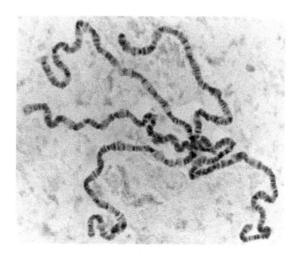

图 2-6　果蝇的唾液腺染色体

(二)灯刷染色体

1882 年德国的学者最先在鲨鱼中发现,而后从鱼类、两栖类、爬行类、鸟类以及一些动物的初级卵母细胞双线期、果蝇属的精细胞的 Y 染色体、植物花粉细胞的终变期中也发现了另一类巨大染色体——灯刷染色体(图 2-7)。灯刷染色体的主体呈柱状,其表面伸出许多毛状突起,形似灯刷。灯刷染色体是一对同源染色体,这对同源染色体之间由一个或多个交叉联系起来;螺旋化的染色质构成灯刷染色体的柱状主体;毛状突起是由于部分染色质没有螺旋化,或者螺旋化的程度较低。灯刷染色体的环状物含有大量的 DNA、RNA 和蛋白质,是 RNA 合成的活跃场所,一个侧环就是一个转录单位。

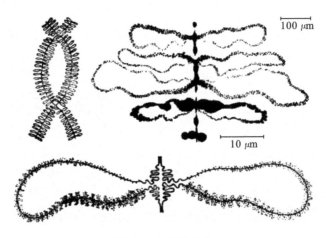

图 2-7　灯刷染色体

(三)性染色体

性染色体是决定性别的染色体。

(四)B 染色体

有些生物的细胞中除了具有正常恒定数目的染色体以外,还常出现额外的染色体。通常把正常的染色体称为 A 染色体;把额外的染色体统称为 B 染色体,也称为超染色体或副染色体。

B 染色体比 A 染色体小,多由异染色质构成,不带有基因,也就意味着不会引起性状的改变,所以 B 染色体一般对细胞和个体的生存没有明显的影响。它能自我复制,并在细胞分裂过程中传递给子代,只是当它增加到一定数目时,才会影响生存。例如:玉米超过 5 个、黑麦超过 6 个(图 2-8),不利于个体生存。B 染色体的来源和功能,目前还不清楚。

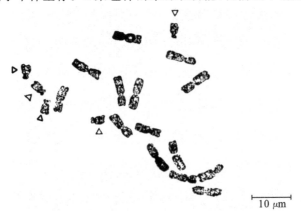

图 2-8　黑麦($S.\ cereale$,$2n=14$)根尖细胞的 B 染色体

(具有 14 个正常 A 染色体和 5 个额外的 B 染色体。箭头指示 B 染色体)

五、染色体组型和组型分析

每一种生物染色体数目、大小及形态都是特异的,这种特定的染色体组成称为染色体核型(karyotype)。通常以有丝分裂中期染色体的数目和形态来表示。

染色体核型分析(karyotype analysis)是根据每种生物染色体数目、大小和着丝粒位置、臂比、次缢痕、随体等形态特征,对生物核内染色体进行配对、分组、归类、编号、分析的过程。

染色体核型分析可以用于鉴定系统发育过程中物种之间的亲缘关系,检查染色体数目和结构的变异,研究生物的系统演化、远缘杂交、染色体工程、辐射的遗传效应和人类染色体疾病等,因此具有十分重要的意义。在进行核型分析的过程中,可将各染色体根据其特征绘制成图,称为核型模式图(图 2-9)。

另外,通过一系列特殊的处理,使得螺旋化程度和收缩方式不同的染色体区段发生不同的反应,再经过染色,使其呈现不同程度的染色区段(往往是异染色质区段被染色),称为染色体的带型(如:Q、G、R、C、N、T 带)。

根据显带特点一般将显带方法分为两类:产生的带纹分布在整条染色体上,如 Q、G 和 R 等;只在染色体的局部位置显带,如 N、T 等(图 2-9)。

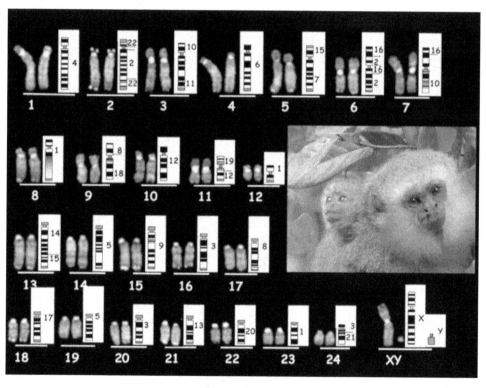

图 2-9 核型模式图及染色体的带型

第三节 细胞分裂

高等植物的生长发育、遗传变异都是靠细胞的有规律的繁殖来实现的。一个细胞生长到一定的阶段,当其本身具备了分裂的条件,同时又有适宜的外界环境时,细胞就必然进行周期性的增殖,从而来促进植物的生长和发育,完成其生活史。

细胞分裂包括无丝分裂、有丝分裂和减数分裂三种。

一、原核细胞的无丝分裂

原核细胞的无丝分裂包括 DNA 的复制和分配以及胞质的分裂两个方面。根据电子显微镜观察,原核细胞的染色体附着在间体上,复制后,原有的和新复制的染色体各自附着在与膜相连的间体上。随着细胞的延长,两条染色体之间膜伸长,当两条染色体充分分开时,中间发生凹陷,细胞分成两个细胞。

除了原核细胞外,真核细胞仅在极少数情况下发生无丝分裂(神经细胞、胚乳细胞、腺细胞等)。

二、染色体在有丝分裂中的行为

通常将细胞从前一次分裂结束到下一次分裂结束的这样一个周期称为细胞的增殖周期,简称为细胞周期(cell cycle)。在整个细胞周期中要完成:染色体的倍增(从分子水平来讲也就是 DNA 分子的复制),以及复制后的 DNA 平均分配到两个子细胞中。根据染色体的活动特点又把这一周期分为两个阶段:间期(interphase)和分裂期(有丝分裂,mitosis)。分裂期又分为前期(prophase)、中期(metaphase)、后期(anaphase)和末期(telophase)(图 2-10)。

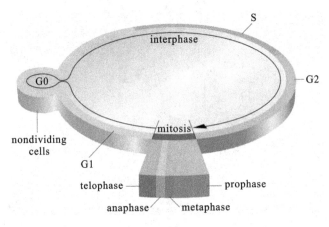

图 2-10　细胞周期示意图

(一)有丝分裂的过程

1. 间期

细胞在一个细胞周期结束之后即进入间期,这也就是新的细胞周期的开始。细胞连续两次分裂之间的一段时期,称为间期。细胞在间期进行生长,使核体积和细胞质体积的比例达到最适的平衡状态,为发动细胞的分裂作准备。此时期看不到染色体的结构。

细胞分裂前的首要条件是在间期进行遗传物质的复制。这个时期核内 DNA 的含量是加倍的;与 DNA 结合作用很低,有利于在有丝分裂发生之前,储备足够多的易于利用的能量。间期又分为三个时期。

1)DNA 合成前期——G1 期

这一时期细胞体积明显增大,主要进行 RNA 和蛋白质的生物合成。在这一时期根据生化的测定没有 DNA 的合成,所以从 DNA 的合成的角度来看,这是个间歇的阶段。这一时期对不断增殖的细胞来讲,主要是为下一阶段(S 期)的 DNA 的合成做准备,特别是合成 DNA 所必不可少的其他酶系的合成。这些物质的累积在 G1 期(pre-DNA synthesis,first gap)的较后阶段特别明显。只有经过 G1 期的细胞方可继续进入细胞分裂的其他阶段,否则将总是停止于 G1 阶段,变成非增殖细胞。

2)DNA 合成期——S 期

从 G1 期到 S 期是细胞增殖的关键时刻。S 期(period of DNA synthesis)的主要特征是 DNA 的合成,我们今后经常要提及的 DNA 的复制就是在这一期中进行的。根据生化的测定,在这一期内 DNA 的含量增加 1 倍。着丝粒没有复制,组蛋白大量合成,DNA 缠绕在组蛋白核心上。通常细胞只要进入 S 期,细胞的增殖活动就会继续下去,直到分成两个子细胞。

3)DNA 合成的后期——G2 期

在 G2 期(post DNA synthesis,second gap)中 DNA 的合成终止,但又有 RNA 和蛋白质的合成,不过合成的数量较少。G2 期主要储备能量,合成蛋白质(微管蛋白),为纺锤丝的合成做准备。G2 期又称为有丝分裂的准备时期。

在上述的三个时期中,G1 期与 G2 期变化比较大,时间较长,而 S 期相对较为稳定,且时间较短。经过间期 DNA 含量加倍,与 DNA 相结合的蛋白质也加倍。当细胞经过间期的 G2 阶段之后,就可进入有丝分裂——M 期。

2. 前期

此期染色体开始逐渐变得清晰可辨,逐渐凝缩使其缩短变粗,收缩成螺旋状,这种形状易于移动。当染色体变得明显可见时,每条染色体已含有两条染色单体,互称为姐妹染色单体。通过着丝粒把它们相互连接在一起,到前期末,核仁逐渐消失,核膜开始破裂,核质和细胞质融为一体(图 2-11)。

3. 中期

在此期纺锤体逐渐明显,这个鸟笼状的结构在核区形成,由细胞两极间一束平行的纤丝构成。着丝粒附着在纺锤丝上,染色体排列在细胞的赤道板上(图 2-12)。

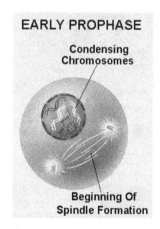
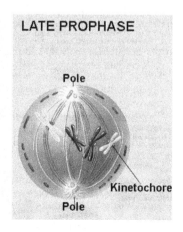
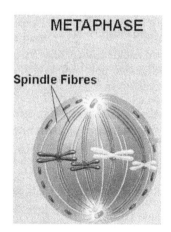

图 2-11　早前期(左)和晚前期(右)示意图　　　　　　图 2-12　中期示意图

4. 后期

着丝粒纵裂为二,姐妹染色单体彼此分离,各自移向一极。染色体的两臂由着丝粒拖曳移动,这时染色体是单条的,称为子染色体(图 2-13)。

5. 末期

子细胞的染色体凝缩为一个新核,在核的四周核膜重新形成,染色体又变为均匀的染色质,核仁又重新出现,又形成了间期核。末期结束时,纺锤体被降解,细胞质被新的细胞膜分隔成两部分,结果产生了两个子细胞,其染色体和原来细胞中的完全一样(图 2-14)。

图 2-13　后期示意图

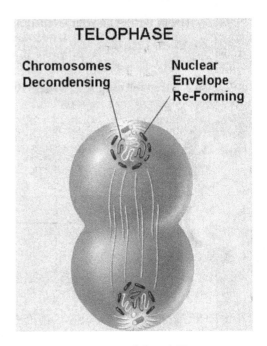

图 2-14　末期示意图

(二)有丝分裂的特点

染色体复制 1 次,细胞分裂 1 次,经过 1 次有丝分裂 1 个细胞形成 2 个细胞,子细胞染色体与母细胞一样。

(三)有丝分裂的意义

有丝分裂是体细胞数量增长时进行的一种分裂方式,染色体复制 1 次,细胞分裂 1 次。分裂产生的两个子细胞之间以及子细胞和母细胞之间在染色体数量和质量即遗传组成上是相同的,这就保证了细胞上、下代之间遗传物质的稳定性和连续性。实际上有丝分裂是母细胞产生和自己相同的子细胞的一种分裂方式。

三、染色体在减数分裂中的行为

细胞通过有丝分裂维持每个核中染色体数目的恒定性,这个事实被证实后,使得早期学者对于两个配子参与受精感到大惑不解。他们认为在受精时两个核融合会使后代的染色体加倍,但在每一代中染色体的数目永远保持恒定,感到无法解释。有人推测存在一种染色体减半的特殊分裂,这样可以解释上述的问题。这种特殊的分裂终于在动植物产生配子的组织中被发现了,称为减数分裂(meiosis)。

减数分裂仅在性母细胞中进行。减数分裂中大部分 DNA 都是在 S 期合成,但有的是在减数分裂的前期合成的。减数分裂有两次分裂,称为第一次减数分裂和第二次减数分裂。两次减数分裂的特点是不同的。每次减数分裂都可以分成前、中、后、末四期,其中最复杂和最长的时期是前期Ⅰ,又可分为细线期(leptonema)、偶线期(zygonema)、粗线期(pachynema)、双线期(diplonema)和浓缩期(diakinesis)或称终变期,这些时期也是完全连续的过程。

(一)减数分裂的过程

1. 第一次减数分裂

1)前期Ⅰ

(1)细线期

染色体呈现并且细长如线,由于缺少间质,所以对染色粒看得很清楚,染色粒的大小及位置极为固定,所以可以作为识别某些特定染色体的标志。染色体在间期已经复制,这时每条染色体都是由共同的一个着丝粒联系的两条染色单体所组成。核仁依然存在。

(2)偶线期

同源染色体分别进行配对,出现联会现象。2n 条染色体经过联会而成为 n 对染色体。联会的各对染色体的对应部位相互紧密并列,逐渐沿着纵向连接在一起,这样联会的一对同源染色体,称为二价体(bivalent)。某一生物的二价体数目等于它的染色体的对数。也就是说,在这时出现多少个二价体,即表示有多少对同源染色体。根据电子显微镜的观察,同源染色体经过配对在偶线期已经形成联会复合体(synaptonemal complex,图 2-15)。它是同源染色体连接在一起的一种特殊的固定结构,其主要成分是自我集合的碱性蛋白及酸性蛋白,由中央成分(central element)的两侧伸出横丝,因而使同源染色体得以固定在一起。

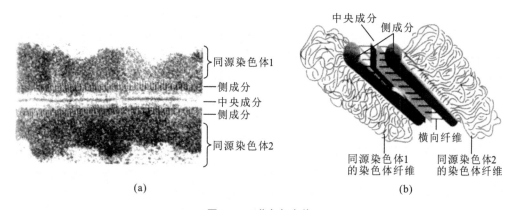

图 2-15 联会复合体

(a)电子显微镜照片;(b)结构示意图

(3)粗线期

二价体逐渐缩短加粗,每对二价体具有自己的特征。因为每条染色体在间期已经复制了,所以每条染色体已含有两条染色单体,但其着丝粒只有一个,即每对染色体具有四条染色单体。具有四条染色单体的一对染色体又可称为四分体(tetrad)。值得注意的是,此次染色体的分裂是减数分裂中染色体的唯一一次纵裂,且又裂而不开。在二价体中一条染色体的两条染色单体,互称为姐妹染色单体;而不同染色体的染色单体,则互称为非姊妹染色单体。

(4)双线期

四分体继续缩短变粗,各个联会了的二价体虽因非姐妹染色单体相互排斥而松解,但仍被一个、二个以至几个交叉(chiasmata)连接在一起,原来联会的而又纵裂的染色体因排斥力而相互分开,也就是非姐妹染色单体开始分开。由于发生交换的地方仍然连在一起,因此出现了交叉结。具有一个交叉结的四分体呈 X 形,有两个交叉结的四分体呈 O 形;有的出现 8 字形。交叉结的出现就是非姐妹染色单体之间某些片段在粗线期发生交换的结果(图 2-16)。交叉结现象是非姐妹染色单体之间发生局部交换的最好证明。一般来讲,染色体越长,交叉结就越多。在电子显微镜下观察,这时的联会复合体的横丝物质脱落了,只是在交叉处还未脱落。一个交换是两个非姐妹染色单体之间的一次精确的断裂、互换和重接。交换另外的作用是产生新的基因组合,这是群体遗传变异的一个重要来源。

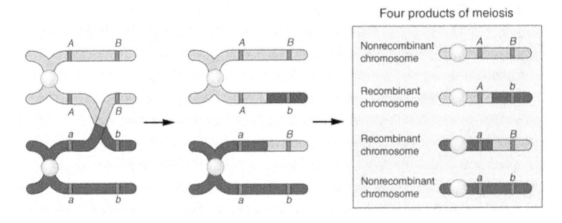

图 2-16　交叉发生示意图

(5)终变期

染色体的周围聚集了许多的染色基质,螺旋化过程达到最高限度,整条染色体变得更短更粗。这是前期Ⅰ终止的标志。因此又称为浓缩期。这时可以见到交叉向二价体的两端移动,并且逐渐接近于末端,这一过程称为交叉端化(terminalization)。由于强烈的收缩和交叉结的断开,在这时每个二价体鲜明地分散在整个核内,可以一一区分开来,此期是检查染色体二价体数目的最好时期。因为一个二价体就代表着一对同源染色体,所以此期也是鉴定染色体数目的最好时期(图 2-17)。

2)中期Ⅰ

核仁和核膜消失,细胞质里出现纺锤体。纺锤丝与各染色体的着丝粒连接。从纺锤体的侧面观察,各二价体不是像有丝分裂中期各同源染色体的着丝粒整齐地排列在赤道板上,而是分散在赤道板的两侧,即二价体中两条同源染色体的着丝粒是面向相反的两极,并且每条同源染色体的着丝粒的排斥力加强,每条染色体开始准备向一极移动。从纺锤体的极面观察,各二价体分散排列在赤道板的近旁。所以此期也是鉴定染色体数目的最好时期。每条染色体的两条染色单体虽然是分开的,但仍然具有一个共同的着丝粒,即裂而不分。

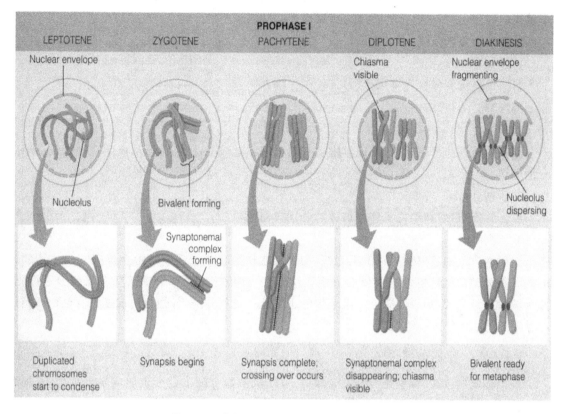

图 2-17　减数分裂前期 I 各时期染色体行为

3）后期 I

着丝粒的排斥力及纺锤丝的牵引,使成对的同源染色体以染色体为单体分别向两极移动,从而联会变成了分裂。每一极的染色体因为着丝粒没有分开,所以仍然是原来的染色体,而不是染色单体。由于每一极只得到同源染色体中的一条,因而染色体的总数减半。也就是说,由于是以染色体为单体分别向两极移动,每极只包括成对同源染色体中的一条染色体,每个子细胞中具有 n 条染色体,从而完成减半的作用。此时每条染色体的两个姐妹染色单体除着丝粒部分外,一般全部散开,因而着丝粒的位置若在近端是形成 L 形,在中部则呈现 V 形等。

4）末期 I

两组染色体分别到达两极,组成了含有 n 条染色体的细胞核。与此同时胞质也开始分裂,细胞膜形成,组成两个子细胞,此时又称为二分体时期。这个时期很短,有时和第二次分裂的前期无法分开。接着进行第二次分裂。若只以染色体数目这一方面来考虑,使孢子母细胞的染色体由 $2n$ 条变成 n 条的工作基本完成了。在末期 I 后大都是有丝分裂的间期;但有两点显著不同,一是时间很短,二是 DNA 不复制,所以中间期的前后 DNA 含量没有变化。这一时期在很多动物中几乎是没有的,它们在末期 I 后紧接着就进入下一次分裂。

染色体到达两极,解旋后成为染色质,重新形成两个子核,每一个核是一个单倍体,这是因为它只含一套染色体,但每条染色体都含有两条染色单体附着在着丝粒上。也就是说,我们可以用着丝粒来计算染色体的条数,而不管是否有姐妹染色单体的存在。在每个子细胞中染色体减半,这是个关键,因此减数分裂Ⅰ被称为"减数分裂",而第二次减数分裂和有丝分裂相同,染色体的数目保持不变,这种类型的分裂称为"等数分裂"。

2. 第二次减数分裂

1)前期Ⅱ

每条染色体有两条染色单体,着丝粒仍连接在一起,染色单体连接而不分,但染色单体彼此散得很开。染色体数是 n。

2)中期Ⅱ

染色体排列在赤道板上,纺锤丝附着在单个的着丝粒上,染色单体从彼此紧密相连逐渐部分地分离。

3)后期Ⅱ

着丝粒纵裂,姐妹染色单体由纺锤丝分别拉向两极。

4)末期Ⅱ

拉到两极的染色体形成新的细胞核,同时细胞质也分成两部分。每个核内的染色体数为 n,即一组完整的染色单体组成新的细胞。这样经过两次分裂,每个母细胞形成四个子细胞。整个减数分裂完成,形成具有 n 条染色体的子细胞。也就是说,各细胞的核里只有最初细胞的半数染色体,即从 $2n$ 减数为 n。

(二)减数分裂的特点

染色体复制1次,细胞连续分裂2次,经过1次减数分裂1个细胞形成4个细胞,子细胞染色体数是母细胞的一半。

(三)减数分裂的意义

(1)减数分裂产生具有 n 条染色体的配子,配子与配子结合又形成具有 $2n$ 条染色体的合子,从而保证了亲代与子代之间染色体数目的恒定性,为后代的正常发育和性状遗传提供了物质基础;同时保证了物种的相对稳定性。

(2)在减数分裂的过程中,同源染色体联会,并在非姐妹染色单体之间发生交换,交换的结果必然产生新型的配子,从而使配子形成的合子所发育成的个体产生新的变异,所以交换的结果必然有新的变异产生。

同时,在中期Ⅰ各对染色体的着丝粒整齐地排列于赤道板两侧,在后期Ⅰ各对染色体的成员在分向两极时是随机的,即一对染色体的分开与另一对染色体的分开是无关的。而且非同源染色体之间又可以自由组合在一起。那么 n 对染色体即可能有 2^n 种组合方式(因为每对染色体在赤道板上有两种排列方式,一种排列方式为两种组合。两种排列方式为四种组合,所以 n 对染色体具有 2^n 种组合方式)。例如:水稻 $n=12$,其非同源染色体分离时的可能组合数为 $2^{12}=4096$,说明各个子细胞之间在染色体组成上将可能出现多种多样的组合。

由此可见,减数分裂不但保证了物种的稳定性,还为生物的变异提供了重要的物质基础,增加了变异的多样性。这有利于生物的适应及进化,并为人工选择提供了丰富的材料(图2-18)。

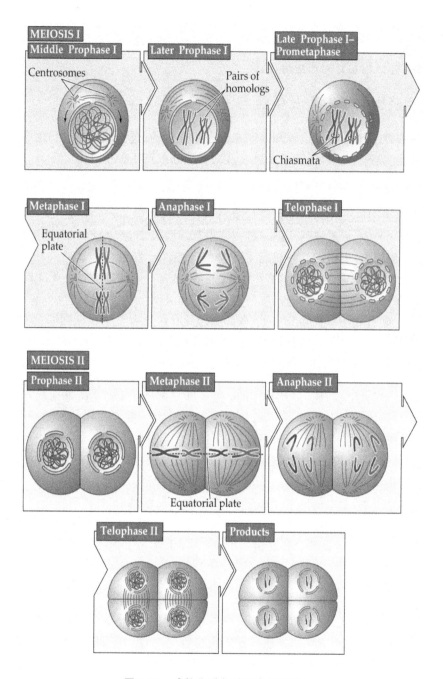

图 2-18　减数分裂各时期染色体行为

第四节　染色体周史

　　生物的生殖方式有两种：无性生殖（asexual reproduction）和有性生殖（sexual reproduction）。无性生殖是通过亲本营养体的分割而产生许多后代个体，这一方式也称为营养体生殖,如利用根、茎、芽、枝条等进行的繁殖。有性生殖,是通过亲本的雌配子和雄配子受精而形成合子,随后进一步分裂、分化和发育而产生后代。这是最普遍而重要的生殖方式,大多数动、植物都是有性生殖的。高等生物有性生殖是通过亲本雌、雄配子受精而形成合子,随后进一步分裂,分化和发育而产生后代。

一、高等植物配子发生及生活史

高等植物有性生殖的全部过程都是在花器官里进行的,包括减数分裂产生卵细胞和精子,也包括受精结合为合子,还包括合子经过一系列有丝分裂产生种子。

(一)花粉粒——雄配子体的发育

花药内的造孢细胞分化为小孢母细胞又称为花粉母细胞,染色体数为 $2n$,通过减数分裂产生 4 个小孢子(n),之后单核的小孢子进一步进行有丝分裂,产生 2 个细胞,其中小的是生殖细胞,大的是营养细胞,生殖细胞再进行有丝分裂产生 2 个精细胞。成熟的花粉粒:2 个精细胞,1 个营养核。有些植物这一步是在萌发的花粉管内进行。即如果是三胞花粉,生殖细胞以精子状态进入花粉管,如为二胞花粉,则生殖细胞在进入花粉管后,再进行一次分裂形成一个精子。到此一个成熟的花粉粒即形成了,在成熟的花粉粒内有 2 个精细胞和 1 个营养核,它们都只有 n 条染色体。整个花粉粒在植物学上称为雄配子体(图 2-19)。

(二)胚囊——雌配子体的发育

在子房的幼小的胚珠的珠心中分化出大孢子母细胞($2n$)(或胚囊母细胞)。大孢子母细胞减数分裂之后形成 4 个大孢子,各具有减半的染色体数。靠近珠孔的那 3 个大孢子母细胞自行解体,远离珠孔的那个大孢子母细胞继续发育,连续进行三次有丝分裂(产生 8 个细胞)。

分裂 1 次:形成 2 个核,一个趋向珠孔一端,一个趋向合点一端。分裂 2 次:每一极形成四个核,在靠近珠孔一端的 4 个核中,一个形成卵细胞即雌配子,两个形成助细胞,剩余的 1 个移向胚囊中央成为极核。合点端的 4 个核中,3 个形成反足细胞,1 个移向中心成为极核。结果在成熟的大孢子内具有 1 个卵细胞,2 个助细胞,2 个极核和 3 个反足细胞,它们都只含有 n 条染色体(两个极核即为 $2n$)。整个胚囊由 8 个核(实际上是 7 个细胞)所组成,在植物学上称为雌配子体(图 2-19)。

(三)双受精过程

成熟的花粉落在柱头上之后,即萌发长出花粉管。花粉管沿花柱伸长,最后进入胚囊,随即顶端破裂,将其中所含有的两个精核连同其花粉管的内含物一同倾入胚囊。精核进入胚囊之后,其中一个精核与卵核结合形成合子之后发育成胚($2n$),另 1 个精核与 2 个极核结合形成胚乳核之后发育成胚乳。这种过程称为双受精。合子为 $2n$,胚乳为 $3n$。双受精现象是被子植物所特有的现象。

双受精的结果产生种子,种子包括胚、胚乳、种皮 3 个部分,它们的遗传组成来源不同。种皮不是受精过程的产物,而是母体组织的一部分。双子叶植物的种皮是由胚珠的珠被形成的;单子叶植物中禾本科植物如颖果的种皮很薄,常与果皮合成在一起不易区分。总之,无论果皮或种皮都是母本花朵的组织,与双受精无关。双受精的产物只能是胚和胚乳。

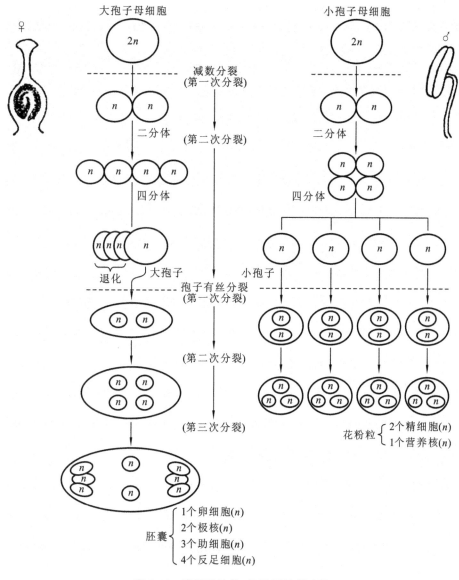

图 2-19　高等植物雌、雄配子形成过程

二、高等动物配子发生及生活史

高等动物的精子和卵子形成的过程基本上是一致的,但也有些区别。高等动物的雄性性腺中有精原细胞,雌性性腺中有卵原细胞,它们通过多次有丝分裂,然后生长、分化为初级精母细胞和初级卵母细胞。在第一次减数分裂的时候,在雌性方面产生了两个大小很不一致的子细胞,大的是次级卵母细胞,小的称为第一极体,在雄性方面则产生两个大小一样的细胞——次级精母细胞。在第二次减数分裂的时候,在雄性方面,每一个次级精母细胞再分裂成两个大小一样的子细胞,经一系列变化,最终产生 4 个精子;在雌性方面,次级卵母细胞又产生两个大小不一致的子细胞,大的细胞发育成卵子,小的细胞称为第二极体,第一极体有的还分裂一次,有的不分裂,这些极体在以后都退化消失。上述的这种差异是与精子和卵子的机能相联系的,精子必须流动去寻找卵子,因此数目很多是有好处的。卵子是不动的,经过细胞质的不均衡分

配,使卵里含有大量的养料,这有利于将来的胚胎发育。

另外,雌雄配子中细胞质(细胞器)含量具有一定的差异,雌配子中往往含有较多的细胞质(器),而雄配子只含有少量的细胞质,甚至不含有细胞质。所以细胞质遗传物质(线粒体与质体 DNA)主要是通过雌配子传递,后代的细胞质性状的遗传物质主要来源于母本(图 2-20)。

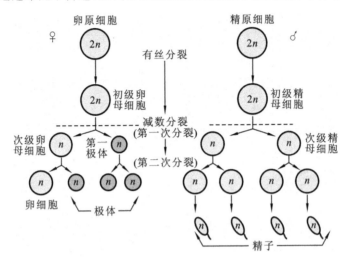

图 2-20　高等动物雌、雄配子形成过程

三、真菌类的生活史

无性生殖(主要生殖方式):在菌丝顶端有丝分裂产生分生孢子。在合适的环境条件下繁殖特别快,在有空气的地方都有孢子。有时孢子为粉红色的,称为红色链孢霉。

有性生殖:菌丝有不同的接合型(或交配型)＋、－或 A、a 之分,相当于高等植物的雌和雄。形态上都是菌丝,生理上有区别。

首先在菌丝基部出现一个石榴样的特化菌丝——原子囊果,在原子囊果中有一特殊菌丝——受精丝(菌丝特化)。当分生孢子落到受精丝上时即进行有性生殖。进行细胞融合形成异核体,但核不融合,而分裂成多核体。然后,不同接合型的核融合,则在细胞中形成多个含细胞质的二倍核——合子或子囊(时间很短,但进行 DNA 复制)。合子进行减数分裂形成四个细胞,为孢子,再进行一次有丝分裂形成 8 个孢子——子囊孢子。子囊果在这个过程中也发育。由于子囊比较狭窄且非常坚硬,所以减数分裂只能沿着子囊的方向进行分裂,因此 8 个子囊孢子只能排成一行。

习题

1.简述有丝分裂和减数分裂过程的区别及在遗传学上的意义。

2.名词解释:

染色体、染色单体、细胞周期、同源染色体、异源染色体、有丝分裂、单倍体、二倍体、联会、二价体

3.植物的 10 个花粉母细胞可以形成:多少个成熟花粉粒?多少个精核?多少个营养核?

10 个卵母细胞可以形成:多少个胚囊?多少个卵细胞?多少个极核?多少个助细胞?多

少个反足细胞?

4.假定一个杂种细胞里有 3 对染色体,其中 A、B、C 来自于父本、A′、B′、C′来自于母本。通过减数分裂能形成几种配子? 三个完全来自于父本或母本的染色体同时进入一个配子的概率是多少?

5.马的二倍体染色体数是 64,驴的二倍体染色体数是 62,马和驴的杂种后代产生可育配子的概率是多少?

6.水稻的正常孢子体组织的染色体数目是 12 对,下列各组织的染色体数目分别是多少?

(1)胚乳;(2)花粉管的营养核;(3)胚囊;(4)叶片;(5)根端;(6)种子的胚

参考文献

[1] 徐晋麟,赵耕春.基础遗传学[M].北京:高等教育出版社,2009.

[2] 戴灼华,王亚馥,粟翼玫.遗传学[M].2 版.北京:高等教育出版社,2008.

[3] 刘祖洞,乔守怡,吴燕华,等.遗传学[M].3 版.北京:高等教育出版社,2012.

[4] William S Klug,Michael R Cummings,Charlotte A Spencer. Essentials of Genetics (Seventh Edition)[M].影印版.北京:高等教育出版社,2011.

[5] 赵寿元,乔守怡.现代遗传学[M].2 版.北京:高等教育出版社,2008.

第三章

孟德尔遗传定律

　　1760 年，Koelreuter 成功地完成了一个植物种间杂交试验，他将不同品种的烟草进行杂交，获得了具有繁殖能力的后代，杂交产物同两个亲代品种都不同。杂交子代的个体自交，其后代呈高度多样性。一些子代类似于杂交代（它们的父母），但还有一小部分和原始品种（它们的祖父母）类似。Koelreuter 的工作代表了现代遗传学的开始，也是指向现代遗传学理论的最初线索。在随后一百年中，其他研究者精心地重复了 Koelreuter 的工作，其中最卓越的是一位试图改进农作物品种的英国乡绅。在 18 世纪 90 年代的一系列试验中，T. A. Knight 将两个纯系（性状代代保持不变）的豌豆（*Pisum sativum*）品种杂交，其中一个品种开紫色花，另外一个开白色花。结果杂交的子代都开紫色花，但这些杂种的子代有的开紫色花，另外较少的开白色花。这和早先 Koelreuter 的试验结果一样，其中亲代的一个性状在随后一代中消失，再在下一代中重新出现。如此简单的结果中孕育了一场科学革命，但人们用了近一个世纪的时间才完全理解基因分离。之所以花了如此之长的时间，其中一个重要原因是早期的研究者没有量化他们的试验结果。

　　最早的定量遗传研究是由一个奥地利修道士格雷戈·孟德尔完成的。和早期的 Knight 及其他试验者一样，孟德尔也选择豌豆作为试验材料。这一选择的正确性有以下几个原因：首先，许多早期研究者通过不同品种的杂交已经获得了杂交种（杂种），孟德尔可以观察到后代的性状分离；第二，豌豆有大量的纯系品种，孟德尔最初考查了 32 种，后来为了更深入的研究，他选择了容易区别性状的 7 类纯系，如圆形种子相对于皱缩种子，红花相对于白花，这些都是 Knight 已经研究过的；第三，豌豆个体小，易于培养，且生长周期相对较短，一年里可以成长好几代，因此获得结果相对较快；第四，豌豆花是两性花，是闭花授粉植物，如果花朵不被干扰，同一朵花雄性和雌性部分产生的配子可以结合，产生可育的后代。因此，我们既可以让个体进行自花受精（self-fertilization），也可以将一株花的雄性部分除去，引入另一种不同性状个体的花粉进行异花传粉，完成异花受精（cross-fertilization）。

　　孟德尔的试验通常分为以下 3 步。

　　首先，他将得到的豌豆品种通过自体受精繁殖几代，以确保所研究的性状在一代一代的传递中是完全不变的。例如，白花的豌豆互相杂交时，不管经过多少代，它们产生的后代只开白花。

　　随后，孟德尔对同一特征两种不同性状的纯系进行杂交。例如，他将白花的雄性部分除去，用红花的花粉使它受精。同样他也反过来进行操作，用白花的花粉使红花植株受精。

　　最后，孟德尔让这些杂交后代再进行自花授粉。通过这样的试验，使不同性状在子代中发生分离。这和以前 Knight 及其他试验者的做法相同。但是孟德尔增加了重要的一步：他统计了下一代中各个性状的植株数，以前没有人这么做过。孟德尔获得的定量结果在揭示遗传机制过程中被证明是最重要的一步。

经过近 8 年(1856—1864)的不懈努力,孟德尔将其多年研究成果整理成文,在 1865 年发表了《植物杂交试验》的论文,提出了遗传单位是遗传因子(现代遗传学称为基因)的论点,并揭示出遗传学的两个基本定律——分离定律和自由组合定律。这两个重要定律的发现和提出,为遗传学的诞生和发展奠定了坚实的基础。孟德尔的这篇不朽论文虽然问世了,但令人遗憾的是,由于他那不同于前人的创造性见解,对于他所处的时代显得太超前了,竟然使得他的科学论文在长达 35 年的时间里,没有引起生物界同行们的注意。直到 1900 年,他的发现被欧洲三位不同国籍的植物学家在各自的豌豆杂交试验中分别予以证实后,才受到重视和公认,遗传学的研究从此也就很快地发展起来。

第一节　分离定律

孟德尔将注意力集中到植株的少数特征上,而忽略同时存在的其他特征,如研究种子形状时忽略植物的高矮。孟德尔试验中研究的 7 组性状分别为种子圆形与皱缩、子叶黄色与绿色、开红花与白花(凡开红花者种皮为褐色,开白花者种皮为白色)、饱满豆荚与缢缩豆荚、未成熟时豆荚绿色与黄色、花腋生与顶生以及植株高茎与矮茎,这 7 组性状彼此区别明显并易于观察记录。我们将详细回顾孟德尔进行的关于花色杂交的试验结果,其他性状的杂交试验也与此类似,得到的结果也相近。

一、一对相对性状的分离现象

生物体或其组成部分所表现的形态特征和生理特征称为性状(character,trait)。最初人们在研究生物遗传时往往把所观察到的生物所有特征或某一类特征作为一个整体看待。孟德尔把植株性状总体区分为各个单位,称为单位性状(unit character),即生物某一方面的特征特性。不同生物个体在单位性状上存在不同的表现,这种同一单位性状的相对差异称为相对性状(contrasting character)。

孟德尔以红花亲本作为母本、白花亲本作为父本进行杂交试验,获得的后代均开红花,习惯上将这些子代都称为子一代(first filial)或 F_1 代。孟德尔将子一代表现出的性状称为显性(dominant),另一种未被子一代表现出来的性状称为隐性(recessive)。对于孟德尔研究的 7 对性状中的任何一对,其中之一是显性的,而另一个则是隐性的。

子一代植株成熟且自花受精之后,孟德尔收集并播种了它们各自的种子,来观察子二代(second filial)或称 F_2 代会呈现出什么样的性状。他发现子二代植株中有开白花的隐性性状。这样一来,隐藏在子一代中的隐性性状就在子二代植株中再现出来。这说明隐性性状在子一代中并没有消失,只是被掩盖了,在子二代显性性状和隐性性状都会表现出来,这就是性状分离(character segregation)现象。

孟德尔认为子二代中各性状的植株数目比例可能提供遗传机制的线索,于是统计了子二代中各性状的个体数。在开红花的子一代植株产生的子二代中,他共统计了 929 个植株,其中705 株(75.9%)开红花,而 224 株(24.1%)开白花,大约 1/4 的子二代个体表现出隐性性状。孟德尔在另外 6 组性状的试验中也得出了同样的结果:3/4 的子二代个体表现出显性性状,另外 1/4 表现出隐性性状。也就是说,子二代个体中显性和隐性之比接近 3:1(表 3-1)。

表 3-1 孟德尔豌豆杂交试验结果

相 对 性 状		子二代中植株的数目			子二代中显性植株与
显性性状	隐性性状	显性植株	隐性植株	总数	隐性植株的比例
红花	白花	705	224	929	3.15：1
花腋生	花顶生	651	207	858	3.14：1
子叶饱满	子叶皱缩	5474	1850	7324	2.96：1
子叶黄色	子叶绿色	6022	2001	8023	3.01：1
未熟豆荚绿色	未熟豆荚黄色	428	152	580	2.82：1
成熟豆荚膨大	成熟豆荚缢缩	882	299	1181	2.95：1
高植株	矮植株	787	277	1064	2.84：1

孟德尔继续检查子二代是怎样将性状传递给下一代的。他发现 1/4 的隐性性状总是纯系的。例如,白花植株和红花植株杂交后,子二代的白花植株自花受精后产生的都是白花后代。相反,子二代中只有 1/3 的显性红花(1/4 的子二代后代)被证明是纯系的,另外的 2/3 则不是。后一部分植株产生的子三代(F_3)中,显性和隐性之比为 3：1。这一结果表明,孟德尔在子二代中所观察到的 3：1 的比例实际上隐含 1：2：1 的比例:1/4 的显性纯系,1/2 的显性非纯系,还有 1/4 的隐性纯系。

以白花亲本作为母本、红花亲本作为父本进行反交,试验结果与正交完全一致,表明 F_1、F_2 的性状表现不受亲本组合方式的影响,与哪一个亲本作母本无关。

通过试验,孟德尔认识到遗传的 4 个特性:首先,他杂交的植物并没有像混合遗传预言的那样产生中间性状的后代,而是将各自的性状完整地遗传给下一代,独立的性状在特定的某一代中要么可见,要么不可见;第二,孟德尔认识到,对同一特征的每一对不同性状,其中一个在子一代中将无法表现出来,在一些子二代个体上则会重新出现,因此,"消失"的性状必然潜伏(存在但不表现)于子一代中;第三,每对性状的杂交后代中可检测到分离,一些个体表现出这种性状,另外一些则表现出那种性状;第四,这对性状在子二代中以 3/4 是显性,1/4 是隐性的比例表达。这个特殊的 3：1 分离通常又称为孟德尔比(Mendelian ratio)。

二、分离现象的解释

为了解释这些试验结果,孟德尔提出了一个简单模型,这一模型现在已成为科学史上最著名的模型之一,包括简单的假设并做出了明确的预言。这一模型有 5 个要点。

①父母不是将生理性状直接传递给后代,而是传递独立的性状信息,孟德尔称之为"因子"。这些因子后来在子代中产生作用,表现出性状。在现代术语中,我们说个体所表现性状的信息由从父母获得的基因所编码。

②对一个特征而言,每个个体获得两个因子,这两个因子可能表达同一性状,也可能表达不同性状。现在我们知道每个个体的每个特征有两个因子,是因为因子位于染色体上,每个成年个体都是二倍体。当个体形成配子(卵细胞或精子)时,配子只包含一种染色体,配子是单倍体,因此成年生物体中的配子只含有两个因子中的一个。哪个因子进入某个特定的配子是随机决定的。

③不是所有的因子都是相同的。在现代术语中,导致同一特征不同性状的不同因子形式,

称为等位基因(allele)。当两个含有某因子完全相同等位基因的单倍体配子结合成一个受精卵时,从这个受精卵发育产生的后代被称为纯合子(homozygous);而如果两个单倍体配子含有不同的等位基因,后代的个体就称为杂合子(heterozygous)。

在现代术语中,孟德尔的因子被称为基因(gene)。我们现在知道每个基因由特定的 DNA 核苷酸顺序构成。染色体上某基因的特定位置称为基因座(locus)。

④两个等位基因,一个来自雄配子,另一个来自雌配子,彼此之间无任何影响。在发育成为新个体的细胞中,这些等位基因仍然是独立的,既不互相混合,也不互相改变(孟德尔称它们是"未受感染的")。因此,当个体成熟产生配子时,等位基因随机地分离并进入配子,就像第②点中所说的那样。

⑤某一等位基因的存在并不意味着它所编码的性状就一定能够表现。在杂合子个体中,只有一个等位基因(显性基因)可以被表现,而另外一个等位基因(隐性基因)虽然存在但不表现。为了区分等位基因的存在和表现,现代遗传学家将个体所包含的总等位基因称为基因型(genotype),而个体的生理表现称为表型(phenotype)。个体的表型是其基因型可观察到的外在表现,是基因所编码的酶和蛋白质作用的结果。换句话说,基因型是蓝图,而表型是可见的结果。

这五个要点合在一起,就组成了孟德尔遗传过程的模型。

孟德尔的模型是否能预测他获得的结果呢?为了检测这一模型,孟德尔首先将其表达为简单的符号,然后用这些符号来解释他的结果。我们也用这个办法再来探讨一下孟德尔红花豌豆和白花豌豆的杂交。用字母 C 表示显性等位基因,字母 c 表示隐性等位基因。在这个系统中,纯系白花个体的基因型表示为 cc。在这样的个体中,两个等位基因的表型都是白色花。同样,纯系红花个体的基因型表示为 CC,杂合子的基因型表示为 Cc(显性等位基因写在前面)。用这些习惯表示方法,并用乘号(×)表示两个品系的杂交,可以将孟德尔的第一步杂交表示为 $cc×CC$。

现在可以回到前面,用这些简单符号重新回顾孟德尔的杂交试验。因为白花亲本(cc)只能产生 c 配子,纯系红花(显性纯合子)亲本(CC)只能产生 C 配子,所以这些亲本产生的卵细胞和精细胞结合,只能在子一代中产生一种杂合子后代 Cc。由于 C 等位基因是显性的,因此所有的子一代个体都是红花。c 等位基因虽然也存在于这些杂合子个体中,但并没有表现出来。这就是孟德尔所观察到的隐性性状潜伏的遗传基础。

子一代个体自花受精,形成配子时,C 和 c 等位基因随机分离。随后形成子二代个体的受精作用也是随机的,而不受各配子中等位基因的影响。子二代的个体将会是什么样子?各种可能性可以通过一个简单的 Punnett 方格(Punnett square)表看到,它是以其发明人——英国遗传学家 Reginald Crundall Punnett 命名的。孟德尔的模型经 Punnett 方格分析,明确地预言子二代中应包含 3/4 的红花植株和 1/4 的白花植株,表型之比为 3∶1(表 3-2)。

表 3-2　Punnett 方格表示子一代自交结果

配子	C	c
C	CC	cC
c	Cc	cc

孟德尔结果的另一种表达方式是,子二代有 3/4 的可能性表现出显性性状,而有 1/4 的可能性表现为隐性性状。用概率论术语表示可以很简单地预测杂交结果。如果亲本(F_1)均为

Cc(杂合子),那么子二代中某个特定个体为cc(隐性纯合子)的概率为从父方获得一个c配子的概率(1/2)乘以从母方获得一个c配子的概率(1/2),即为1/4。

子二代中的确有3种类型:1/4是纯系白花个体(cc);1/2是杂合子红花个体(Cc);另外1/4是纯系红花个体(CC)。3:1的表型比实际上是隐藏的1:2:1基因型比。

孟德尔的模型为他所观察到的分离提供了一个巧妙而令人满意的解释。他的中心假说——同一特征的不同等位基因在杂合子个体中相互分离并保持不同——已经在其他许多生物中得到验证,通常被称为孟德尔第一遗传定律(Mendel's first law of heredity),或者称为分离定律(law of segregation)。现在我们已经知道,等位基因的分离行为有一个简单的生理基础,即在第一次减数分裂中期时染色体在赤道板上随机排列。孟德尔在不了解细胞遗传机制、染色体和减数分裂都还不为人们所知的前提下得出了正确的结论,这要归因于他的分析能力。

三、基因型和表型

根据遗传因子假说,生物世代间所传递的是遗传因子,而不是性状本身;生物个体的性状由细胞内遗传因子组成决定;因此,对生物个体而言就存在遗传因子组成和性状表现两方面的特征。

1909年Johannsen提出用基因(gene)代替遗传因子,成对遗传因子互为等位基因(allele)。在此基础上形成了基因型和表型两个概念。基因型(genotype)指生物个体基因组合,表示生物个体的遗传组成,又称为遗传型;表型(phenotype)指生物个体的性状表现,简称表型。

基因型是生物性状表现的内在决定因素,基因型决定表型。如一株豌豆的基因型是CC或Cc,则该植株会开红花,而基因型为cc的植株才会开白花。表型是基因型与环境条件共同作用下的外在表现,往往可以直接观察、测定,而基因型往往只能根据生物性状表现来进行推断。

具有一对相同基因的基因型称为纯合基因型(homozygous genotype),如CC和cc,这类生物个体称为纯合体(homozygote),CC为显性纯合体(dominant homozygote),cc为隐性纯合体(recessive homozygote);具有一对不同基因的基因型称为杂合基因型(heterozygous genotype),如Cc,这类生物个体称为杂合体(heterozygote)。由于纯合体与杂合体的基因组成不同,所以它们所产生的配子及自交后代的遗传稳定性均有所不同。

基因型和表型的概念是建立在单位性状上,所以当我们谈到生物个体的基因型或表型时,往往都是针对所研究的一个或几个单位性状而言,而不考虑其他性状和基因的差异。通常可以根据生物的表型来对一个生物的基因型做出推断,尤其是推断表现为显性性状的生物个体的基因型是纯合的,还是杂合的。

四、分离定律的验证

遗传因子仅是一个理论的、抽象的概念,当时孟德尔不知道遗传因子的物质实体是什么以及其如何实现分离。遗传因子分离行为仅仅是孟德尔基于豌豆7对相对性状杂交试验中所观察到的F_1、F_2代个体表型及F_2代性状分离现象做出的一种假设。正因为如此,从孟德尔杂交试验到遗传因子假说是一个高度理论抽象过程,所以当时几乎没有人能够理解。如何对这一假说进行验证呢?

（一）测交法

为了更好地检测他的模型,孟德尔设计了一个简单而有效的方法,称为测交(testcross)。设想有一株红花植株,我们无法通过表型区分它是纯合子还是杂合子。要知道它的基因型就必须将它同其他植株杂交。用什么样的品种杂交能得到答案? 如果将它和一个显性纯合子个体杂交,不管被检测的植株是纯合子还是杂合子,所有的子代都会表现出显性性状。而通过和杂合子个体的杂交很难区分(但不是不可能)两种待测植株可能的基因型。然而,如果将待测植株和隐性纯合子个体杂交的话,两种可能的基因型会产生完全不同的结果(图 3-1):

情况 1:未知植株是显性纯合子(CC)。$CC \times cc$:所有的子代都开红花(Cc)。

情况 2:未知植株是杂合子(Cc)。$Cc \times cc$:1/2 的子代开白花(cc),1/2 的子代开红花(Cc)。

所谓测交法,就是把被测验的个体与隐性纯合的亲本杂交。根据测交子代所出现的表型种类和比例,可以确定被测个体的基因型。被测个体不仅是 F_1 代,还可以是任一需要确定基因型的生物个体。因为隐性纯合体只能产生一种含隐性基因的配子,它们和含有任何基因的某一种配子结合,其子代将只能表现出那一种配子所含基因的表型。所以测交子代的表型的种类和比例正好反映了被测个体所产生的配子种类和比例。

为了实现测交,孟德尔将子一代杂合子个体同其亲本中的隐性纯合子杂交。他预测显性和隐性性状之比为 1:1,而观测到的试验结果也正是如此。对于他研究的每对等位基因,孟德尔都观察到子二代的表型之比为 3:1,测交比接近模型所预测的 1:1。

杂种 F_1 的表型与红花亲本(CC)一致,但根据孟德尔的解释,其基因型是杂合的,即为 Cc;因此杂种 F_1 代减数分裂应该产生两种类型的配子,分别含 C 和 c,并且比例为 1:1。白花植株的基因型是 cc,只产生含 c 的一种配子。推测:如果用杂种 F_1 代与白花植株(cc)杂交,后代应该有两种基因型(Cc 和 cc),分别表现为红花和白花,且比例为 1:1。

孟德尔用杂种 F_1 代与白花亲本测交(图 3-1),结果:在 166 株测交后代中,85 株开红花,81 株开白花,其比例接近 1:1。这证明分离定律对杂种 F_1 代基因型(Cc)及其分离行为的推测是正确的。

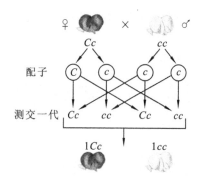

图 3-1　F_1 代测交结果

（二）自交法

纯合体(如 CC)只产生一种类型的配子,其自交后代也都是纯合体,不会发生性状分离现象;杂合体(如 Cc)产生两种配子,其自交后代会产生 3:1 的显性、隐性性状分离现象。那么,F_2 代基因型及其自交后代表现应为 1/4 表现隐性性状的 F_2 代个体基因型为隐性纯合,如白花 F_2 代为 cc;3/4 表现显性性状的 F_2 代个体中,1/3 是纯合体(CC),2/3 是杂合体(Cc),因此,在显性(红花)F_2 代中,1/3 自交后代不发生性状分离,其 F_3 代均开红花,2/3 自交后代将发生性状分离。

孟德尔将 F_2 代显性(红花)植株按单株收获、分装。由一个植株自交产生的所有后代群体称为一个株系(line)。将各株系分别种植,考察其性状分离情况。所有 7 对性状试验结果均列于表 3-3 中。发生性状分离现象的株系数与没有发生性状分离现象的株系数之比总体上是趋于 2∶1。表现出性状分离现象的株系来自杂合(Cc)F₂代个体;未表现性状分离现象的株系来自纯合(CC)F₂代个体。F₂代自交结果证明根据分离定律对 F₂代基因型的推测是正确的。

表 3-3　豌豆 F₂ 代表现显性性状的个体分别自交后的 F₃ 代表型种类及比例

性状	在 F₃代表现显性与隐为比例为 3∶1 的株系数	在 F₃代完全表现显性性状的株系数	F₃代株系总数
花色	64(1.80)	36(1)	100
花着生位置	67(2.03)	33(1)	100
种子形状	372(1.93)	193(1)	565
子叶颜色	353(2.13)	166(1)	519
豆荚形状	71(2.45)	29(1)	100
未成熟豆荚颜色	60(1.50)	40(1)	100
植株高度	72(2.57)	28(1)	100

(三)F₁代花粉鉴定法

基因所控制的性状通常是在生物生长发育特定阶段表现,大多数性状不会在配子(体)上表现,因此无法通过配子(体)鉴定配子类型,如花色、籽粒形状等。也有一些基因在孢子体水平和配子体水平都会表现。例如玉米、水稻、高粱、谷子等禾谷类 Wx(非糯性)对 wx(糯性)为显性,它不仅控制籽粒淀粉粒性状,而且控制花粉粒淀粉粒性状。含 Wx 基因的花粉粒具有直链淀粉,而含 wx 基因的花粉粒具有支链淀粉,用稀碘液对花粉粒进行染色,就可以判断花粉粒的基因型。

用稀碘液处理玉米(糯性×非糯性)F₁代($Wxwx$)植株花粉(图 3-2),在显微镜下观察,结果表明花粉粒呈两种不同颜色的反应:蓝黑色∶红棕色≈3∶1。证明分离定律对 F₁代基因型及基因分离行为的推测是正确的。

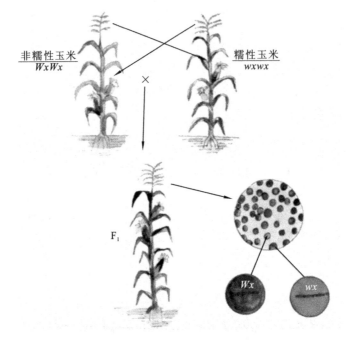

图 3-2　F₁ 花粉鉴定基因型

五、分离比例实现的条件

假设我们研究一对相对性状的遗传,若要在子一代中观察到显性现象,在子二代中观察到3：1的分离比,则必须满足以下几个条件。

①研究的生物体必须是二倍体(体内染色体成对存在),并且所研究的相对性状差异明显。

②在减数分裂过程中,形成的各种配子数目相等,或接近相等。

③不同类型的配子具有同等的生活力,受精时各种雌、雄配子均能以均等的机会相互自由结合。

④受精后不同基因型的合子及由合子发育的个体具有同样或大致同样的存活率。

⑤杂种后代都处于相对一致的条件下,而且试验分析的群体比较大。

但是在试验中,即使上述条件均满足,我们在子二代中观察到的3：1的分离比往往也只能近似,这是因为尽管植物形成的雌、雄配子非常多,但是能成功受精并发育成新植株的只占少数,这就意味着要从大量的雌、雄配子中抽取少数部分,这样具有不同基因的配子参与受精的机会就不可能完全相等。例如,在红花植株与白花植株的杂交中,子一代红花植株形成了大量的 C、c 配子,而参加受精并发育成个体的 C 和 c 的数量不可能完全相同,所以在子二代中,红花与白花植株的比例只能与3：1近似了。

六、分离定律的意义与应用

(一)分离定律的理论意义

基因分离定律及后面将要介绍的自由组合定律都是建立在遗传因子假说的基础之上。遗传因子假说及基因分离定律对以后遗传和生物进化研究具有非常重要的理论意义。

1. 形成了颗粒遗传的正确遗传观念

分离定律表明:体细胞中成对的遗传因子并不相互融合,而是保持相对稳定,并且相对独立地传递给后代;父本性状和母本性状在后代中还会分离出来。它否定了融合(混合)遗传(blending inheritance)的概念,确立了颗粒遗传(particulate inheritance)的概念,在遗传学史上是一个非常重要的理论进步,促进了人们对遗传物质的本质研究。

2. 指出了区分基因型与表型的重要性

早期的遗传研究与育种工作在考察生物个体之间的差异时,所考虑的就是可以直接观察到的性状表现(表型)的差异。遗传因子假说指出,生物性状只是其遗传因子组成(基因型)的外在表现。在遗传研究和育种工作中,仅仅考虑生物的表型是不适当的,必须对生物的基因型和表型加以区分,重视表型与基因型之间的联系与区别。

3. 解释了生物变异产生的部分原因

遗传变异是生物种类间和个体间性状差异的根本原因,是生物进化过程中进行自然选择的基础,也是遗传研究与育种工作的物质基础。因此解释遗传变异产生的原因是遗传学的重要任务之一。分离定律表明:生物的变异可能产生于等位基因分离。由于杂合基因的分离,可能在亲、子代之间产生明显的差异。这就是变异产生的一个方面的原因。

4. 建立了遗传研究的基本方法

孟德尔所采用的一系列遗传研究和杂交后代观察、资料分析方法,对1900年重新发现孟德尔遗传定律的三个人有重要启示,并在很长时期内成为遗传研究工作最基本的准则。即使今天遗传研究方法得到了极大丰富,从各种方法之中仍然可以找到这些基本准则的影子。1900年以后,人们采用这些方法,进行了大量类似的遗传研究,并最终证明了孟德尔遗传定律的普遍适用性。同时也发现了许多用孟德尔遗传定律不能够解释的遗传现象,但例外现象正是遗传学新的生长点,一种独特的例外现象的发现往往导致新研究领域的产生。

(二)在遗传育种工作中的应用

遗传因子假说及其分离定律不仅具有重要的理论意义,而且对生物遗传改良工作有重要的指导意义。

1. 在杂交育种工作中的应用

杂交育种就是用不同亲本材料杂交,从后代中选择更为优良的个体加以繁殖作为生产品种。在杂交育种中,常常要多代选择和自交以得到所需基因型纯合类型。

2. 在良种繁育及遗传材料繁殖保存工作中的应用

良种繁育工作就是大田栽培品种种子的繁殖,而遗传材料的繁殖保存是通过栽培繁殖遗传研究材料。两者有一个共同要求就是:繁殖得到的后代要与亲代遗传组成一致(保纯),保持其优良的生产性能或独特性状的稳定。

3. 在杂种优势利用工作中的应用

杂种优势利用是将杂种 F_1 代作为大田生产品种。大田生产要求群体整齐一致才能获得最佳群体生产性能,从遗传上看就是要求各植株基因型相同(同质)。在杂交制种过程中应该严格进行亲本去杂工作,保证亲本纯合,进行严格的隔离,防止非父本的花粉参与授粉。由于杂种 F_1 代是高度杂合的,种子(F_2 代)会发生性状分离,个体间差异很大,因此杂种在生产上不能留种,每年都应该重新配制新的杂种。

4. 为单倍体育种提供理论可能性

分离定律表明,在配子中基因是成单存在、纯粹的。单倍体育种就是在这个基础上建立起来的:它利用植物配子(体)进行离体培养获得单倍体植株,单倍体植株直接加倍可以很快获得纯合稳定的个体。而传统杂交育种工作中,纯合是通过自交实现,往往需要5~6代(年)自交才能达到足够的纯合度。单倍体育种技术可以大大缩短育种工作年限,提高育种工作效率。

第二节　自由组合定律

孟德尔弄清了通过杂交可以使某一性状(特定基因的等位基因)发生分离以后,他开始进一步研究两对相对性状的遗传。

一、两对相对性状的遗传

孟德尔先建立一系列在前面研究的七个性状中只有两个性状不同的纯系豌豆,然后将两个相对性状的纯系豌豆杂交产生杂合子。以黄色圆形种子与绿色皱缩种子的杂交试验为例进行分析,两者杂交后所有的子一代性状表现整齐一致,都结出黄色圆形的种子,说明黄色、圆形是显性性状。这种杂交产生的子一代个体称为双因子杂种(dihybrid),即两个基因都是杂合子的个体。

　　子一代自交,子二代出现明显的性状分离,在总共 556 个自花受精的双因子杂种的种子中,他观察到:有 315 个黄色圆形种子,101 个黄色皱缩种子,108 个绿色圆形种子,32 个绿色皱缩种子,结果非常接近 9∶3∶3∶1(图 3-3)。

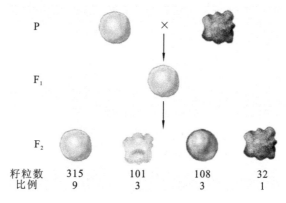

图 3-3　两对基因杂交结果

　　由子二代出现的四种类型可以看出,其中有两种类型与亲本完全一致,即黄色圆形和绿色皱缩,称为亲本组合(parental combination),另外两种是亲本性状的重新组合,称为重组合(recombination)。

　　对单对性状进行分析可见,圆形和皱缩种子的出现比仍接近 3∶1(423∶133),同样黄色和绿色种子的比例也是如此(416∶140),这说明不同基因的自由组合并没有改变等位基因的分离。孟德尔从其他性状的研究结果中也得出了类似的结论。

二、自由组合现象的解释

　　根据试验结果,孟德尔提出了自由组合假说,认为形成配子时,成对的遗传因子彼此分离,非成对的遗传因子自由组合。在两对遗传因子的杂交试验中,分别以 R、r 表示圆形和皱缩,以 Y、y 表示种子黄色和绿色,那么两个亲本黄色圆形种子和绿色皱缩种子的基因型分别为 $YYRR$ 和 $yyrr$,两者都包含了两对遗传因子,在形成配子时,各个遗传因子各自独立地分配到配子中去,因而两种遗传因子就出现了在配子中的重新组合。若以 $YYRR$ 为母本,以 $yyrr$ 为父本,则 Y 与 R 组合形成 YR 型的雌配子,y 与 r 组合形成 yr 型的雄配子,雌雄配子结合,形成基因型为 $YyRr$ 的子一代,由于 Y 对 y、R 对 r 均是完全显性,所以子一代表型为整齐一致的黄色圆形种子。

　　子一代自交,产生配子时,成对的遗传因子 Y 与 y、R 与 r 彼此分离,各自独立地分配到配子中去,非成对的遗传因子随机组合分配到配子中去,则可能出现 4 种配子:YR、yR、Yr、yr。那么,在子二代中会有 16 种可能的等位基因组合(每种组合出现的概率都相同)、9 种基因型和 4 种表型。其中 9 种基因型组合每对等位基因至少有一个是显性的(表示为 $Y\_R\_$,横线表示任意基因),因此这 9 种都应该有圆形的黄色种子。在其余的组合中,3 种有至少一个显性等位基因 R,但种子颜色基因为隐性纯合子($yyR\_$);另外 3 种有至少一个显性等位基因 Y,但种子形状基因为隐性纯合子(Y_rr);最后还剩一种对两个基因都为隐性纯合子($yyrr$)。颜色基因和形状基因的自由组合的子二代呈 9∶3∶3∶1 的比例:9 份黄色圆形种子、3 份绿色圆形种子、3份黄色皱缩种子和1份绿色皱缩种子。

孟德尔的这一发现通常又被称为孟德尔第二遗传定律（Mendel's second law of heredity），或是自由组合定律（law of independent assortment）。自由组合的基因，如孟德尔研究的七个基因，通常位于不同的染色体上，在形成配子的减数分裂过程中是独立分离的。现在对孟德尔遗传定律的重新阐述是位于不同染色体上的基因在减数分裂过程中自由组合。

三、自由组合定律的验证

（一）测交法

孟德尔采用测交法验证两对基因的自由组合定律。他用 F_1 代（$YyRr$）与双隐性纯合体（$yyrr$）测交。当 F_1 代形成配子时，如果成对的遗传因子彼此分离、非成对的遗传因子自由组合，则不论雌配子或雄配子，都会产生四种类型的配子，即 YR、Yr、yR、yr，比例为 1∶1∶1∶1，由于 $yyrr$ 只产生一种类型的配子，即 yr，则测交后代就应为 $YyRr$（黄色圆形）、$Yyrr$（黄色皱缩）、$yyRr$（绿色圆形）、$yyrr$（绿色皱缩），且比例应为 1∶1∶1∶1。

孟德尔的测交试验结果和他预期的完全相符（表 3-4），证实了子一代在形成配子时成对遗传因子的分离、非成对遗传因子的自由组合，从而证实了他的理论分析的正确性。

表 3-4　豌豆黄圆×绿皱的 F_1 代和双隐性亲本测交结果

理论期望的 测交后代	基因型	$YyRr$	$Yyrr$	$yyRr$	$yyrr$
	表型种类	黄、圆	黄、皱	绿、圆	绿、皱
	表型比例	1	1	1	1
孟德尔的 实际测交结果	F_1 代为母本	31	27	26	26
	F_1 代为父本	24	22	25	26

（二）自交法

孟德尔用 F_2 代自交得到 F_3 代，由 F_3 代的表型来验证 F_2 代的基因型。F_2 代的 4 种表型中只有 1 种（$yyrr$）的基因型唯一，所有后代不发生性状分离。9 种基因型根据杂合状态可以分为纯合、单杂合和双杂合三种类型，其中 4 种（$YYRR$、$YYrr$、$yyRR$、$yyrr$）两对基因均为纯合，不会发生性状分离；4 种（$YYRr$、$yyRr$、$YyRR$、$Yyrr$）一对基因杂合，会发生 3∶1 的性状分离；1 种（$YyRr$）为双杂合基因型，会发生 9∶3∶3∶1 的性状分离。孟德尔的自交试验结果与预期值完全相符，进一步证明了自由组合假说的科学性。

实际自交试验结果如下：

　　　　　　F_2　　　　　　　　　　　F_3

38 株（1/16）$YYRR$→ 全部为黄、圆，没有分离；

35 株（1/16）$yyRR$→ 全部为绿、圆，没有分离；

28 株（1/16）$YYrr$→ 全部为黄、皱，没有分离；

30 株（1/16）$yyrr$→ 全部为绿、皱，没有分离；

65 株（2/16）$YyRR$→ 全部为圆粒，子叶颜色分离，黄、绿比为 3∶1；

68 株（2/16）$Yyrr$→ 全部为皱粒，子叶颜色分离，黄、绿比为 3∶1；

60 株（2/16）$YYRr$→ 全部为黄色，籽粒形状分离，圆、皱比为 3∶1；

67 株(2/16)$yyRr$→ 全部为绿色,籽粒形状分离,圆、皱比为 3：1；

138 株(4/16)$YyRr$→ 分离,黄圆、黄皱、绿圆、绿皱比为 9：3：3：1。

四、多对相对性状的遗传

根据自由组合定律的细胞学基础可知,非等位基因的自由组合实质是非同源染色体在减数分裂中的自由组合,因此只要决定性状的各对基因分别位于非同源染色体上,性状间就必然符合自由组合定律。

如果位于不同染色体上、控制 3 对性状的遗传因子杂交,其遗传仍符合分离定律和自由组合定律。可以利用 Punnett 方格法来分析基因型为 $CcYyRr$ 的自交后代的分离情况(表3-5)。

表 3-5 利用 Punnett 方格法分析 3 对基因杂交 F₁ 代自交后代的分离情况

配子	CYR	CYr	CyR	Cyr	cYR	cYr	cyR	cyr
CYR	$CCYYRR$	$CCYYRr$	$CCYyRR$	$CCYyRr$	$CcYYRR$	$CcYYRr$	$CcYyRR$	$CcYyRr$
CYr	$CCYYRr$	$CCYYrr$	$CCYyRr$	$CCYyrr$	$CcYYRr$	$CcYYrr$	$CcYyRr$	$CcYyrr$
CyR	$CCYyRR$	$CCYyRr$	$CCyyRR$	$CCyyRr$	$CcYyRR$	$CcYyRr$	$CcyyRR$	$CcyyRr$
Cyr	$CCYyRr$	$CCYyrr$	$CCyyRr$	$CCyyrr$	$CcYyRr$	$CcYyrr$	$CcyyRr$	$Ccyyrr$
cYR	$CcYYRR$	$CcYYRr$	$CcYyRR$	$CcYyRr$	$ccYYRR$	$ccYYRr$	$ccYyRR$	$ccYyRr$
cYr	$CcYYRr$	$CcYYrr$	$CcYyRr$	$CcYyrr$	$ccYYRr$	$ccYYrr$	$ccYyRr$	$ccYyrr$
cyR	$CcYyRR$	$CcYyRr$	$CcyyRR$	$CcyyRr$	$ccYyRR$	$ccYyRr$	$ccyyRR$	$ccyyRr$
cyr	$CcYyRr$	$CcYyrr$	$CcyyRr$	$Ccyyrr$	$ccYyRr$	$ccYyrr$	$ccyyRr$	$ccyyrr$

在完全显性情况下,一对基因 F₂ 代的分离,表型种类为 2^1,显、隐性比例为 $(3：1)^1$,基因型种类为 3^1,显纯、杂合、隐纯的比例为 $(1：2：1)^1$；两对基因 F₂ 代的分离,表型种类为 2^2,显、隐性比例为 $(3：1)^2$,基因型种类为 3^2,显纯、杂合、隐纯的比例为 $(1：2：1)^2$；三对基因 F₂ 代的分离,表型种类为 2^3,显、隐性比例为 $(3：1)^3$,基因型种类为 3^3,显纯、杂合、隐纯的比例为 $(1：2：1)^3$。以此类推,n 对相对性状的遗传符合表 3-6 的规律。

表 3-6 多对遗传因子杂交的遗传分析

杂交中包括的基因对数	显性完全时 F₂ 代的表型数	F₁ 代杂种形成的配子数	F₂ 代的基因型数	F₁ 代配子的可能组合数	F₂ 代表型分离比
1	2	2	3	4	$(3：1)^1$
2	4	4	9	16	$(3：1)^2$
3	8	8	27	64	$(3：1)^3$
4	16	16	81	256	$(3：1)^4$
⋮	⋮	⋮	⋮	⋮	⋮
n	2^n	2^n	3^n	4^n	$(3：1)^n$

五、自由组合定律的意义与应用

揭示了位于非同源染色体上基因间的遗传关系,解释了生物性状变异产生的另一个重要原因——非等位基因间的自由组合。在遗传育种中,可以通过有目的地选择、选配杂交亲本,通过杂交育种将多个亲本的目标性状集合到一个品种中,或者对受多对基因控制的性状进行育种选择,也可以预测杂交后代分离群体的基因型、表型结构,确定适当的杂种后代群体种植规模,提高育种效率。

第三节　遗传学数据的统计处理

孟德尔对数据的处理主要是归类记载与描述统计,他对自己所得到的分离比例并未做过统计学分析,但他已经看到后代个体较多时会与理论的分离比较接近,当个体较少时,常有明显的波动。20世纪初,孟德尔遗传定律被重新发现后,一些遗传学研究者在自己的试验中也遇到过这种现象,最初他们只尽可能多地获得后代个体,来掩盖这种随机性的波动,但这在实践上有一定的限制,后来又发现了各种新的分离比,如13∶3、15∶1、9∶3∶4等,这都使人们感觉到解决这种随机性波动的迫切性。不久,遗传学家们发现当时的概率论和统计学方法已经能圆满地解决这些问题了。

一、概率原理与应用

(一)概率

所谓概率(probability),是指一定事件总体中某一事件发生的可能性。随机事件发生的可能性常用百分数表示,如事件 A 发生的概率可记作 $P(A)$。以人生孩子为例,如果每次只生一个孩子,所生孩子的性别只有两种:男孩或者女孩。那么一个女人一次生男孩的可能性是1/2,生女孩的可能性也是1/2,一个随机事件所包含的两个方面发生的可能性之和是1。在遗传学中,以一个基因型为 Cc 的个体等位基因的分离为例,在形成配子时,C、c 彼此分离,进入特定配子的基因是随机的,非 C 即为 c,因而 C、c 进入该配子的概率均为1/2,配子中,带有显性基因 C 和隐性基因 c 的概率均为50%。在遗传研究时,可以采用概率及概率原理对各个世代尤其是分离世代(如 F_2 代)的表型或基因型种类和比例(各种类型出现的概率)进行推算,从而分析、判断该比例的真实性与可靠性,进而研究其遗传规律。

(二)概率基本定理

1. 加法定理

互斥事件是指两者不能同时发生的事件。在一次试验中,某一事件出现,另一事件即被排斥,也就是互相排斥的事件,A 事件发生就不能发生 B 事件,而 B 事件发生就不能同时发生 A 事件。两个互斥事件同时发生的概率是各事件各自发生的概率之和,即

$$P(A+B)=P(A)+P(B)$$

如抛硬币。一个硬币有正、反两面,每抛一次硬币不是正面朝上就是反面朝上,两者的发生是随机的,各自发生的概率均为1/2,且两者不会同时出现,所以一次抛硬币正面或反面朝上的概率就应是两者各自概率的和,即

$$P(正面+反面)=P(正面)+P(反面)=1/2+1/2=1$$

又如:杂种 F_1 代(Cc)自交获得的 F_2 代红花基因型为 CC 或 Cc,两者是互斥事件,两者的概

率分别为 1/4 和 2/4,因此 F_2 代表现为显性性状(开红花)的概率为两者概率之和,即

$$P(红花)=P(CC)+P(Cc)=1/4+2/4=3/4$$

2. 乘法定理

独立事件是指两个或两个以上互不影响的事件,两个独立事件同时或相继发生的概率等于各个事件发生的概率的乘积,即

$$P(AB)=P(A)\times P(B)$$

如第一胎可能生男孩也可能生女孩,第二胎生男孩还是女孩不受第一胎的影响,也可能是男孩或者女孩,那么两胎都是男孩的概率为

$$P(男孩\times男孩)=P(男孩)\times P(男孩)=1/2\times1/2=1/4$$

又如第一次抛硬币可能正面朝上也可能反面朝上,第二次抛硬币的结果不受第一次的影响,则两次抛硬币都是正面朝上的概率为

$$P(正面\times正面)=P(正面)\times P(正面)=1/2\times1/2=1/4$$

在双杂合体 $(YyRr)$ 中,Y、y 的分离与 R、r 的分离是相互独立的,在 F_1 代的配子中,具有 Y 的概率是 1/2,具有 y 的概率也是 1/2;具有 R 的概率是 1/2,具有 r 的概率是 1/2。而同时具有 Y 和 R 的概率是两个独立事件(具有 Y 和具有 R)概率的乘积:$1/2\times1/2=1/4$。

二、遗传概率的计算

遗传学研究中常常要推断某一事件发生的概率,如 CC 的红花纯合体与 cc 白花纯合体杂交,子一代自交后的子二代中红花个体所占的比例是多少?根据亲本基因型,可以推断子一代基因型为 Cc,假设子一代产生配子 C、c 的概率相等,则产生 C 配子的概率为 1/2,产生 c 配子的概率也为 1/2,可以用棋盘法解决这个问题(表 3-7)。

表 3-7　子一代自交结果

雌配子 / 雄配子	$C(P=1/2)$	$c(P=1/2)$
$C(P=1/2)$	1/4 CC	1/4 Cc
$c(P=1/2)$	1/4 cC	1/4 cc

在 $Cc\times Cc$ 的交配中,可以形成 4 种合子,概率都是 1/4,这些合子都是互斥事件,一个合子不可能同时是 CC、Cc 或者 cc,因此红花个体(CC、Cc、cC)出现的概率应该是三者之和,即 $1/4+1/4+1/4=3/4$,而白花个体(cc)出现的概率是 1/4。

由于各对基因的分离是独立的,所以可以依次分析各对基因/相对性状的分离类型与比例,即使用分支法对某一事件出现的频率进行预测,这种方法适用于两对以上基因的自由组合,而且双亲不一定对每对基因都是杂合体。以孟德尔所做的两对基因的杂交试验为例,黄(Y)对绿(y)为显性,圆(R)对皱(r)为显性,子一代双杂合体($YyRr$)自花受精时,子二代的基因型和表型可以通过图 3-4 和图 3-5 表示。

利用加法定理和乘法定理可以计算形成配子的比例及由配子基因型推导个体基因型。

例 1:ABC 基因位于非同源染色体上,一个基因型为 $AaBbCc$ 的个体,形成 ABc 的配子的比例是多少?

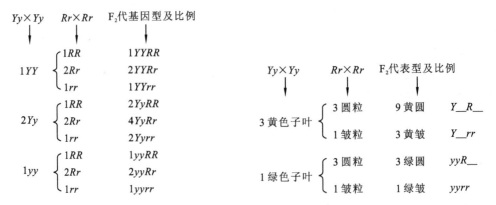

图 3-4　分支法分析两对性状杂交后代的基因型　　图 3-5　分支法分析两对性状杂交后代的表型

A、a 为等位基因,一个 Aa 个体形成 A 的概率为 1/2,形成 a 的概率也为 1/2,两者为互斥事件。B、b,C、c 的分离也是如此。A、B、C 基因在非同源染色体上,因而 3 对基因的分离彼此之间并无影响,互为独立事件。根据以上分析,基因型为 $AaBbCc$ 的个体产生 A、B、c 配子的概率各为 1/2,那么产生 ABc 配子的概率就为 1/2×1/2×1/2=1/8。

例 2:一个个体能产生 1/8 的 $abcd$ 配子,那么该个体的基因型是什么?

如果该个体基因型为 $AaBbCcDd$,则产生 $abcd$ 配子的概率为 1/16。而该个体能产生 1/8 的 $abcd$ 配子,说明有且只有一对基因是隐性纯合的,则该个体的基因型可能是 $aaBbCcDd$、$AabbCcDd$、$AaBbccDd$、$AaBbCcdd$。

例 3:若基因型为 $AaBbCcDdee$ 的个体自交,能形成 $AaBbccddee$ 后代的比例是多少?

基因型为 $AaBbCcDdee$ 的个体自交能产生 Aa 和 Bb 后代的概率均为 1/2,产生 cc、dd 的概率均为 1/4,产生 ee 后代的概率是 1,那么该基因型个体产生基因型为 $AaBbccddee$ 后代的概率为 1/2×1/2×1/4×1/4×1=1/64。

三、二项式展开

在遗传分析研究中,我们不仅要推算某一事件出现的概率,有时还要推算某几个事件的组合出现的概率,采用上述棋盘法工作较繁琐,如果采用二项式公式进行分析,则较简便。设 p 为某一事件出现的概率,q 为另一事件出现的概率,$p+q=1$。n 为估测其出现概率的事件数。二项式展开的公式为

$$(p+q)^n = p^n + np^{n-1}q + \frac{n(n-1)}{2!}p^{n-2}q^2$$
$$+ \frac{n(n-1)(n-2)}{3!}p^{n-3}q^3 + \cdots + q^n$$

当 n 较大时,二项式展开的公式过长。为了方便,如仅推算其中某一项事件出现的概率,可用以下通式:

$$\frac{n!}{r!\ (n-r)!}p^r q^{n-r}$$

r 代表某事件(基因型或表型)出现的次数;$n-r$ 代表另一事件(基因型或表型)出现的次数。! 为阶乘符号,如 4!,即表示 4×3×2×1=24。应该注意:0! 或任何数的 0 次方均等于 1。

现以杂种 $YyRr$ 自交为例,用二项式展开分析其后代群体的基因结构。显性基因 Y 或 R 出现的概率 p 为 1/2,隐性基因 y 或 r 出现的概率 q 为 1/2,$p+q=1/2+1/2=1$。n 为杂合基因个数。现 $n=4$,代入二项式展开为

$$(p+q)^n = \left(\frac{1}{2}+\frac{1}{2}\right)^4$$
$$= \left(\frac{1}{2}\right)^4 + 4\left(\frac{1}{2}\right)^3\left(\frac{1}{2}\right) + \frac{4\times3}{2!}\left(\frac{1}{2}\right)^2\left(\frac{1}{2}\right)^2 + \frac{4\times3\times2}{3!}\left(\frac{1}{2}\right)\left(\frac{1}{2}\right)^3 + \left(\frac{1}{2}\right)^4$$
$$= \frac{1}{16}+\frac{4}{16}+\frac{6}{16}+\frac{4}{16}+\frac{1}{16}$$

这样计算所得的各项概率:4 显性基因为 1/16,3 显性基因和 1 隐性基因为 4/16,2 显性基因和 2 隐性基因为 6/16,1 显性基因和 3 隐性基因为 4/16,4 隐性基因为 1/16。

如果只需了解 3 显性基因和 1 隐性基因个体出现的概率,即 $n=4$,$r=3$,$n-r=4-3=1$;则可采用单项事件概率的通式进行推算,获得同样的结果:

$$\frac{n!}{r!(n-r)!}p^r q^{n-r} = \frac{4!}{3!(4-3)!}\left(\frac{1}{2}\right)^3\left(\frac{1}{2}\right)$$
$$= \frac{4\times3\times2\times1}{3\times2\times1\times1}\left(\frac{1}{8}\right)\left(\frac{1}{2}\right) = \frac{4}{16}$$

上述二项式展开不但可以应用于杂种后代 F_2 代群体基因型的排列和分析,同样可以应用于测交后代群体中表型的排列和分析。因为测交后代,显性个体和隐性个体出现的概率也都分别是 $1/2(p=1/2,q=1/2)$。

此外,如果推算杂种自交的 F_2 代群体中不同表型个体出现的频率,同样可以采用二项式进行分析。根据孟德尔的遗传定律,任何一对完全显/隐性的杂合基因型,其自交的 F_2 代群体中,显性性状出现的概率 $p=3/4$,隐性性状出现的概率 $q=1/4$,$p+q=3/4+1/4=1$。

n 代表杂合基因对数,则其二项式展开为

$$(p+q)^n = \left(\frac{3}{4}+\frac{1}{4}\right)^n$$
$$= \left(\frac{3}{4}\right)^n + n\left(\frac{3}{4}\right)^{n-1}\left(\frac{1}{4}\right) + \frac{n(n-1)}{2!}\left(\frac{3}{4}\right)^{n-2}\left(\frac{1}{4}\right)^2$$
$$+ \frac{n(n-1)(n-2)}{3!}\left(\frac{3}{4}\right)^{n-3}\left(\frac{1}{4}\right)^3 + \cdots + \left(\frac{1}{4}\right)^n$$

例如,两对基因杂种 $YyRr$ 自交产生的 F_2 代群体,其表型个体的概率按上述 3/4、1/4 的概率代入二项式展开为

$$(p+q)^n = \left(\frac{3}{4}+\frac{1}{4}\right)^2 = \left(\frac{3}{4}\right)^2 + 2\left(\frac{3}{4}\right)\left(\frac{1}{4}\right) + \left(\frac{1}{4}\right)^2$$
$$= \frac{9}{16}+\frac{6}{16}+\frac{1}{16}$$

这表明具有两个显性性状($Y\_R\_$)的个体概率为 9/16,一个显性性状和一个隐性性状(Y_rr 和 $yyR\_$)的个体概率为 6/16,两个隐性性状($yyrr$)的个体概率为 1/16;即表型的遗传比例为 9:3:3:1。同理,如果是三对基因杂种 $YyRrCc$,其自交的 F_2 代群体的表型概率,可按二项式展开求得

$$(p+q)^n = (p+q)^3 = \left(\frac{3}{4}\right)^3 + 3\left(\frac{3}{4}\right)^2\left(\frac{1}{4}\right) + 3\left(\frac{3}{4}\right)\left(\frac{1}{4}\right)^2 + \left(\frac{1}{4}\right)^3$$

$$= \frac{27}{64} + \frac{27}{64} + \frac{9}{64} + \frac{1}{64}$$

这表明具有三个显性性状($Y\_R\_C\_$)的个体概率为 27/64,两个显性性状和一个隐性性状(Y_R_cc、$Y\_rrC\_$ 和 $yyR\_C\_$ 各占 9/64)的个体概率为 27/64,一个显性性状和两个隐性性状(Y_rrcc、yyR_cc 和 $yyrrC\_$ 各占 3/64)的个体概率为 9/64,三个隐性性状($yyrrcc$)的个体概率为 1/64,即表型的遗传比例为 27∶9∶9∶9∶3∶3∶3∶1。

如果需要了解 F₂ 代群体中某种表型个体出现的概率,也同样可用上述单项事件概率的通式进行推算。例如,在三对基因杂种 $YyRrCc$ 的 F₂ 代群体中,试问 2 显性性状和 1 隐性性状个体出现的概率是多少? 即 $n=3$,$r=2$,$n-r=3-2=1$。则可按上述通式求得

$$\frac{n!}{r!(n-r)!}p^r q^{n-r} = \frac{3!}{2!(3-2)!}\left(\frac{3}{4}\right)^2 \left(\frac{1}{4}\right)$$

$$= \frac{3 \times 2 \times 1}{2 \times 1 \times 1}\left(\frac{9}{16}\right)\left(\frac{1}{4}\right) = \frac{27}{64}$$

四、χ^2 测验及应用

χ^2 测验是一种统计假设测验:先做统计假设(一个无效假设和一个备择假设),然后根据估计的参数(χ^2)来判断应该接受其中哪一个。

在遗传学试验中,由于种种因素的干扰,实际获得的各项数值与其理论上按概率估算的期望数值常具有一定的偏差。一般说来,如果对试验条件严加控制,而且群体较大,试验结果的实际数值就会接近预期的理论数值。如果两者之间出现偏差,究竟是属于试验误差造成的,还是真实的差异,这通常可用 χ^2 测验进行判断。对于计数资料,通常先计算衡量差异大小的统计量 χ^2,根据 χ^2 值表查知概率的大小,从而可以判断偏差的性质,这种检验方法称为 χ^2 测验。

进行 χ^2 测验时可利用以下公式,即

$$\chi^2 = \sum \frac{(O-E)^2}{E}$$

在这里,O 是实测值(observed values),E 是理论值(expected values),$\sum$(sigma)是总和的符号,是许多上述比值的总和的意思。从以上公式可以说明,χ^2 值即平均平方偏差的总和。

有了 χ^2 值,有了自由度,就可以查出 P 值。自由度用 df(degree of freedom)表示,一般来说自由度 df$=k-1$(k 为类型数),例如,子代为 1∶1,3∶1 的情况,自由度为 1,9∶3∶3∶1 的情况下,自由度为 3。

例如,用 χ^2 测验检验孟德尔两对相对性状的杂交试验结果(表 3-8)。可求得 χ^2 值为 0.47,自由度为 3,查表 3-9 即得 P 值在 0.90~0.95 之间,说明实际值与理论值差异发生的概率在 90% 以上,因而样本的表型比例符合 9∶3∶3∶1。要指出的是,在遗传学试验中 P 值常以 5%(0.05)为标准,$P>0.05$ 说明"差异不显著",$P<0.05$ 说明"差异显著";如果 $P<0.01$ 说明"差异极显著"。

表 3-8 孟德尔两对基因杂种自交结果检测

	黄、圆	绿、圆	黄、皱	绿、皱	总数
实测值(O)	315	108	101	32	556
理论值(E)	312.75	104.25	104.25	34.75	556
$O-E$	2.25	3.75	-3.25	-2.75	0
$(O-E)^2$	5.06	14.06	10.56	7.56	
$(O-E)^2/E$	0.016	0.135	0.101	0.218	

$$\chi^2 = \sum \frac{(O-E)^2}{E} \qquad \chi^2 = 0.016 + 0.135 + 0.101 + 0.218 = 0.47$$

注:理论值是由总数 556 粒种子按 9 : 3 : 3 : 1 分配求得的。

表 3-9 χ^2 数值表(部分)

df \ P	0.99	0.95	0.50	0.10	0.05	0.01
1	0.00016	0.0039	0.455	2.706	3.841	6.635
2	0.0201	0.103	1.386	4.605	5.991	9.210
3	0.115	0.352	2.366	6.251	7.815	11.345
4	0.297	0.711	3.357	7.779	9.488	13.277
5	0.554	1.145	4.351	9.236	11.070	15.086
10	2.588	3.940	9.342	15.987	18.307	23.209

χ^2 测验法不能用于百分比,如果遇到百分比应根据总数把它们化成频数,然后计算差数,例如,在一个果蝇杂交试验中得到长翅果蝇占 54%,残翅果蝇占 46%,总数是 150 只,现在要测验一下这个实际数值与理论数值是否相符,这就需要首先把百分比根据总数化成频数,即长翅果蝇为 150×54%=81 只,残翅果蝇为 150×46%=69 只,然后按照 χ^2 测验公式求 χ^2 值。

习题

1.在番茄中,紫茎(A)和绿茎(a)是一对相对性状,紫茎对绿茎是显性。下列杂交可以产生哪些基因型?哪些表型?它们的比例如何?

(1)$AA×aa$;(2)$AA×Aa$;(3)$Aa×Aa$;(4)$Aa×aa$;(5)$aa×aa$

2.南瓜的果实中白色(W)对黄色(w)为显性,盘状(D)对球状(d)为显性,两对基因独立遗传。下列杂交可以产生哪些基因型?哪些表型?它们的比例如何?

(1)$WWDD×wwdd$;(2)$WwDd×wwdd$;(3)$Wwdd×wwDd$;(4)$Wwdd×WwDd$

3.纯种甜玉米和纯种非甜玉米间行种植,收获时发现甜玉米果穗上结有非甜玉米籽粒,而非甜玉米果穗上找不到甜玉米籽粒,试说明发生这种情况的原因。

4.有一个小麦品种能抗倒伏(D),但容易感染锈病(T)。另一个小麦种不能抗倒伏(d),但能抗锈病(t)。怎样才能培育出既抗倒伏又抗锈病的新品种?

5.在玉米中,胚乳色泽是由等位基因 Y 和 y 控制的,基因 Y 能使玉米胚乳中形成玉米黄素,胚乳呈现黄色,基因 y 不能形成玉米黄素,因而胚乳呈现白色。现以黄粒玉米品种(YY)为母本,与白粒玉米品种(yy)进行杂交,请问:

(1)F$_1$代种子胚的基因型及胚乳的基因型及表型如何?

(2)F$_1$代自交,F$_2$代种子胚乳中基因型、表型及比例如何?

(3)F$_3$代种子胚的基因型和分离比是多少?

6. 真实遗传的紫茎、缺刻叶马铃薯植株(AACC)与真实遗传的绿茎、马铃薯叶植株(aacc)杂交,F$_2$代结果如下:

紫茎缺刻叶	紫茎马铃薯叶	绿茎缺刻叶	绿茎马铃薯叶
247	90	83	34

试分析这两对基因是否是自由组合的。

7. 品种 1(AABBCCDD)与品种 2(aabbccdd)进行杂交,产生的 F$_1$ 代植株再进行自花授粉,产生 F$_2$ 代植株,试问:

(1)F$_2$代中有多少种不同的基因型?

(2)F$_2$代中四个性状都表现为隐性的个体所占比例是多少?

(3)F$_2$代中四个显性基因均为纯合的基因型所占比例是多少?

注:已知四对基因为自由组合。

8. 在普通果蝇中,灰体($e+$)对黑檀体(e)为显性,长翅($vg+$)对残翅(vg)为显性,且两对性状为自由组合关系。一灰体、长翅果蝇与另一品系果蝇杂交,产生 160 个子代果蝇,表型及数目如下:

灰体、长翅	灰体、残翅	黑檀体、长翅	黑檀体、残翅
43 个	35 个	40 个	42 个

(1)该灰体、长翅亲本果蝇的基因型如何?

(2)另一品系果蝇的基因型和表型如何?

(3)这些子代果蝇的基因型是什么?

9. 下表是不同小麦品种杂交后代产生的各种不同表型的比例,试写出各个亲本基因型(设毛颖、抗锈为显性)。

亲本组合	毛颖抗锈	毛颖感锈	光颖抗锈	光颖感锈
毛颖感锈×光颖感锈	0	18	0	14
毛颖抗锈×光颖感锈	10	8	8	9
毛颖抗锈×光颖抗锈	15	7	16	5
光颖抗锈×光颖抗锈	0	0	32	12

10. 你认为孟德尔的豌豆杂交试验能够取得重大遗传发现的原因是什么?

参考文献

[1]刘祖洞,乔守怡,吴燕华,等.遗传学[M].3 版.北京:高等教育出版社,2012.

[2]卢龙斗.普通遗传学[M].北京:科学出版社,2009.

[3]Peter H Raven,George B Johnson.生物学[M].谢莉萍,张荣庆,张贵友,等译.6 版.北京:清华大学出版社,2008.

第四章

孟德尔遗传定律扩展

第一节　环境的影响和基因的表型效应

一、环境与基因作用的关系

当一对相对基因处于杂合状态时,为什么显性基因能够决定性状的表现,而隐性基因不能,是否是显性基因直接抑制了隐性基因的作用? 试验证明,相对基因之间并不是彼此直接抑制或促进的关系,而是分别控制各自决定的代谢过程,进而控制性状发育。例如兔子的皮下脂肪有白色和黄色的不同,白色由显性基因 Y 决定,黄色由隐性基因 y 决定。

P　　　　　白色脂肪 YY×黄色脂肪 yy

F₁　　　　　白色脂肪 Yy

↓近亲繁殖

F₂　　　　　3 白色脂肪：1 黄色脂肪

显性基因 Y 控制黄色素分解酶的合成,兔子的主要食物是绿色植物,其中含有大量黄色素,黄色素可以被黄色素分解酶破坏。而隐性基因 y 则没有这个作用。因此基因型是 YY 和 Yy 的兔子,能合成黄色素分解酶分解绿色植物中的黄色素,使脂肪中没有黄色素积存,所以脂肪是白色的,而 yy 基因型的兔子由于不能合成黄色素分解酶,脂肪中积存黄色素,因此脂肪是黄色的。但是 yy 基因型兔子出生后不给它吃含叶绿素和黄色素的食物,即使它不能合成黄色素分解酶,脂肪仍表现白色。由此可知显性基因 Y 与白色脂肪表型的关系以及隐性基因 y 与黄色脂肪的关系都是间接的。Y 是通过直接控制合成了黄色素分解酶,然后间接使脂肪成为了白色。从兔子脂肪颜色的遗传来看,显、隐性基因的关系绝不是显性基因抑制了隐性基因的作用,而是它们各自参加一定的代谢过程,分别起着各自的作用。一个基因是显性还是隐性主要取决于它们各自的作用性质,取决于它们能不能控制某个酶的合成。

显隐性关系有时也受到环境的影响,例如,玉米中有些隐性基因(其中一对是 aa)使叶内不能形成叶绿体,造成白化幼苗,而它的显性等位基因 A 是叶绿素形成的必要条件。AA 种子在暗处发芽,长成的幼苗也是白化的;而在光照下发芽,则长成的幼苗就是绿色的。由此可见,基因型相同的个体在不同条件下可发育成不同的表型。基因型不是决定着某一性状的必然实现,而是决定着一系列发育可能性,究竟其中哪一个可能性得到实现,具体要看环境而定。显隐性关系有时也受到其他生理因素如年龄、性别、营养以及健康状况等的影响。

二、性状的多基因决定

许多基因影响同一个性状的发育,称为多因一效(multigenic effect)。例如玉米正常叶绿素的形成与 50 多对不同的基因有关,其中任何一对发生改变,都会影响叶绿素的消失或改变。又如,玉米中 A_1 和 a_1 这对基因决定花青素的有无,A_2 和 a_2 这对基因也决定花青素的有无,C 和 c 这对基因决定糊粉层颜色的有无,R 和 r 这对基因决定糊粉层和植株颜色的有无。当 A_1、A_2、C 和 R 这 4 个显性基因都存在时,胚乳是红色的,但是如果另外一个显性基因 Pr 存在,胚乳就成为了紫色。因此胚乳的紫色和红色由 Pr 和 pr 这对基因决定,但是如果 A_1、A_2、C 和 R 这 4 个显性基因都不存在,仅有 Pr 基因存在,不会是紫色,也不会是红色,而是无色。因此当其他基因都相同的情况下,两个个体之间某一性状的差异由一对基因的差异决定。虽然性状由许多基因决定,但是我们在写某一个个体的基因型时,不可能把所有基因全部写出来,而且也没有必要。在任何杂交试验中,只要写出与分离比有关的那些基因就可以了。

三、基因的多效性

一个基因也可以影响许多性状的发育,这称为一因多效(pleiotropism)。基因的多效现象极为普遍,几乎所有的基因无不如此。因为生物体发育中各种生理生化过程都是相互联系、相互制约的。基因通过生理生化过程影响性状,所以基因的作用也必然是相互联系、相互制约的。由此可见,一个基因必然影响若干性状,只不过程度不同而已。

例如孟德尔在豌豆杂交试验中就曾发现,开红花的植株同时结灰色种皮的种子,叶腋上有黑斑;开白花的植株同时结淡色的种子,叶腋上无黑斑。这 3 种性状总是一起出现。这说明决定豌豆红花和白花的那对基因,不仅影响花的颜色,而且影响种子颜色和叶腋上黑斑的有无。水稻的矮生基因也常有多效性的表现,它除了表现矮化作用之外,还可以提高水稻的分蘖力,增加叶绿素的含量,使叶色加深,扩大栅栏细胞的直径等。

四、基因表达的变异

生物的表型是基因型和环境条件共同影响的结果,基因作用的表现离不开内、外环境条件的影响。生物的性别、年龄和某一特定基因与其他基因的相互关系或修饰基因的影响,以及温度、营养等条件都可能使具有某种特定基因的个体并不表现预期的表型。同时也可能使某一特定基因型所规定的表型在不同的个体中表现的程度不同。

在特定环境中某一显性基因在杂合状态下,或某一隐性基因在纯合状态下,显示预期表型的个体比率,称为外显率(penetrance),一般用百分比(%)表示。外显率为 100% 时属于完全外显,低于 100% 时属于不完全外显。在黑腹果蝇中,隐性的间断翅脉基因(interrupted wing vein)i 的外显率只有 90%,也就是说,90% 的 i/i 基因型个体有间断翅脉,其余 10% 是野生型。玉米形成叶绿素的基因型在有光条件下能 100% 形成叶绿体,其外显率是 100%,但是在无光条件下则不能形成叶绿体,外显率为 0。

具有相同基因型的个体之间基因表达的变化程度称为表现度(expressivity)。在黑腹果蝇中有二十多个基因与眼睛色泽有关,这些基因的表现度很一致,虽然随着年龄的增加,眼睛的色泽可能稍微深一些。另外黑腹果蝇的显性基因 L 的特征是复眼缩小,但是该基因的外显率为 75%,即携带 L 基因的个体只有 75% 是小眼睛,其余 25% 的个体眼睛正常,并且 75% 小眼个体的眼睛缩小的程度是不同的,即 L 基因具有可变的表现度。人类中成骨不全是显性遗传病,杂合体患者可以同时有多发性骨折、蓝色虹膜和耳聋等症状,也可以只有其中一种或两种临床表现。

五、拟模型

表型是基因型和环境相互作用的结果,也就是说表型受基因型与环境两种因素共同影响。有时候,基因型改变,表型会随之改变;环境因素改变,表型也可能随着改变。环境因素所诱导的表型改变类似于基因型改变所产生的表型,这种现象称为拟模型(phenocopy),或表型模拟。

例如野生黑腹果蝇(*Drosophila melanogaster*)(＋＋)是长翅的,而突变型($vgvg$)是残翅的,长翅对残翅是显性。用一定的高温(35～37℃,6～24 h)处理残翅果蝇的幼虫,以后个体长大后,羽化为成虫后,其翅膀长度接近野生型,不过它们的基因型仍然是 $vgvg$,因为它们和一般的突变型个体($vgvg$)交配,并在常温下培育子代时,子代个体的翅膀都是残翅,这说明环境因素的变化使幼虫发生了类似于突变体表型的变化。

人类的肾上腺生殖系统综合征,是由基因突变造成 22-羟化酶缺乏引起的。如果母亲妊娠期间患有肾上腺肿瘤,后代也可形成与该综合征类似的表征。

第二节　复等位现象

遗传学早期研究仅涉及一个基因的两种等位形式,如豌豆的红花基因与白花基因,圆形基因与皱缩基因;果蝇的正常翅基因与残翅基因等等。其实在动、植物群体以及人类群体中,一个基因可以存在很多等位形式,如 $a_1,a_2,\cdots,a_n$,但就每一个二倍体的细胞而言,最多只能有其中的两个,而分离的原则也是一样的。在群体中占据同源染色体相同位点上多个等位基因的总体称为复等位基因(multiple alleles)。这种现象称为复等位现象(multiple allelism)。

一、ABO 血型

在复等位基因方面,最值得注意的例子就是人的 ABO 血型。按照 ABO 血型,所有的人都可以分为 A 型、B 型和 O 型。人的 ABO 血型由 I^A、I^B、i 3 个复等位基因决定着红细胞表面抗原的特异性,任何一个二倍体个体都不可能同时具有 3 个等位基因,而是在同一基因座上只存在其中的任意两个等位基因,表现出一种特定的血型。这 3 种复等位基因组成 6 种基因型。其中 I^A 基因、I^B 基因分别对 i 基因表现为显性,I^A 基因与 I^B 基因为共显性,所以 6 种基因型只显现 4 种表型。

$I^A I^A$ 和 $I^A i$ 表型相同,都是 A 型。

$I^B I^B$ 和 $I^B i$ 表型相同,都是 B 型。

$I^A I^B$ 杂合体中,I^A 和 I^B 都是显性,表型是 AB 型。

ii 的表型是 O 型。

ABO 血型在红细胞膜上有抗原,体内还有天然抗体,如 A 型血的人有 A 抗原,血清中有抗 B 的抗体β;B 型血的人有 B 抗原,有抗 A 的抗体α;AB 型血的人有 A 和 B 抗原,没有抗体;O 型血的人没有抗原,而有 α 和 β 抗体。

二、Rh 血型与母子间的不相容

Rh 血型系统发现于 1939 年,是目前正式命名的 29 个人类红细胞血型系统中最复杂、最富有多态性的一个系统,到目前为止已经发现至少由 49 种不同抗原组成。

Rh 是恒河猴(*Rhesus macaque*)外文名称的头两个字母。兰德斯坦纳等科学家在做动物试验时,发现恒河猴和多数人体内的红细胞上存在 Rh 血型的抗原物质,故而命名。最初发现 Rh 血型时,认为这种血型是由一对等位基因 R 和 r 决定的。RR 和 Rr 个体的红细胞表面有一种特殊的粘多糖称为 Rh 抗原,所以这种人是 Rh 阳性。rr 个体没有这种粘多糖,所以是阴性。因为在我国 Rh 阴性血十分稀少,被称为"熊猫血",借大熊猫之珍贵来形容这种血型的稀罕。

Rh 阴性个体在正常情况下并不含有对 Rh 阳性细胞的抗体,但是有两种情况可以产生抗体。一种情况是,一个 Rh 阴性个体反复接受 Rh 阳性血液,这样可能在体内形成抗体,以后再输入 Rh 阳性血液就会发生输血反应。另外一个情况是,Rh 阴性母亲怀了 Rh 阳性的胎儿,分娩时阳性胎儿的红细胞可能通过胎盘进入母体血液循环中,使母亲产生对 Rh 阳性细胞的抗体。由于母亲的血细胞中并不含有 Rh 抗原,因此这并不影响母亲。对第一胎也没有影响。因为抗体是在胎儿出生后形成的。但是在怀第二胎时如胎儿仍为 Rh 阳性,那么母亲血液中的抗体通过胎盘进入胎儿血液循环就会使胎儿的红细胞被破坏,造成胎儿死亡。在有些情况下,胎儿也可以活着产下,但是新生儿全身水肿,有重症黄疸和贫血,所以一般就称为新生儿溶血症。这是母子间 Rh 血型的不相容现象。

如果出现了新生儿溶血症,就要用换血的方法来治疗。在这种病症的遗传学原因尚未弄清之前,只能盲目换血,所用的血大多来自 RR 成 Rr 个体,所以大都失败。现在弄清了遗传关系,治疗就很有把握了。但是换血方法只是事后的补救措施。怎样才能做到防患于未然呢?那就要对可能出现新生儿溶血症婴儿的母亲在第一胎分娩后的 48 h 内,把抗 Rh 的 γ 球蛋白注射到母亲的肌肉中去。那就是给产妇一种抗体,使她自己在开始产生抗体以前就把不相容的 Rh 阳性红细胞排除了。这样在怀第二胎时,阳性胎儿可像第一胎时的阳性胎儿一样不会发生新生儿溶血症了。后来对 Rh 血型的研究不断深入,知道 Rh 血型原来是由 8 个以上的复等位基因决定的。

三、自交不亲和

自交不亲和(self-incompatibility)是指能产生具有正常功能且同期成熟的雌雄配子的雌雄同体植物,在自花授粉或者相同基因型异花授粉时不能受精的现象。

这种现象在植物界普遍存在,而且许多自交不亲和性是受复等位基因控制的。例如,在红三叶草中发现 41 个复等位基因,在月见草中也发现了 45 个复等位基因,在甘蓝和大白菜中分别发现 41 个和 28 个复等位基因,这些复等位基因分别控制上述植物的自交不亲和性。在烟草属中有两个野生种表现为自交不亲和性(图 4-1),在这些烟草中已发现 15 个自交不亲和性的复等位基因 S_1、S_2、S_3、S_4 等,控制着自花授粉的不结实性。这里所说的自交不亲和性是指自花授粉不结实,而柱间却能结实的现象。试验表明,具有某一基因的花粉不能在具有同一基因的柱头上萌发,即自交不孕,好像同一基因之间存在着一种拮抗作用。但是在不同基因型的株间授粉则能结实。例如,$S_1S_2 \times S_1S_2$ 不能结实,但 $S_1S_2 \times S_2S_3$ 可以得到 S_1S_3 和 S_2S_2 两种基因型的种子,$S_1S_2 \times S_3S_4$ 可以得到基因型为 S_1S_3、S_1S_4、S_2S_3 和 S_2S_4 的四种类型的种子。

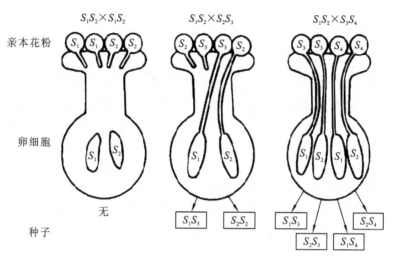

图 4-1 烟草自交不亲和性示意图

第三节 等位基因间的相互作用

一、不完全显性

紫茉莉($Mirabilis\ jalapa$)开红花(CC)的品种与开白花(cc)的品种进行杂交,F_1植株(Cc)的花是粉红色,表现为双亲的中间类型,而不是红色。F_1代自交后,F_2代表型有三种,分别是 1/4 白花,2/4 粉红色,1/4 红花,在不完全显性时,F_2代的表型与其基因型一致,都是 1:2:1。

二、并显性

双亲的性状同时在 F_1 代个体上表现出来的遗传现象称为并显性,或者称为共显性(codominance)。正常人红细胞呈碟形(SS),镰形贫血症患者的红细胞呈镰刀形(ss),这种贫血症患者和正常人结婚所生的子女,其红细胞既有碟形,又有镰刀形(Ss),这种人平时不表现病症,只有在缺氧时才发病。这就是共显性的表现。

三、镶嵌显性

这种一个等位基因影响身体的一部分,另一个等位基因影响身体另一部分,而杂合体两部分都同时受到影响的现象称为镶嵌显性,即双亲的性状在后代的同一个个体的不同部位表现出来,形成了镶嵌图示。我国遗传学家谈家桢教授对异色瓢虫($Harmonia\ axyridis$)鞘翅色斑遗传进行过研究,鞘翅的底色是黄色,不同的色斑类型在底色上会呈现不同的黑色斑纹,黑缘型鞘翅($S^{Au}S^{Au}$)瓢虫只在前缘呈黑色,均色型鞘翅($S^E S^E$)瓢虫只在后缘呈黑色。纯种黑缘型和纯种均色型杂交,F_1代杂合体($S^{Au}S^E$)既不表现黑缘型,也不表现均色型,而是出现一种新的色斑,鞘翅的前、后缘都呈黑色。

四、致死基因

致死基因(lethal allele)是指当其发挥作用时能够导致个体死亡的基因。致死基因的作用可以发生在个体发育的不同阶段,在配子时期致死的称为配子致死,在胚胎或者成体阶段致死的称为合子致死。致死基因最早是法国遗传学家 Cuenot 发现的,他于 1904 年在小鼠中发现黄色皮毛的品种不能够真实遗传。黄色小鼠与黄色小鼠交配其后代总会出现黑色小鼠,而且黄色、黑色的比例往往是 2∶1,而不是典型的孟德尔比例 3∶1。黑色小鼠的后代都是黑色,能够真实遗传,这说明它是隐性纯合体。而黄色小鼠与黑色小鼠杂交的子代则是 1 黄色∶1 黑色,这是典型的孟德尔测交比例,说明黄色小鼠是杂合体。根据孟德尔遗传定律,既然黄色小鼠是杂合体,其自交结果却不出现 3∶1 的孟德尔比例,唯一的可能性就是其中纯合的黄色个体在胚胎发育过程中死亡了。后来的研究证实了这一推断。

致死基因包括隐性致死基因(recessive lethal allele)和显性致死基因(dominant lethal allele)。隐性致死基因是指在杂合时不影响个体的生活力,但是在纯合时才有致死作用的基因。正如上述例子中的黄色小鼠(A^y)基因。植物中常见的白化基因(c)也属于隐性致死基因,纯合时(cc)它使植物成为白化苗,因此不能形成叶绿素,子叶中的养料逐渐消耗,最后植株死亡。显性致死基因是指在杂合状态就表现致死作用的基因。如人类中的神经胶质瘤基因只要一份就能引起皮肤的畸形生长,严重的智力缺陷,多发性肿瘤,所以携带此基因的杂合个体在很年轻时就丧失生命。

第四节　非等位基因间的相互作用

根据自由组合定律,两对等位基因自由组合 F_2 代出现 9∶3∶3∶1 的分离比例。但是有时 F_2 代会出现不符合 9∶3∶3∶1 的分离比例的现象,研究表明这是由于不同对等位基因,即非等位基因相互作用的结果。这种现象称为基因互作(interaction of genes)。

一、互补基因

两对独立遗传基因同时存在时(纯合或杂合),共同决定一种性状的发育。当其中任一基因发生突变都表现另一种性状,这类基因称为互补基因(complementary gene)。这种基因互作类型称为互补作用(complementary effect)。例如香豌豆(*Lathyrus odoratus*)中有许多不同花色的品种,其中有两个白花品种,两者杂交 F_1 代开紫花,F_1 代自交得 F_2 代为 9/16 紫花∶7/16 白花。对照自由组合定律,可知该杂交组合是两对基因的分离。F_1 代和 F_2 代群体 9/16 是紫花,说明是两对显性基因的互补作用。如果两个显性基因分别是 C 和 P,就可以确定杂交亲本、F_1 代和 F_2 代各种类型的基因型。

$$P \qquad 白花\ CCpp \times 白花\ ccPP$$
$$\downarrow$$
$$F_1 \qquad 紫花\ CcPp$$
$$\downarrow$$
$$F_2 \qquad 9\ 紫花(C\_P\_)∶7\ 白花(3C\_pp+3ccP\_+1ccpp)$$

在上述试验中，F_1 代和 F_2 代的紫花植株与它们的野生祖先的花色相同，这种现象称为返祖遗传(atavism)。这种野生型香豌豆的紫花性状取决于两种显性基因的互补。这两种显性基因在进化过程中分别发生了突变，即显性基因 C、P 突变成隐性基因 c、p，产生了两种不同的白花品种。当这两种品种杂交后，两对显性基因又重新组合在一起，于是出现了祖先的紫色。互补作用在很多动物和植物中都有发现。

二、修饰基因

有些基因本身并不能独立地表现任何可见的表型效应，但是可以影响其他基因的表型效应，这些基因称为修饰基因(modifiers)，其中可以完全抑制其他非等位基因表型效应的基因又被称为抑制基因(inhibitor)。例如选用两种中国品种的白色家蚕进行杂交试验，白色×白色，F_1 代表现白色，F_2 代群体表现为 13 白色∶3 黄色。其中 Y 为黄色基因，I 为抑制基因。F_1 代及 F_2 代的基因型如下：

P　　　　　　　　　白蚕 $IIYY$×白蚕 $iiyy$

　　　　　　　　　　　　↓

F_1　　　　　　　　　　白蚕 $IiYy$

　　　　　　　　　　　　↓

F_2　　　13 白蚕($9I\_Y\_+3I\_yy+1iiyy$)∶3 黄蚕($iiY\_$)

当抑制基因 I 存在时，其抑制了 Y 基因的作用。因为 yy 不能表现黄色效应，虽然 ii 并不起抑制作用，但 $iiyy$ 也是白色。只有当 I 不存在时，Y 基因的作用才能表现，因此只有 $iiY\_$ 表现黄色。

三、上位效应

两对独立遗传的基因共同对一对性状发生作用，其中一对基因对另外一对基因的表现有遮盖作用，称为上位效应(epistatic effect)。起遮盖作用的如果是显性基因，称为上位显性基因。例如，影响西葫芦(squash)的显性白皮基因(W)对显性黄皮基因(Y)有上位作用，当 W 基因存在时阻碍了 Y 基因的作用，表现为白皮；无 W 基因时，Y 基因表现其黄色作用；如果 W 基因和 Y 基因都不存在，则表现 y 基因的绿色。

P　　　　　　　　　白皮 $WWYY$×绿皮 $wwpp$

　　　　　　　　　　　　↓

F_1　　　　　　　　　　白皮 $WwYy$

　　　　　　　　　　　　↓

F_2　　　12 白皮($9W\_Y\_+3W\_yy$)∶3 黄皮($wwY\_$)∶1 绿皮($wwyy$)

在两对互作的基因中，其中一对隐性基因对另一对基因具有上位作用，称为隐性上位作用(epistatic recessiveness)，起遮盖作用的基因称为上位隐性基因。例如，玉米胚乳蛋白层颜色的遗传，当基本颜色基因 C 存在时，另一对基因 $Prpr$ 都能够表现各自的作用，即 Pr 表现紫色，pr 表现红色。而无 C 基因时，隐性基因分别对 Pr 和 pr 基因起上位作用，使得 Pr 和 pr 都不能表现各自的性状。

P   红色蛋白层 $CCprpr$ × 白色蛋白层 $ccPrPr$
                            ↓
F_1 紫色 $CcPrpr$
                            ↓
F_2 9 紫色($C\_Pr\_$)：3 红色(C_prpr)：4 白色($3ccPr\_+1ccprpr$)

四、积加效应

在一些试验中发现,两种显性基因同时存在时产生一种性状,分别单独存在时表现相似作用,两种显性基因都不存在时表现第三种性状,称为积加效应(additive effect)。例如南瓜($Cucurbita\ pepo$)有不同的果形,圆球形对扁盘形为隐性,长圆形对圆球形为隐性。如果选用两种不同型的圆球形品种杂交,F_1代产生扁盘形,F_2代出现 3 种果形,分别是 9/16 扁盘形,6/16 圆球形,1/16 长圆形。它们的遗传行为分析如下:

P   圆球形 $AAbb$ × 圆球形 $aaBB$
                            ↓
F_1 扁盘形 $AaBb$
                            ↓
F_2 9 扁盘形($A\_B\_$)：6 圆球形($3A\_bb+3aaB\_$)：1 长圆形($aabb$)

五、重叠效应

当两对基因互作时,如果两对显性基因同时存在时或者分别存在时具有相同的性状,而当两对基因均为隐性时表现为另一种性状,且两种性状在 F_2 代的分离比例是 15：1,这种互作类型称为重叠效应(duplicate effect)。例如荠菜蒴果形状的杂交试验。

P   三角形 $T_1T_1T_2T_2$ × 卵形 $t_1t_1t_2t_2$
                            ↓
F_1 三角形 $T_1t_1T_2t_2$
                            ↓
F_2 15 三角形($9T_1\_T_2\_+3T_1\_t_2t_2+3t_1t_1T_2\_$)：1 卵形($t_1t_1t_2t_2$)

实际上,上述基因互作类型中表型的比例都是在两对独立遗传基因分离比例 9：3：3：1 的基础上演化来的。只有表型的比例有所改变,而基因型的比例仍然和自由组合定律一致。基因互作是对孟德尔遗传定律的深化和发展。

基因互作分为基因内互作(intragenic interaction)和基因间互作(intergenic interaction)。基因内互作是指同一位点上等位基因的相互作用,表现为显性或者不完全显性和隐性。基因间互作是指不同位点非等位基因相互作用,表现为上位性和下位性。性状的表现都是在一定环境下,通过这两类基因互作共同或者单独发生作用的产物。

习题

1.从基因与性状之间的关系,怎样正确理解遗传学上内因与外因的关系?

2.当母亲的表型是 $ORh^- MN$,子女的表型是 $ORh^+ MN$ 时,请问在下列组合中,哪一个或哪几个组合不可能是子女的父亲的表型,可以被排除?

$ABRh^+M$, ARh^+MN, BRh^-MN, ORh^-N。

3.何谓基因的多效性?试举例说明。

4.简述新生儿溶血现象产生的原因及避免产生的措施。

5.当两个开白花的香豌豆杂交时,F_1代为紫花,而F_1代自交后代F_2代表现为55株紫花和45株白花。请问:

(1)表型类型属于哪一种?

(2)亲本、F_1代和F_2代的基因型分别有哪些?

6.何谓上位?它与显性有何区别?举例说明上位的机制。

7.在一个牛群中,外貌正常的双亲产下一头矮生的雄犊,看起来与正常的牛犊显然不同,试列举出可能的原因,并对每一种可能性进行科学分析。

8.一条真实遗传的黑色狗和一条真实遗传的白色狗交配,所有F_1代个体的表型都是白色。F_1代个体进行自交,得到的F_2代中有118条白色狗、32条黑色狗和10条棕色狗。使用所学的遗传学知识进行解释。

9.Nilsson-Ehle选用白颖和黑颖两种燕麦进行杂交试验。F_1代是黑颖。F_2代共得560株,其中黑颖416株,灰颖106株,白颖36株。请说明颖壳颜色的遗传方式;写出F_2代中白颖和灰颖植株的基因型;作χ^2测验,实得结果是否符合你的理论假设?

参考文献

[1] 刘祖洞,乔守怡,吴燕华,等.遗传学[M] 3版.北京:高等教育出版社,2012.

[2] 刘庆昌.遗传学[M].2版.北京:科学出版社,2007.

[3] 朱军,刘庆昌,张天真,等.遗传学[M].北京:中国农业出版社,2010.

[4] 戴灼华,王亚馥,粟翼玟,等.遗传学[M].2版.北京:高等教育出版社,2008.

[5] 佟向军,张博.遗传学学习指导与题解[M].北京:高等教育出版社,2009.

[6] 李雅轩,胡英考.遗传学学习指导[M].北京:科学出版社,2006.

[7] 卢龙斗.遗传学考研精解[M].北京:科学出版社,2007.

第五章

性别决定与伴性遗传

第一节　性染色体与性别决定

生物界中最引人注意的现象之一是雌雄之分——性别,性别是从酵母到人类一切真核生物的共同特征,是生物界最重要的遗传性状之一,它是个体遗传基础与环境因素相互作用的结果。两性生物中的雌雄性别比 1∶1 是一个恒定值,性别遗传也是按孟德尔方式遗传的。在许多生物中,性别差异是极其显著的,就人类而言,雌雄间既有初级性征的差异,又有次级性征的差异。高等动物和某些植物中的性别普遍由性染色体决定,位于性染色体上的基因的复制和传递就要伴随性染色体而一起行动,这就是伴性遗传。人的性别也由性染色体决定,如果异常会导致某些疾病,许多遗传病也属伴性遗传,如红绿色盲、血友病 A。植物的雌雄性别不像动物那样明显,雄性和雌性的差异多表现在花器上,某些低等生物仅表现在生理上,而外形完全相同。因此,性别是一类很复杂的现象。

一、性染色体的发现

性染色体的发现主要源于对昆虫的研究。1891 年德国细胞学家 H. Henking 在半翅目昆虫的精母细胞减数分裂中发现了一种特殊的染色体。它实际上是一团异染色质,另一半没有。当时他对这一团染色质不太理解,就起名为"X 染色体"和"Y 染色体",也未将它和性别联系起来。直到 1902 年美国的 C. E. McClung 才第一次把 X 染色体和昆虫的性别决定联系起来。后来有许多细胞学家,特别是 E. B. Wilson 在许多昆虫中进行了广泛的研究,于 1905 年证明,在半翅目和直翅目的许多昆虫中,雌性个体具有两套普通的染色体称为常染色体(autosome,A)和两条 X 染色体,而雄性个体也有两套常染色体,但只有一条 X 染色体。于是将这种与性别有关的一对形态大小不同的同源染色体称为性染色体(sex-chromosome),一般以 XY 或 ZW 表示。如人的染色体 $2n=46$,其组成可表示为女性:AA(44)+XX(2);男性:AA(44)+XY(2)。

二、性染色体决定性别的类型

(一)XY 型

XY 型是生物界中较为普遍的类型,雄性个体是含有两条异形的性染色体的生物。所有哺乳类、某些两栖类和爬行类动物、一些鱼类、很多昆虫和雌雄异株的植物属于这一类型。其

雄性个体是异配子性别(heterogametic sex),可产生含有
X 和含有 Y 的两种雄配子,而雌性个体是同配子性别
(homogametic sex),只产生含有 X 的一种配子,受精时,
X 与 X 结合成 XX,将发育为雌性,X 与 Y 结合成 XY,将
发育为雄性。性比为 1∶1。

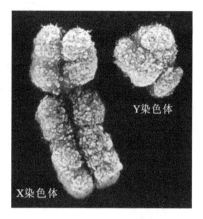

　　人的体细胞中有 46 条($2n=46$),23 对染色体,从 1
号到 22 号为 22 对常染色体,23 号是性染色体。女性的
第 23 号染色体是两条形态、大小、功能相同的 X 染色体,
男性的第 23 号染色体是一条 X 染色体和一条 Y 染色体。
X 染色体和 Y 染色体在形态、大小、结构和功能上具有明显
差别(图 5-1),X 染色体较大,几乎是 Y 染色体的 3~4 倍。
女性的染色体为 44+XX,男性的染色体为 44+XY。

图 5-1　人类的性染色体

　　人类基因组计划已经证实 X、Y 染色体上有同源部分和非同源部分,2003 年 6 月人类 Y
染色体基因测序完成,Y 染色体含有 0.5 亿 bp,它包含约 78 个编码蛋白质的基因。Y 染色体
内部存在许多基因控制着睾丸发育,其中的基因丢失会导致不育症。2005 年 3 月 17 日,在英
国《自然》杂志上发表的一篇文章宣告基本完成对人类 X 染色体的全面分析,并公布了该染色
体基因草图。对 X 染色体的详细测序是英国 Wellcome Trust Sanger 研究中心领导下世界各
地多所著名学院、超过 250 位基因组研究人员共同完成的,是人类基因组计划的一部分。研究
人员完成了 X 染色体上 99.9% 基因的测序,并对人类 X 染色体的起源作出了解释,X 染色体
含有 1.5 亿 bp,有 1100 个基因。

(二)XO 型

　　与 XY 型相似的还有 XO 型,其性别取决于性染色体的数目。雌性的性染色体为 XX,减
数分裂时产生一种含有 X 染色体的配子,为同配性别;雄性只有 X(XO),没有 Y,不成对,减数
分裂时产生两种类型的配子,一种含有 X 染色体,另一种不含性染色体,为异配性别。直翅
目昆虫(如蝗虫、蟋蟀、蟑螂等)和植物中花椒(*Zanthoxylum bungeanum* Maxim.)属于这种
类型。如蝗虫,雌性个体有 24 条染色体,表示为 22+XX,雄性个体有 23 条染色体,表示为
22+XO;花椒的雌株有 70 条染色体,表示为 68+XX,雄株有 69 条染色体,表示为 68
+XO。

(三)ZW 型

　　雌性个体含有两条异形的性染色体:一条 Z 染色体和一条 W 染色体,表示为 ZW,产生两
种类型的配子,为异配性别;雄性个体中含有两条 Z 染色体,表示为 ZZ,产生一种类型的配子,
为同配性别。鳞翅目昆虫、鸟类和某些两栖类和爬行类动物属于这一类型。

　　研究发现,鸡的 Z 染色体相对较大,占基因组的 7.5%,主要含有一些看家基因和特殊功
能的基因,包括一些雄性决定基因,如 $DMRT_1$;鸡的 W 染色体较小,占基因组的 1%,含大量
的异染色质和许多包含 *Xho* I 和 *Eco*R I 酶切位点的重复序列,W 染色体复制较晚。Z 染色体
与 W 染色体的同源部分很小。

　　家蚕(*Bombyx mori*)有 28 对染色体,其中 27 对为常染色体,一对为性染色体。雌性为 54
+ZW,雄性为 54+ZZ。

（四）ZO 型

性别只取决于性染色体的数目,但是与 XO 型正好相反,雌性个体为异配性别(ZO),只含有一条 Z 染色体,减数分裂时产生有 Z 和无 Z 的两种类型的配子;雄性个体为同配性别(ZZ),含有两条 Z 染色体,减数分裂时只产生一种含有 Z 染色体的配子。少数鳞翅目昆虫属于这种类型。

三、果蝇中的 Y 染色体及其性别决定

在明确了性染色体与性别之间的关系后不久,人们发现性别的决定远远不像一对染色体分离那样简单。1925 年 C. B. Bridges 在果蝇的研究中提出:果蝇虽然也有 X 和 Y 染色体,但其性别不是取决于 Y 染色体是否存在。果蝇的 Y 染色体不像人类那样对于决定雄性至关重要,虽然与精子发生有关,而尚未发现它在性别决定中有任何功能。XO 型的果蝇可以发育为雄体,Y 染色体在体细胞中可以丢弃,但在初级精母细胞中都处于活跃状态,XO 雄蝇精子发生受到严重的干扰,产生的精子无活动能力。

研究证实,果蝇 X 染色体上有许多雌性基因,而雄性基因则在常染色体上,不在 Y 染色体上,一个个体发育成雌性或雄性,通常取决于性指数(sex index),是指 X 染色体数和常染色体组数的比值。果蝇早期胚胎中性指数(X：A 或 X/A)决定了性别的分化。当 X/A 等于 1 时,为正常雌性或多倍体雌性,当比值大于 1.00 时为超雌性;比值等于 0.50 时为正常雄性或多倍体雄性;小于 0.50 时,为超雄性;当比值为 0.50～1.00 时,则表现为中间性(表 5-1、图 5-2)。

表 5-1　果蝇的染色体组成与性别类型

卵细胞	精子	合子公式	X/A	性　　别
A+X	A+X	2A+2X	1.00	二倍体雌性
A+X	A+Y	2A+X+Y	0.50	雄性
A+2X	A+X	2A+3X	1.50	超雌性(死亡)
A+2X	A+Y	2A+2X+Y	1.00	二倍体雌性
2A+X	A+X	3A+2X	0.67	中间性(不育)
2A+X	A+Y	3A+X+Y	0.33	超雄性(死亡)
2A+2X	A+X	3A+3X	1.00	三倍体雌性
2A+2X	A+Y	3A+2X+Y	0.67	中间性(不育)

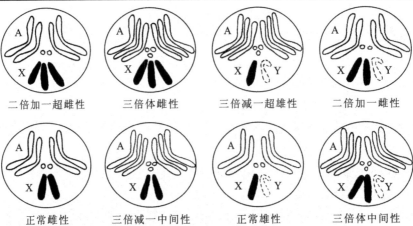

二倍加一超雌性	三倍体雌性	三倍减一超雄性	二倍加一雌性
正常雌性	三倍减一中间性	正常雄性	三倍体中间性

图 5-2　果蝇性染色体和常染色体间的平衡对性别的影响

四、其他类型的性别决定

(一)性别由染色体的倍数决定——蜜蜂

有些生物的性别取决于染色体的倍数(性),与是否受精有关。膜翅目昆虫蜜蜂、蚂蚁的性别决定属于这种类型。例如蜜蜂($Apis\ mellifera$)的蜂王和工蜂都是雌性,是由受精卵发育而来,每个体细胞中含有 32 条染色体($2n=32$),两个染色体组,是二倍体;雄蜂个体在群体中的数目很少,是由未受精的卵细胞发育而来的,体细胞中含有 16 条染色体,一个染色体组,是单倍体($n=16$)。蜂王(可育的雌蜂)可进行正常减数分裂,产生单倍体的卵($n=16$),雄蜂的减数分裂很特殊,第一次分裂时出现单极纺锤体,染色体全部向一极移动,两个子细胞中一个正常,含 16 个二联体,另一个是无核细胞质芽体,然后含有 16 个二联体的正常子细胞经过第二次分裂产生两个单倍体($n=16$)的精细胞,发育成精子。卵细胞和精子结合后形成二倍体的合子($2n=32$),将发育成蜂王和工蜂。

(二)性别由基因决定

已发现某些高等植物的性别由某些基因决定。

1.性别由单基因决定

雌雄异株的石刁柏,雄株由 A 显性基因决定,雌株由等位基因 a 决定。雄株的基因型为 AA 或 Aa,雌株的基因型为 aa。

2.性别由双基因决定

玉米雌雄同株,雄花为圆锥花序,顶生;雌花为穗状花序,叶腋生。控制玉米雌花序的基因为显性基因 Ba,控制雄花序的基因为显性基因 Ts。正常植株(图 5-3 中甲)的基因型为 $BaBaTsTs$ 或 $BabaTsts$,表现为正常的雌雄同株;如果 Ba 突变为 ba,基因型为 $babaTsTs$ 或 $babaTsts$ 会使植株不长雌花序而成雄株(图 5-3 中乙),只开雄花;如果 Ts 突变为 ts,基因型为 $BaBatsts$ 或 $Babatsts$ 就会使植株的雄花序变成雌花,植株变为雌株(图 5-3 中丙),表现为植株顶端和叶腋都开雌花;如果是隐性纯合体即基因型为 $babatsts$ 时,雄花序上长出雌穗,变成双隐性雌株(图 5-3 中丁),表现为顶端开雌花,叶腋不结籽。

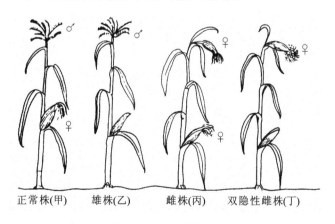

| 正常株(甲) | 雄株(乙) | 雌株(丙) | 双隐性雌株(丁) |

图 5-3　玉米的性别

3.性别由复等位基因决定

葫芦科的喷瓜性别由 3 个复等位基因决定,a^D、a^+、a^d,a^D 对 a^+、a^d 为显性,a^+ 对 a^d 为显性。a^D 决定雄株,a^+ 决定雌雄同株,a^d 决定雌株。表型由 5 种可能的基因型决定。$a^D a^+$、$a^D a^d$ 是雄株,$a^+ a^+$、$a^+ a^d$ 是雌雄同株,$a^d a^d$ 是雌株。另外,草莓的性别也由多个基因决定。

(三)性别由环境决定

某些低等生物性别不是在受精时决定的,而是雌雄个体具有相似的基因型,它们的性别完全取决于环境条件。例如一种海生蠕虫——后蝛虫,其幼虫可以自由游泳,并无性别分化,如果落入海底,发育为雌虫,而且体长可达 5 cm,比雄虫大约 500 倍,具有一个长吻。如果幼虫落在雌虫的吻上,就会移居到雌虫的子宫内,发育成微小的雄虫,除生殖器官外,大部分身体器官严重退化。如果幼虫落在吻上一段时间再掉下来,就会发育成中间性。雄性程度取决于幼虫在吻部停留的时间(图 5-4)。

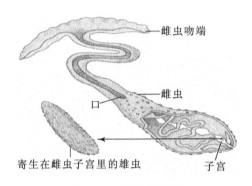

图 5-4　后蝛虫示意图

第二节　性连锁遗传

性染色体除能直接决定性别外,还带有其他遗传信息。位于性染色体上的基因所控制的性状在遗传上总是与性别相关联。这种性染色体上的基因所表现的性状,伴随性别遗传的现象称为性连锁遗传,又称为伴性遗传。其特点:正反交结果不同;性状的遗传与性别相联系;性状的分离比在两性间不一致;表现交叉遗传。

一、果蝇的伴性遗传

1910 年,美国遗传学家摩尔根(T. H. Morgan)和他的学生布里吉斯(C. Bridges)在野生红眼果蝇中发现了一只白眼雄蝇,将这只白眼雄蝇与野生红眼雌蝇交配,F_1 代都是红眼,可见红眼对白眼为显性,用 F_1 代互交得 F_2 代,F_2 代中雌蝇全部是红眼,雄蝇 1/2 为红眼,1/2 为白眼(图5-5),如果不论雌雄,红眼果蝇与白眼果蝇的比例是 3:1,符合孟德尔遗传定律。

可是为什么白眼都出现在雄果蝇身上呢?摩尔根也做了回交试验,让子一代的红眼雌蝇与最初发现的那只白眼雄蝇交配,结果生出的果蝇无论雌雄都是红眼、白眼各占一半,这也符合孟德尔遗传定律(图 5-6)。

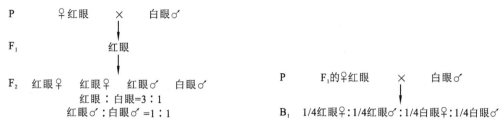

图 5-5　果蝇白眼性状遗传图解　　　**图 5-6　F₁代红眼雌蝇与白眼雄蝇回交**

摩尔根根据这些试验结果进行了深入思考,提出假设:决定果蝇眼睛颜色的基因存在于性染色体中的 X 染色体上,雄果蝇的一对性染色体由 X 染色体和 Y 染色体组成,Y 染色体很小,其上基因很少,没有眼睛颜色对应的基因。所以只要 X 染色体上有白眼基因,白眼性状就表现出来。雌果蝇的性染色体是一对 X 染色体,因为白眼是隐性性状,只有一对 X 染色体上都有白眼基因才会表现为白眼性状。根据这种假设,将白眼突变基因定位在 X 染色体上,用 X^+ 代表显性红眼基因,X^W 代表突变的白眼基因,Y 染色体上没有相应的等位基因,就可圆满解释上述试验结果(图 5-7 至图 5-10)。

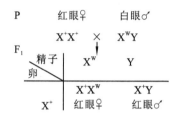

图 5-7　纯种红眼雌蝇与白眼雄蝇杂交(正交)

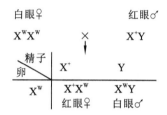

图 5-8　白眼雌蝇与红眼雄蝇交配(反交)

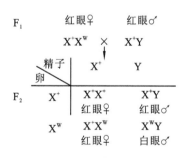

图 5-9　F₁代红眼雌蝇与红眼雄蝇交配

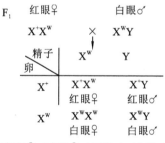

1红眼♀:1白眼♀:1红眼♂:1白眼♂

图 5-10　F₁代红眼雌蝇与白眼雄蝇交配

纯种红眼雌蝇与白眼雄蝇交配为正交(图 5-7),白眼雄蝇的基因型是 $X^W Y$,产生两种精子:一种精子含 X,上面有 W 基因;一种精子含 Y,上面没有相应的基因。红眼雌蝇的基因型是 $X^+ X^+$,产生的卵都带有 X^+,上面都有一野生型基因。两种精子(X^W 和 Y)与卵(X^+)结合,子代雌蝇的基因型是 $X^+ X^W$,因为+对 W 是显性,所以表型是红眼,后代雄蝇的基因型是 $X^+ Y$,表型也是红眼,所以 F₁代全为红眼。

白眼雌蝇与红眼雄蝇交配为反交(图 5-8),白眼雌蝇只产生 X^W 一种卵子,红眼雄蝇产生 X^+ 和 Y 两种精子,卵子与精子相互结合,后代雌蝇均为红眼,雄蝇均为白眼。

F₁代的红眼雌蝇与红眼雄蝇交配时(图 5-9),红眼雌蝇($X^+ X^W$)产生两种卵子:一种是 X^+;一种是 X^W。红眼雄蝇产生 X^+ 和 Y 两种精子。卵子与精子相互结合,后代雌蝇都是红眼

（X$^+$X$^+$和X$^+$X^W），而雄蝇中一半是红眼（X$^+$Y），一半是白眼（X^{W}Y），表型比例是2∶1∶1。

F$_1$代红眼雌蝇与白眼雄蝇交配时（图5-10），红眼雌蝇（X$^+$X^W）产生X$^+$和X^{W}两种卵子，白眼雄蝇产生X^{W}和Y两种精子。卵子与精子相互结合，后代红眼与白眼比例为1∶1，雌蝇与雄蝇的比例也为1∶1。

摩尔根这项研究工作的意义是：第一次把一个特定基因与一个特定染色体联系起来。他的性连锁遗传理论十分完美地解释了上述各种试验结果，为遗传学的发展做出了杰出的贡献。

从上述试验结果可以看到性连锁遗传的三个特点：①正、反交的结果不同，即正交子代雌、雄蝇中都有红眼、白眼，反交子代中雌蝇为红眼，雄蝇为白眼；②后代性状的分布与性别有关，即白眼在雄蝇出现机会较多；③常成一种交叉遗传，即白眼雄蝇的白眼基因随着染色体传给它的"女儿"，再由"女儿"传给它的"外孙"。

二、人的伴性遗传

根据人类男性个体（XY）的性染色体在减数分裂时染色体配对行为和性染色体在结构功能上的差异，可以把性染色体分为配对区域和非配对区域（图5-11）。

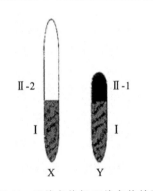

图 5-11　X 染色体与 Y 染色体的配对区域（Ⅰ）与非配对区域（Ⅱ）

在人类中，目前已知有1100多个基因位于X染色体上，其中有些基因是致病基因。根据突变基因可分为以下几种。

（一）伴 X 显性遗传

伴 X 显性遗传（X-linked dominant inheritance，XD）又称 X 连锁显性遗传，是指决定一些遗传性状或遗传病的显性基因在 X 染色体上的遗传方式。由于女性与男性的性染色体组成不同，这类性状遗传规律在群体中往往女性表现出该性状或遗传病的频率高于男性，而且女性多为杂合子发病。常见病例：抗维生素 D 佝偻病（图 5-12）、遗传性肾炎、深褐色齿等。

例如抗维生素 D 佝偻病：肾小管对磷的重吸收障碍，引起血磷下降而尿磷偏高，常对磷、钙的吸收不良，因而导致佝偻病症，身材矮小，下肢弯曲，患者服用常规剂量维生素 D 治疗无效。

遗传特点：①具有连续遗传现象；②患者中女多男少；③男患者的母亲及女儿一定是患者，简记为"男病，母女病"；④正常女性的父亲及儿子一定正常，简记为"女正，父子正"。

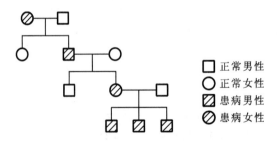

	正常男性
〇	正常女性
	患病男性
	患病女性

图 5-12　抗维生素 D 佝偻病家系图

（二）伴 X 隐性遗传

伴 X 隐性遗传（X-linked recessive inheritance，XR）又称 X 连锁隐性遗传，是指一些遗传性状或遗传病的隐性基因在 X 染色体上的遗传方式。其遗传特点是发病率有明显的性别差异。在人群中男性患者的频率显著高于女性，而且致病基因的频率越低，女性患者在群体中越少见，但是隐性致病基因往往以杂合状态存在于女性中。常见病例有红绿色盲（color blindness）、血友病（hemophilia）、进行性肌营养不良等。

例如 A 型血友病（hemophilia A），患者有出血倾向，受到轻微损伤，即可出血不止，量虽不多，但可能持续数小时至数周之久（图 5-13）。他们的血液里缺少一种凝血因子Ⅷ（抗血友病球蛋白），所以受伤流血时，血液不易凝结。在过去，血友病患者常常因微小的伤口而死亡，但现在因为凝血机制的了解，外科手术的改正，患者男性几乎可以跟正常男性一样地生活，只要他们处处小心。

遗传特点：①具有隔代交叉遗传现象（外公→女儿→外孙）；②患者中男多女少；③女性患者的父亲及儿子一定是患者，简记为"女病，父子病"；④正常男性的母亲及女儿一定正常，简记为"男正，母女正"。

若女性是携带者（X⁺Xʰ），与正常男人结婚，所生女儿的基因型有两种，X^+X^+ 和 X^+X^h，都是正常的，儿子的基因型也有两种，一种是 X^+Y，表型正常，另一种是 X^hY，是血友病患者，即男孩中有 1/2 会是血友病患者。可见男性血友病基因不传儿子，只传女儿，但女儿不显现血友病，却能生下患血友病的外孙，这样就在代与代间出现明显的不连续现象（图 5-14），称为交叉遗传。

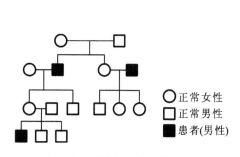

图 5-13　A 型血友病患者家系图

○ 正常女性
□ 正常男性
■ 患者（男性）

图 5-14　女性携带者与正常男性婚配及后代

（三）Y 连锁遗传

由于 Y 染色体仅存在于男性个体，则 Y 染色体上与 X 染色体非同源区域上的基因所决定的性状，将随 Y 染色体的行为而传递。它们仅仅由父亲传给儿子，不传给女儿，表现为限雄遗传（holandric inheritance），称为 Y 连锁遗传（Y-linked inheritance）。常见病例有外耳廓多毛症（hairy ear rims）（图 5-15）、鸭蹼病、箭猪病等。

遗传特点：①致病基因位于 Y 染色体上，患者全为男性，女性正常，简记为"男全病，女全正"；②致病基因由父亲传给儿子，儿子传给孙子，具有世代连续性，也称为限雄遗传，简记为"父传子，子传孙，传男不传女"。

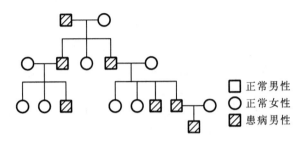

图 5-15　人类外耳廓多毛症及家系图

三、鸟类的伴性遗传

鸟类性染色体决定性别的机制是雌性为 ZW 型,雄性为 ZZ 型。例如,芦花鸡的羽毛黑白相间斑纹性状的遗传。芦花鸡羽毛在雏鸡阶段的羽绒为黑色且头顶上有黄色的斑点,成年时变成黑白相间的横纹,因此,用芦花雌鸡与非芦花雄鸡交配后,可以准确无误地淘汰公鸡,有利于产蛋鸡的挑选(图 5-16),Z^B 是带有芦花基因 B 的 Z 染色体,Z^b 是带有非芦花基因 b 的 Z 染色体。

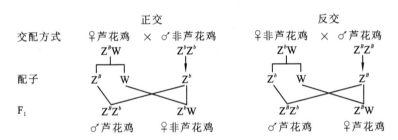

图 5-16　芦花鸡和非芦花鸡的正反交比较

决定性状的基因在 Z 染色体上,所以更确切地讲,应为 Z 连锁遗传（Z-linked inheritance）。在养禽场里,为了提高鸡的生产性能,可供利用的一个交配是芦花母鸡×非芦花公鸡。它们的子代生命力强,而且在孵化时根据羽绒上有没有黄色头斑,就可把雌、雄雏鸡区别开来了。

四、植物的伴性遗传

植物中有雌雄同花,雌雄异花,雌雄异花中又有雌雄同株和雌雄异株之分,即使是雌雄异株也并不都有异型性染色体,如杨柳。少数植物有异型性染色体分化,如草莓、金老梅为雌性异配,女娄菜为雄性异配。

女娄菜的叶子形状有阔叶和细叶两型。①如果把阔叶的雌株与细叶的雄株交配,子代全部是阔叶的雄株。②如果把阔叶是杂合的雌株与阔叶的雄株交配,子代雌雄都有,但雌株全是阔叶,而雄株中阔叶和细叶约各占半数。这样复杂的遗传方式究竟是怎样发生的呢?从上面的试验结果看来,阔叶和细叶这一对性状跟性别有关。所以,如果假设阔叶由基因 b 引起,细叶由基因 b 引起,B 和 b 是一对有显隐性关系的等位基因,位于 X 染色体的已分化部分上,Y 染色体上没有相对应的基因;此外再加上一个假设,带有基因 b 的花粉是致死的,这样上述的杂交试验,就可圆满地说明(图 5-17):X^B 是带有基因 B 的 X 染色体,X^b 是带有基因 b 的 X 染色体,X^b 是花粉致死。

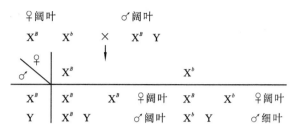

图 5-17　女娄菜的阔叶型和细叶型的伴性遗传

五、限性遗传、从性遗传和伴性遗传的区分

(一)限性遗传

限性遗传(sex-limited inheritance)的基因可在常染色体或性染色体上,但仅在一种性别中表达,限性遗传的性状常和第二性征或激素有关。如毛耳的基因在 Y 染色体上,仅在男性中表达。子宫阴道积水的基因在常染色体上,只在女性中出现。睾丸女性化的基因位于 X 染色体上,但这种症状只在男性中出现。

(二)从性遗传

从性遗传(sex-conditioned inheritance)是指由常染色体上基因控制的性状,在表型上受个体性别影响的现象。

如绵羊的有角和无角受常染色体上一对等位基因控制,有角基因 H 为显性,无角基因 h 为隐性,在杂合体(Hh)中,公羊表现为有角,母羊则无角,这说明在杂合体中,有角基因 H 的表现是受性别影响的(图 5-18)。

又如遗传性斑秃是一种以头顶为中心向周围扩展的进行性、弥漫性、对称性脱发,一般从 35 岁左右开始。男性显著多于女性,女性病例仅表现为头发稀疏、极少全秃。男性杂合子(b^+b)会出现早秃;而女性杂合子(b^+b)不出现早秃,只有纯合子($b^+ b^+$)才出现早秃。从大量系谱分析表明,本病为常染色体显性遗传病(连续数代表现,男女均可患病,并且可以男传男)。这种性别差异可能是由于性激素等的影响,使得女性杂合子不易表现,而女性纯合子才得以表现,即女性外显率低于男性,故男女比例表现为男多于女(图 5-19)。属于这类疾病的还有:遗传性草酸尿石症、先天性幽门狭窄、痛风等。也有些从性遗传病表现为女多于男,如甲状腺功能亢进症、遗传性肾炎、色素失调症等。

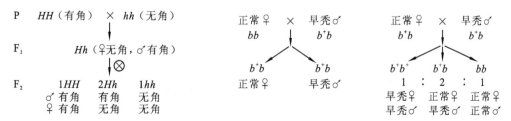

图 5-18　绵羊角的遗传方式图解　　　　图 5-19　早秃的遗传方式

鸡羽毛也是一个很好的从性隐性遗传的例子,雄鸡的羽毛和雌鸡的不同,h 基因控制雌鸡羽毛,只有当 h 基因纯合时在雄鸡中才能长出雄羽。从性遗传和 X 连锁遗传不同,不是由 X 染色体传递的,而是由常染色体传递。另外,表现出一定的基因型,有时在雌性中不能表达,而在雄性中都得到表达,可能是雄性激素作用的结果。其本质是基因的表达受到内部环境作用的结果(图 5-20)。

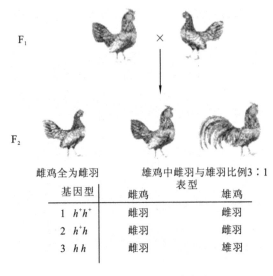

基因型	雌鸡	雄鸡
1 h^+h^+	雌羽	雌羽
2 h^+h	雌羽	雌羽
3 hh	雌羽	雄羽

图 5-20 鸡羽毛的遗传方式

(三)伴性遗传

伴性遗传(sex-linked inheritance)是指在遗传过程中子代的部分性状由性染色体上的基因控制。这种由性染色体上的基因所控制性状的遗传方式就称为伴性遗传,又称为性连锁(遗传)或性环连。许多生物都有伴性遗传现象。在人类,了解最清楚的是红绿色盲和血友病的伴性遗传。它们的遗传方式与果蝇的白眼遗传方式相似。伴性遗传分为 X 染色体显性遗传、X 染色体隐性遗传和 Y 染色体遗传。

总的来说,它们的根本区别在于:①限性遗传和从性遗传是常染色体基因控制的性状,而伴性遗传是性染色体基因控制的性状;②限性遗传只发生在一种性别上,而从性遗传发生在两种性别上,但受个体影响差异;③伴性遗传发生在两种性别上,和性别的发生频率有差异。

第三节 遗传的染色体学说的直接证明

1903 年美国遗传学家萨顿(Sutton)提出染色体假说,证据为基因的行为一般与染色体的行为平行。1910 年美国遗传学家摩尔根(T. H. Morgan)证明某一特定基因的行为对应于某一条特定的性染色体的行为,成为染色体遗传理论的有力证明。1916 年 Morgan 的三大弟子之一的布里吉斯(C. B. Bridges)发现了 X 染色体的不分离现象,才找到了染色体学说的直接证据。

布里吉斯将白眼 X^wX^w 雌果蝇和红眼 X^+Y 雄果蝇杂交时大部分后代是红眼雌蝇、白眼雄蝇,这与摩尔根试验的结果完全相同,但有 1/2000 的后代出现了意外的情况:红眼不育的雄蝇和白眼可育的雌蝇。他称其为初级例外后代(primary exceptional progeny)。他又进一步把初级例外的雌蝇和正常红眼雄蝇进行杂交,结果为约 4% 的后代是白眼雌蝇和可育的红眼雄蝇,他称其为次级例外,这是怎么发生的呢?(图 5-21)

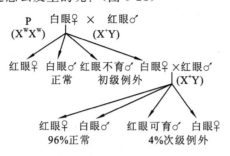

图 5-21　果蝇眼色遗传的初级例外和次级例外

布里吉斯假设可能在雌性减数分裂时存在 X^w 染色体不分开的现象,同时趋于一极,那么有一个子细胞中将有两条 X^w 染色体,而另一个子细胞中没有 X 染色体;雄蝇都能正常地减数分裂,这种异常的卵和正常的精子结合的结果有 4 种可能,$X^+ X^w X^w$、单个 Y、单个 X^w 和 $X^w X^w Y$,前两者不能成活,后两者即是红眼雄蝇和白眼雌蝇,这就是初级例外。通过细胞学研究,果然红眼雄果蝇只有一条 X 染色体,而白眼雌蝇有两条 X 染色体和一条 Y 染色体,验证了布里吉斯的假设(图 5-22)。

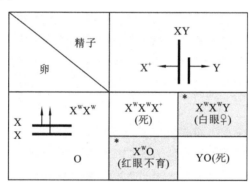

图 5-22　X 染色体不分离而产生眼色遗传的初级例外

＊表示初级例外。

布里吉斯对唯一可育的初级例外(XXY)的减数分裂又提出了推理(图 5-23),分析有三种不同的分离类型,有 84% 是 X-X 染色体配对,然后相互分离,Y 染色体随机地趋向一极;有16% 是 X-Y 染色体配对,然后相互分离,游离的 X^w 染色体也随机地移向两极,因此有一半(8%)将形成 $X^w Y$ 和 X^w 型的子细胞。

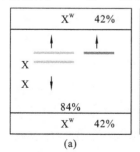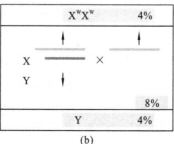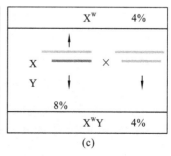

图 5-23　在 XXY 雌蝇中三种不同的分离方式

按这个假设,初级例外形成的 6 种配子和正常的红眼雄蝇产生的两种精子杂交,将产生 92%的正常后代和 4%的次级例外(图 5-24)。这是预料的情况,实例的结果获得了

| 红眼雌蝇 27679 只 | 白眼雄蝇 28887 只 | 95.7% |
| 白眼雌蝇 1224 只 | 红眼雄蝇 1246 只 | 4.3% |

			精子		
			X⁺(50%)	Y(50%)	
卵	X-Y 配对 (16%)	X^w X^w (4%)	X^w X^w X^+ (死)(2%)	X^w X^w Y(2%) (白眼♀)	次级例外后代的表型(4%) 另4%死亡
		Y (4%)	X^+ Y(2%)(♂) (红眼可育)	YY(2%) (死)	
	X-X 配对 (84%)	X^w (4%)	X^+ X^w(2%) (红眼♀)	X^w Y(2%) (白眼♂)	正常后代的表型 (92%)
		X^w Y (4%)	X^w X^+ Y(2%) (红眼♀)	X^w YY(2%) (白眼♂)	
		X^w (42%)	X^w X^+ Y(21%) (红眼♀)	X^w YY(21%) (白眼♂)	
		X^w (42%)	X^+ X^w(21%) (红眼♀)	X^w Y(21%) (白眼♂)	

图 5-24 XXY 亲代产生特殊配子是形成次级例外的原因

从比例上完全符合预料的结果,到此为止布里吉斯的模型比其他模型更具有说服力,他假设基因＋和 W 在 X 染色体上,而且很好地解释了初级例外和次级例外,他的模型是受到了精确的检验的:

①初级后代的细胞学研究表明雌性为 XXY,雄性为 XO,证实了布里吉斯的推论。

②次级后代的细胞学研究表明雌性为 XXY,雄性为 XY,和推理相符。

③例外白眼雌蝇的红眼雌性子代一半为 XXY,一半为 XX,和镜检结果一致。

④例外白眼雌蝇的白眼雄性子代中也将产生例外的后代,这些白眼雄性子代都是 XYY,这也同样得到了证实。

布里吉斯的试验最终将 W/＋基因定位在 X 染色体上,为遗传的染色体学说提供了有力而直接的证据,使遗传学向前迈出了重要的一步。

第四节 剂量补偿效应

一、Barr 小体

在哺乳动物体细胞核中,除一条 X 染色体外,其余的 X 染色体常浓缩成染色较深的染色质体,即为巴氏小体,又称为 X 小体,通常位于间期核膜边缘。1949 年,美国学者巴尔(M. L. Barr)等发现雌猫的神经细胞间期核中有一个深染的小体而雄猫却没有。后来在大部分正常女性表皮口腔颊膜、羊水等许多组织的间期核中也找到一个特征性的、浓缩的染色质小体,而

男性无。以后研究表明,巴氏小体(图 5-25)就是性染色体异固缩(细胞分裂周期中与大部分染色质不同步的螺旋化现象)的结果。体育运动会上的性别鉴定主要采用巴氏小体法。巴氏小体是雌性的间期细胞核中一种浓缩的、惰性的异染色质化的小体。细胞学的研究发现巴氏小体的数目正好是 X 染色体数目减 1,即 $n-1$。例如:XXX 女性有 2 个巴氏小体,但是在雌性生殖细胞中,已失活的 X 染色体在细胞进入减数分裂前的时刻重新被激活,因此在成熟的卵母细胞里,两条 X 染色体都是有活性的。

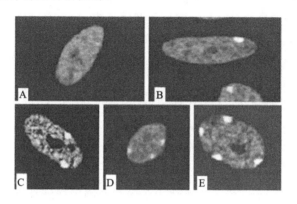

图 5-25 巴氏小体(图中白点处)示意图
(A、B、C、D、E:分别含 0、1、2、3、4 个 X 染色质)

二、剂量补偿效应

在果蝇和哺乳动物中,X 染色体上的基因在纯合的雌性细胞中有相同的两份,而在雄性细胞中只有一份。可是在雌体与雄体的表型表现上却看不出任何显著的差别。这种现象的遗传机制是由于存在一种剂量补偿效应。剂量补偿效应(dosage compensation effect)指的是在 XY 性别决定机制的生物中,使性连锁基因在两种性别中有相等或近乎相等的有效剂量的遗传效应。也就是说,在雌性和雄性细胞里,由 X 染色体基因编码产生的酶或其他蛋白质产物在数量上相等或近乎相等。剂量补偿有两种情况:一种是 X 染色体的转录速率不同。例如果蝇雌性的细胞中两条 X 染色体都是有活性的,但它们的转录速率低于雄性细胞里的单条 X 染色体的转录速率,因此,雌性和雄性细胞里 X 染色体的基因产物在量上是相近的。另一种情况则是雌性细胞中有一条 X 染色体是失活的,所以无论是雌性还是雄性细胞都只有一条 X 染色体是有活性的。哺乳类和人类属于这种情况。

三、Lyon 假说

Lyon 假说是 1961 年 M. F. Lyon 提出的,阐明哺乳动物剂量补偿效应的 X 染色体失活假说,主要内容:①正常雌性哺乳动物体细胞中,两条 X 染色体中只有一条在遗传上是有活性的,其结果是 X 连锁基因得到了剂量补偿,保证雌、雄个体具有相同的有效基因产物;②失活是随机的,发生在胚胎发育早期,某一细胞的一条染色体一旦失活,这个细胞的所有后代细胞中的该条 X 染色体均处于失活状态;③杂合体雌性在伴性基因的作用上是嵌合体,即某些细胞中来自父方的伴性基因表达,某些细胞中来自母方的伴性基因表达,这两类细胞镶嵌存在。

1974 年 Lyon 又提出了新 Lyon 假说,认为 X 染色体的失活是部分片段的失活。Lyon 假说得到一些有力的证据。如玳瑁猫的毛皮上有黑色和黄色斑块的几乎总是雌性杂合体。这是由于黄色毛皮(orange,O 基因)是黑色毛皮(black,o 基因)的一个显性等位基因,由 X 染色体所携带。雌性杂合玳瑁猫(基因型 $X^O X^o$)的 X 染色体在发育早期细胞中随机失活。X^o 染色体失活的细胞的有丝分裂后代细胞产生黑色毛皮斑点;X^o 染色体失活则呈现黄色毛皮斑点。偶然发现的杂合玳瑁雄猫的染色体组成总是 $X^O X^o Y$,每个体细胞有一个巴氏小体。

总之,X 染色体在哺乳动物中的失活是指在任何二倍体的哺乳动物细胞中,无论存在几条 X 染色体,都只有一条 X 染色体保持活性。这个过程使 X 连锁基因得到剂量补偿,保证染色体为 XX 的女性和 XY 的男性具有相同的有效基因产物。

X 染色体失活是发育过程中独特的调节机制。该机制调节着整个 X 染色体上基因的表达。在人类 X 染色体上,涉及 15000 万个碱基对和几千个基因,都是细胞活性必需的。

四、X 染色体随机失活的分子机制

进入 20 世纪 90 年代以来,人们对 X 染色体失活的本质有了一些新的认识,特别是对人类 X 染色体失活机制的研究方面取得了令人兴奋的进展。

(1)大多数的 X 连锁基因在胚胎早期发育过程中表现为稳定的转录失活,但并非整条 X 染色体上的所有基因均失活。在 X 染色体的短臂远端编码细胞表面蛋白的基因 MIC2(由单克隆抗体 2E7、F21 鉴定出的抗原)、XG(Xg 血型)以及甾固醇硫酸酯酶基因 STS 是逃避失活的,还有与 Y 染色体配对的区域内或处于附近的基因,也有短臂近端或长臂上的基因,这些基因既可由 Xa 也可由 Xi 表达;其中有定位于 Xp21.3~Xp22.1 的 ZFX 基因(与 Y 染色体上的锌指蛋白基因 ZFY 同源的序列),位于 Xp11 的 A1S9T(与小鼠 DNA 合成突变互补的序列)以及最近在长臂 Xq13 上发现的 RPS4X 基因(核糖体 S4 蛋白),该基因在 Y 染色体上还有一个同源序列 RPS4Y 基因。此外,在失活 X 染色体上还发现了一个可转录的 XIST 基因,该基因可能与 X 染色体失活机制有关。

(2)在失活的 X 染色体上,表达的基因(逃避失活的基因)与失活基因穿插排列。这意味着失活基因转录的关闭不是由它们所在的区域决定的,而是与某些位点有关(图 5-26)。

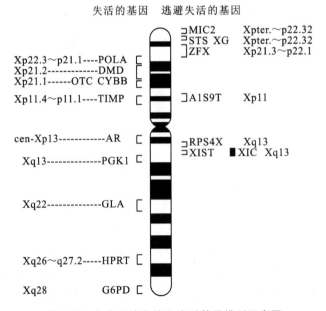

图 5-26　人类 X 染色体上失活基因排列示意图

（3）在 X 染色体上存在一个特异性失活位点，即所谓 X 失活中心（X inactivation center，XIC）。最初的线索是来自 X 染色体异常的突变小鼠，它们的 X 染色体不出现失活，同时观察到这些 X 染色体缺失了一个特定区段。于是把这个长 680～1200 kb 的区段称为 X 染色体失活中心。小鼠以 Xic 表示，人以 XIC 表示。该失活中心可能产生一个失活信号，关闭 X 染色体上几乎所有基因的转录。1991 年 Brown 等用分子杂交方法，以 Xq11～q12 区域的 DNA 为探针，对一组带有结构畸变的 X 染色体的杂交细胞系的 DNA 进行杂交，将 XIC 较精确地定位在 Xq13，继而，他们又在 XIC 的同一区域内鉴定出了一个新的基因，即 X 染色体失活特异转录子（X inactive specific transcripts，XIST），与 RPS4X 相邻。研究表明 XIST 的表达产物是一种顺式作用的核 RNA，而不编码生成蛋白质，而且发现只有在失活的 X 染色体存在的情况下，才有 XIST 的转录，在有活性的 X 染色体上不表达。XIST 转录物的大小在人类中是 17 kb，在小鼠中是 15 kb，两者间的同源性很低。关于 XIST 的功能尚不十分清楚。XIST 可能是在 XIC 位点内与其他相关基因共同作用，使 X 染色体上的大部分基因失活；XIST 产物可能作用于 XIC，而 XIC 则产生某种物质与诱导失活的分子相互作用；但也有可能是外源的调节分子作用于 XIC，引起失活，然后使失活的 X 染色体表达 XIST 基因；即有可能 XIST 不直接参加失活，仅仅受失活的影响。研究表明，小鼠胚胎在 X 染色体失活前都发现有 XIST 基因的转录产物，预示该基因可能对启动 X 染色体失活起作用。

总之，上述这些研究结果改变了人们对 Lyon 假说的传统观念，把 X 染色体失活的研究推向了一个新的阶段。随着 X 染色体上克隆基因的增多和研究的不断深入，也许发现逃避失活的基因还将增加。毫无疑问，作为失活中心的候选基因 XIST 的发现和克隆，以及 X 染色体失活中心的定位，为 X 染色体失活机制的研究提供了新的信息和重要线索，从而在分子水平上对 Lyon 假说进行了必要的补充和完善。

不言而喻，在一个动物的生命周期中，X 染色体活性应存在着由失活和重新激活的循环。早期雌性胚胎中两条 X 染色体都有活性，失活发生在特定的发育阶段。在鼠中，受孕后第 4～6 天；在人中是胚胎发育至第 16 天以后，其中一条 X 染色体随机失活。除生殖细胞外，在这个个体随后的整个生命中，每条 X 染色体在以后的有丝分裂中，保持它的活性或无活性状态。而在雌性生殖细胞中，已失活的 X 染色体，在细胞进入减数分裂前的时刻将重新被激活。由此，在成熟的卵母细胞里，两条 X 染色体都是有活性的。

习题

1.决定性别的遗传基础是什么？通过哪些方式来决定？

2.你如何区分某一性状是常染色体还是伴性遗传？举例说明。

3.在哺乳动物中，雌雄比例大致接近 1∶1，怎样解释？

4.一个父亲是色盲而本人色觉正常的女子，与一个色觉正常的男子结婚，但这个男子的父亲是色盲，这对夫妇的子女表现色盲的可能性各有多少？

5.显性基因决定的遗传病患者分成两类，一类致病基因位于 X 染色体上，另一类位于常染色体上，他们分别与正常人婚配，总体上看这两类遗传病在子代的发病率情况是（　　　）。

　①男性患者的儿子发病率不同　　　　　②男性患者的女儿发病率不同
　③女性患者的儿子发病率不同　　　　　④女性患者的女儿发病率不同
　A.①③　　　　　B.③④　　　　　C.①②　　　　　D.②④

6. 下列说法正确的是( )。

① 生物的性状是由基因控制的,生物的性别是由性染色体上的基因控制的

② 属于 XY 型性别决定的生物,雄性体细胞中有 XY,雌性体细胞中有 XX

③ 人类色盲基因 b 位于 X 染色体上,Y 染色体上没有 b,也没有 B

④ 女孩是色盲基因携带者,则该色盲基因一定是由她的父亲遗传来的

⑤ 男性色盲基因不传儿子,只传女儿,但女儿通常不患色盲,却会生下患色盲的外孙,代与代之间出现不连续现象

⑥ 色盲患者男性多于女性

A. ①④⑤⑥　　　　B. ①②③④　　　　C. ②③⑤⑥　　　　D. ①③④⑥

7. 下图是某遗传病的家系图谱,请依据图回答下列问题:(基因用 B、b 表示)

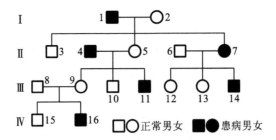

(1) 该致病基因最可能位于_____染色体上,_____性遗传。

(2) 图中 I_2 和 II_5 的基因型分别是_____和_____。

(3) III_{14} 和致病基因是由_____遗传给_____后再传给他的。

(4) IV_{16} 的致病基因是由_____遗传给_____后再传给他的。

(5) III_8 和 III_9 如再生小孩,生患病女孩的概率是_____,生患病男孩的概率是_____,所生男孩中患病的概率是_____。

8. 调查一个患某种遗传病的家系图谱,发现女性患者几乎是男性患者的两倍,并且这种病在家系图谱中表现为连续性,那么控制这种病的基因在_____染色体上,是_____性遗传病,预计一个男性患者与一正常女性婚配,其子女的表型是_____。

参考文献

[1] 刘祖洞,乔守怡,吴燕华,等.遗传学[M].3 版.北京:高等教育出版社,2012.

[2] 卢龙斗.普通遗传学[M].北京:科学出版社,2009.

[3] 赵寿元,乔守怡.现代遗传学[M].2 版.北京:高等教育出版社,2008.

[4] 杨业华.普通遗传学[M].2 版.北京:高等教育出版社,2006.

[5] 姚世鸿,王景佑,陈庆富.遗传学[M].贵阳:贵州人民出版社,2001.

[6] 王亚馥,戴灼华.遗传学[M].北京:高等教育出版社,1999.

第六章

连锁遗传分析

第一节 连锁交换定律

1900 年孟德尔开创性的工作被重新发现后,引起了生物界的广泛关注。人们开始以更多的动植物为材料进行杂交试验,以期验证孟德尔的遗传定律。然而,人们在以其他材料重复孟德尔的试验时,一些两对性状的遗传结果并不符合孟德尔的自由组合定律,导致不少学者一度对孟德尔的遗传定律产生了怀疑。在这一时期,摩尔根以果蝇为材料进行了广泛的杂交试验,并对试验结果加以正确的分析,最终发现了遗传学第三定律——连锁交换定律。

一、连锁遗传现象的发现

1906 年,贝特生(W. Bateson)和庞尼特(R. C. Punnett)以香豌豆为材料,选取两对性状进行杂交试验。一对性状是花色,分为紫花(P)和红花(p),且紫花对红花为显性;另一对性状是花粉粒形状,分为长花粉粒(L)和圆花粉粒(l),且长花粉粒对圆花粉粒为显性。首先他们以紫花-长花粉粒植株和红花-圆花粉粒植株为亲本进行杂交(图 6-1(a))。结果表明,F_2 代出现了的 4 种表型比例并不符合 9∶3∶3∶1($\chi^2 = 3371.59$)。与自由组合定律所预期的理论数相比,F_2 代中亲本型显著偏多而重组型显著偏少。然后,他们调换了性状组合,用紫花-圆花粉粒植株和红花-长花粉粒植株作为亲本进行重复试验,结果与前面的试验一致,即 F_2 代中四种表型的子代比例不符合 9∶3∶3∶1($\chi^2 = 32.40$),且仍然是亲本型显著偏多而重组型显著偏少(图 6-1(b))。在两个试验中,如果仅分析一对相对性状的遗传时,则仍然符合孟德尔的分离定律,即第一个试验中紫花∶红花=(4831+390)∶(1338+393)=5221∶1731≈3∶1,长花粉粒∶短花粉粒=(4831+393)∶(1338+390)=5224∶1728≈3∶1。在第二个试验中紫花∶红花=(226+95)∶(97+1)=321∶98≈3∶1,长花粉粒∶短花粉粒=(226+97)∶(95+1)=323∶96≈3∶1。但是,同时分析两对性状的遗传时却又不符合孟德尔的自由组合定律。显然,这是遗传学领域的又一个例外,然而令人遗憾的是两位学者并没有把握住机遇对他们的试验结果进行深入的分析与研究,因而与连锁交换定律失之交臂。尽管如此,他们在试验中提出的互引相(coupling phase)和互斥相(repulsion phase)的概念被一直沿用至今。互引相是指甲、乙两对相对性状中,甲、乙的显性性状连锁在一起或甲、乙的隐性性状连锁在一起遗传的现象。互斥相是指甲的显性性状与乙的隐性性状连锁在一起或甲的隐性性状与乙的显性性状连锁在一起遗传的现象。

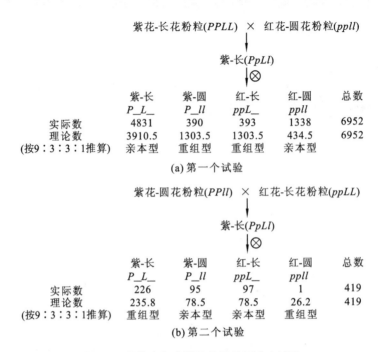

图 6-1　贝特生和庞尼特的香豌豆杂交试验

二、连锁交换定律

不仅贝特生和庞尼特的杂交试验中出现了性状连锁遗传的现象,其他很多学者在研究两对基因的遗传时也发现了类似的现象。但直到 1912 年连锁遗传现象的本质规律才被摩尔根及其所领导的研究团队所揭示。摩尔根的研究团队以黑腹果蝇为材料进行了大量的杂交试验,并结合以创造性思维,从而对连锁遗传现象做出了科学的解释,提出了遗传学第三大定律——连锁交换定律,从而使遗传学的发展进入了一个崭新的阶段。

摩尔根在研究果蝇两对基因的遗传时也发现了类似的连锁现象。在果蝇中灰体(B)对黑体(b)为显性,长翅(V)对残翅(v)为显性,这两对基因位于常染色体上。在第一个试验中,他用灰体长翅($BBVV$)和黑体残翅($bbvv$)的果蝇杂交,F_1 代均为灰体长翅($BbVv$)。然后用 F_1 代雌性杂合体与雄性黑体残翅($bbvv$)纯合体作测交,结果如图 6-2 所示,测交子代虽然出现了 4 种表型,但比例并非是 $1:1:1:1$,而是 $0.42:0.8:0.8:0.42$。

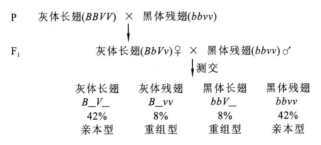

图 6-2　摩尔根的果蝇杂交试验(不完全连锁)

摩尔根的解释:假设 B 和 V 同处于一条染色体上,b 和 v 同处于与其同源的另一条染色体上,像这种处于同一染色体上的非等位基因连在一起而遗传的现象称为连锁(linkage)或连锁遗传(linkage inheritance)。根据摩尔根的假设,两亲本(P)的基因型分别为 BV/BV 和 bv/bv,其 F_1 代基因型为 BV/bv。F_1 个体在减数分裂时,一部分性母细胞中同源染色体的两条非姐妹染色单体之间发生局部交换,导致其上基因的重组(recombination),从而产生重组型配子 Bv 和 bV,另外的 2 条单体由于未发生交换而产生亲本型配子 BV 和 bv。因此,一个性母细胞如果发生一次交换,则既能产生亲本型配子,又能产生重组型配子,且比例是 1:1(图 6-3)。在上面的试验中,由测交子代 4 种表型的比例可推算出 F_1 代灰体长翅雌蝇(Bv/bV)产生配子时,有 32% 的性母细胞发生了交换,从而产生 16% 的重组型配子,其中 Bv 和 bV 各占 8%。这样,测交子代中灰体长翅(亲本型)、灰体残翅(重组型)、黑体长翅(重组型)和黑体残翅(亲本型)的比例恰好为 0.42:0.8:0.8:0.42(图 6-3)。

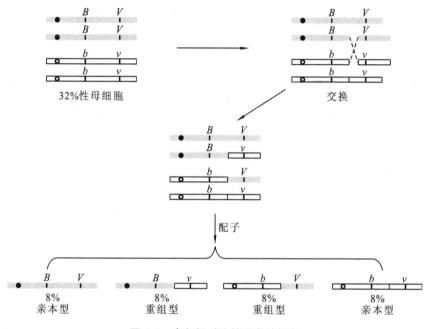

图 6-3 摩尔根对连锁现象的解释

以上试验仅仅是摩尔根大量果蝇杂交试验中的一例,还有很多其他两对性状的杂交试验均可以用摩尔根的连锁交换理论进行圆满的解释。然而,生物界是一个充满"特例"的领域,果蝇也不例外。在上一个试验中,测交的杂合亲本为雌蝇,隐性纯合亲本为雄蝇。但若将性别调换,即测交的杂合亲本为雄蝇,隐性纯合亲本为雌蝇,则子代只有亲本型(灰体长翅和黑体残翅)而没有重组型(灰体残翅和黑体长翅),且两个亲本型比例为 1:1,即不符合孟德尔的自由组合定律,也完全不同于上一个试验(图 6-4)。由测交子代中没有重组型个体可知,F_1 代杂合的灰体长翅雄蝇只产生两种亲本型配子且数目相等,基因之间没有交换重组的发生。除此之外,其他性状的杂交试验也表明,雄性果蝇减数分裂期间同源染色体之间不发生交换,这种情况是极为少见的,目前已知除雄性的果蝇外,雌性的家蚕也属此特例。

在摩尔根前一个测交试验中(图 6-2),位于一对同源染色体上的多个非等位基因,由于减数分裂时非姐妹染色单体之间发生局部交换而重组,进而不仅产生亲本型配子(BV 和 bv),同时也产生少量重组型配子(Bv 和 bV)的现象称为不完全连锁(incomplete linkage)。而在摩尔根第二个测交试验中(图 6-4),F_1 代雄性杂合体在减数分裂时,同一染色体上的基因像"一条绳上的蚂蚱"一样紧密连锁而不分开,因而仅产生 BV 和 bv 两种亲本型配子,导致测交子代无

P 灰体长翅($BBVV$) × 黑体残翅($bbvv$)

F₁   灰体长翅($BbVv$)♂ × 黑体残翅($bbvv$)♀

               测交

       灰体长翅   黑体残翅
        $BbVv$ $bbvv$
        50%   50%
        亲本型   亲本型

图 6-4　摩尔根的果蝇杂交试验(完全连锁)

重组型个体。像这种位于同一染色体上的两个等位基因在遗传时总是连锁在一起,不因交换而重组的现象称为完全连锁(complete linkage)。

三、交换值与重组率

显然,两个基因之间的距离越远,则发生交换的频率也越大。因此,两个基因间的交换频率与这两个基因间的距离呈正相关。一般将染色体上两个基因间发生交换的频率称为交换值(crossing-over value)。然而交换值无法直接通过细胞学观察进行计算,只有通过交换后产生的结果,即基因之间的重组来估算。衡量基因间重组的参数是重组率(recombination frequency),即重组型配子数占配子总数的百分数,其公式为

$$重组率 = \frac{重组型配子数}{配子总数} \times 100\% = \frac{重组型配子数}{亲本型配子数 + 重组型配子数} \times 100\%$$

例如,100 个性母细胞中,如果有 30 个发生了单交换,则由这 30 个性母细胞产生的 120 个配子中,60 个为重组型,因此重组率为 $60/400 = 15\%$。由这个例子的分析可知,两个基因间发生交换的性母细胞的百分率,恰好是这两个基因间重组率的 2 倍。但是,实际上我们也无法通过细胞学观察统计重组型配子来计算重组率。但由于测交能够真实地反映杂合体产生配子的基因型情况,因此常用测交法计算重组率,即测交子代中,重组型个体数占总个体数的百分率。例如,在摩尔根不完全连锁遗传的果蝇测交试验中(图 6-2),测交子代中重组型个体灰体残翅(Bv/bv)和黑体长翅(bV/bv)各占 8%,因此可知 $B(b)$ 和 $V(v)$ 基因间的重组率为 16%。

四、最大重组率

在前面的分析中,我们仅考虑了单交换,即基因之间仅发生一次交换。在这种情况下,发生交换的性母细胞产生的亲本型和重组型配子的比例为 1:1,再算上未交换的性母细胞,则重组率不会大于 50%。但实际上,当两个连锁基因之间距离较远时,其间不仅仅发生单交换,还可能发生两次或两次以上的交换,并且参与交换的染色单体也可以是多条,即多线多交换。这种情况下重组率是否会大于 50%?下面以双交换为例进行分析。

假设某个 F₁代杂种的基因型为 AB/ab,则在该杂种减数分裂的四分体时期,双交换共有 3 种方式,分别为二线双交换、三线双交换和四线双交换(图 6-5)。若非姐妹染色单体间的交换是随机的,则根据概率论可知二线双交换和四线双交换发生的概率相等,而三线双交换发生的概率为二线或四线双交换的两倍。由图 6-5 可知,二线双交换产生的 4 种配子(染色单体)基因型全为亲本型(AB 和 ab),三线双交换产生的 4 种配子(染色单体)基因型一半为亲本型(AB 和 ab),一半为重组型(Ab 和 aB),四线双交换产生的 4 种配子(染色单体)基因型则全为

重组型(Ab 和 aB）。结合 3 种双交换方式发生的概率，则双交换产生的配子中，仍然一半是亲本型，一半是重组型，即双交换方式产生的亲本型与重组型配子比例与单交换一样，仍为 1：1。如果算上未发生交换的性母细胞产生的亲本型配子，则重组型配子所占的比例不会大于 50%。

对于两次以上的多交换可以这样考虑，若非姐妹染色单体参与交换的机会相等，则偶数次交换结果与非交换的结果相同，奇数次交换与单交换的结果相同。综合起来，性母细胞减数分裂时，如果发生交换则产生的亲本型配子与重组型配子的比例为 1：1，算上未交换产生的亲本型配子，重组型配子所占的比例则小于 50%。即使所有性母细胞都发生了交换，此时重组率最大为 50%。

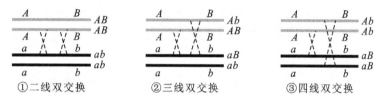

图 6-5　两个基因间的三种双交换方式

由以上分析可知，有的时候交换发生了，但基因未重组，例如图 6-5 中的二线双交换，A 和 B 基因座间虽然发生了两次交换，但两个基因未重组。更为一般的情况是，如果两个基因间在相同的两条单体上发生了偶数次交换，则两个基因不会重组。因此，用重组率估计交换值时，重组率总是偏小。特别是两个基因之间的距离较大时，多交换发生的次数较多，重组率估计交换值的偏差较大，需要进行校正。只有当两个基因距离比较近时，多交换发生的次数较少，用重组率估计交换值的偏差可以忽略不计。另外，需要说明的是，假设两个基因间发生交换的概率为 x，则 n 交换的概率可以近似等于 x^n。因为 x 一般远远小于 1，因此多交换发生的概率往往远远小于单交换。因此，在有关基因重组的分析中，无法区别的多交换可以忽略不计。

第二节　基因定位与染色体作图

由于两个连锁基因之间的距离越大越容易发生交换，交换值也越大，因此可能根据两个连锁基因间交换值的大小确定基因间的相对距离。而交换值无法通过细胞学观察直接计算，只能由重组率进行估计，因此在基因定位和染色体作图中利用重组率标记基因间的距离。基因定位（gene mapping）是指根据重组率确定连锁基因在染色体上的相对位置和排列顺序的过程。染色体图（chromosome map）又称连锁图（linkage map）或遗传图（genetic map），是根据基因之间的重组率，确定连锁基因在染色体上的相对位置而绘制的一种简单线形示意图。在染色体作图中，把两个基因之间 1% 的重组率称为一个图距单位（map unit），为了纪念现代遗传学的奠基人摩尔根，将图距单位称为厘摩（centiMorgan，cM），即 1% 的重组率＝1 个图距单位＝1 cM。例如，2 个连锁基因 A 和 B 之间的重组率为 20%，则表明两个基因在染色体图上的距离为 20 cM。染色体图可以为基因的功能以及遗传的研究提供重要的参考，因此在现代遗传学研究中绘制各物种的染色体图是一项重要的工作。绘制染色体图的主要方法有两点测交（two-point testcross）和三点测交（three-point testcross）。

一、两点测交

两点测交是指通过一次简单的测交试验计算两个连锁基因间的重组率,进而确定这两个基因间的图距。如果确定多个连锁基因间的相对距离,则需要进行多次测交试验。例如,对 3 个连锁基因 A—B—C 绘制染色体图时,需要进行三次测交试验,分别计算 A—B、B—C 和 A—C 之间的重组率,然后根据重组率的大小确定 3 个基因之间相对位置和距离。例如,已知玉米籽粒的有色(C)对无色(c)为显性,饱满(Sh)对凹陷(sh)为显性,非糯质(Wx)对糯质(wx)为显性。为了确定这 3 个基因在染色体上的相对位置,需要进行 3 次测交试验,试验结果得出 C—Sh、C—Wx 和 Sh—Wx 分别为 3.6%、20.3% 和 21.7%。从试验结果可以判断,因 Sh—Wx 重组率最大,因而 Sh 和 Wx 在两边,C 基因在中间。因此,3 个基因在染色体上的连锁顺序为 Sh—C—Wx。但是在数值上存在一些误差,即 Sh—Wx 的重组率为 21.7%,小于 C—Sh 和 C—Wx 的重组率之和 3.6%+20.3%=23.9%。其原因是 Sh 和 Wx 基因间发生了多交换,使利用重组率估计的两个基因间的交换值偏低(详细原因参见三点测交)。因此,3 个基因的染色体图如图 6-6 所示。

图 6-6 两点测交作图

二、三点测交

在两点测交中,一次测交试验仅能确定两个基因间的相对距离。而摩尔根和他的学生斯特蒂文特(A. H. Sturtevant)提出了一个更为巧妙的方法——三点测交方法,即在一次测交试验中同时观察 3 对基因的遗传,根据测交子代计算每两个基因间的重组率,确定 3 个基因的相对位置。与两点测交相比,三点测交不仅提高了基因定位的效率,同时图距估计的精确性也得到了提高。

假设有 3 对连锁的基因,其在染色体上的顺序为 Aa、Bb 和 Cc。当 3 对基因的杂合体 ABC/abc 与三隐性个体 abc/abc 进行测交时,该杂合体产生的配子中,等位基因的组合不外乎 8(2^3)种类型,其中 2 种为亲本型 ABC 和 abc,6 种为重组型 Abc、aBC、ABc、abC、AbC 和 aBc。6 种重组型配子的产生是由于三杂合体性母细胞在减数分裂时发生了 A—B 单交换、B—C 单交换和 A—C 双交换(图 6-7)。三杂合体产生的 8 种类型的配子与三隐性个体的 abc 配子结合后最终产生 8 种表型的子代。

由于双交换是在 A、C 基因座间发生了两次交换,根据概率原理,A—C 双交换发生的概率远低于 A—B 单交换和 B—C 单交换。因此,在测交产生的 8 种子代中双交换子代个体数最少。甚至在有些三点测交试验中,由于产生的子代群体数量不大而导致子代群体中只有 6 种表型,缺少两种双交换型个体。此外,由图 6-7 可知,双交换配子 AbC 和 aBc 有一个共同的特点,即两边的基因无重组,而中间的基因与两端的基因均发生了重组。三点测交试验中就是根据这一特点判断基因的顺序。由于双交换两端基因(A 和 C)未重组,若无另外的基因(B)做参考,则看不出发生过交换,这也是三点测交优于两点测交的原因之一。

现举例说明三点测交的步骤。在果蝇中有棘眼(echinus,ec)、截翅(cut,ct)和横脉缺失(cross-veinless,cv)3 个 X 连锁的隐性突变基因。将棘眼、截翅个体($ec\ ct\ +/Y$)与横脉缺失个体($++cv\ /++cv$)杂交产生三杂合体雌蝇($ec\ ct\ +/++cv$)(在此 $ec\ ct\ cv$ 的排列并不代表它们在 X 染色体上的真实顺序)。再利用三杂合体雌蝇与三隐性雄蝇($ec\ ct\ cv\ /Y$)进行测交。

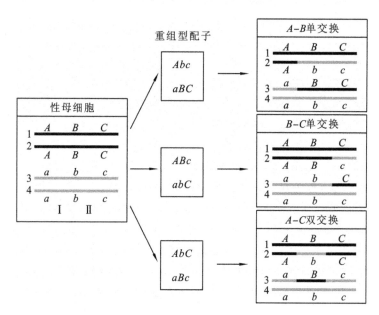

图 6-7 *ABC/abc* 杂合体产生的 6 种重组型配子的交换方式

由前面的分析可知,测交子代共有 8 种表型,其中 2 种为亲本型 *ec ct*＋和＋＋*cv*,6 种为重组型 *ec*＋*cv*、＋*ct*＋、*ec ct cv*、＋＋＋、*ec*＋＋和＋*ct cv*(图 6-8)。8 种表型的测交子代观察数如表 6-1 所示。

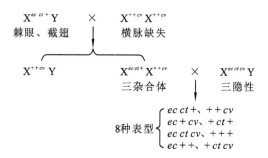

图 6-8 果蝇的三点测交试验

表 6-1 三杂合体雌蝇(*ec ct*＋/＋＋*cv*)与三隐性雄蝇(*ec ct cv*/Y)测交结果

序号	测交子代表型	杂合亲本配子			个体数目	交换类型
①	棘眼、截翅	*ec*	*ct*	＋	2125	亲本型
②	横脉缺失	＋	＋	*cv*	2207	
③	棘眼、横脉缺失	*ec*	＋	*cv*	273	单交换型
④	截翅	＋	*ct*	＋	265	
⑤	棘眼	*ec*	＋	＋	217	单交换型
⑥	截翅、横脉缺失	＋	*ct*	*cv*	223	
⑦	棘眼、截翅、横脉缺失	*ec*	*ct*	*cv*	3	双交换型
⑧	野生型	＋	＋	＋	5	
	合计				5318	

三点测交步骤如下。

①归类并确定交换类型：测交子代中出现 8 种表型，对应着测交杂合体亲本产生的 8 种基因型的配子。按照表型互补原则将两种表型归为一类，因为这两种表型对应的杂合体亲代配子基因型来自同一种交换方式。例如棘眼、截翅个体和横脉缺失个体归为一类。8 种表型共归为 4 类，其中数量最多的为亲本型，最少的是双交换型，其余两类为单交换型（表 6-1）。

②确定基因顺序：对比亲本型与双交换型，根据双交换特点确定基因的顺序。在本例中亲本基因型为 $ec\ ct+$ 和 $++cv$，双交换基因型为 $ec\ ct\ cv$ 和 $+++$。在亲本基因型中，ec 与 ct 处于互引相，而这两个基因均与 cv 处于互斥相。通过对比发现，双交换类型中 ec 与 ct 仍处于互引相，即两个基因之间未发生重组。而本来与这两个基因均处于互斥相的 cv 基因则与两个基因均变为互引相，即与 ec 和 ct 基因均发生了重组。因此，根据双交换的特点可知 cv 基因在中间，三个基因在染色体上的正确顺序为 $ec-cv-ct$ 或 $ct-cv-ec$。

③分别计算每两个基因间的重组率：计算某两个基因间的重组率的方法与两点测交相同。我们根据表 6-1 中的实得测交子代的个体数目就能求出三个重组率。例如，计算 ec 和 cv 基因间的重组率时，可以暂时忽略 ct 基因。由于亲本基因型中 ec 和 cv 基因处于互斥相，因此在 8 种子代中①$(ec\ ct+)$、②$(++cv)$、⑤$(ec++)$ 和⑥$(+ct\ cv)$ 为亲本型，③$(ec+cv)$、④$(+ct+)$、⑦$(ec\ ct\ cv)$ 和⑧$(+++)$ 为重组型。因此 ec 和 cv 基因间的重组率为 $\mathrm{RF}(ec-cv)=(③+④+⑦+⑧)/N\times100\%=(273+265+3+5)/5318\times100\%=10.27\%$。同理，$\mathrm{RF}(cv-ct)=(⑤+⑥+⑦+⑧)/N\times100\%=(217+223+3+5)/5318\times100\%=8.42\%$；$\mathrm{RF}(ec-ct)=(③+④+⑤+⑥)/N\times100\%=(273+265+217+223)/5318\times100\%=18.39\%$。

④绘图：将基因间的重组率作为交换值，绘制染色体图。染色体图为一条直线，根据基因间的重组率标记相应的基因。然而，$ec-ct$ 间的重组率为 18.39%，并不等于 $ec-cv$ 基因间的重组率和 $cv-ct$ 基因间的重组率之和（10.27%+8.42%=18.69%），而是小于这两个重组率之和。究其原因，这是由于在两端的基因 ec 和 ct 间发生了二线双交换，而由图 6-7 可知，当两个基因间发生二线双交换时，两个基因并不重组。因此，在计算两端基因的重组率时，双交换类型虽然是在两个基因间发生了两次交换，但由于基因间并未重组而未归入重组率的计算。为了使两端基因间的重组率更接近实际，其重组率应再加上 2 倍的双交换值（因为一次双交换相当于两次单交换），即 $ec-ct$ 基因间的重组率应校正为 $18.39\%+2\times(3+5)/5318\times100\%=18.39\%+0.30\%=18.69\%$。校正后 $ec-ct$ 基因间的重组率恰好等于 $ec-cv$ 基因间的重组率和 $cv-ct$ 基因间的重组率之和。因此，三个基因的连锁图如图 6-9 所示。

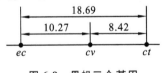

图 6-9 果蝇三个基因
$ec-cv-ct$ **的连锁图**

三、大图距交换值的计算

由前已知，性母细胞无论发生多少次交换，最终产生的重组型配子比例均为 50%。因此，重组率并不取决于基因间发生了多少次交换，而是取决于配子形成过程中，两个基因间发生交换的性母细胞所占的比例，假设这个比例为 r，则两个基因间重组率为 $\mathrm{RF}=0.5r$。例如，10000 个性母细胞在经减数分裂产生配子的过程中，有 2000 个发生了交换，则 $r=2000/10000=0.2$。由于这 2000 个发生交换的性母细胞中，无论每个细胞的实际交换次数是多少，综合起来，这 2000 个发生交换的性母细胞产生的重组型配子仍占 50%，因此重组率 $\mathrm{RF}=0.5r=$

$0.5 \times 2000/10000 = 0.1$。

那么,在配子形成过程中,发生交换的性母细胞所占比例如何确定呢? 若在性母细胞的四分体时期,某两个基因间的平均交换次数为 m,基因间的交换值为 c。下面以单交换为例,推算 m 与 c 的数值关系。在只考虑单交换的情况下,假设共有 n 个性母细胞,则这些性母细胞在四分体时期发生交换的次数为 nm。此时 n 个性母细胞共有 $4n$ 条染色单体,而一次交换将产生 2 条重组的染色单体。因此交换值 $c = 2nm/(4n) = 0.5m$。根据概率论原理,性母细胞的平均交换次数符合泊松分布(Poisson distribution)。泊松分布是一种在遗传分析上广泛使用的数理统计学工具。该分布的概率为 $P(x) = \dfrac{m^x e^{-m}}{x!}$,$x = 0, 1, 2, \cdots$。其中 m 为性母细胞四分体时期两个基因间的平均交换次数,即 $2c$,x 为特定的交换数,$P(x)$ 为性母细胞发生 x 次交换的概率。例如,性母细胞发生 5 次交换的概率为 $P(5) = \dfrac{(2c)^5 e^{-2c}}{5!}$。根据泊松分布,未发生交换($x = 0$)的性母细胞比例(概率)为 $P(0) = \dfrac{(2c)^0 e^{-2c}}{0!} = e^{-2c}$。则发生交换($x = 1, 2, \cdots$)的性母细胞所占的比例(概率)为 $r = 1 - P(0) = 1 - e^{-2c}$。由前面的分析已知,重组率与发生交换的性母细胞比例间的关系为 $RF = 0.5r$,即重组率 $RF = 0.5(1 - e^{-2c})$。这样,重组率和交换值就建立了一种函数关系(图 6-10)。例如,某一三点测交分析求得某两个基因间的重组率为 37.7%,实际交换值应为

$$0.377 = 0.5(1 - e^{-2c})$$
$$e^{-2c} = 0.246$$

解方程 $c = 0.7$,说明两个基因之间的图距为 70 cM。这个图距说明性母细胞减数分裂的四分体时期,每个性母细胞平均发生 1.4 次交换。

显然,从图 6-10 可以看出,当基因间实际的交换值非常小时,重组率与交换值近似相等,可以将重组率代替交换值作为图距。然而,当基因间实际交换值较大时,重组率与交换值的偏差也显著增大,甚至相差数倍。因此,当两个基因的相对距离较大时,就利用图距校正公式进行校正。

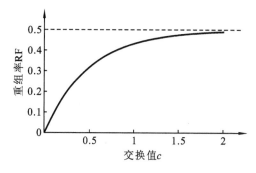

图 6-10　重组率与交换值的函数关系

四、遗传干涉与并发系数

在前面的果蝇三点测交试验中,ec—cv 的重组率为 10.27,cv—ct 的重组率为 8.42。如果两个区域的交换是相互独立的,则根据概率原理,预期的双交换率应为 10.27% × 8.42% = 0.86%。然而实际的双交换率仅为 $(3+5)/5318 \times 100\% = 0.15\%$,远远低于预期。这说明两

个区域的交换是有干扰的,即染色体上的一次交换会影响邻近另一区域交换的发生,这种现象称为遗传干涉(interference,I)。染色体干涉有两种情况:一种是第一次交换发生后,降低第二次交换发生的概率,称为正干涉(positive interference);另一种是第一次交换发生后,增加第二次交换发生的概率,称为负干涉(negative interference)。

与遗传干涉相关的另一个参数为并发系数(coefficient of coincidence,C),即实际的双交换率与预期双交换率的比值,计算公式如下:

$$并发系数(C)=\frac{实际的双交换率}{理论的双交换率}=\frac{实际的双交换率}{两个区域交换率的乘积}$$

遗传干涉与并发系数的关系是 $I=1-C$。例如前面果蝇三点测交的例子中,并发系数为 $C=0.15\%/(10.27\%\times8.42\%)=0.174$,则遗传干涉为 $1-0.174=0.826$。根据遗传干涉与并发系数的关系可知,当 $C=1$ 时,$I=0$,表明无干涉存在,此时实际的双交换率与预期的双交换率完全一致。当 $C=0$ 时,$I=1$,表明存在完全干涉,实际的双交换率为 0,即某一区域交换的形成完全抑制了邻近区域另一次交换的发生。当 $1>C>0$ 时,$I>0$,表明存在正干涉,实际的双交换率小于预期,即某一区域交换的形成降低了邻近另一区域发生交换的概率。当 $C>1$ 时,$I<0$,表明存在负干涉,此时实际的双交换率大于预期,即某一区域交换的形成增加了邻近另一区域发生交换的概率。负干涉非常少见,目前仅见于真菌的基因转变现象。

在配子形成的四分体时期,不仅不同区域的交换之间相互干扰,发生交换的染色单体间也存在干扰。即 4 条染色单体参与多线交换不是随机的,这种现象称为染色单体干涉(chromatid interference)。以双交换为例,在前面分析双交换重组率最大值时已知,双交换共有三种方式(图 6-5),分别为二线双交换、三线双交换和四线双交换。如果双交换发生在二线上的频率高于四线,则称为负染色单体干涉;如果双交换发生在二线上的频率低于四线,则称为正染色单体干涉。至今尚未发现正染色单体干涉,负染色单体干涉在真菌中有过报道。

第三节　真菌类的四分子遗传分析

在某些真菌(如粗糙脉孢菌和酵母菌)中,每个减数分裂的 4 个产物留在同一子囊中,称为四分子(tetrad)。四分子再进行一次有丝分裂产生 8 个子囊孢子,在子囊中呈直线排列。由于 8 个子囊孢子可以看做是四分子经简单的"复制"而来,因此在遗传分析中,一般以四分子为分析对象,而不是 8 个子囊孢子。子囊中的四分子如果按照特定的顺序排列,即前两个分子来自一对同源染色体中一条染色体的两条姐妹染色单体,而后两个分子来自另一条染色体的两条姐妹染色单体,则称为顺序四分子(order tetrad)。如果子囊中的四分子排列是无序的,则称为非顺序四分子(unordered tetrad)。顺序四分子与非顺序四分子的遗传分析方法是不同的。

一、顺序四分子的遗传分析

顺序四分子在遗传分析上有许多优越性:①可以将着丝粒看作一个基因座位,计算特定基因与着丝粒间的图距,称为着丝粒作图;②可以发现染色单体干涉;③可以进行基因转变及同源重组机制的研究;④证明多线多交换的存在。

粗糙脉孢菌(Neurospora crassa)又称脉孢菌、链孢霉、红色面包霉,是典型的顺序四分子。脉孢菌是单倍体,含有不成对的 7 条染色体,既可以进行无性生殖,又可以进行有性生殖。无性生殖较为简单,由单倍体的分生孢子直接萌发并发育为成熟个体。有性生殖发生在不同接合型之间,其过程大致如下:接合型 A 菌株的分生孢子(n)落在接合型 B 菌株子实体(n)的受精丝上(或者相反,接合型 B 菌株的分生孢子落在接合型 A 菌株子实体的受精丝上)。分生孢子中的细胞核进入受精丝,形成异核体($2n$)。再经过多次有丝分裂后,两种接合型的细胞核在子囊中融合成为合子核($2n$)。在合子核中,两种接合型的染色体处于同一细胞核内,形成二倍体。然后合子核再进行类似于二倍体生物的减数分裂。经过第一次和第二次减数分裂后,形成的 4 个单倍体产物留在同一子囊中,即为四分子。四分子再经历一次有丝分裂产生的 8 个产物最终发育为 8 个子囊孢子(图 6-11)。与高等二倍体生物一样,粗糙脉孢菌在减数分裂过程中,也会发生非同源染色体之间的自由组合及同源染色体之间的交换重组。因此,在粗糙脉孢菌的有性生殖过程中,多对基因的遗传仍然遵循自由组合定律和连锁交换定律。另外,由于四分子减数分裂产生的 4 个产物留在一起这一特性,可以将着丝粒看作一个基因座,对某一基因进行着丝粒作图,也可以对两个连锁基因进行作图。

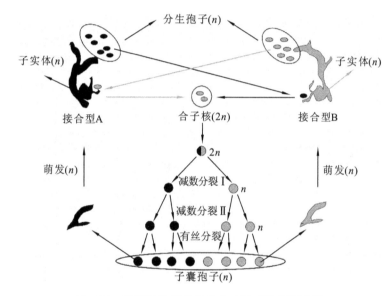

图 6-11 粗糙脉孢菌的有性生殖及减数分裂过程

(一)着丝粒作图

在四分子的遗传分析中,测定基因与着丝粒之间的距离称为着丝粒作图(centromere mapping)。着丝粒作图的原理基于两种模式:合子核在进行减数分裂时,若某杂合基因座(Aa)和着丝粒间没有发生交换,则两个等位基因在第一次减数分裂后,随着同源染色体的分开而分配到不同的细胞核中,这种现象称为第一次分裂分离(first-division segregation),又称 M_I 模式(图 6-12(a));若该杂合基因座(Aa)和着丝粒间发生了交换,则两个等位基因只有经历第二次减数分裂后,才能随着姐妹染色单体的分开而分配到不同的细胞核中,因此称为第二次分裂分离(second-division segregation),又称 M_{II} 模式(图 6-12(b))。

由于第一次减数分裂同源染色体分开移向两极及第二次减数分裂染色单体分开移向两极都是随机的,因此 M_I 模式产生的子囊中,A 和 a 基因的排列方式有 2 种,即 $AAAAaaaa$ ($AAaa$)和 $aaaaAAAA$($aaAA$)。这两种子囊型的特点是在半个子囊内的基因全为 A 或 a。同理,M_{II} 模式产生的子囊中,A 和 a 基因的排列方式有 4 种,即 $AAaaAAaa$($AaAa$)、

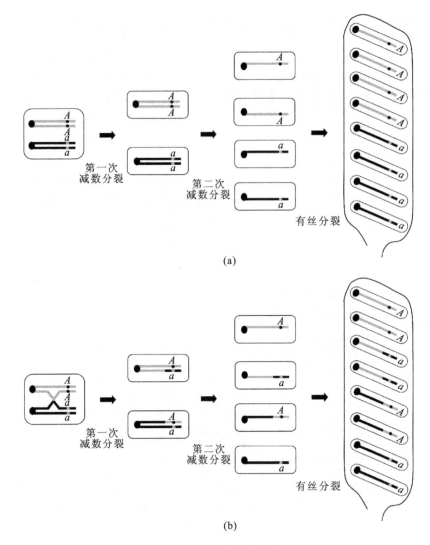

图 6-12 四分子遗传分析中的两种分离模式

(a)第一次分裂分离（M_I）模式；(b)第一次分裂分离（M_{II}）模式

$AAaaaaAA(AaaA)$、$aaAAAAaa(aAAa)$ 和 $aaAAaaAA(aAaA)$。这 4 种子囊型的特点是在半个子囊内的基因既有 A 又有 a。着丝粒作图的依据：M_I 模式的子囊型杂合基因座与着丝粒未发生交换，而 M_{II} 模式的子囊型杂合基因座与着丝粒发生了交换。而 M_I 模式和 M_{II} 模式的子囊型可由子囊内等位基因的排列方式加以区分。由图 6-12 可知，在未发生交换的 M_I 模式子囊中，所有染色单体在着丝粒与杂合基因座间均未发生重组，而发生交换的 M_{II} 模式子囊中，重组型的染色单体占 1/2。因此，着丝粒作图中杂合基因座与着丝粒间的重组率为

$$RF = \frac{交换型子囊数}{子囊总数} \times \frac{1}{2} \times 100\%$$

$$= \frac{M_{II}模式子囊数}{M_I模式子囊数 + M_{II}模式子囊数} \times \frac{1}{2} \times 100\% = \frac{M_{II}}{M_I + M_{II}} \times \frac{1}{2} \times 100\%$$

例如，有两种不同接合型的粗糙脉孢菌菌株，一种是野生型的，能合成赖氨酸，在不含赖氨酸的基本培养基上正常生长，成熟的子囊孢子呈黑色，记为 lys^+ 或＋；另一种是缺陷型的，不能合成赖氨酸，在基本培养基上生长缓慢，成熟的子囊孢子呈灰色，记为 lys^- 或－。由于脉孢

菌是单倍体,任何基因型都能直接在表型上体现出来。因此在本例中根据子囊孢子的颜色便能确定其所携带的等位基因。将这两种菌株进行杂交 $lys^+ \times lys^-$,其子代中 6 种子囊排列方式(6 种子囊型)计数见表 6-2。

表 6-2 粗糙脉孢菌 $lys^+ \times lys^-$ 杂交结果

子囊型	①	②	③	④	⑤	⑥
基因排列	+	−	+	−	+	−
	+	−	−	+	−	+
	−	+	+	−	−	+
	−	+	−	+	+	−
子囊数	105	129	9	5	10	16
分离模式	M_I 模式(非交换型)		M_{II} 模式(交换型)			

根据着丝粒作图的重组率公式,可得 lys 基因座与着丝粒间的重组率为

$$重组率(着丝粒-lys 基因座) = \frac{M_{II}}{M_I + M_{II}} \times \frac{1}{2} \times 100\%$$

$$= \frac{9+5+10+16}{105+129+9+5+10+16} \times \frac{1}{2} \times 100\% = 7.3\%$$

即 lys 基因座与着丝粒间的图距为 7.3 cM。

(二)两个连锁基因作图

在着丝粒作图中已知,一对基因的杂交将产生 6 种子囊型,则两对基因杂交必有 $6 \times 6 = 36$ 种不同的子囊型。但是,在进行遗传分析时不需要按照 36 种子囊型进行分析,因为一些子囊型来自同一种交换方式,其差别是由于第一次减数分裂时同源染色体分开移向两极及第二次减数分裂时姐妹染色单体分开移向两极的随机性造成的,因而在遗传分析时可以归为一类。这样就可以把 36 种子囊型归为 7 种基本子囊型(表 6-3)。

表 6-3 粗糙脉孢菌 $AB \times ab$ 杂交 7 种基本子囊型

子囊型	①	②	③	④	⑤	⑥	⑦
四分子基因型排列	A B	A b	A b	A B	A B	A b	A b
	A B	A b	A B	a B	a b	a B	a B
	a b	a B	a b	A b	A B	A b	A b
	a b	a B	a B	a b	a b	a B	a b
分离时期	$M_I M_I$	$M_I M_I$	$M_I M_{II}$	$M_{II} M_I$	$M_{II} M_{II}$	$M_{II} M_{II}$	$M_{II} M_{II}$
四分子类别	PD	NPD	T	T	PD	NPD	T

例如表 6-3 中的第④种基本子囊型共包含表 6-4 中的 8 种子囊类型,在这 8 种类型的子囊中,均包含 AB、aB、Ab 和 ab 共 4 种染色单体。根据减数分裂后 4 条染色单体的排列顺序可知道,AB 和 aB 染色单体互为姐妹染色单体,Ab 和 ab 染色单体互为姐妹染色单体;(AB,aB)和(Ab,ab)互为同源染色体。这 8 种类型的子囊之所以可以归为同一类,是由于这 8 种子囊类型都是由同一种交换方式产生的,它们的不同是由于减数分裂时同源染色体分开及姐妹染色单体分开移向两极的随机性造成的。在减数分裂过程中,同源染色体中的(AB、aB)染色体向上移动,另一条(Ab、ab)染色体向下移动时产生的是(1)、(2)、(3)和(4)子囊类型。相反,同源染色体中的(AB、aB)染色体向下移动,而另一条(Ab、ab)染色体向上移动时产生的是(5)、(6)、(7)和(8)子囊类型。(1)、(2)、(3)和(4)[或(5)、(6)、(7)和(8)]子囊类型之间的不同则是

由姐妹染色单体分开移向两极的随机性造成的(图 6-13)。

表 6-4　第四种基本子囊型所包括的所有子囊类型

子 囊 类 型	(1)		(2)		(3)		(4)		(5)		(6)		(7)		(8)	
四分子基因 型排列	A	B	A	B	a	B	a	B	A	b	A	b	a	b	a	b
	a	B	a	B	A	B	A	B	a	b	a	b	A	b	A	b
	A	b	a	b	A	b	a	b	A	B	a	B	A	B	a	B
	a	b	A	b	a	b	A	b	a	B	A	B	a	B	A	B
分离时期	$M_{\mathrm{II}} M_{\mathrm{I}}$ 中															
四分子类别	T															

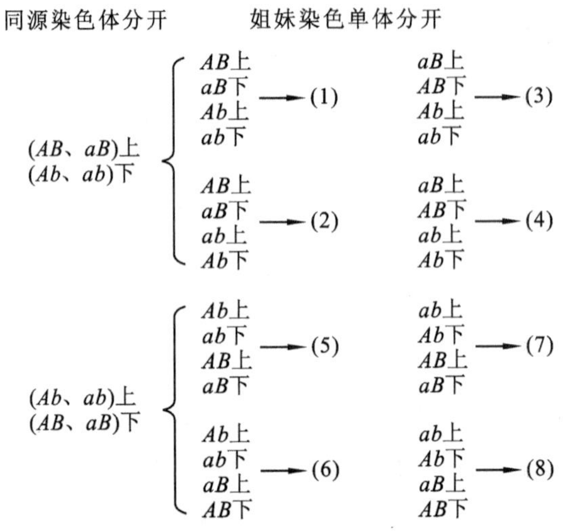

图 6-13　子囊类型归类原理

在表 6-3 的 7 种基本子囊型中,若只含有 2 种亲本基因型,则称为亲二型(parental ditype,PD),包括①和⑤;若只含有 2 种重组基因型,则称为非亲二型(non-parental ditype, NPD),包括②和⑥;若包含 4 种基因型,其中 2 种为亲本型,2 种为重组型,则称为四型 (tetratype,T),包括③、④和⑦。区分 7 种子囊型时应将子囊型的分离时期和类别结合起来。例如,第④种子囊型的特点是 $M_{\mathrm{II}} M_{\mathrm{I}} +$T,第⑦种子囊型的特点是 $M_{\mathrm{II}} M_{\mathrm{II}} +$T。

现举例说明两个连锁基因作图步骤。粗糙脉孢菌烟酸依赖型 nic(简写为 n)需在培养基中添加烟酸才能生长,腺嘌呤依赖型 ade(简写为 a)需在培养基中添加腺嘌呤才能生长。将烟酸依赖型和腺嘌呤依赖型菌株进行杂交,即 $n + \times + a$,结果如表 6-5。

表 6-5　粗糙脉孢菌 $n + \times + a$ 得到的 7 种不同的子囊型相应的子囊数

子 囊 型	①		②		③		④		⑤		⑥		⑦	
四分子基因 型排列	$+$	a	$+$	$+$	$+$	$+$	$+$	a	$+$	a	$+$	$+$	$+$	$+$
	$+$	a	$+$	$+$	$+$	a	n	a	n	$+$	n	a	n	a
	n	$+$	n	a	$+$	$+$	$+$	$+$	$+$	$+$	$+$	$+$	$+$	$+$
	n	$+$	n	a	n	$+$	n	$+$	n	a	n	a	n	$+$
分离时期	$M_{\mathrm{I}} M_{\mathrm{I}}$		$M_{\mathrm{I}} M_{\mathrm{I}}$		$M_{\mathrm{I}} M_{\mathrm{II}}$		$M_{\mathrm{II}} M_{\mathrm{I}}$		$M_{\mathrm{II}} M_{\mathrm{II}}$		$M_{\mathrm{II}} M_{\mathrm{II}}$		$M_{\mathrm{II}} M_{\mathrm{II}}$	
四分子类别	PD		NPD		T		T		PD		NPD		T	
子囊数	808		1		90		5		90		1		5	

为了便于分析,首先确定产生 7 种基本子囊型的交换方式。产生 7 种基本子囊型的交换方式如图 6-14 所示。实际上,每一种子囊型可能由多种交换方式产生,但图 6-14 中所展示的都是发生概率最大的交换方式。其他交换方式由于发生概率极低(与图 6-14 中的交换方式相比)而忽略不计。

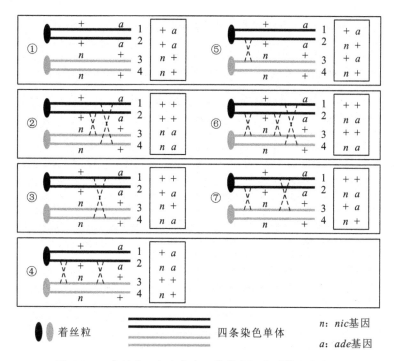

图 6-14　$n+\times+a$ 杂交产生 7 种基本子囊型的交换方式

两个连锁基因的作图步骤如下。

①判断 n、a 基因是自由组合还是连锁遗传的。如果 n、a 基因是自由组合的,则产生的四分子中,亲本型和重组型在数量上是相近的。而根据表 6-5 的计数结果,亲本型的染色单体数为 $PD\times4+T\times2=(808+90)\times4+(90+5+5)\times2=3792$,重组型的染色单体数为 $NPD\times4+T\times2=(1+1)\times4+(90+5+5)\times2=208$。两者相差悬殊,因此 n、a 基因是连锁遗传的。

②判断 n、a 基因是同臂还是异臂。以第④和⑤基本子囊型为例,若 n、a 基因在同臂,则交换方式分别为双交换和单交换,因此预期第④种子囊型远远少于第⑤种子囊型。若 n、a 基因在异臂,则第④和第⑤种子囊型的交换方式如图 6-15 所示,分别为单交换和双交换,这种情况下预期第④种子囊型远远多于第⑤种子囊型。根据表 6-5 的计数结果,由于④≪⑤,因此可以确定 n、a 基因在同臂。

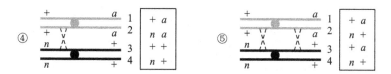

图 6-15　n、a 基因在异臂时第④和第⑤种子囊型的交换方式

③计算着丝粒(·)、n、a 基因间的重组率(RF)。计算 n、a 基因与着丝粒间的重组率,即为 n、a 基因的着丝粒作图。根据着丝粒作图中重组率的计算公式可得

$$\mathrm{RF}(\cdot\!-\!n)=\frac{M_{\mathrm{II}}}{M_{\mathrm{I}}+M_{\mathrm{II}}}\times\frac{1}{2}\times100\%=\frac{5+90+1+5}{1000}\times\frac{1}{2}\times100\%=5.05\%,5.05\ \mathrm{cM}$$

$$\mathrm{RF}(\cdot\!-\!a)=\frac{M_{\mathrm{II}}}{M_{\mathrm{I}}+M_{\mathrm{II}}}\times\frac{1}{2}\times100\%=\frac{90+90+1+5}{1000}\times\frac{1}{2}\times100\%=9.30\%,9.30\ \mathrm{cM}$$

计算 n、a 基因间的重组率时,因为在 NPD 型四分子中,全部产物均为重组型,而 T 型四分子中,重组产物占一半,因此 n、a 基因间的重组率为

$$\mathrm{RF}(n\!-\!a)=\frac{\mathrm{NPD}+\frac{1}{2}\mathrm{T}}{\mathrm{PD}+\mathrm{NPD}+\mathrm{T}}=\frac{(1+1)+\frac{1}{2}\times(90+5+5)}{1000}=5.2\%,5.2\ \mathrm{cM}$$

显然,由着丝粒、n、a 基因间的重组率可以推出,三者的位置关系为 $\cdot\!-\!n\!-\!a$。

然而,根据计算所得的重组率,在此又出现了两端基因图距被低估的现象,即 $\mathrm{RF}(\cdot\!-\!n)$ (5.05)$+\mathrm{RF}(n\!-\!a)(5.2)\neq\mathrm{RF}(\cdot\!-\!a)(9.3)$。造成这一结果的原因是有些子囊型在着丝粒和 a 基因之间发生了多交换,而利用着丝粒作图计算重组率时只能按未交换或单交换计算,因此重组率被低估。以子囊型②为例,由于 a 基因处于 M_{I} 模式,因此在计算重组率时,我们认为 a 基因与着丝粒间没有发生交换(0 次交换)而未被计入,而实际上 a 基因与着丝粒间发生了 2 次交换(图 6-14),因此在计算重组率时这 2 次交换被遗漏了。根据这个原理,7 种子囊型遗漏的交换数分别为 0、2、0、2、0、2 和 1,根据实得子囊数可求出被遗漏的交换总数为 $0\times808+2\times1+0\times90+2\times5+0\times90+2\times1+1\times5=19$。在四分子中,由于一次交换产生 2 个重组的染色单体,因此低估的重组率为遗漏的重组染色单体数与染色单体总数的比值,即 $(19\times2)/4000\times100\%=0.95\%$。把这一数值再加到着丝粒和 a 基因的图距中,就完全符合基因直线排列的原理了,即 $\mathrm{RF}(\cdot\!-\!n)(5.05)+\mathrm{RF}(n\!-\!a)(5.20)=\mathrm{RF}(\cdot\!-\!a)(9.3)+0.95=10.25$。

④ 绘图。由此,着丝粒、n、a 基因的连锁图谱如图 6-16 所示。

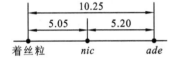

图 6-16　脉孢菌两个连锁基因染色体图

二、非顺序四分子的遗传分析

某些真菌减数分裂的 4 个产物虽然留在同一子囊中,但并不按照特定的顺序排列,称为非顺序四分子(unordered tetrad),例如酿酒酵母等。这类真菌的遗传分析方法不同于顺序四分子,因为四分子在子囊中的排列是无序的,从而不能进行着丝粒作图分析,只能进行两个连锁基因的作图分析。以 $AB\times ab$ 杂交为例,在两个连锁基因作图时,由于四分子是无序的,因此所有基因型组成相同的子囊型,无论 4 个基因型的排列顺序如何,均可归为一类。这样,$AB\times ab$ 杂交只能产生表 6-6 中的 3 种子囊型。这 3 种子囊型分别为亲二型(PD)、非亲二型(NPD)和四型(T)。

表 6-6　非顺序四分子 $AB\times ab$ 得到的 3 种子囊型

子囊型	①		②		③	
四分子 基因型排列	A	B	A	b	A	B
	A	B	A	b	A	b
	a	b	a	B	a	B
	a	b	a	B	a	b
四分子类别	PD		NPD		T	

　　PD 子囊型的四分子全为亲本型，无重组型；NPD 子囊型的四分子全为重组型，无亲本型；T 子囊型的四分子中，一半为亲本型，一半为重组型。因此，两个连锁基因作图时，A、B 基因间的重组率可用下列公式计算：

$$RF=\frac{1}{2}T+NPD$$

　　其中 T 和 NPD 分别为四型和非亲二型子囊所占的比例。例如，在 $AB\times ab$ 杂交中，PD＝0.61，NPD＝0.05，T＝0.34，则由上述公式可得 RF$(A—B)$＝1/2×0.34＋0.05＝0.22，即 A、B 基因间的图距为 22 cM。

　　上面的计算方法虽然能够在一定程度上反映两个基因间的相对距离，但并没有充分利用四分子减数分裂的四个产物留在一起的特性。如何利用这一特性？可以从交换方式入手。相对于普通的二倍体生物，非顺序四分子可以考虑更多的交换方式。如图 6-17 所示，我们能够考虑 5 种交换方式。

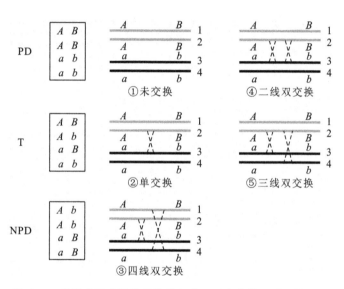

图 6-17　非顺序四分子的遗传分析中可以考虑的 5 种交换方式

　　假设 3 种子囊型的比例分别为 PD、NPD 和 T。在产生 3 种子囊型的 5 种交换方式中，①为 0 交换，②为单交换（single crossover，SCO），③、④、⑤为双交换（double crossover，DCO）。若不考虑染色单体干涉，则在 3 种双交换方式中，四线双交换③和二线双交换④发生的概率相同，而三线双交换⑤发生的概率是③或④的两倍。由于四线双交换③的比例为 NPD，因此双交换所占的总的比例 DCO＝③＋④＋⑤＝NPD＋NPD＋2NPD＝4NPD。单交换②所占的比例 SCO＝T－⑤＝T－2NPD。由于一次交换对重组的贡献是 0.5，因此在两个连锁基因的作图中，重组率为 RF＝0.5SCO＋DCO＝0.5（T－2NPD）＋4NPD＝0.5T＋3NPD。

　　在前面的例子中，更为精确的图距应为 RF＝0.5×0.34＋3×0.05＝0.32＝32％，即 A、B 基因间的图距为 32 cM，比前面计算所得多了 10 cM。这个结果也说明，当所考虑的交换方式增加时，图距也更精确。

第四节　人类的基因定位

人类体细胞中共有 23 对染色体,其中 22 对为常染色体,一对为性染色体。人类基因组约有 31.6 亿个核苷酸对,包含(2～3)万个功能基因,基因和基因相关序列约为 1200 Mb,基因间的 DNA 序列约为 2000 Mb。人类基因图的绘制是非常困难的,这是由于存在很多实际的问题,包括:①因为人类的婚姻自由和道德伦理问题,遗传学家不能对人类进行自由的杂交、测交和回交,因此几乎所有必要的试验均不能展开;②不能对人类进行人工诱变,而人类自然突变稀少,且多数突变基因导致严重缺陷,致使突变者没有机会或仅有非常小的机会产生后代,因此无法对这些突变进行进一步的遗传分析;③每一家族或家庭后代数量相对较少,无法进行统计学方面的分析。

尽管如此,遗传学们还是能够通过遗传学的知识,将一些基因定位在特定的染色体上。定位人类基因的方法主要有家系分析法、体细胞杂交定位法和 DNA 介导的定位方法等。

一、家系分析法

家系分析法是指在医学遗传学的临床实践中,根据系谱图追踪某遗传病在家族成员中的发病情况,并加以综合分析,最终判断该遗传病的遗传方式和传递规律的方法。家系分析法主要应用于遗传病缺陷基因的定位,特别是性连锁基因的定位,但对于常染色体及非遗传病基因也适用。早在 20 世纪 30 年代,通过家系分析法已将人类的红绿色盲、血友病、葡萄糖-6-磷酸脱氢酶等基因定位在 X 染色体上。另外,该方法不仅可以用于基因定位,同时在致病基因携带者的检出中意义重大,如能确诊,将阻止有害的缺陷基因传递给下一代,从而大大降低其发病率。家系分析法不仅可以对单个基因进行初步的染色体定位,也可以进行两个基因的连锁分析。

(一)单个基因的染色体定位

单个基因的染色体定位主要用于性染色体基因的定位。例如某性状只出现在家族中的男性,则可将其基因初步定位在 Y 染色体上。另外,根据伴性遗传的原理,当男性带有隐性的致病基因时,则性状得以表现,且会通过女儿传递给他的外孙。而当女性带有隐性纯合致病基因时,则性状得以表现,若她的配偶是正常人,则她们的后代将会出现交叉遗传,即母亲将性状传递给儿子,父亲将性状传递给女儿。因此,当某一性状的遗传符合上述规律时,则可初步确定决定该性状的基因位于 X 染色体上。

(二)两个基因的连锁分析

对于 X 染色体上的基因来说,要进行连锁分析,首先要找到两对基因都处于杂合状态的双重杂合体母亲,特征是该母亲的儿子有四种类型的性状组合(其中两种为亲本型,两种为重组型),且比例明显偏离 1∶1。然后根据这些儿子的外祖父的性状确定哪类性状组合为亲本型和重组型,最后计算重组个体所占的比率,即为两个基因的重组率。由于需要由外祖父的表型确定重组性状,因此该方法称为外祖父法。图 6-18 显示了应用外祖父法进行两个基因连锁分析的三类家庭。由于人类的子代数目有限,因此需要结合若干家庭的数据才能确定两个基因间的重组率。例如,利用外祖父法进行人类 X 连锁的色盲基因(a)和蚕豆基因(G_6PD^-)的连锁分析中,平均每 20 个儿子中有一个重组体,即两个基因的重组率约为 5%,图距为 5 cM。

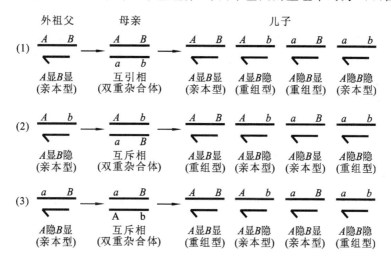

图 6-18　外祖父法进行两个连锁基因作图时的三类家庭

　　家系分析法也可以进行常染色体上的基因定位,其前提是已明确两对基因的显隐性关系,并且在图 6-19 所示的三代家庭中 $Ⅰ_2$ 和 $Ⅱ_2$ 必须是双隐性纯合体。分析若干这样的家庭,根据子代亲本型和重组型所占的比例确定两个基因是否连锁。若比例明显偏离 1∶1 则表明两个基因连锁,根据重组体所占的比例确定两个基因的重组率。如图 6-19 所示,阴影表示该个体患一种显性的肌强直功能不全症(myronic dystrophy),由一对等位基因 Gg 表示;"×"表示某种物质在唾液中分泌,称为分泌型,也为显性性状,由一对等位基因 Ss 所控制。由系谱图可知,$Ⅰ_2$ 和 $Ⅱ_2$ 个体的基因型均为 gs/gs,因此可推导出 $Ⅱ_1$ 个体必为双重杂合体,基因型为 GS/gs。这样第三代子代就相当于测交子代,通过第三代中重组型个体(Gs/gs 或 gS/gs)所占的比率即可计算两个基因间的重组率。在图 6-19 所示的系谱图中,第三代 6 个子代中只有 $Ⅲ_5$ 为重组型个体,因此重组率约为 1/6。当然,如果能够统计更多同类家庭的遗传结果,则所得的图距更精确。

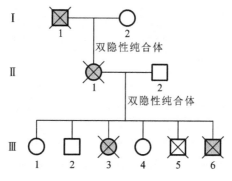

图 6-19　家系分析法中所需的家庭类型

二、体细胞杂交定位法

　　体细胞是生物体除生殖细胞外的所有细胞。体细胞杂交又称细胞融合,是将来源于不同物种的两种细胞融合成一个新细胞。大多数体细胞杂交是用人的细胞与小鼠、大鼠或仓鼠的体细胞进行杂交。这种新产生的融合细胞称为杂种细胞,含有不同双亲的染色体。杂种细胞有一个重要的特点,是在其繁殖传代过程中出现保留啮齿类一方染色体而人类染色体则逐渐丢失,最后只剩一条或几条,这是由于啮齿类细胞相对生长速率快于人类细胞所导致的。这种仅保留一条或少数人染色体的杂种细胞不仅可以研究体细胞融合、基因突变和分离,也是进行基因连锁交换分析和基因定位的有用材料。利用杂种细胞定位一般只适用于将基因定位在哪条染色体或确定两个基因是否在同一染色体上,而无法准确地计算两个连锁基因的图距。

(一)将基因定位在相应的染色体上

例如 DNA 的合成需要通过两种途径:一种是起始合成途径,即从一些小分子物质合成嘌呤和嘧啶,最后再合成核酸;另一条途径是中间合成途径,是通过次黄嘌呤:鸟嘌呤磷酸核糖转移酶(hypoxanthine guanine phosphoribosyl transferase,HGPRT)的催化作用把次黄嘌呤转化成次黄嘌呤核苷-磷酸(IMP),通过胸苷激酶(thymidine kinase,TK)的催化把胸腺嘧啶核苷转化成脱氧胸腺嘧啶核苷-磷酸(dTMP),再进一步合成核酸。小鼠细胞株 B_{82}(TK$^-$)由于 TK 酶缺陷,只能依靠起始合成途径合成核酸,因而不能在 HAT 培养基上生长繁殖。因为 HAT 培养基含有次黄嘌呤(hypoxanthine)、氨基蝶呤(aminopterin)和胸腺嘧啶(thymidine)三种成分,而氨基蝶呤可阻止起始合成途径。但是,如果将小鼠 B_{82} 细胞株和人的二倍体正常细胞进行体细胞融合,可在 HAT 选择性培养基上筛选到杂种细胞。这种杂种细胞因为能够稳定地产生 TK 酶,因而能够在 HAT 培养基上正常生长繁殖。后来经过鉴定,发现所有杂种细胞除了含有全套小鼠染色体外,均含有人的第 17 号染色体,因而推断编码人 TK 酶的基因位于第 17 号染色体上,杂种细胞是依靠人第 17 号染色体产生的 TK 酶通过中间合成途径合成核酸的。这是人类第一次应用体细胞遗传学技术将某一基因定位于相应的染色体上。

这一技术后来被发展为克隆分布板法,即为了将某一基因定位在相应的染色体上,利用体细胞融合技术建立包括人类 24 条染色体(22 条常染色体和 2 条性染色体)在内的一套人鼠杂种细胞,其中每个杂种细胞都包含若干条人类染色体。这样的一套杂种细胞称为克隆分布板(clone panel)。利用这种克隆分布板,结合某一杂种细胞的特定基因产物与该细胞所含有的人类染色体的对应关系,就可将人类某一基因定位在特定的染色体上。例如有 A、B、C 三个杂种细胞克隆,A 克隆含有人第 1、2、3、5 号染色体,B 克隆含有人第 1、2、5、8 号染色体,C 克隆含有第 1、5、6、7 号染色体,如果某一基因产物只出现在 A、B 克隆而不存在于 C 克隆,则可推测该基因位于第 2 号染色体上。

(二)确定两个基因是否位于同一染色体上

确定两个基因是否位于同一染色体称为同线分析(synteny analysis)。其原理如下:若两个基因位于同一染色体上,则它们就像"一条绳上的蚂蚱",或者在某一杂种细胞中同时出现,或者同时缺失;若在不同的染色体上,则由于它们之间的自由组合,就可能在某一杂种细胞中同时出现或缺失,也可能单独出现。例如将具有两个突变基因(A^- 和 B^-)的小鼠细胞和带有相应野生型基因(A^+ 和 B^+)的人类细胞进行体细胞融合。如果 A、B 基因位于同一染色体上,则杂种细胞只能出现两种类型,一种因为带有该条染色体而表现出 A^+ B^+,另一种因为缺失该染色体而表现为 A^- B^-;相反,若 A、B 基因位于不同染色体上,则杂种细胞可能同时含有或缺失这两条染色体,也有可能只含有其中的一条染色体,因而将出现四种类型,即 A^+ B^+、A^-

B^-、A^+B^- 和 A^-B^+（图 6-20）。

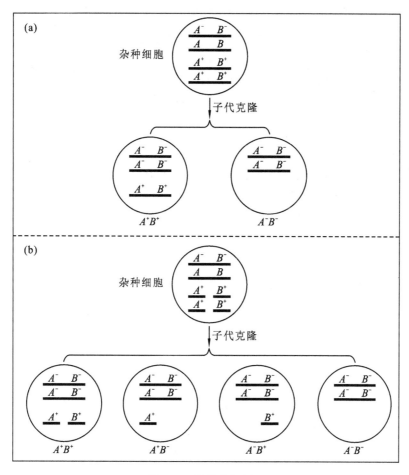

图 6-20 同线分析原理

(a)A、B 基因位于人类同一染色体上；(b)A、B 基因位于人类不同染色体上；

注：图中小鼠基因虽在同一染色体上，但由于小鼠与人类基因组的差别，在小鼠中 A、B 也有可能位于不同染色体上。

习题

1. 当进行如下杂交及测交试验时，获得的结果如图所示：

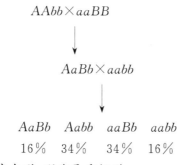

（1）请指出测交子代中哪些是亲本型，哪些是重组型。

（2）A、B 基因间的图距是多少？

(3)根据图距推测 F_1 杂合体 $AaBb$ 在产生配子过程中,有多少性母细胞发生了交换?

2.在某植物的一条染色体上含有 3 个连锁的基因 A、B 和 D,3 个基因的顺序是未知的。若 $ABd/ABd \times abD/abD \to ABd/abD$,再用 ABd/abD 与三隐性纯合个体(abd/abd)进行测交,得到了下列结果。

子代表型	ABd	abD	aBD	Abd	ABD	abd	AbD	aBd
数目	335	321	95	99	71	73	3	3

(1)哪些子代是亲本类型、单交换类型和双交换类型?

(2)3 个基因在染色体上的顺序如何?

(3)这 3 个基因间的图距是多少?画出这 3 个基因的遗传连锁图。

(4)并发系数 C 与干涉系数 I 分别是多少?

3.假定 A、B、C 连锁基因的遗传学图如下,且知遗传干涉值为 40%,请问:

(1)并发系数 C 是多少?

(2)A 和 C 基因间实际的双交换率是多少?

(3)ABC/abc 亲本产生的各型配子的频率如何?

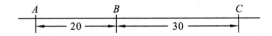

4.人的色盲基因和血友病基因都在 X 染色体上,它们之间的重组率大约是 10%。以下是该病的某个系谱。叉号表示该个体有色盲症,黑色阴影表示该个体有血友病。

(1)列出系谱中每个个体的基因型,若某个体有多种可能的基因型,则用"/"分开各基因型。

(2)个体 III_4 和 III_5 的儿子有血友病的概率有多大?

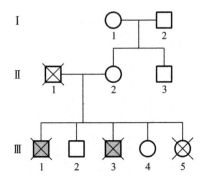

注:①决定色盲的等位基因为 A 和 a,决定血友病的等位基因为 B 和 b,其中 A 与 B 为显性等位基因。②基因型书写格式为 $X^{\square\square}X^{\square\square}$ 或 $X^{\square\square}Y$,例如个体 I_2 为 $X^{AB}Y$。

5.某种二倍体植物常染色体上的 3 个基因座 A、B、C 的连锁关系如下。

现有两个不同基因型的亲本植株 $AAbbcc$ 与 $aaBBCC$ 进行杂交并产生 F_1 代。

(1)假定无干涉,若 F_1 代自交,后代中有多少比例的 $aabbcc$ 基因型植株?

（2）假定无干涉，若 F_1 代与 $aabbcc$ 杂交，F_2 代中各基因型的预期频率如何？

（3）假定干涉系数是 0.2，则问题（2）的结果又如何？

6.人类体细胞基因 N 能导致指甲和髌骨的异常，称为指甲-髌骨综合征。一个有此症的 A 型血的人和一个正常的 O 型血的人结婚。生的孩子中有的是 A 型血的该病患者。假定没有亲缘关系，都具有这种表型的孩子长大，并且互相通婚，生了孩子。则第二代的这些孩子中间，表型百分比如下。请通过数据分析两个基因座之间的交换值。

有综合征	血型 A	66%
正常	血型 O	16%
正常	血型 A	9%
有综合征	血型 O	9%

7.在某植物中，花的颜色是由两对等位基因 Aa 和 Bb 决定的。并且只有当 A 和 B 基因同时存在时才表现为有色，否则为无色。现有下列试验数据，请分析 $A(a)$、$B(b)$ 基因是否连锁？若连锁，两个基因间的交换值是多少？

$$AAbb \times aaBB$$

无色 | 无色
↓

$$AaBb \times aabb$$

有色 | 有色
↓

有色 有色
30 170

8.有一个果蝇品系，三对等位基因 Aa、Bb 和 Cc 位于 X 染色体上，且以 $A(a)$—$B(b)$—$C(c)$ 的顺序连锁。将三隐性纯合雌蝇与野生型雄蝇进行杂交，F_1 代杂合体间再相互交配，得到的 F_2 代的表型如下。

子代表型	+++	abc	+bc	a++	++c	ab+	+b+	a+c
数目	1272	278	128	122	93	97	4	6

（1）3 个基因座间的重组率是多少？

（2）3 个基因座间是否存在遗传干涉？如果存在，干涉值是多少？

9.粗糙脉孢菌某一基因座上有两个等位基因 A 和 a，若野生型（A）和突变型（a）进行杂交，获得的子囊类型数据如下，请计算该基因座与着丝粒间的遗传距离。

子囊类型	（1）	（2）	（3）	（4）	（5）	（6）
四分子	A	a	A	a	A	a
基因型排列	A	A	a	a	A	A
	a	a	A	A	a	A
	a	A	a	A	A	a
子囊数	454	32	29	426	33	26

10.在下列表中所列的某顺序四分子的 8 种子囊型中，有一个子囊型不能与其他 7 种子囊型归为一类，请把这种子囊型找出来，并写出正确的子囊型，同时说明顺序四分子分析中根据

哪些特点将不同子囊型归为同类。

子囊型	（1）		（2）		（3）		（4）		（5）		（6）		（7）		（8）	
四分子 基因型排列	a	B	A	b	A	B	a	b	A	B	a	b	a	B	A	b
	a	b	A	B	A	b	a	B	a	b	a	B	a	b	A	B
	A	b	a	B	a	B	A	b	A	b	A	B	A	B	a	b
	A	B	a	b	a	b	A	B	a	B	A	b	A	b	a	B

11. 在粗糙脉孢菌两个连锁基因的分析中，$AB \times ab$ 杂交产生的 7 种子囊型如下，请完善表格信息并进行两个基因的连锁作图。

子囊型	①		②		③		④		⑤		⑥		⑦	
四分子基因 型排列	A	B	A	b	A	b	A	B	A	B	a	b	A	b
	A	B	A	b	A	B	a	B	a	b	a	B	a	B
	a	b	a	B	a	b	A	b	A	B	A	b	A	B
	a	b	a	B	a	B	a	b	a	b	A	B	a	b
子囊数	727		3		130		7		120		3		10	
分离时期														
四分子类别														

12. 在粗糙脉孢菌两个连锁基因的分析中，$AB \times ab$ 杂交产生的 7 种子囊型如下，请完善表格信息并进行两个基因的连锁作图。

子囊型	①		②		③		④		⑤		⑥		⑦	
四分子基因 型排列	A	B	A	b	A	b	A	B	A	B	a	b	A	b
	A	B	A	b	A	B	a	B	a	b	a	B	a	B
	a	b	a	B	a	b	A	b	A	B	A	b	A	B
	a	b	a	B	a	B	a	b	a	b	A	B	a	b
子囊数	686		4		150		.145		6		4		5	
分离时期														
四分子类别														

13. 非顺序四分子的子囊菌杂交 $abc \times +++$，根据下列 100 个子囊的分析，确定三个基因的连锁关系。

子囊型	①			②			③			④		
四分子基因 型排列	a	b	c	a	b	+	a	+	c	a	+	+
	a	b	c	a	b	+	+	+	c	+	+	+
	+	+	+	+	+	c	a	b	+	a	b	c
	+	+	+	+	+	c	+	b	+	+	b	c
子囊数	40			42			10			8		

参考文献

［1］戴灼华,王亚馥,粟翼玟.遗传学[M].2版.北京:高等教育出版社,2008.

［2］赵寿元,乔守怡,吴超群,等.遗传学原理[M].北京:高等教育出版社,2011.

［3］刘祖洞,乔守怡,吴燕华,等.遗传学[M].3版.北京:高等教育出版社,2012.

［4］徐晋麟,赵耕春.基础遗传学[M].北京:高等教育出版社,2009.

［5］刘庆昌.遗传学[M].2版.北京:科学出版社,2007.

［6］张凤伟,施树良,顾宁.在粗糙脉孢菌两个连锁基因作图教学中若干关键问题的解析[J].遗传,2012,34(1):120-125.

［7］Sturtevant A H. The linear arrangement of six sex-linked factors on drosophila,as shown by their mode of association [J]. Journal of Experimental Zoology,1913,14:43-59.

［8］Bridges C B. Sex in relation to chromosomes and genes [J]. American Naturist,1925,59:127-137.

［9］Turner G E. Phenotypic analysis of *Neurospora crassa* gene deletion strains [J]. Methods Mol. Biol. ,2011,722:191-198.

［10］Jin Y,Allan S,Baber L,et al. Rapid genetic mapping in *Neurospora crassa* [J]. Fungal Genet. Biol. ,2007,44(6):455-465.

第七章

细菌的遗传

第一节　细菌的遗传组成和突变型

根据有无真正的细胞核可把生物分为原核生物和真核生物,前面几章所讲述的遗传分析均是真核生物的遗传现象和遗传规律。真核生物中的遗传重组等规律,主要通过减数分裂时染色体上的基因自由组合或交换来实现,而原核生物由于没有真正的细胞核(没有核膜包被DNA分子),所以也不能进行典型的有丝分裂和减数分裂,它们的遗传物质传递规律和重组机制与真核生物有一定的差别。但同时由于细菌是单细胞生物,具有结构简单、繁殖力强、分布广、生活周期短、个体数量多、容易被诱变和筛选、易建立纯系和长期保存等优点,现在已成为遗传学研究中常用的试验材料之一。特别是大肠杆菌($Escherichia\ coli$)的研究更为广泛和深入,其基因组测序也已经完成,为此本章主要以大肠杆菌为主,来讨论细菌遗传物质的遗传规律。

一、细菌的遗传组成

细菌是单细胞生物,不同的细菌存在形式不同,有球菌、杆菌和螺旋菌等。细菌大小也随着种类不同而异,杆菌以长和宽表示,一般长 $1\sim5\ \mu m$,宽 $0.5\sim1\ \mu m$;球菌以直径表示大小,一般为 $0.5\sim1\ \mu m$;而螺旋菌则测量其弯曲程度,其长度为 $1\sim50\ \mu m$,直径为 $0.5\sim1\ \mu m$。细菌细胞由一层或多层膜和壁所包围,多数细胞中有一条染色体(DNA),每条染色体附着在细胞膜上的一定区域内,但没有核膜包被,故称为拟核(nucleoid)。

(一)细菌作为遗传学研究材料的优点

(1)细菌是单细胞生物,个体很小,结构简单,遗传物质只有裸露的 DNA,所以有利于基因结构和功能的研究。

(2)繁殖力强,生活周期短。细菌 $20\sim30$ min 就可繁殖一代,一支试管就可以储存数以百万计的细菌,操作管理方便。

(3)通常以简单的二分分裂方式进行繁殖。一个细菌细胞可以在固体培养基上形成一个单菌落(colony),一个菌落上的所有细菌均来自那一个细菌细胞,如果那一个细菌发生突变,则可通过菌落的形态、大小、颜色的改变进行判断,或在选择性培养基中就很容易被检出,且可以检出上亿个细菌中少数发生突变的细菌。因此,虽然细菌细胞很小,不能用肉眼观察,但由于可以研究来自一个细菌细胞的菌落的变化,用肉眼也能很好地观察到其突变等遗传现象。

（4）细菌是单倍体，且能合成全部氨基酸和维生素。大多数细菌能在一定成分的培养基上生长和繁殖，所以容易找到营养缺陷型，且不难找出各个营养缺陷型所需要的物质，因而能够轻松选择出突变基因。

（5）容易发生突变。在研究时对其理化因素等条件的处理即可产生大量突变。

（6）可作为研究高等生物的简单模型。高等生物的遗传组成和遗传机制复杂，难以进行研究，但细菌的结构简单，遗传信息少，且易于研究，故可从细菌的研究中得到模型。

（二）细菌的繁殖

细菌是单细胞生物，其繁殖过程也就是细胞分裂的过程。细菌无核膜，没有着丝粒，也无纺锤体，不通过有性方式分裂（繁殖）。细菌的双链 DNA 分子随着细胞伸长而采取二分分裂（binary fission）的方式分开（图 7-1）。

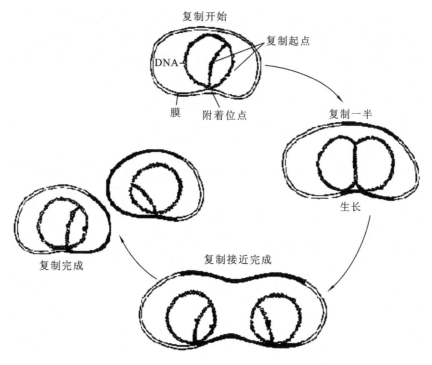

图 7-1　大肠杆菌的二分分裂模式图

（三）细菌的基因组

细菌的大部分遗传信息存在于一条环状 DNA 分子上，这个 DNA 分子一般称为细菌染色体（bacterial chromosome），存在于拟核中。有些细菌（如大肠杆菌）除了拟核中的 DNA 之外，还有一个小的可自我复制的环状 DNA 分子，该 DNA 分子称为质粒（plasmid）。细菌染色体长 250～35000 μm，没有真核生物染色体中的组蛋白和非组蛋白的结合，也不能形成核小体的结构，故它们的染色体（仅是 DNA 分子）能比较容易地被来自于相同物种或不同物种的 DNA 片段插入。

大肠杆菌是细菌遗传学研究的主要代表，其染色体是一个环状双链 DNA，除此之外，还有一个或多个小的质粒。大肠杆菌的环状 DNA 长 1333 μm，在一个长约 2 μm、宽 1 μm 的细胞中以折叠或螺旋的状态存在。

二、大肠杆菌的突变型

细菌基因与功能的研究,必须有各种突变型,现以大肠杆菌为例介绍其突变型。

1. 合成代谢功能的突变型

野生型(wild type)即原养型(prototroph)大肠杆菌品系在基本培养基(其唯一的有机成分是碳源,一般为葡萄糖)上具有合成所有代谢和生长所必需的复杂有机物的功能,这种功能称为合成代谢功能。但合成复杂有机物需要大量基因的共同表达,若其中的任何一个必需基因发生突变都不能进行一个特定的生化反应,从而妨碍整个合成代谢功能的实现,这种突变类型称为营养缺陷型。

对于这种突变型的细菌,可以通过在基本培养基中添加所需要的有机成分而使有该突变的细菌成活。其基因座符号一般根据该菌株不能合成的物质的前三个英文缩写字母来表示。表型第一个字母大写,用正体;基因型三个字母都小写,用斜体。如:Met$^-$ 表示该突变品系不能合成甲硫氨酸、Pur$^-$ 表示不能合成嘌呤,相应的野生型表型表示为 Met$^+$、Pur$^+$,其基因型记作 met^-、pur^-;如果不同基因突变表现出相同的营养缺陷型表型,则具有这些突变的细菌的基因型用小写斜体,如 $met\,A$ 和 $met\,B$ 突变是野生型基因 $met\,A^+$ 和 $met\,B^+$ 突变的等位基因,它的每一基因突变的表型都是 Met$^-$。

2. 分解代谢功能的突变型

野生型大肠杆菌能利用比葡萄糖复杂的不同碳源,将其降解为简单的糖类,这种功能称为分解代谢功能(catabolic function)。同理,分解代谢功能的实现也需要一系列相关基因的表达,其中任何一个基因的突变都会影响该功能的实现。若某些基因的突变影响了该菌株的分解代谢功能,则这样的突变类型称为分解代谢功能突变型。

例如,Lac$^-$ 突变型不能分解乳糖,表型可能是因为 $lacZ^+$ 或 $lacY^+$ 基因发生突变,分别产生了基因型为 $lacZ^-$ 或 $lacY^-$ 的突变型菌株。

3. 抗性突变型

细菌若由于某些基因的突变从而对某些抗生素或噬菌体产生抗性,则这种突变型就是抗性突变型。根据产生的因素不同分为抗药性突变和抗噬菌体突变。如对链霉素(streptomycin)来说,抗性表型以 Str^r 表示,对链霉素敏感表型以 Str^s 表示,决定这些表型的基因是 str,基因型则分别记作 str^r、str^s。再如,对 T$_1$ 噬菌体来说,抗性表型以 T$_1^r$ 表示,而对 T$_1$ 噬菌体敏感表型,以 T$_1^s$ 表示,决定该表型的基因为 ton,基因型分别记为 ton^-、ton^+(通常以 ton^s、ton^r 表示)。细菌中常用的若干突变型的基因符号见表 7-1。

表 7-1   细菌中某些突变型基因的基因符号

基因	功能	基因	功能	基因	功能
ara	不能利用阿拉伯糖	arg	不能合成精氨酸	trp	不能合成色氨酸
bio	不能合成生物素	pur	不能合成嘌呤	lys	不能合成赖氨酸
gal	不能利用半乳糖	thr	不能合成苏氨酸	att	原噬菌体附着点
lac	不能合成乳糖	his	不能合成组氨酸	azi	叠氮化钠抗性

基因	功　能	基因	功　能	基因	功　能
mal	不能利用麦芽糖	*cys*	不能合成半胱氨酸	*tsx*	噬菌体 T_6 抗性
man	不能利用甘露糖	*leu*	不能合成亮氨酸	*ton*	噬菌体 T_1 抗性
pyr	不能合成嘧啶	*pro*	不能合成脯氨酸	*pen*	青霉素抗性
ade	不能合成腺嘌呤	*phe*	不能合成苯丙氨酸	*str*	链霉素抗性

三、细菌的培养与突变型筛选

(一)细菌的培养

细菌的培养方法有两种:一是用只提供基本营养成分的液体培养基培养;二是用只提供基本营养成分的固体(琼脂)表面培养。在研究细菌遗传时需要选择合适的培养基及有野生型和突变型的细菌才行,不同的培养基可用于培养不同类型的细菌。目前培养基的类型主要有四种:基本培养基用于野生型细菌的培养;完全培养基用于突变型细菌的培养;选择培养基用于鉴定突变类型;补充培养基用于具体突变类型的确定。

(二)细菌突变型的筛选

细菌突变型的筛选可借助涂布法和影印法两种方法来完成。

1. 涂布法

涂布法是在同一培养基上根据形态变异来鉴别突变类型。具体过程如下。

(1)繁殖　在液体培养基上培养细菌,使细菌呈几何级数增加。

(2)涂布　在固体培养基上进行涂布,然后培养,使单个细菌长成菌落。每个菌落是由一个细菌细胞分裂得来的,每个菌落的细菌个数可达 10^7 个细胞,且有相同的遗传组成。

(3)鉴定　若细菌发生突变,则其菌落特征如菌落形状、颜色、大小等也会有所改变,故可用于鉴定。如引起小鼠肺炎的双球菌野生型菌落大而光滑,而突变型的菌落则小而粗糙。

2. 影印法

影印法是由 Lederberg 夫妇(J. Lederberg & E. M. Lederberg,1952)设计的,它可用于不同培养基上鉴别细菌是否发生生理、营养或抗性突变。生理特性的突变包括丧失合成某种营养物质能力的营养缺陷型。抗性突变包括抗药性或抗感染性。具体过程如下(图 7-2)。

(1)让细菌先在一个完全培养基的母板(master plate)上长成菌落。

(2)配制各种特定的营养缺乏培养基。

(3)将一个比母板培养皿略小的装置(一般为一有把手的平板)包上一层消过毒的丝绒,然后印在母板上,这样就把母板上的细菌吸附到了这个装置上。

(4)用上述印过母板培养基的装置再印到缺乏某一营养成分或添加某种抗生素的培养基上。

(5)如果不能生长,则说明它是此种营养缺陷型或某种抗生素敏感型。

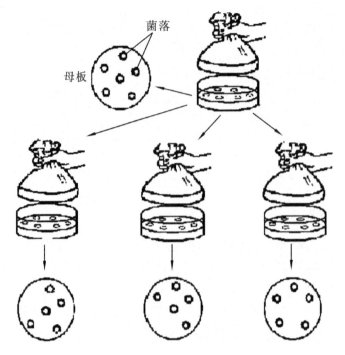

图 7-2　影印法培养过程示意图

第二节　细菌的遗传分析

一、细菌的接合

1946 年 J. Lederberg 和 E. Tatum 在大肠杆菌 K12 品系中首先发现了细菌可以通过暂时的沟通和染色体转移而导致基因重组，这一过程称为细菌的接合（bacterial conjugation）。

Lederberg 和 Tatum 在试验中，选用大肠杆菌 K12 的两个品系菌株 A 和菌株 B，菌株 A 需要在基本培养基上添加甲硫氨酸和生物素，菌株 B 需要在基本培养基上添加苏氨酸、亮氨酸和硫胺素，菌株才能正常生长。故而它们的基因型可以写为

菌株 A：met^-　bio^-　thr^+　leu^+　thi^+

菌株 B：met^+　bio^+　thr^-　leu^-　thi^-

上述两个菌株在基本培养基上都不能生长，在完全培养基上才能生长。试验中他们将这两个菌株在完全培养基上分别培养到约 10^8 个/mL 后，各取 1 mL 到完全培养基上进行混合培养，经过几个小时的培养后，将两个单独培养的菌株和混合培养液分别涂布在基本培养基上进行培养，结果只在涂有混合培养液的基本培养基上长出了单个菌落，且其频率为 10^{-7}（图 7-3）。只有野生型的大肠杆菌才能在基本培养基上生长，而涂有混合培养液的基本培养基上长出了菌落说明在基本培养基上有了野生型的菌株，也就证明了个菌株 A 和菌株 B 之间发生了某种形式的基因重组。

　　这样的野生型菌株是如何产生的呢？是回复突变，还是后面要学习的细菌转导？由于单个基因的突变率约为 10^{-6}，则本试验的两个菌株的回复突变率就应该是 10^{-12} 和 10^{-18}，而本次试验的野生型菌落产生的频率为 10^{-7}，远远大于回复突变的概率，故可排除是回复突变。是否是细菌转导呢？B. Davis 设计的 U 形管试验否定了这一推测。该试验选用一个 U 形管，先在 U 形管底部放入滤片，该滤片可阻止细菌通过，但不影响大分子（DNA）流过。左管加入 A 菌株，右管加入 B 菌株。左管用棉塞塞紧，右管连上气管。通过右管进气加压与抽气吸引使左、右大分子完全混合（图 7-4）。待两臂细胞在完全培养基中停止生长后，将它们分别涂布在基本培养基上，结果都没有出现野生型菌落，这一试验至少说明菌株 A 和菌株 B 之间的直接接触是产生野生型菌株的必要条件。

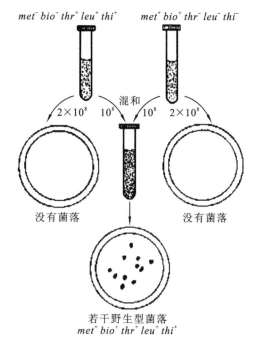

图 7-3　Lederberg 和 Tatum 细菌杂交试验

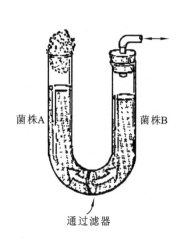

图 7-4　Davis 的 U 形管试验

　　U 形管不能说明在接合过程中遗传物质的交换是单向交换还是相互交换。1953 年 Hayes 的杂交试验证明了细菌在接合过程中的遗传物质的交换是一种单向的转移：他在重复 Lederberg 和 Tatum 试验时发现只是菌株 A 的遗传物质向菌株 B 转移，而不能反过来进行，因此一般将供体看作"雄性"，将受体看作"雌性"。

二、F 因子与高频重组

　　Hayes 试验用的仍是大肠杆菌 K12 的两个菌株，菌株 A 的基因型为 *met⁻　bio⁻　thr⁺ leu⁺　thi⁺*，菌株 B 的基因型为 *met⁺　bio⁺　thr⁻　leu⁻　thi⁻*，同时两个菌株中都有链霉素敏感型（*strˢ*）和抗链霉素突变型（*strʳ*）。在不含链霉素的基本培养基上将这两个菌株进行正交和反交，即 A *strˢ*×B *strʳ* 与 A *strʳ*×B *strˢ*，结果都可以得到野生型菌落；但在含有链霉素的基本培养基上进行正交和反交时，只有 A *strˢ*×B *strʳ* 得到了野生型菌落，而另外一组则没有产生野生型菌落。此试验说明菌株 A 相当于供体"雄性",菌株 B 相当于受体"雌性"。它们的发生过程如下:受体菌株 B 是链霉素抗性时,菌株 B 不受链霉素的影响,可以继续进行正常的分裂而形成菌落;而另一组由于受体菌株 B 是链霉素敏感型,即便有遗传物质转移进来,也不能继续进行分裂,继而也不能产生菌落。

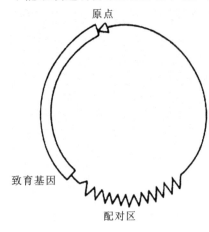

图 7-5 环状 F 因子的结构示意图

后来研究发现,细菌菌株之间的差异是由 F 因子(F factor)引起的:具有 F 因子的为供体,相当于雄性(如菌株 A),用 F$^+$ 表示;不具有 F 因子的菌株为受体,相当于雌性(如菌株 B),用 F$^-$ 表示。F$^+$ 与 F$^-$ 接触后,F 因子滚环式复制 1 份,并通过接合管(细胞质桥)进入 F$^-$ 中。

大肠杆菌的 F 因子是一种质粒(plasmid),又称为致育因子(fertility factor)或性因子(sex factor),其本质是染色体外的遗传物质,是可以自我复制的环状 DNA 双链分子,全长 94.5 kb,主要分为三个区域(图 7-5):原点、致育基因和配对区。①原点(origin)是转移的起点。②致育基因(fertility gene)使 F 因子具有感染性,其上有一些基因编码生成 F 菌纤毛的蛋白质,即 F$^+$ 细胞表面的管状结构,称为接合管(conjugation tube)。F 菌毛可与 F$^-$ 细胞表面的受体相结合,在两个细胞间形成细胞质桥即接合管;除此之外,还有大量的和 F 因子转移相关的基因。③配对区(pairing region)是与大肠杆菌基因组同源的序列,是同源重组所必需的,通过同源重组可使 F 因子整合到大肠杆菌染色体上。

F 因子在细菌细胞中可以以游离状态存在,也可以整合到细菌的染色体组中。以大肠杆菌为例,根据 F 因子的存在方式,可将其分为三种菌株。①F$^-$ 菌株:不带有 F 因子的菌株,作为受体接受遗传物质。②F$^+$ 菌株:带有 F 因子的菌株,作为供体提供遗传物质。③Hfr(high frequency of recombination)菌株:高频重组菌株,F 因子通过配对交换,可将其整合到细菌染色体上。

(一)F$^+$ 向 F$^-$ 的转移(F$^+$×F$^-$)

F$^+$ 与 F$^-$ 细胞进行接触时,形成细胞质桥(接合管),这时 F$^+$ 细胞的 F 因子通过接合管从转移的起点开始向 F$^-$ 细胞传递,转移时 F 因子的 DNA 双链中的一条链打开一个缺口,打开的链以滚环式复制的方式从 5′-磷酸端开始进入受体 F$^-$,在 F$^-$ 中复制形成一个完整的 F 因子,而使 F$^-$ 细胞变为 F$^+$;另一条没有缺口的完整链则留在供体内作为滚环式复制的模板进行复制,形成完整的 F 因子(图 7-6)。这样转移的结果是,接合后,F$^+$ 依然是 F$^+$,而 F$^-$ 也变成了 F$^+$。

F$^+$ 与 F$^-$ 之间的杂交只有 F 因子的传递,而细菌染色体暂不转移,因而尽管 F 因子转移频率很高,但两个细菌细胞之间的重组率很低,大约是每百万个细胞发生一个重组,故 F$^+$ 品系也称为低频重组(low frequency of recombination,Lfr)菌株。

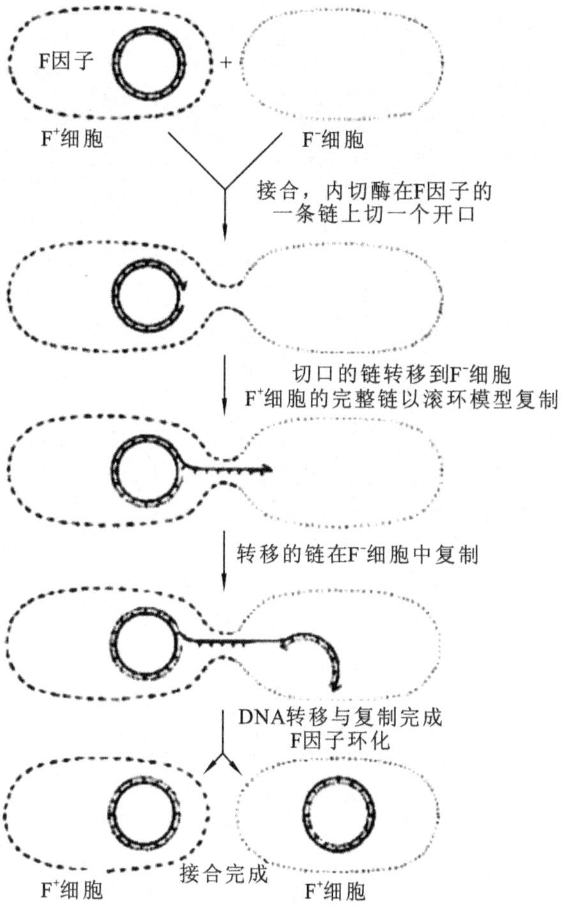
F因子
+
F⁺细胞
F⁻细胞
接合，内切酶在F因子的
一条链上切一个开口
切口的链转移到F⁻细胞
F⁺细胞的完整链以滚环模型复制
转移的链在F⁻细胞中复制
DNA转移与复制完成
F因子环化
接合完成
F⁺细胞
F⁺细胞

图 7-6　F^+ 向 F^- 的转移

（二）Hfr 菌株的形成及染色体转移（Hfr×F^-）

F 因子可以通过质粒小环插入细菌染色体当中(图 7-7)，像这种带有一个整合的 F 因子的品系称为高频重组(high frequency of recombination，Hfr)菌株。这类细菌细胞可以将部分甚至全部细菌主染色体传递给 F^-，当 Hfr×F^- 时，细菌基因的重组率增加千倍以上，故称为 Hfr 菌株。

接合时，双方在 F 因子中间的一条链上形成切口，并同时开始滚环式复制，借助 DNA 滚环的动力，使 5′-磷酸端进入接合管，进而到达受体菌 F^- 细胞。这种方式与 F^+ 向 F^- 的转移非常相似，不同点在于细菌的染色体和转移链连接在一起共同进入 F^- 细胞，转移后立即按 5′→3′方向进行复制。

当 Hfr×F^- 开始时，F 因子只有一部分进入 F^- 细胞，剩下部分基因只有等到细菌染色体全部进行到 F^- 细胞才能进入，而转移过程又经常中断，所以接合后的多数 F^- 细胞只得到了 F 因子的一部分而非全部，依然是 F^- 细胞。偶尔的情况是，全部染色体都进入了 F^- 细胞，这样 F^- 细胞就得到了完整的 F 因子，也就变成了 Hfr 细胞，但是这种概率非常低。

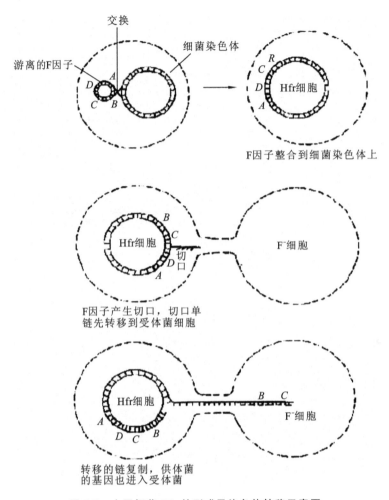

F因子整合到细菌染色体上

F因子产生切口，切口单链先转移到受体菌细胞

转移的链复制，供体菌的基因也进入受体菌

图 7-7　大肠杆菌 Hfr 的形成及染色体转移示意图

（三）细菌重组的特点

细菌重组是通过 F 因子来完成的，在 Hfr 菌株中的 F 因子是整合在细菌染色体上的，所以不能进行独立自主的复制，但在进行接合时，F 因子首先启动，在 F 因子复制起始点打开一个缺口以滚环式复制的方式进入受体菌细胞，同时携带着细菌染色体进入。但是，由于接合期间，接合管很容易断裂，所以 Hfr 菌株重组时有以下特点。

（1）F⁻细胞通常只得到 F 因子的一部分，F 因子的另一部分一般没有转移进去。

（2）F⁻细胞同时也只接受了部分的供体菌染色体，这样的细胞称为部分二倍体（partial diploid），在部分二倍体的细胞中，转移进来的部分染色体上携带的基因称为外基因子（exogenote），而自身具有的完整染色体的基因称为内基因子（endogenote）。所以细菌基因的重组不同于真核生物完整二倍体的重组，它只是内、外基因子的部分重组（图 7-8(a)）。

（3）如果内、外基因子之间发生单次交换，则环状染色体就形成了线状染色体，不能自我复制了，故这种细胞不能传递下去（图 7-8(b)）。所以只有偶数次交换得到环状染色体的交换才能保证细菌染色体的完整性，细菌细胞才能传递下去。

（4）如果内、外基因子之间发生偶数次交换，那么得到的重组子只有一种类型，因为相反的重组子是一个线状的片段,由于不能自我复制,会随着细胞的分裂而丢失。所以重组以后 F$^-$ 细胞所产生的菌落不再是部分二倍体,而是单倍体(图 7-8(c))。

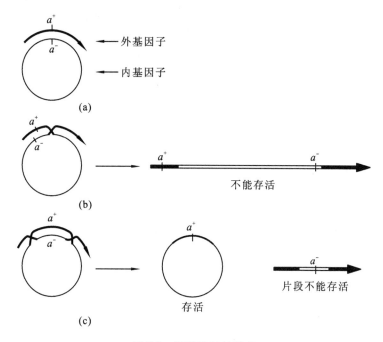

图 7-8　细菌重组的特点

综上可知,原核生物的基因重组并不像真核生物那样在两套完整的基因组之间进行,而是在完整基因组与不完整基因组之间进行,即在部分二倍体上进行。所以,细菌重组有以下两个特点:一是只有偶数次交换才能产生有活性的重组子;二是重组后的细菌细胞繁殖的后代细菌中不出现相反的重组子,但重组时的交换仍是相互的。

三、F′因子与性导

(一)F′因子与 F′菌株

1959 年,E. H. Adelberg 等在重复 Hfr×F$^-$ 试验时发现了一些品系回复成了 F$^+$ 状态,而失去了高频供体的能力。后来研究发现,F 因子既可以插入细菌染色体中,形成 Hfr 菌株,也可以通过规则的交换和剪接,从细菌染色体上完整地游离下来形成 F$^+$ 菌株;但是偶尔也会不规则地游离下来,形成 F 因子上携带一段相邻的细菌染色体的状态(图 7-9)。像这种携带部分细菌染色体上基因的 F 因子称为 F′因子,携带 F′因子的细菌称为 F′菌株。F′因子与 F 因子一样有自我复制的能力,故 F′菌株也可像 F$^+$ 菌株一样通过接合管的形成让 F 因子以滚环式复制方式完成与 F$^-$ 菌株的接合过程。

(二)性导

像这种用 F′因子将供体菌的基因导入受体菌的过程称为性导。随着 F′因子进入受体菌细胞,它所携带的细菌部分基因也进入受体菌细胞,这样在受体菌细胞内就形成了部分二倍体(图 7-10)。

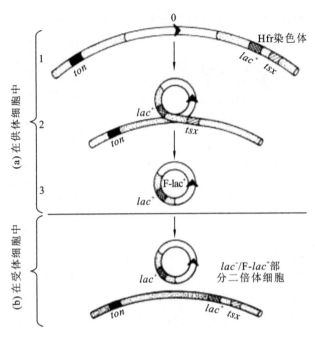

图 7-9 F′因子的形成过程

（引自朱军，2011）

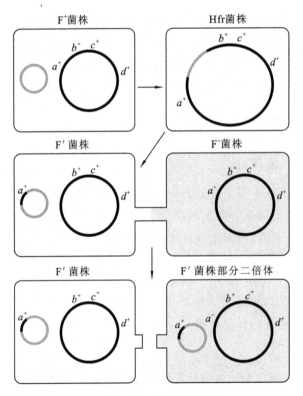

图 7-10 性导过程模式图

F'因子转移细菌基因不同于 Hfr 菌株,Hfr 菌株与 F⁻ 菌株杂交后极少数 F⁻ 菌株转变成 Hfr 菌株,绝大多数仍然是 F⁻ 菌株;而 F' 菌株与 F⁻ 菌株杂交后 F⁻ 菌株就成为 F' 菌株。另外,Hfr 菌株与 F⁻ 菌株杂交后有大量的供体菌基因被导入,而 F' 菌株与 F⁻ 菌株杂交后只有部分 F 因子插入位点附近的少量基因被导入。

性导在遗传学上十分有用:① F' 因子可自主复制,如果不发生重组,则它可在细菌细胞中延续;②观察由性导形成的杂合部分二倍体中某一性状的表现时,可以确定这一性状的显隐性关系;③性导形成的部分二倍体也可通过做互补试验来测定两个突变型是否属于同一基因的突变;④不同的 F' 因子携带不同的细菌 DNA 片段,故当两个紧密连锁的基因被同一个 F' 因子携带并发生性导时,称为共性导(co-seduction),可以进行性导作图,其原理类似于后面介绍的共转导作图。

四、大肠杆菌 F⁺、Hfr、F' 品系的比较分析

根据 F 因子的存在方式,将菌株进行分类,除了前面讲的 F⁻ 菌株、F⁺ 菌株和 Hfr 菌株外,又增加了一种菌株即 F' 菌株。那么各菌株之间的接合性能与遗传重组之间有什么关系呢?

F⁺	×	F⁺	排斥、不能接合
F⁻	×	F⁻	无接合管、不能接合
F⁺	×	F⁻	可接合、低频重组、F⁻ 全转化为 F⁺
Hfr	×	F⁻	可接合、高频重组、F⁻ 一般仍为 F⁻
F'	×	F⁻	可接合、对所携带的基因高频重组、F⁻ 转变为 F'

五、中断杂交试验与重组作图

(一)中断杂交试验

当 Hfr 菌株与 F⁻ 菌株杂交时,基因从 Hfr 细胞按一定的顺序进入 F⁻ 细胞,因此可根据基因进入 F⁻ 细胞的时间和次序进行基因作图。1956 年法国微生物学家 E. Wollman 和 F. Jacob 首创了中断杂交试验方法。中断杂交试验(interrupted mating experiment)是研究细菌接合过程中基因转移状况的一种遗传学试验方法。将接合中的细菌按不同时间取样,并将样品放入搅拌器内猛烈搅拌,以此打断细菌的接合管,终止接合。由于接合时间不同,从供体转移到受体中的供体菌的染色体(基因组)长度也不同,分析受体的基因型即可知细菌染色体的基因转移顺序,由此可确定细菌染色体上基因的位置(包括基因顺序和距离)。说明:细菌接合时间越长,在 F⁻ 细胞中出现的 Hfr 菌株的性状越多,即转移的 Hfr 染色体片段就越长。

中断杂交试验的过程如下。首先取有多个标记的大肠杆菌作为试验材料。

Hfr:*thr⁺ leu⁺ azi^r ton^r lac⁺ gal⁺ str^s* × F⁻ *thr⁻ leu⁻ azi^s ton^s lac⁻ gal⁻ str^r*;

在时间 t=0 时,让两种细胞培养物混合通气培养使它们接合,每隔一段时间取样,把菌液放入搅拌器中猛烈搅拌,打断其接合管,使接合的细菌细胞分开以中断其杂交,将中断杂交后的细菌接种在含有链霉素的几种不同的培养基上来测定它形成了何种重组子(链霉素可以杀死所有的 Hfr 细胞)。例如,检查 F⁻ 细胞是否得到了 *thr⁺*,用不加苏氨酸而含有链霉素、亮氨酸的培养基,在这里只有具有 *thr⁺ str^r* 基因的细胞才能生长,说明能生长的细胞就是供体 *thr⁺* 已经进入受体并发生了重组的细胞。*leu⁺* 的检查以此类推。再如检查 *azi^r* 或 *ton^r* 转移的

情况就可接种在含链霉素及叠氮化钠或 T_1 噬菌体的培养基上,这样只有具有 azi^r 或 $ton^r\ str^r$ 基因的细胞才能生长,能生长则说明供体 azi^r 或 ton^r 进入了受体并发生了重组。当检查 lac^+ 和 gal^+ 转移情况时,就可接种在不加葡萄糖而补加乳糖或半乳糖的培养基上,在这两种培养基上分别加伊红和美蓝作指示剂,如出现红色,则表示能利用乳糖或半乳糖,这样 lac^+ 或 gal^+ 就转移到了受体上并发生了重组。最后根据各基因出现的时间顺序将它排列在染色体上,并标明出现的时间,而基因间的时间差就是它们之间的距离。所以这种图距是以时间(min)为单位的。

(二)中断杂交作图

结果表明,thr^+ 最先进入 F^- 细胞,接合 8 min 便出现了重组体,随后 0.5 min leu^+ 出现,azi^r、ton^r、lac^+、gal^+ 分别在 9 min、11 min、18 min 和 25 min 时出现(表 7-2)。

表 7-2　大肠杆菌中断杂交试验结果

标记基因	转入时间/min	性状出现频率
thr^+	8	100(选择标记)
leu^+	8.5	100(选择标记)
azi^r	9	90
ton^r	11	70
lac^+	18	40
gal^+	25	25

在被选择的 thr^+leu^+ 的重组体中,其他的供体基因接连出现,不同的基因经过一定时间后,其性状出现频率上升到一个稳定的水平(图 7-11)。如乳糖发酵基因(lac^+)在接合后18 min开始出现,然后性状出现频率稳定上升至 40%,但即使在接合后 60 min,其性状出现频率仍然维持在 40%,也就是说,60 min 后仍有 60%的菌落为乳糖不发酵型。

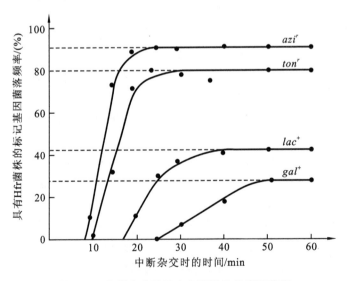

图 7-11　中断杂交试验中各基因性状出现频率

根据试验结果,Wollman 和 Jacob 提出:Hfr 菌株的基因是以线性顺序进入 F^- 菌株的,并以特定的位点作为起始点,按一定的顺序将染色体上的基因定向有序地转移到 F^- 细菌中,基因离起始点越近,进入的时间就越早,反之则越晚。但转移过程中常常会被某些因素中断,因此距离起始点越远的基因进入 F⁻ 菌株的机会越小,其基因转移频率就越低。根据上述试验结果,以时间为单位作出大肠杆菌的基因连锁图(图 7-12)。

图 7-12　根据中断杂交试验结果作图(0 是起始点,F 是 F 因子)

后来用不同的 Hfr 菌株进行中断杂交试验,并绘制了连锁图,结果见表 7-3。表面上看,这几个菌株的基因转移顺序、转移起始点和转移方向都不相同。若仔细观察,则发现它们的转移顺序并不是随机的,如所有的 *gly* 基因两侧都是基因 *his* 在一侧,基因 *thi* 在另一侧,其他基因亦是如此,除非是在连锁群的另一端。当时 Wollman 等已经假设了细菌染色体是环状的,并根据假设推出了几个基因的连锁图,但当时人们很难接受细菌染色体是环状的观点。至 1963 年,J. Cairns 获得大肠杆菌环状染色体 DNA 分子电子显微镜照片时,人们才接受了 Wollman 等人的观点。实际上,F 因子在形成 Hfr 菌株时,在细菌染色体上有很多插入位点,由此就形成了不同类型的 Hfr 菌株,不同的 Hfr 菌株的插入位点和供体菌基因转移的顺序均有差异。

表 7-3　中断杂交试验确定的几个 Hfr 菌株的基因顺序

Hfr 的类型	基因转移的顺序							
HfrH	0	*thr*	*pro*	*lac*	*pur*	*gal*	*his*	*gly*	*thi*
1	0	*thr*	*thi*	*gly*	*his*	*gal*	*pur*	*lac*	*pro*
2	0	*pro*	*thr*	*thi*	*gly*	*his*	*gal*	*pur*	*lac*
3	0	*pur*	*lac*	*pro*	*thr*	*thi*	*gly*	*his*	*gal*
AB312	0	*thi*	*thr*	*pro*	*lac*	*pur*	*gal*	*his*	*gly*

(三)重组作图

中断杂交试验是根据基因转移的先后顺序,以时间为单位表示基因间的距离。但实际上,如果两个基因间的转移时间小于 2 min,用中断杂交试验对基因的定位就不十分精确,但如果和传统的重组作图法相结合就能相得益彰了。

例如,根据中断杂交试验已知两个紧密连锁的基因 *lac*(是否为乳糖发酵型)和 *ade*(是否能合成腺嘌呤)在 Hfr *lac⁺ ade⁺* × F⁻ *lac⁻ ade⁻* 这一杂交中是 *lac⁺* 先进入 F⁻ 受体,而 *ade⁺* 后进入。如果选出 *ade⁺* 的菌落,则 *lac⁺* 自然也已经进入。所以在杂交后,用完全培养基但不加腺嘌呤,就可选出 F⁻ *ade⁺* 的菌落。把得到的重组子菌落影印在加有伊红和美蓝的培养基上,检定能否利用乳糖。若能发酵乳糖(*lac⁺*),则菌落是紫红色的,F⁻ 的基因型为 *lac⁺ ade⁺*;若不能利用乳糖(*lac⁻*),则菌落是粉红色的,F⁻ 的基因型为 *lac⁻ ade⁺*。若选出 *ade⁺* 同时也选出 *lac⁺*,则说明 *lac*、*ade* 之间没有发生过交换;若选出的是 *lac⁻ ade⁺*,则说明发生了交换(图 7-13)。

根据不同颜色的菌落数,可以得到基因型为 *lac⁻ ade⁺* 和 *lac⁺ ade⁺* 的菌落数量,根据公式即可计算出这两个基因间的距离(重组率):

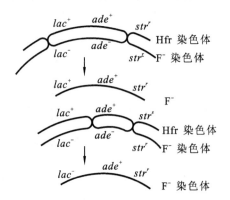

图 7-13　ade⁺ 的两种重组形式

注:重组体的基因型是 *lac⁺*
ade⁺;重组体的基因型是 *lac⁻ ade⁺*。

$$重组率＝重组菌落数/总菌落数×100\%$$
$$＝(lac⁻\ ade⁺)/[(lac⁺\ ade⁺)＋(lac⁻\ ade⁺)]×100\%$$
$$＝15/(52＋15)×100\%≈22\%$$

　　中断杂交试验的结果表明,时间的距离是 1 min,重组法算出的重组率是 20%,由此推断 1 个时间单位(min)大约相当于 20% 的重组率,即 1 min 约等于 20 个图距(cM)。大肠杆菌染色体全长 100 min,共 4×10⁶ 个核苷酸对,所以大肠杆菌的总图距约为 2000 cM,1 cM≈2000 bp。现在用中断杂交法、基因重组法等已经绘制出了大肠杆菌 K12 的遗传图(图 7-14)。

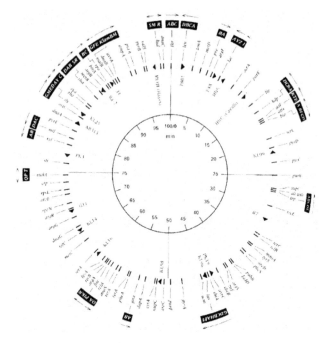

图 7-14　大肠杆菌 K12 的遗传图

(引自 Hartl & Jones,2002)

六、细菌的转化

(一)细菌转化现象

细菌的转化是指某一个受体菌可以在体外吸收来自另一个供体菌的 DNA 片段,并可将此外源 DNA 通过重组整合到自己的染色体上,从而具备了供体菌相应遗传性状的过程。细菌的转化现象是 1928 年 F. Griffith 在肺炎双球菌中首先发现的,O. T. Avery 等于 1944 年从分子水平上证实了转化因子是 DNA。后来发现其他属的细菌如链球菌属、芽孢杆菌属、大肠杆菌属等也有转化现象。

研究发现,在转化试验过程中,从一个供体菌中分离出来的 DNA 片段与另一个受体菌接触后,大约只有1％的受体菌细胞可以接受外源的 DNA 片段并发生转化。为什么会有这种现象出现? 又有哪些因素的影响使转化频率那么低? 原因可能有两点。①受体菌的细胞壁并非完全通透,它上面只有特定区域才能形成临时性通道来允许外源 DNA 通过。②并非所有的细菌细胞都有能力接受外源 DNA 片段,只有那些在一定因素(如酶或蛋白质分子)的影响下,处于一种活跃的特定的状态下的细菌细胞才能接受外源 DNA 的进入并转化。这种能接受外源 DNA 分子并能被转化的细菌细胞称为感受态细胞(competence cell),而促使细菌细胞成为感受态细胞的这些酶或蛋白质分子称为感受态因子(competence factor)。

(二)细菌转化过程

细菌转化之前必须有供体菌的 DNA 断裂成小片段(平均长度约为 2000 bp)和感受态细菌细胞制备等过程。细菌转化过程大致有以下几个连续的阶段。

(1)外源 DNA 片段与受体菌细胞的接合。当细菌细胞处于感受态时,外源双链 DNA 分子片段可逆性地接合在受体菌细胞表面的特定受体位点上。

(2)供体 DNA 片段进入受体菌细胞并降解其中一条单链。进入后的 DNA 双链片段立即在外切酶的作用下由双链变为单链,并降解其中的一条。

(3)单链 DNA 分子插入受体 DNA 分子中。未被降解的那条单链 DNA 分子与相对应的受体 DNA 分子中的同源区段联会,并与对应区段置换而整合(incorporate)到受体 DNA 分子中,从而形成杂合的 DNA 分子。

(4)复制形成转化子。具有杂合 DNA 的细菌细胞经过分裂后,形成一个受体亲代类型的细菌和一个供体亲代类型的细菌,从而完成了基因重组,转化后的细胞被称为转化子(transformant)(图 7-15)。

(三)细菌转化和基因重组作图

外源 DNA 片段进入受体菌细胞之后,可和受体菌细胞染色体发生重组。由于进入受体的小片段的 DNA 可以包含多个基因,所以当两个基因紧密连锁时,这两个基因就有机会同时被转化即共转化(co-transformation)到受体菌细胞的染色体上。当然,同时转化的基因不一定都是连锁的,原因在于不连锁的不同的 DNA 片段也可能被同一个细菌细胞所吸收并发生转化。基因间是否连锁可以根据 DNA 浓度降低时的转化频率的改变程度来区分:如果 A 或B 是连锁的,则 DNA 浓度降低后,AB 的同时转化频率下降的程度和 A 或 B 转化频率下降的程度相同;如果 A 和 B 不连锁,则 DNA 浓度降低后,AB 的同时转化频率下降的程度会远超过 A 或 B 转化频率下降的程度。上面现象出现的原因是在较低的浓度范围内,转化频率和转

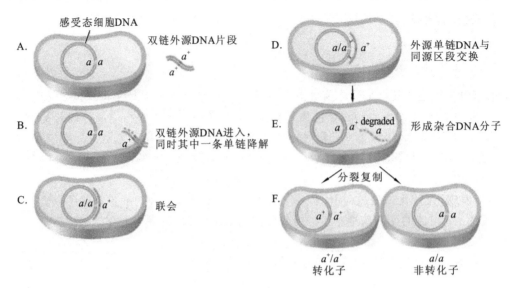

图 7-15　细菌的转化过程示意图

（引自 Griffiths，1999）

化 DNA 的浓度成正比。所以当上述两个基因在同一 DNA 分子上时，若转化 DNA 的浓度降为原来的 1/10，则两个基因同时转化的频率也会减少为原来的 1/10；但当两个基因位于不同的片段上时，若转化 DNA 的浓度降为原来的 1/10，则两个基因同时转化的频率会减少为原来的 1/100，因此可以判断 AB 之间是否连锁。如果连锁就可计算连锁基因间的重组率。

有人用枯草杆菌做了如下试验，即以 $trp_2^+ his_2^+ tyr_1^+$ 为供体，以 $trp_2^- his_2^- tyr_1^-$ 为受体进行转化，结果见表 7-4。

从表中可以看出，这三个基因是连锁的，由它们之间重组率的计算结果可知它们的基因顺序为 $trp_2 his_2 tyr_1$。

表 7-4　转化子类型及结果分析计算

基因座	转化子类型						
trp_2	＋	－	－	－	＋	＋	＋
his_2	＋	＋	－	＋	＋	－	＋
tyr_1	＋	＋	＋	－	－	＋	－
数目	11940	3660	685	418	2600	107	1180

	亲本（＋＋）	重组（＋－）和（－＋）	重组率（重组体数/总数）
$trp_2\text{-}his_2$	11940＋1180＝13120	2600＋107＋3660＋418＝6785	6785/19905＝0.34
$trp_2\text{-}tyr_1$	11940＋107＝12047	2600＋1180＋3660＋685＝8125	8125/20172＝0.40
$his_2\text{-}tyr_1$	11940＋3660＝15600	418＋1180＋685＋107＝2390	2390/17990＝0.13

七、细菌的转导

细菌转导是指以噬菌体为媒介将一个细菌的 DNA 转移到另一个细菌，并进行重组的过程。它与细菌的接合、性导、转化均不相同，主要差别在于它是从噬菌体为媒介来完成遗传物质的传递与重组的。

（一）细菌转导的发现与解释

J. Lederberg 和他的学生 N. Zender 为了研究在鼠伤寒沙门氏菌（*Salmonella typhimurium*）中是否也存在类似于大肠杆菌中的接合现象，1952 年进行了试验。他们使用了沙门氏菌的两种营养缺陷型：一种是 LT$_{22}$，不能合成苯丙氨酸、色氨酸和酪氨酸；另一种是 LT$_2$，不能合成甲硫氨酸和组氨酸。即 *phe⁻ typ⁻ tyr⁻ met⁺ his⁺ × phe⁺ typ⁺ tyr⁺ met⁻ his⁻*。结果在基本培养基上获得了以 10^{-5} 频率出现的野生型菌落，表面上这和大肠杆菌中的接合现象的结果相似，但是当他们把这两个亲本的菌株进行与大肠杆菌一样的 U 形管试验时，结果在放 LT$_{22}$ 的培养液一侧出现了野生型的细菌（图 7-16）。这显然和大肠杆菌的接合现象不同，那是什么原因呢？

野生型菌落出现的频率是 10^{-5}，排除了是回复突变的可能，U 形管试验也排除接合或性导的可能，那是否是转化呢？于是他们又在 LT$_{22}$ 一侧加入了降解 DNA 的酶，结果仍然出现了野生型的菌落，这样又把转化排除了。唯一的可能就是这种重组是通过一种可以通过滤膜的过滤性因子（filterable agent，FA）实现的。

进一步的试验证明：在这两种菌株之间传递遗传物质的 FA 是沙门氏菌中的一种温和噬菌体 P$_{22}$。P$_{22}$ 完全满足了作为 FA 的条件，可以完成这一任务。①P$_{22}$ 的大小和质量与 FA 相同，且能通过直径小于 0.1 μm 的孔径。②免疫学试验证实了这种 FA 因子可以被 P22 抗血清灭活。③如果用 LT$_2$ 的菌株 P$_{22}$ 抗性品系代替敏感的 LT$_2$，则在 U 形管两端均不出现野生型菌落。④进一步的研

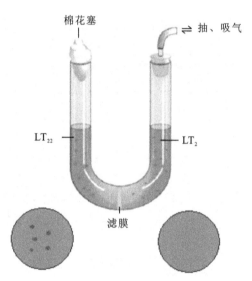

图 7-16　细菌转导的 U 形管试验

究也证明 LT$_{22}$ 是携带了 P$_{22}$ 原噬菌体的溶源性细菌，而 LT$_2$ 是对 P$_{22}$ 敏感的非溶源性细菌。

综合以上所述，即可解释上述 U 形管试验中野生型菌落出现的过程：在培养过程中少数 LT$_{22}$ 细菌自溶而释放出了 P$_{22}$ 噬菌体，P$_{22}$ 噬菌体通过滤膜后感染并裂解了 LT$_2$ 细菌，在裂解过程中，LT$_2$ 的染色体被裂解成很多小片段，这些小片段在 P$_{22}$ 噬菌体组装时，偶尔地被装入其头部的蛋白质外壳内（外壳中并不含有噬菌体 DNA，这种假噬菌体仍然可以正常感染侵入宿主细菌），当然也有含有 *phe⁺ typ⁺ tyr⁺* 基因的片段被包进去。然后包有 LT$_2$ 片段的噬菌体再通过滤膜正常地吸附和注入 LT$_{22}$ 细菌中，含有基因片段的 DNA 可以与环状 DNA 发生交换重组，从而形成野生型的 LT$_{22}$ 菌。

转导可分为普遍性转导（generalized transduction）和局限性转导（restricted transduction）。

（二）普遍性转导

转导噬菌体可以转移细菌染色体组的任何不同部分的转导称为普遍性转导。P$_{22}$ 噬菌体携带供体 LT$_2$ 的染色体片段完全是随机的。换句话说，供体基因组中的所有基因均有相同的机会被转导到受体菌中进行交换和重组，从而形成不同的转导子（图 7-17）。

普遍性转导的频率很低，一般只有 0.3% 左右噬菌体会误包供体 DNA，虽然对每个基因

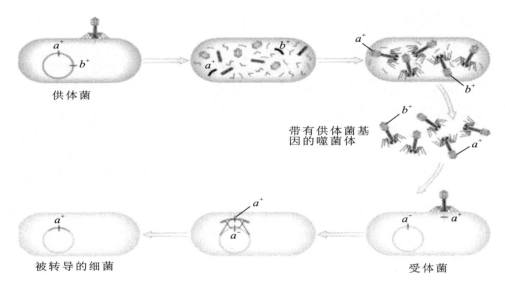

图 7-17　普遍性转导
（引自 Griffiths,1999）

来说被误包的机会均等,但对每个基因来说机会又是很有限的。比如沙门氏菌的染色体有 2000～3000 个基因,能装入噬菌体头部的 DNA 最多也只是一个噬菌体基因组大小,即有 20 ～30 个沙门氏菌的基因,相当于总染色体长度的 1‰,所以每一个基因被转导的频率约为 $0.3‰×1‰＝3×10^{-5}$。在普遍性转导的过程中,还有一种情况就是经过噬菌体的误包转移到 受体菌后,没有通过偶数次交换而把外源片段整合到受体菌 DNA 上,这种转导称为流产转导 (abortive transduction)。

两个紧密连锁的基因往往可以在一起被转导,这种转导称为共转导(co-transduction)。 共转导的频率越高,说明两个基因之间的距离越近,连锁越紧密;反之,共转导的频率越低,说 明两个基因之间的距离越远。运用这一原理可以对细菌染色体进行作图。例如:分析 3 个基 因之间的连锁关系时,只需要做 3 次两因子转导试验即可确定这 3 个基因的顺序。假如 3 次 试验的结果如下:a 基因和 b 基因共转导的频率(简称共导率)最高,a 基因和 c 基因共转导的 频率次之,b 基因和 c 基因共转导的频率最低,则这三个基因的顺序为 $b—a—c$。

（三）局限性转导

局限性转导又称为特异性转导(specialized transduction),是指一些温和噬菌体只能转导 供体基因组中的特定基因的现象。如温和噬菌体 λ,既可以自由地存在,也可以整合到细菌染 色体中。λ 噬菌体在整合大肠杆菌染色体中时,只在特定的整合附着位点 $attB$ 处而形成原噬 菌体,它的一边是半乳糖操纵子 gal 基因,另一边是生物素合成基因 bio。原噬菌体在离开细 菌染色体时,偶尔形成某些带有附近细菌基因和噬菌体基因连在一起的 DNA 片段,这种片段 由噬菌体外壳包装之后就形成了局限性转导颗粒。当溶原菌被裂解后,局限性转导颗粒就可 以感染受体菌,从而将部分供体菌基因转移到受体菌细胞中,然后完成交换重组。λ 噬菌体通 常转导的基因是半乳糖操纵子 gal 基因或生物素合成基因 bio,其他的基因不能被转导,所以 称为局限性转导或特异性转导。

需要注意的是,局限性转导的温和噬菌体在形成局限性转导颗粒时,由于其包装总 DNA 的长度应与原噬菌体基因组相当,所以当加了一段细菌 DNA 后,就必然要减小自身 DNA 的长度。所以这种转导噬菌体是有缺陷的。

普遍性转导和局限性转导的主要区别如下。

(1)媒介不同　前者的媒介通常是烈性噬菌体,后者一定是温和噬菌体。

(2)过程不同　前者是由噬菌体外壳在包装 DNA 时发生错误而误包了供体菌染色体,从而传给受体菌;后者则是温和噬菌体 DNA 在整合、脱离供体菌染色体时携带了部分附近的 DNA 片段,而后在侵染受体菌时传给受体菌。

(3)结果不同　前者能将供体菌的任何 DNA 片段转入受体菌,且易产生流产转导;而后者仅能转导插入位点附近的 DNA 片段,几乎不会发生流产转导。

习题

1.请分析原核细胞与真核细胞的区别。

2.什么是 F 因子? 细菌基因重组的类型有哪些?

3.什么是接合? 什么是性导? 什么是转化? 什么是转导? 转导的类型有哪些?

4.大肠杆菌 Hfr gal^+ lac^+(A)与 F^- gal^- lac-(B)杂交,A 向 B 转移 gal^+ 比较早而且频率高,但转移 lac^+ 迟且频率低。转移后菌株 B 的 gal^+ 依然是 F^- 菌株。且从 A 中分离出一个突变体菌株 C,菌株 C 向 B 转移 lac^+ 早而且频率高,但不转移 gal^+;且在 C×B 杂交时,B 菌株的 gal^+ 重组子一般成为 F^+。试分析菌株 C 的性质。

5.用 P_1 进行普遍性转导,供体菌是 pur^+ nad^+ pdx^-,受体菌是 pur^- nad^- pdx^+。转导后选择具有 pur^+ 的转导子,然后在 100 个 pur^+ 转导子中检定其他供体菌基因是否也转导过来。所得结果如下:

基因型	菌落数
nad^+ pdx^+	1
nad^+ pdx^-	24
nad^- pdx^+	50
nad^- pdx^-	25

请问:(1)pur 和 nad 的共转导频率是多少?

(2)pur 和 pdx 的共转导频率是多少?

(3)哪个非选择性座位最靠近 pur?

(4)nad 和 pdx 在 pur 的同一边,还是在它的两侧?

(5)根据你得出的基因顺序,解释试验中得到的基因型的相对比例。

6.用 $E. coli$:$trpA^+ supC^+ pyrF^+$ 供体细胞和 $trpA^- supC^- pyrF^-$ 作为受体,由 P_1 噬菌体进行三因子转导杂交试验,结果如下:

转导型	数目
$supC^+ trpA^+ pyrF^+$	36
$supC^+ trpA^+ pyrF^-$	114
$supC^+ trpA^- pyrF^+$	0
$supC^+ trpA^- pyrF^-$	453

请问:它们的基因顺序如何? 共转导频率是多少?

7.在一个转化试验中,用 a^+b^+ 品系的供体 DNA,转化基因型 a^-b^- 的受体品系,得到的转化类型和数目如下：

转化类型	数目
a^+ b^+	307
a^+ b^-	215
a^- b^+	278

转化子的总数是 800，用 a^+ 作为选择，则 b 位点与 a 位点共转化的频率是多少？

8. 有人用中断杂交技术，用 5 个 Hfr 菌株与 F⁻ 做了杂交试验想得到若干基因（F、G、O、P、Q、R、S、W、X、Y）的转移顺序，发现的基因转移顺序（按转入先后）如下。

Hfr 菌株：
1 Y G F O P R
2 R S Q W X Y
3 O P R S Q W
4 Q S R P O F
5 Q W X Y G F

请问：(1) 这些 Hfr 菌株的原始菌株的基因顺序如何？

(2) 为了得到一个最高比例的 Hfr 重组子，在接合后应该在受体中选择哪个供体标记基因？

参考文献

[1] 戴灼华,王亚馥,粟翼玟. 遗传学[M]. 2 版. 北京:高等教育出版社,2008.

[2] 徐晋麟,徐沁,陈淳. 现代遗传学原理[M]. 2 版. 北京:科学出版社,2005.

[3] 李学宝,董妍玲. 遗传学教程[M]. 北京:科学出版社,2011.

[4] 刘庆昌. 遗传学[M]. 2 版. 北京:科学出版社,2007.

第八章

病毒的遗传

第一节　病毒的一般特性及类型

一、病毒的一般特性

病毒是一类超显微、结构极其简单、专性活细胞内寄生的，在活体外能以无生命的化学大分子状态长期存在并保持其侵染活性的非细胞生物。成熟的具有侵染力的病毒个体称为病毒粒子(毒粒)，病毒粒子是一种包括核酸和结构蛋白或被膜的一个完整的病毒颗粒。

和其他微生物相比，病毒具有如下特点：①病毒的个体微小，只能借助电子显微镜才可以观察到；②化学组成简单，主要是核酸和蛋白质；③只含一种核酸，即 DNA 或 RNA；④无细胞结构；⑤缺乏独立代谢能力，必须感染活细胞，改变和利用活细胞的代谢合成机器，才能合成新的病毒后代；⑥对一般抗生素不敏感，而对干扰素敏感。

病毒的形态多种多样，有杆状、球形、蝌蚪状等(图 8-1)。

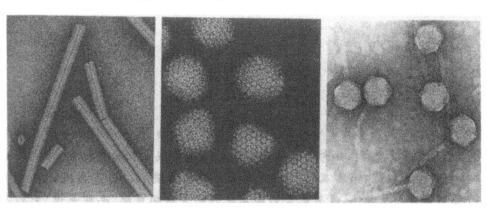

图 8-1　几种病毒的电子显微镜照片

病毒由蛋白质衣壳(capsid)和位于病毒粒子中心的核酸构成的核壳(nucleocapsid)组成。有些病毒在核壳外还有一层含脂质或脂蛋白的包膜(envelope)，有的包膜表面还有蛋白质或糖蛋白突出的结构，称为刺突(spike)。病毒的组织结构是高度对称的，其中螺旋对称和二十面体对称是病毒的两种基本结构类型，复合对称是前两种对称的结合。螺旋对称、二十面体对称和复合对称分别相当于杆状、球形和蝌蚪状这三种形态的病毒。

二、病毒的类型

每种病毒只含一类核酸(DNA 或 RNA),含 DNA 的病毒称为 DNA 病毒,含 RNA 的病毒称为 RNA 病毒。依其遗传物质的性质,可以分为单链 DNA 病毒、单链 RNA 病毒、双链 DNA 病毒和双链 RNA 病毒等四种类型。依其宿主范围可分为感染细菌、真菌及藻类的菌类病毒,及感染动物的动物病毒和感染植物的植物病毒。噬菌体的核酸大多为 DNA,植物病毒的核酸大多为 RNA,少数为 DNA,动物病毒如昆虫病毒的核酸部分是 RNA,部分是 DNA,真菌病毒绝大部分含 RNA。

第二节 噬菌体的增殖与突变型

一、噬菌体的增殖

遗传学研究中应用最广泛的是感染细菌的病毒,又称为噬菌体(bacteria phage)。根据噬菌体和宿主的关系可分为烈性噬菌体(virulent phage)和温和噬菌体(temperate phage)。烈性噬菌体是指噬菌体感染宿主细胞时裂解反应就同时产生了,它使宿主细胞裂解。温和噬菌体是指噬菌体感染宿主细胞后具有裂解和溶源两种发育途径。但不论是烈性噬菌体还是温和噬菌体以及所有的病毒,它们都缺乏生活细胞所具备的细胞器和代谢必需的酶系统与能量,因此它们的繁殖不能独立地以分裂方式进行,而是在宿主细胞内以复制的方式进行,即病毒的繁殖是它的基因组在宿主细胞内复制与表达的结果。这种繁殖方式称为增殖,增殖过程称为感染周期(phage infection cycle)或生活周期,即噬菌体从吸附细菌细胞到后代噬菌体从宿主细胞释放出来的过程。

(一)烈性噬菌体的增殖

关于烈性噬菌体的增殖,研究得较多的是大肠杆菌 T 系噬菌体。如 T$_4$ 噬菌体开始感染大肠杆菌细胞时,先将它的尾部吸附到细菌的细胞壁上,然后将它的双链 DNA 注入细菌的细胞质中,这时进入潜伏期,噬菌体的基因立即有序地进行表达。首先是早期基因(early gene)表达,这些多为调节基因,其作用是启动自身基因表达,而抑制宿主细胞的 RNA 合成;其次是与 DNA 复制有关的基因表达,其产物是核酸酶和与 DNA 复制有关的酶,核酸酶的作用是降解大肠杆菌的染色体,为噬菌体自身 DNA 合成提供游离的核苷酸,再通过 DNA 复制酶合成大量新的 T$_4$ 染色体 DNA;最后是晚期基因(late gene)的表达,它们是一些控制形态发生过程的基因和为噬菌体结构蛋白质编码的基因,其蛋白质产物大部分直接参与外壳的构建和提供尾部成分等装配蛋白,少数具有酶的作用。T$_4$ 噬菌体 DNA 分子上约有 160 个基因,含装配完整的噬菌体的全部遗传信息。它的 DNA 分子比头部约长 500 倍,显然,此 DNA 分子组装入其头部中一定要进行高度螺旋化和折叠的精巧包装。包装完成后由噬菌体裂解基因表达产生裂解酶(lysozyme),消化宿主细胞壁,细菌细胞被裂解,释放大量 T$_4$ 子代噬菌体,一个受感染的大肠杆菌的细胞内可以产生 150 个左右新的噬菌体。其他的烈性噬菌体如 T$_7$ 的感染周期与 T$_4$ 基本相同(图 8-2)。

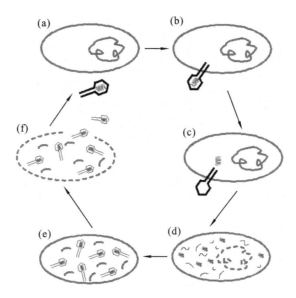

图 8-2　T₄ 噬菌体的生活周期

（二）温和噬菌体的增殖

λ 噬菌体为温和噬菌体,其感染有两种途径,即裂解途径和溶源途径,通过这两种途径所进行的生活周期分别称为裂解周期(lytic cycle)和溶源周期(lysogenic cycle)(图 8-3)。λ 噬菌体的宿主是大肠杆菌 K_{12},它的线状 DNA 分子是由 12 个核苷酸组成的互补单链黏性末端。感染宿主以后,黏性末端互补配对形成环状 DNA 分子,接着噬菌体基因有顺序地表达。先是早期基因表达,形成相应的阻遏蛋白,其作用是调节或抑制自身其他基因的表达,这时它可以将整个基因组整合到宿主染色体的特定区域,λ 噬菌体的基因除少数外,都处于失活状态,随宿主染色体一起复制并传递给子代细胞。整合到宿主染色体中的噬菌体基因组称为原噬菌体(prophage)或原病毒(provirus),显然原噬菌体也是繁殖和传递噬菌体自身遗传信息的一个重要形式。带有原噬菌体的细菌如大肠杆菌 K(λ)称为溶源性细菌(lysogenic bacterium),以上过程称为溶源周期。这种溶源性细菌有两个重要特性。①免疫性:由于这种细菌含有原噬菌体而产生一种阻遏蛋白,这种阻遏蛋白不但可抑制原噬菌体 DNA 的复制,也可抑制再度感染的同类或另一近缘的噬菌体 DNA 的复制,因而能抵抗同类噬菌体的超感染(super infection)。②可诱导性:通常由于原噬菌体的自发诱导,每一代可能有万分之一溶源性细菌被裂解,释放出大量 λ 噬菌体,这一过程称为裂解周期。失去原噬菌体的细菌称为非溶源性细菌(non-lysogenic bacterium)。用紫外线或化学物质如丝裂霉素 c(mitomycin c)诱导,90% 的溶源性细菌进入裂解周期,这时 λ 噬菌体的部分早期基因以及晚期基因全部表达,噬菌体 DNA 独立地进行复制,并形成头部及尾部蛋白,从而组装成完整噬菌体释放出来。像这种在感染周期中具有裂解和溶源两种途径的噬菌体称为温和噬菌体。因此,λ 噬菌体可以作为了解病毒、宿主间相互作用的一个经典的遗传体系,而且也可作为研究动植物病毒整合到宿主基因组中机制的一个范例,λ 噬菌体在遗传学研究中具有极其重要的意义。

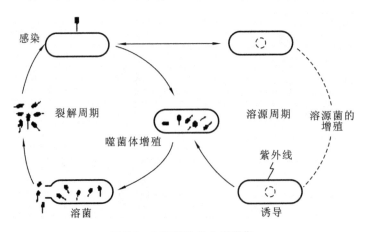

图 8-3　λ 噬菌体的生活周期

二、噬菌体的突变型

(一)条件致死突变型

噬菌体有各种突变型,在遗传学研究中应用较多的不外乎:噬菌斑形态突变型(plaque type mutant)、宿主范围(host range)突变型以及条件致死(conditional lethal)突变型,特别是条件致死突变型在研究基因结构与功能中具有十分重要的意义。所谓条件致死突变型,就是在某些条件下,导致某些突变型致死,那么这些条件称为限制条件(restrictive condition),而在另一些条件下仍可进行增殖,从而得以扩增进行研究,所以这些条件称为许可条件(permissive condition)。人们有可能在许可条件下繁殖突变型,在限制条件下研究突变基因在发育过程中的效应。常用的有两大类条件致死突变型:一类是温度敏感突变型(temperature sensitive mutation,ts),野生型噬菌体能在很大的温度变化范围内感染宿主并进行繁殖,而一些噬菌体的热敏感突变型(heat sensitive mutation,hs),通常在 30 ℃ 条件下感染宿主进行繁殖,但在 40~42 ℃ 条件下就是致死的,不能形成噬菌斑,而冷敏感突变型(cold sensitive mutation,cs)在较低温度下就是致死的。温度敏感突变型几乎总是一种突变的结果,基因突变后所编码的蛋白质中有一个氨基酸的替换,而这种蛋白质在“限制温度”下不稳定而丧失活性。另一类是抑制因子敏感突变型(suppressor-sensitive mutation,sus),sus 突变的实质是原来正常的密码子变成了终止密码子,因而翻译提前终止,不能形成完整肽链而产生有活性的蛋白质。带有 sus 突变的噬菌体在感染一种带有抑制基因(suppressor,su+)(许可条件)的宿主菌时能产生子代,但在感染另一种没有抑制基因(su−)(限制条件)的宿主菌时,不能产生子代。野生型噬菌体在这两种宿主中都能产生子代。sus 突变不像“宿主范围突变”那样影响噬菌体对宿主的吸附,这种突变的噬菌体能正常地吸附、注入自身的 DNA,杀死宿主细胞,但不产生子代。根据在带有专一性抑制基因的宿主中的非致死性,可以将 sus 突变分为三类:琥珀突变(amber,amb)、赭石突变(ochre,och)和乳白突变(opal,op),它们相应的密码子为 UAG、UAA 和 UGA(表8-1)。

表 8-1　不同宿主菌中 sus 突变噬菌体的表型

		宿主菌基因型			
		su^-	$su^+ amb$	$su^+ och$	$su^+ op$
噬菌体基因型	野生型	+	+	+	+
	sus amb	−	+	+	−
	sus och	−	−	+	−
	sus op	−	−	−	+

注："＋"表示产生子代，"−"表示不产生子代。

终止密码子因为不编码任何氨基酸，所以称为无义密码子（nonsense codon），它们是蛋白质合成的终止信号。这些密码子包括琥珀型（amber）UAG、赭石型（ochre）UAA 和乳白型（opal）UGA。如果编码多肽链中某一氨基酸的密码子突变为终止密码子，多肽链合成到此便会中断，从而使多肽链变短而失去活性。这种突变称为无义突变（nonsense mutation）。各种无义突变都是条件致死突变，因为有相应的无义抑制基因（su^+）。

这些 sus 突变型之所以在带有相应的抑制基因宿主中产生后代，是因为翻译过程中，在终止密码子处插入了一个特定的氨基酸，防止在终止密码子位置上提前终止。如琥珀突变就有许多种抑制基因（表 8-2）。

表 8-2　琥珀突变的抑制基因

琥珀型抑制基因	插入的氨基酸	合成的蛋白质占野生型比例/(%)	赭石型抑制基因
su_1^+	丝氨酸	28	−
su_2^+	谷氨酰胺	14	−
su_3^+	酪氨酸	55	−
su_4^+	酪氨酸	16	+
su_5^+	赖氨酸	5	+

携带 su^+ 突变型的菌株实质是 tRNA 基因发生了突变，例如表 8-2 中的琥珀型抑制基因 su_3^+ 在 UAG 密码子上插入了一个酪氨酸，这是因为 tRNA^{Tyr} 基因的反密码子的一个突变，tRNA^{Tyr} 正常的反密码子是 GUA，它按摆动规则译读酪氨酸密码子 UAC/UAU。su_3^+ 菌株的 tRNA^{Tyr} 含有反密码子 CUG，它识读琥珀型密码子 UAG，并插入酪氨酸而防止其终止。也就是说，它使抑制基因在相应的终止密码子处插入一个特定的氨基酸而防止其提前终止，但合成蛋白质的量也只有相应野生型的 5%～55%（表 8-2）。

（二）噬菌斑形态突变型

这类突变往往是致死的，受控制的基因大都位于基因组中狭窄的特定的区段内，而噬菌体大多数基因都涉及生命过程不可缺少的功能。但突变后有的是由于侵染宿主细胞后溶菌速度的快慢而形成大小不同的噬菌斑（plaque），有的则是由于被感染细菌全部或部分被杀死而形成清晰或混浊的噬菌斑。一般来说，烈性噬菌体，如 T$_2$、T$_4$ 以及 ΦX174 等形成清晰的噬菌斑（clear plaque），而温和噬菌体，如 λ 和 P$_1$ 等则形成混浊的噬菌斑（turbid plaque）。

（三）宿主范围突变型

噬菌体感染细菌时，首先吸附在细胞表面的专一受体上，这是由受体的基因控制的，如果受体发生改变,有可能使噬菌体不能附着,从而使该噬菌体的宿主范围缩小,另外,噬菌体突变也可以扩大寄生范围。尽管这些突变通常是致死的,不能形成噬菌斑,但有些突变在限制的宿主中是致死的,而在许可的宿主中则可形成噬菌斑。因而宿主范围的突变型其本质也是条件致死突变型之一。Benzer 所用的 T₄ 的两个 rⅡ 突变型就是条件致死突变型。

T₄ rⅡ 突变使所侵染细胞迅速裂解形成大的噬菌斑,即快速溶菌突变体,这些突变体命名为 r,所以称为 rⅡ 突变型。T₄ 噬菌体有多个迅速裂解突变型,分别称为 rⅠ、rⅡ、rⅢ 等,它们位于 T₄ 染色体 DNA 的不同区段,这三组突变型由于在大肠杆菌不同菌株上的反应不同可以相互区别(表 8-3)。

表 8-3　T₄ 野生型和突变型的区别

类　　型	不同大肠杆菌菌斑平板上的表型		
	B	K(λ)	S
野生型	小噬菌体	小噬菌斑	小噬菌斑
rⅠ	大噬菌体	大噬菌斑	大噬菌斑
rⅡ	大噬菌体	无噬菌斑(致死)	小噬菌斑
rⅢ	小噬菌体	大噬菌斑	大噬菌斑

Benzer 曾对其中 rⅡ 区域的突变进行了详细的分析,由表 8-3 可见,rⅡ 突变型感染大肠杆菌 B 菌株后迅速裂解,而形成比野生型大的噬菌斑,从而容易从大量的 rⅡ⁺ 中筛选出 rⅡ。另外 rⅡ 突变型感染带有原噬菌体的大肠杆菌 K(λ)菌株时,不能产生子代,可是野生型 T₄rⅡ⁺ 在大肠杆菌 K(λ)菌株中却能正常增殖,由此也很容易在 rⅡ 噬菌体中检出 rⅡ⁺ 噬菌体,同时也能很方便地检出两种不同的 rⅡ 突变型之间重组率极低的重组子。

第三节　噬菌体突变型的重组测验

一、Benzer 的重组测验与基因的精细结构分析

Benzer 利用 T₄ 的两个 rⅡ 不同突变型如 r₄₇＋和＋r₁₀₄在许可条件下进行双重感染,即 r₄₇ 和 r₁₀₄ 同时侵染大肠杆菌菌株 B,形成噬菌斑后收集溶菌液,将此溶菌液分成两等份:一份再接种大肠杆菌菌株 B,在大肠杆菌菌株 B 的细胞中 r₄₇＋、＋r₁₀₄、r₄₇r₁₀₄、＋＋都能生长,故在此平板上可统计噬菌体总数;另一份溶液接种于大肠杆菌 K(λ)菌株平板上,在这里,只有＋＋重组子才能生长(图 8-4),由于 rⅡ 双重突变的交互重组子 r₄₇r₁₀₄ 不能生长,所以无法检出,但是它的频率和＋＋相等,因此估算重组子数要将＋＋数乘以 2。重组率公式如下。

$$重组率 = \frac{2 \times rⅡ^{+}噬菌斑数}{噬菌斑总数}$$

$$= \frac{2 \times 大肠杆菌 K(λ)菌株上的噬菌斑数}{大肠杆菌 B 菌株上的噬菌斑总数}$$

这一测定方法称为重组测验(recombination test),它是以遗传图的方式确定突变子之间的空间关系的(图 8-5)。这种方法测定重组率是极其灵敏的,即使在 10⁶ rⅡ 噬菌体中只出现一个 rⅡ⁺ 重组子,也可通过感染大肠杆菌 K(λ)菌株的平板检查出来,因此根据公式在理论上

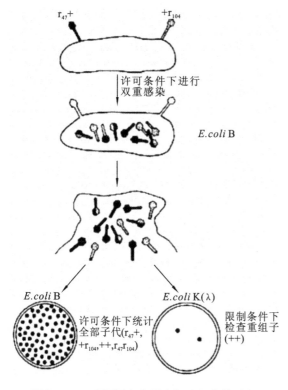

图 8-4　T_4 r Ⅱ 不同突变子之间重组率的测定

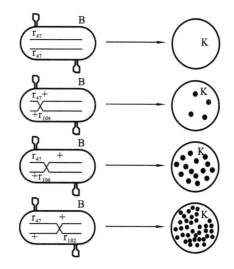

图 8-5　T_4 r Ⅱ 不同突变位点间距离的测定

注:B 表示大肠杆菌 B 的一个细胞;K 表示涂满大肠杆菌 K 的一个培养皿。

可检测到两个 r Ⅱ 突变之间重组率为 0.0002%($2\times1/10^6=2\times10^{-6}$)。但实际上所观察到的最小重组率为 0.02%,即 0.02 个图距单位,还没有发现小于这个数值的重组率(图 8-6),也有可能所观察的最低重组率与假定相邻核苷酸对可以重组的预期值是接近的。至于有些 r Ⅱ 点突变之间不产生重组子,有可能是同一核苷酸对的不同改变。由此可见,重组子的单位可小到相当于 2 bp。

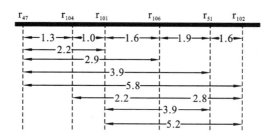

图 8-6　T_4 染色体上 r Ⅱ 区的精细结构

二、T_2 突变型的两点测交与作图

1936 年 F. M. Burnet 发现了噬菌体能产生突变体,其噬菌斑的外形和野生型的外形有明显的区别,但在当时未能引起重视。1946 年第 11 届冷泉港学术讨论会上,G. W. Beadle 和 E. L. Tatum 提出了"一基因一酶"学说,J. Lederberg 做了细菌杂交试验的报告,与此同时 A. D.

Hershey 和 S. Luria 也宣布发现了噬菌体 r,h 突变。M. D. Delbrück 和 A. D. Hershey 发表了他们各自发现的噬菌体重组,并因这些重大发现分别获得了诺贝尔奖。

从野生型噬菌体可以分离出突变型。突变型的性质可以传给后裔。用两种突变型噬菌体感染同一宿主菌,它们的后裔可以出现重组子。在 20 世纪 40 年代早期,Delbrück 就注意到了噬菌体的这些性质,并进行了遗传学分析。

现在来看烈性噬菌体 T_2 的两对性状及其重组。

第一对性状有关宿主范围(host range,h)。野生型 h^+ 噬菌体能侵染和裂解 *E. coli* 菌株 B,但不能侵染 *E. coli* 菌株 B/2,因为 *E. coli* B/2 的细胞表面能阻止 T_2 噬菌体对它的吸附。所以把 T_2 噬菌体接种到 B 和 B/2 的混合培养物时,噬菌斑是半透明的。突变型 h 的宿主范围扩大,除了能够侵染菌株 B 外,还能侵染菌株 B/2,所以接种到 B 和 B/2 的混合培养物后,能够形成透明的噬菌斑。

另一对性状是有关噬菌斑形态。野生型 r^+ 噬菌体是缓慢溶菌,在侵染细菌后,形成小噬菌斑,直径约 1 mm,周边有朦胧的光环。突变型 r 噬菌体是快速溶菌(rapid lysis),产生直径约 2 mm 的大噬菌斑,而且周缘清晰。

(一)双重感染

将两个亲本噬菌体(hr^+ 和 h^+r)同时去感染菌株 B,噬菌体的浓度要高,使有高比例的细菌同时受到两种噬菌体的感染,称为双重感染或复感染(double infection)。

(二)重组率的测定与计算

在双重感染过程中,hr^+ 和 h^+r 相互作用(即基因可以发生交换),所以在其子代中可以得到 hr 和 h^+r^+ 的重组体,因此子代噬菌体有四种基因型,透明而小(hr^+)和半透明而大(h^+r)是亲本组合,半透明而小(h^+r^+)和透明而大(hr)是重组合(表 8-4)。

表 8-4　$hr^+ \times h^+r$ 中出现的四种噬菌斑

表　　型	推导的基因型
透明,小	hr^+
半透明,大	h^+r
透明,大	hr
半透明,小	h^+r^+

所以重组率可用下式计算:

$$重组率 = \frac{重组噬菌斑数}{噬菌斑总数} = \frac{(h^+r^+) + (hr)}{噬菌斑总数}$$

用上述公式求得的重组率,去掉百分号,通常即可作为图距。不同的快速溶菌突变型在表型上不同,记作 r_a, r_b, r_c 等。用不同快速溶菌突变型($r_x h^+$)与宿主范围突变型(r^+h)杂交,结果见表 8-5。

表 8-5　用 $r_x h^+ \times r^+ h$ 所得的四种噬菌斑数及算得的重组率(r_x 代表不同的 r 基因)

杂交组合	每种基因型的百分比/(%)				重　组　率
	rh^+	r^+h	r^+h^+	rh	
$r_a h^+ \times r^+ h$	34.0	42.0	12.0	12.0	24/100 = 24%
$r_b h^+ \times r^+ h$	32.0	56.0	5.9	6.4	12.3/100.3 = 12.3%
$r_c h^+ \times r^+ h$	39.0	59.0	0.7	0.9	1.6/99.6 = 1.6%

从表 8-5 可以看出,亲本组合(rh^+ 和 r^+h)出现的频率较高,重组合(r^+h^+ 和 rh)出现的频率较低,求得的重组率随 r 基因的不同而有变化。根据表 8-5 的结果,可以分别作出以下连锁图(图 8-7)。

3 种不同的重组率,表示 3 个 r 基因的座位是不同的,所以有四种可能的连锁图(图 8-8)。

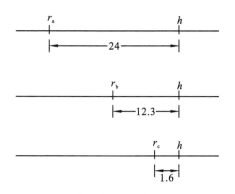

图 8-7 3个 r 基因与 h 基因的连锁图

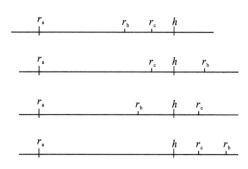

图 8-8 根据 3 个 r 基因与 h 的重组率,
可以有 4 种不同的基因顺序

为了确定基因排列的正确顺序,可先考虑 r_b,r_c 和 h,来确定是 r_c—h—r_b,还是 h—r_c—r_b。为此可将 $r_c r_b^+$ 与 $r_c^+ r_b$ 进行杂交,将得到的重组率与 r_b—h 间的距离比较。如果 r_c—r_b 的重组的重组率大于 r_b—h 的重组率 12.3,可以认为 h 位于 r_b 和 r_c 之间,所以排列顺序是 r_c—h—r_b。那么 r_a 在 h 的哪一边呢?是靠近 r_b 还是靠近 r_c?这个问题不能简单地把 r_a 跟 r_b 和 r_c 杂交来回答,因为通过分析资料得不出明确的答案。只有当很多不同的 T_2 品系发现后,才能进行广泛的遗传学作图。因为 T_2 噬菌体的连锁图也是环状的(图 8-9),所以两种排列顺序 r_a—r_c—h—r_b 和 r_c—h—r_b—r_a 都是正确的。

图 8-9 T_2 噬菌体的连锁图,
只注明 4 个基因

三、λ 噬菌体的基因重组与作图

A. D. Kaiser 于 1955 年最先进行了 λ 噬菌体的重组作图试验。他用紫外线照射处理得到 5 个 λ 噬菌体的突变系,每一个突变系产生一种变异的噬菌斑表型。s 系产生小噬菌斑,mi 系产生微小噬菌斑,c 系产生完全清亮的噬菌斑,co_1 系产生除了中央一个环之外其余部分都清亮的噬菌斑,co_2 系产生比 co_1 更浓密的中央环噬菌斑。后 3 个突变系的溶源性反应受到干扰,仅能进入裂解周期,所以形成清亮的噬菌斑。野生型噬菌体的溶源性反应正常,因而有部分溶源化的细菌不被裂解,仍旧留在噬菌斑里,所以形成的噬菌斑是混浊的。

Kaiser 用 $s\,co_1\,mi \times +++$ 杂交所得的后代有 8 种类型。病毒是单倍体,与二倍体生物不同,亲本组合与重组交换的组合可直接从后代中反映出来。8 个类型中数目最少的两种类型就是双交换的结果,频率最高的两种是亲本类型,其余的为单交换类型。结果及分析作图可归纳于表 8-6。

表 8-6 λ 噬菌体 $s\,co_1\,mi\times+++$ 杂交结果及分析作图

类型				数目		占总数比例/(%)	重组率/(%)		
							s—co_1	co_1—mi	s—mi
亲本类型	+	+	+	975	1899	90.82			
	s	co_1	mi	924					
单交换型 I	s	+	+	30	62	2.97	√		√
	+	co_1	mi	32					
单交换型 II	s	co_1	+	61	112	5.35		√	√
	+	+	mi	51					
双交换型	s	+	mi	5	18	0.86	√	√	
	+	co_1	+	13					
合计				2091			3.83	6.21	8.32

从双交换的类型可以知道,这 3 个基因的次序就是 $s\,co_1\,mi$,而 s 与 co_1 之间的图距应为 3.83 cM;co_1 与 mi 之间的图距则为 6.21 cM;因为有双交换的存在,s 与 mi 之间的图距则为 $(8.32+2\times0.86)$ cM=10.04 cM,这样就可以作出这 3 个基因的遗传图。

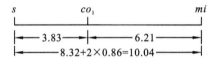

四、T_4 突变型的三点测交与作图

和高等动植物一样,在噬菌体中同样可用三点测交的方法进行基因定位。用 T_4 噬菌体的两个品系感染 $E.coli$。一个品系是小噬菌斑(m)、快速溶菌斑(r)和混浊溶菌斑(tu)突变型。另一个品系对这 3 个性状都是野生型($+++$)的。表 8-7 为其三点测交结果。

表 8-7 T_4 的 $m\,r\,tu\times+++$ 三点测交结果

类型				噬菌斑数目		占总数比例/(%)	重组率/(%)		
							m—r	r—tu	m—tu
亲本类型	+	+	+	3729	7196	69.6			
	m	r	tu	3467					
单交换型 I	m	+	+	520	994	9.6	√		√
	+	r	tu	474					
单交换型 II	m	r	+	853	1818	17.5		√	√
	+	+	tu	965					
双交换型	m	+	tu	162	334	3.3	√	√	
	+	r	+	172					
合计				10342			12.9	20.8	27.1

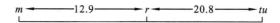

$$m \longleftarrow 12.9 \longrightarrow r \longleftarrow 20.8 \longrightarrow tu$$

　　根据上述结果,可绘出这三个基因的染色体图。三点测交所得的 8 种噬菌斑都可观察到,单倍体的病毒,亲本型与重组型可直接从后代中表现出来,直接统计各种噬菌斑类型即可,不必考虑对子代如何进行选择。

　　虽然将真核生物中两点测交和三点测交的基本原理和方法应用于噬菌体杂交,但是,两者在杂交机制上是完全不同的,理由如下。①噬菌体的重组既不同于真核生物每个亲代对子代提供基本相等的遗传物质,也不同于细菌的二等分裂。噬菌体在杂交中,每个亲代对子代所提供的遗传贡献取决于感染细菌时每种亲代噬菌体的相对数量。如基因型 A 与基因型 B 的亲代比＝10∶1,则产生重组子代的数量 A 型常多于 B 型。②噬菌体的基因重组是发生在噬菌体的 DNA 复制以后,因此就是在一个细菌细胞中已是亲本基因组的群体,而不仅只有两个亲本基因组,这些基因组进行复制并发生重组,重组型和亲本型一起复制,因此从单个混合感染的细菌中可以得到亲代噬菌体和重组噬菌体,这些子代噬菌体的出现代表在这个细胞中交配库(mating pool)的基因组样本。③噬菌体不同基因型之间可以发生多次交换,如将三种突变型 XY^+Z^+、$X^+ \, YZ^+$ 和 $X^+ Y^+ Z$ 噬菌体感染同一个细菌,会出现基因型为 XYZ 的重组子噬菌体,显然这三种突变型之间重复发生了两次基因重组才能得到这样的结果。④在噬菌体中,基因重组率可以随着宿主细胞裂解时间的延长而增高,如在一个两对基因杂交中,在感染后不同时间取样,用 10^{-3} mol/L KCl 溶液处理,人为地使细菌裂解,然后分析单个细菌所释放的噬菌体类型,就可以发现随着裂解时间的推迟,子代噬菌体中重组体的比值逐渐增加。这说明基因重组在细菌细胞中重复进行。直到 DNA 与外壳蛋白装配成为完整的噬菌体后,重组才停止。因此噬菌体杂交时,应该注意:控制每种亲代噬菌体基因型的投放量;控制允许发生复制和重组的时间。只有控制这两个因素并在标准条件下进行杂交,所得重组率才能用于绘制近似的遗传图。

第四节　噬菌体突变型的互补测验

一、互补测验与顺反子

(一)互补测验的原理

　　遗传学研究的基础必须有突变型,然后分析这些突变型之间的关系。重组测验与互补测验是确定这种关系性质的两个基本方法。已知重组测验是以遗传图距的方式确定基因的空间关系,而互补测验(complementation test)则是确定突变基因的功能关系的一种常用方法。用 T_4 的不同的 rⅡ 突变型成对组合同时去感染大肠杆菌 K(λ)菌株。如果被双重感染的细菌中产生两种亲代基因型的子代噬菌体(也有少量重组型的噬菌体),那么必然是一个突变型补偿了另一个突变型所不具有的功能,这两个突变型称为彼此互补(complementation)。如果双重感染的细菌不产生子代噬菌体,那么这两种突变型一定有一个相同功能受到损伤(图8-10)。

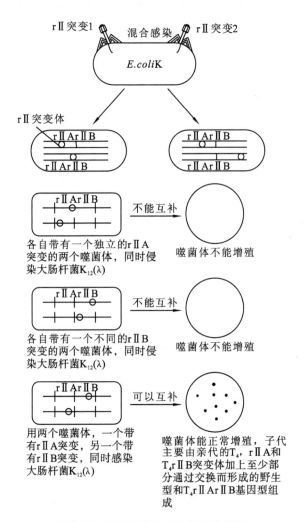

图 8-10 突变噬菌体之间的互补作用

(二)互补测验的方法

进行互补测验常用斑点测试法(spot test)。用一种 rⅡ 突变型以 0.1 的感染比(噬菌体与细菌的数量比 1:10)去感染大肠杆菌 K(λ)菌株。噬菌体和细菌在温热的琼脂中混合,涂布在营养平板上,琼脂凝固后,在平板上所划出的一定位置上再加一滴含有另一种 rⅡ 突变型的培养基,在这一滴培养基的范围内,一些细菌就会被两种噬菌体所感染。如在此范围内形成噬菌斑,就证明这两种突变型互补,相反就不能互补。在一个培养皿平板上可做 6~8 个斑点试验。

互补测验的结果表明,除了一些缺失突变型外,rⅡ 突变型可分成 rⅡA 和 rⅡB 两个互补群。所有 rⅡA 突变型的突变位点都在 rⅡ 区的一端,是一个独立的功能单位,所有 rⅡB 突变型的突变位点都在 rⅡ 区的另一端,也是一个独立的功能单位。凡是属于 rⅡA 突变之间不能互补,同理属于 rⅡB 突变也不能互补,只有 rⅡA 的突变和 rⅡB 的突变之间可以互补,即双重感染大肠杆菌 K(λ)菌株后可产生子代。说明 rⅡA 和 rⅡB 是两个独立的功能单位,分别具有不同的功能,但它们的功能又是互补的,要在大肠杆菌 K(λ)菌株中增殖,这两种功能缺一不可。由此可见,rⅡ 是由于这两种遗传功能丧失而形成的。

（三）互补测验的遗传学分析

互补测验又称为顺反测验(cis-trans test)，所用的两个突变若分别位于两条染色体上，则称为反式排列，若位于同一条染色体上，则称为顺式排列。应用互补测验可确定同一表型效应的两个突变型是等位的，还是非等位的。详细地说，就是看反式排列时有无互补效应：如反式时互补，说明两个突变位点处于不同的顺反子中，属于不同的基因；如不互补，说明它们属于同一顺反子，即两个突变是在同一基因内。顺式排列只是作为对照，因为对于顺式排列，不论是两个基因的突变，还是同一个基因内两个位点的突变，在互补测验中均表现出互补效应（图 8-11）。

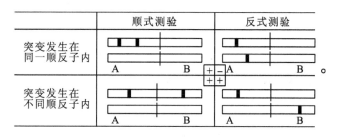

图 8-11　顺反位置效应示意图
注："＋"表示能互补；"－"表示不能互补。

这也就是说，对于不同基因的突变在互补测验中，不论是顺式排列还是反式排列均表现出互补效应；但如果是属于同一基因的不同位点的突变，则顺式构型表现互补，反式构型不能互补。这说明基因是一个独立的功能单位：在顺式排列中两个突变位点集中在一个功能单位时，另一基因的功能则是完全正常的，所以表现为互补；在反式排列中两个基因各有一个位点发生突变，都丧失其功能，所以不能互补。Benzer 就将这样一个不同突变之间没有互补的功能区称为顺反子(cistron)。一个顺反子就是一个功能水平上的基因，因此以顺反子作为基因的同义词。如在 rⅡ区里，rⅡA 是一个顺反子，rⅡB 也是一个顺反子。一个顺反子在染色体上的区域称为一个基因，而每个基因中有若干个突变位点，这是指一个顺反子内部能发生突变的最小单位。DNA 中每一核苷酸对的改变都可能引起多肽链中氨基酸的改变，从而影响顺反子的功能。它们本身没有独立的功能，在它们之间可以重组。由此可见，顺反子既具有功能上的完整性，又具有结构上的可分割性，这是人们对基因概念的新认识。

二、ΦX₁₇₄条件致死突变的互补测验

ΦX₁₇₄有许多条件致死突变型，将这些突变型成对地进行互补测验，以确定不同来源的两种条件致死突变影响的遗传功能是相同的还是不同的。如果两种突变型都是温度敏感型的，则在42 ℃的限制条件下，用这两种突变型噬菌体同时感染细菌细胞。如果这种双重感染细菌的"二倍体"细胞产生了子代噬菌体，那么每种突变型噬菌体必定相互提供另一种噬菌体无法提供的功能，于是这两种突变就称为彼此互补，并分属于不同的顺反子。反之，不能互补的突变则属于同一顺反子。如 am₁₀（D 顺反子）与 am₉（G 顺反子）同时感染宿主菌就能产生子代噬菌体。反之，am₉ 与 am₃₂ 同时感染宿主后则不产生子代，因此这两个突变归入同一顺反子 G，由此推论出ΦX₁₇₄基因组中的顺反子数。根据互补测验结果，ΦX₁₇₄的 39 种条件致死突变分属于 8 个顺反子（表 8-8）。

表 8-8 ΦX_{174} 突变的互补测验结果

顺反子	突变型
A	am_8 ,am_{18} ,am_{30} ,am_{33} ,am_{35} ,am_{50} ,am_{86} ,tsl_{28}
B	am_{14} ,am_{16} ,och_5 ,ts_9 ,tsl_{16} ,och_1 ,och_8 ,och_{11}
C	och_6
D	am_{10} ,amH_{81}
E	am_3 ,am_6 ,am_{27}
F	am_{87} ,am_{88} ,am_{89} ,amH_{57} ,op_6 ,op_9 ,tsh_6 ,ts_{41} D
G	am_9 ,am_{32} ,ts ,ts_{79}
H	amN_1 ,am_{23} ,am_{80} ,am_{90} ,ts_4

三、T_4 条件致死突变型的互补测验

条件致死突变型是由两位科学家于 1960 年首次在 T_4 中分离出来的,这些条件致死突变在基因组内似乎是随机发生的,已发现所有已知的 T_4 基因都有这种突变,这种突变反映了不同基因在发育过程中的功能。例如,基因 34 的突变形成各方面都完整但没有尾丝的噬菌体颗粒,而基因 23 的突变能产生尾和尾丝,却不能合成噬菌体头部(图 8-12)。图 8-12 中外圈数字表示噬菌体基因,这些数字标明了该基因在染色体图上大致的排列次序。

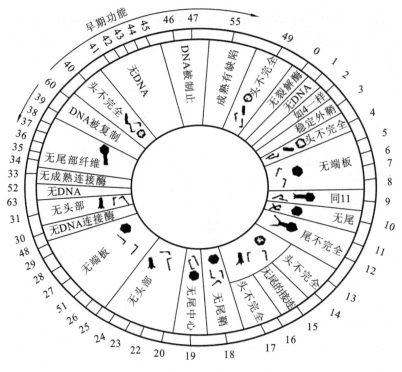

图 8-12   噬菌体 T_4 的遗传图

T_4 的条件致死突变型同样可以用互补测验法将它们归属于特定的顺反子中。就像将 rⅡ 突变型分别界定于 rⅡA 或 rⅡB 顺反子内一样。证明一些产生不同形态缺陷的突变型可在

离体条件下互补。例如把突变型 23(无头部)侵染的败育细胞裂解物和突变型 27(无基盘,尾不完全)侵染的败育细胞裂解物混合在一起,结果形成完整的侵染性颗粒(图 8-13(a))。在其他一系列试验中还发现,如果突变型 13(有头部、尾部、尾丝,但不装配)的裂解物与正常的头部混合,就能装配成完整颗粒;而裂解物跟正常的尾部混合时却不能进行这种装配(图 8-13(b))。由此说明,基因 13 一定控制着头部装配过程中的某一步骤,只有这一步完成后,头部和尾部才能装配在一起。

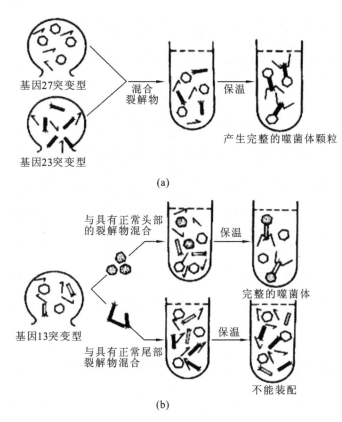

图 8-13　T₄ 条件致死突变型之间的体外互补

四、基因内互补

在互补测验中已知,一般情况下同一顺反子内两个突变是不能互补的,但是也有一些例外,这种例外发生于同一基因内两个不同位点突变致使两条原来相同的多肽转变成两条分别在不同位点上发生变异的多肽链,而后将这两条多肽构成双重杂合子,这两者配合起来,有可能表现出不同程度酶活性部位的恢复,这种现象称为基因内互补(intragenic complementation),又称等位(基因)互补(alleles complementation)。这可能是由于有些突变所影响的多肽区域是作为亚基而相互起作用的,而有些突变所影响的多肽区域则是作为活性表达所必需的,但不参与亚基的相互作用(图 8-14)。

虽然基因内互补对互补测验存在一定的干扰,但通过进一步研究发现,基因内的互补作用与基因间的互补作用是可以区分开的。①任何两个不同基因间的突变总是互补的,即基因间互补是普遍存在的,而同一基因内不同位点突变绝大多数是不能互补的,只有少数例外。②基

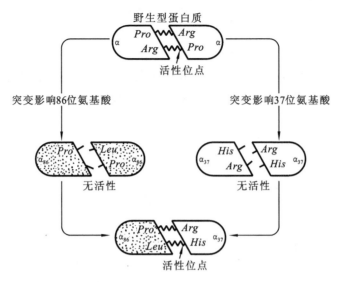

图 8-14　基因内互补作用机理

因内两个突变能互补的也只能是点突变,无缺失,这种突变的功能效应一定是错义突变,绝不是无义突变或移码突变。③基因内互补作用的酶活性往往明显低于正常水平,最多只有野生型酶活性的 25%,同时所形成的蛋白质也常有某种异常,例如温度的稳定性或酸碱度依赖性等。

第五节　噬菌体 T_4 rⅡ的缺失突变与作图

一、缺失作图原理

Benzer 在研究 rⅡ突变型时发现,有些突变是由于碱基对发生了改变,这称为点突变(point mutation)。而另一些突变则是由于缺失了单个或相邻的许多碱基对,因此称为缺失突变(deletion mutation)。点突变与缺失突变之间的一个重要区别为前者可以恢复突变为野生型,而后者不能恢复突变为野生型,因为缺失突变是不可逆的。依据缺失突变与另一个基因组内相同缺失区内的点突变之间不可能发生重组的原理,可进一步确定突变的位置。凡是能和某一缺失突变型进行重组的,它的位置一定不在缺失范围内,凡是不能重组的,它的位置一定在缺失范围内。Benzer 正是根据这一原理很方便地把数千个独立的 rⅡ突变定位在 rⅡ遗传图中更小的区段内的,这种方法称为缺失作图(deletion mapping)。它比重组作图简便而且精确,因为重组作图工作量大,为了确定一个新突变的位点,往往要进行大量杂交分析。

Benzer 缺失作图是利用一组重叠缺失突变系与某一新的突变进行杂交,通过是否能产生野生型重组体来确定突变的具体位置。假设 rⅡ区的一组重复缺失系中缺失Ⅰ、Ⅱ、Ⅲ和Ⅳ,不同系的缺失区都有相互重叠的部分(图 8-15),则可用每个缺失重叠系的端点把 rⅡ区分为A、B、C、D 四个片段。

若某一新的突变与这四个缺失重叠系杂交都不能产生野生型的重组体,说明新的突变一定在缺失区域内,而由于缺失突变Ⅳ的缺失部分在缺失Ⅰ、Ⅱ、Ⅲ中同样具有,因而可推断出这

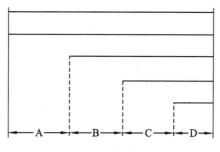

图 8-15　重组缺失作图原理

一新的突变在 D 片段中。若这一突变与缺失Ⅲ、Ⅳ突变杂交产生野生型重组体，而与Ⅰ、Ⅱ杂交不能产生野生型重组体，则可推断出这一新的突变在 B 片段内。因此，根据杂交结果可以把新突变定位在具体的片段中，再与此片段中更小的缺失重叠系杂交，可以作出更为精细的位置结构图。

Benzer 将 rⅡ区的许多缺失系（图 8-16）都编上了特定的编号（如 1272、1241、J_3、PT_1 等），以不同缺失的端点作为界限，把 rⅡ区划分成 47 个片段（如图 8-16 底部的 A_1a、A_1b_1、A_1b_2 等）。

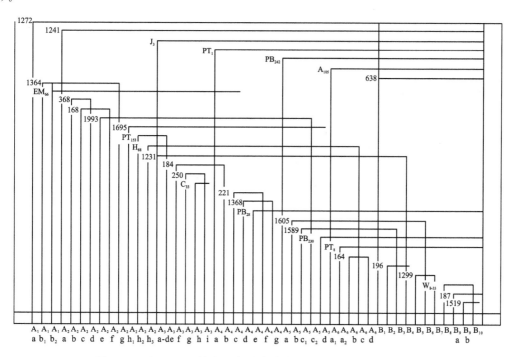

图 8-16　利用 T_4rⅡ缺失突变型的缺失部位所构建的精细结构图

二、缺失作图方法

在 0.5 mL 大肠杆菌 B 菌株培养物中加入 1 滴缺失型噬菌体和 1 滴待测的 rⅡ突变噬菌体，几分钟后，取 1 滴菌液加在灭菌的纸条上，铺在长有 *E. coli* K(λ)菌株的平板上，经培养后如在纸条覆盖的区域内形成清晰的噬菌斑，则说明它们之间发生了重组，产生了野生型噬菌体，阴性结果说明子代中重组率低于 10^{-5}，空白对照中出现的几个噬菌斑是点突变的回复突变所产生的。

一般通过两个步骤将未定位的 rⅡ 突变定位在 rⅡ 区域 47 个小片段上。第一步是将待测的突变型与图 8-16 的最上方的 7 个"大缺失"突变系分别进行杂交,因为它们覆盖着 rⅡ 区的缺失重叠系,可确定这一突变位点所属的大范围;第二步是将待测突变型与有关的"小缺失"突变系分别进行杂交,以确定所属的位置。例如,待测突变型 rⅡ$_{548}$,第一次杂交试验结果说明它和缺失突变型 A$_{105}$ 和 638 能发生重组,而与其他 5 个都不发生重组,这就可确定这一突变位点在区域 A$_5$ 中;第二步与 A$_5$ 中 3 个缺失突变型 1605、1589、PB$_{230}$ 分别进行杂交,根据同一原理,可把 rⅡ548 进一步定位在 A$_5$ 中的 a、b、c$_1$、c$_2$ 或 d 的某一位置上。用这一方法已绘制出 rⅡ 区域自发突变的精细结构图(图 8-16)。

由此可见,测定每一个 rⅡ 突变型的位置只需做两次试验,虽然每次试验中要做若干个杂交组合,但是这些杂交是在同一培养皿上用滴加法进行的,所以测定工作实际上很简单。此方法特别适用于进行大量突变型的定位工作,只需要确定这些突变型彼此之间的位置,而不必再测定它们与其他片段中另一些独立突变型之间的相对位置。同时,这一方法还可应用选择性培养方法提高效率,而且杂交后只需观察能否重组,而无须统计重组子的数量。这一方法有广泛的实用价值。

习题

1. 名词解释:

温和噬菌体、烈性噬菌体、双重感染、互补测验、基因内互补、缺失作图

2. 两突变型 r^x 与 r^y 杂交,将溶菌液稀释为 10^{-6},取其 0.1 mL 涂布在 B 菌株上,生成的噬菌斑数为 525,又将溶菌液稀释为 10^{-2},取其 0.1 mL,接种于 K(λ)菌株上,得到的噬菌斑数为 370,则这两突变位点之间的图距是多少?

3. 对于基因型 $\dfrac{+\ a}{b\ +}$,如果发现互补作用,表示什么意思?如果发现没有互补作用,又表示什么意思?

4. 用 T$_4$ 噬菌体的 2 个品系感染大肠杆菌,其中一个品系为小菌落(m)、快速溶菌(r)和噬菌斑混浊(tu)突变型,另一个品系对这 3 个标记基因来说都是野生型。将感染后的裂解产物涂布到细菌平板上并进行分类。在 10342 个噬菌斑中,各类基因及其数目如下。

m	r	tu	3467	m	+	+	520
+	+	+	3729	+	r	tu	474
m	r	tu	853	+	r	+	172
m	+	tu	162	+	+	tu	965

(1)确定 m—r、r—tu 和 m—ru 之间的连锁距离。

(2)这 3 个基因的连锁顺序如何?

(3)计算并发系数,说明它意味着什么。

5. 下表是 T$_4$ 噬菌体 5 个表型相似的突变体的互补试验结果(+、- 分别表示能互补和不能互补),试根据结果判断它们分属于几个顺反子(以图表示)。

	1	2	3	4	5
1	−	+	+	+	+
2		−	+	−	+
3			−	+	−
4				−	+
5					−

6. 某 T 偶数噬菌体需要色氨酸品系为 C,其突变型 C^+ 是色氨酸非依赖型 C^+。当 C 和 C^+ 噬菌体感染细菌时,进一步的试验发现,色氨酸非依赖型子代中,近一半是 C 基因型。你如何解释这个现象?

7. 在不同的噬菌体突变型之间的互补测验中,双感染细胞的(噬菌体)释放量常被用以确定互补关系。下表给出了在限定条件下的双感染的释放量(在容许情况下)的数值,试确定各突变体所属几个互补群。

	sus_{11}	sus_{13}	sus_2	sus_4	sus_{14}
sus_{11}	−	+	+	+	−
sus_{13}		−	−	+	+
sus_2			−	+	+
sus_4				−	+
sus_{14}					−

8. 假设用两种噬菌体(一种是 $a^- b^-$,另一种是 $a^+ b^+$)感染大肠杆菌,然后取其裂解液涂布培养基,得到以下结果:$a^+ b^+$ 4750,$a^+ b^-$ 370,$a^- b^+$ 330,$a^- b^-$ 4550。从这些资料看,a 与 b 之间的重组率有多大?

9. 请根据下列试验结果划分出噬菌体 T_4 的 rⅡ 缺失突变型 abcde 的缺失段。

	a	b	c	d	e
1	+	+	−	+	+
2	+	+	−	−	+
3	−	−	+	−	+
4	+		+	+	

参考文献

[1] 张飞雄,李雅轩.普通遗传学[M].2 版.北京:科学出版社,2010.

[2] 戴灼华,王亚馥,粟翼玟.遗传学[M].2 版.北京:高等教育出版社,2008.

[3] 朱军.遗传学[M].3 版.北京:中国农业出版社,2002.

[4] 刘祖洞,乔守怡,吴燕华,等.遗传学[M].3 版.北京:高等教育出版社,2012.

[5] 杨业华.普通遗传学[M].2 版.北京:高等教育出版社,2006.

第九章

数量性状遗传

前面各章所讨论的性状都有一个共同的特点，即相对性状之间差异显著。例如，孟德尔遗传试验中选用豌豆的红花与白花，豆粒的黄色与绿色，以及其他一些农业试验中常涉及的小麦的有芒和无芒，稻米的糯性和非糯性等。它们界限分明，无论是亲本还是杂交后代，没有中间类型，这一性状的变异是不连续的，这种表现不连续变异且很容易根据表型区分的性状在遗传学上称为质量性状。质量性状在杂种后代的分离群体中，不同个体的性状表现为类别的差异，可以明确地分组，求出不同组之间的比例，进而研究它们的遗传规律。

生物界还广泛存在另一类只能用数值形式才可精确表示的性状，如植株的高矮、果实的大小，农作物的产量、人的身高、体重、血压、血脂以及畜禽的产肉率、产蛋量、产奶量等重要经济性状等，中间会有一系列的过渡类型，每个性状之间无明显的界线。在遗传学中把这类呈连续变异的性状称为数量性状。这些性状在群体内个体间的界线不明显，无质的差别，不像质量性状那样易于归类和分组，因此不能通过杂交、测交等经典遗传学的方法来进行遗传分析，而只能采用数理统计的方法来进行遗传规律研究。由于动植物的经济性状多为数量性状，品种改良的重心是对数量性状的改良。因此，研究数量性状的遗传规律对动植物育种具有非常重要的意义。

第一节 数量性状的遗传分析

在一个自然群体或杂种后代的分离群体内，不同个体的性状都表现为连续的变异，很难进行明确的分组，求出不同组之间的比例，同时需要用统计学方法对性状进行分析，我们把这些性状称为数量性状。在质量性状遗传中，F_1 代的质量性状分布绝大多数与亲本之一相似，F_2 代具有明显的表型分类，如在单性状杂交中 F_2 代表现为 3：1 的分布，而在数量性状的遗传中，F_1 代的性状分布表现为中间的表型，F_2 代显示连续的表型分布。根据数量性状在群体内的表现特点，可细分为两种类型：一是呈连续变异的性状，如植株高矮、果实大小、农作物产量、生育期长短、棉花纤维长度、奶牛泌乳量等。二是呈非连续性变异的性状，与质量性状类似，但性状不是由单基因决定的，遗传基础是多基因控制的，具有一个潜在的连续型变量分布，统称为阈性状。如动植物的抗病力以及单胎动物的产仔数这一性状，虽只能用单胎、两胎等数字表示，但群体内可以据此分组，不同组的发生率不同。不管是哪种表型，因它们大多数对人类具有重要的经济价值，所以必须进行深入的研究，但第一类性状比较普及，所以通常所说的数量性状主要是指第一类呈连续性变异的数量性状。

一、数量性状遗传的特点

(一) 数量性状的基本特征

数量性状的表现同时受到基因型和环境的影响。不同的环境对同一基因型影响也不一样,所以每种表型并不能代表一种特定的基因型。由于每种性状受到许多基因座的影响,因此,其中任何一个基因座中等位基因的差异都有可能使其表型发生改变。由于数量性状在个体间的差异一般是量上的不同,且又受环境的影响,所以表现出连续变异的特点。

艾默生(R. A. Emerson)和伊斯特(R. A. East)用短穗玉米亲本(P_1代)和长穗玉米亲本(P_2代)进行杂交,得到 F_1 代和 F_2 代,试验结果见表 9-1、图 9-1。为了便于统计,人为地将相差 1 cm 之内的果穗归为一组,每组中包含的果穗数用频数(f)表示。数量性状的表现是基因型和环境互作的结果,在群体中呈正态分布,遗传特性虽不表现典型的孟德尔式遗传,但仍有规律可循,与质量性状相比,数量性状最显著的特征如下。

1. 多基因控制

数量性状是由多对基因控制的,而每对基因的作用是微小的,数量性状研究的对象是群体,其表型具有连续性变异的特点,呈一种正态分布,杂交后的分离世代不能明确分组,只能采用统计学方法分析。

数量性状由多基因决定,且易受环境的作用,使遗传和不遗传的变异混在一起,不易区别开来。多对基因的共同作用决定了表型特征,这种多对基因的累加作用是非孟德尔式遗传,必须用统计学的方法才能研究清楚。表 9-1 中玉米果穗无论亲本还是杂交后代都呈连续变异。P_1 代和 P_2 代的变异幅度分别为 5~8 cm 和 13~21 cm,F_1 代和 F_2 代的变异幅度分别为 9~15 cm 和 5~17 cm。F_1 变异范围介于双亲之间,F_2 代大于 F_1 代,像这样的变异类型还有很多。例如,在大丽花重瓣性的遗传研究中发现,使用单瓣品种与重瓣品种杂交时,F_1 代出现很多重瓣程度介于双亲之间的花朵,它们不能明确分组,也不能求出分离比例,只能用计数的方法统计出来,若将个体的重瓣性及占群体中总数的比率作图,可以呈现一种正态分布曲线。因此,无论是玉米果穗长度还是大丽花的重瓣性特征,都存在着广泛的变异,很难分类,无法像质量性状那样用文字来描述。所以,对数量性状的研究,只能用一定的度量单位进行测量,借用统计学方法加以分析。

表 9-1　玉米穗长的遗传(East,1910)

世代 \ 频数 \ 长度	果穗长度/cm																	统 计 数		
	5	6	7	8	9	10	11	12	13	14	15	16	17	18	19	20	21	N	平均数 $\bar{x}$	方差 V
短穗亲本(P_1代)	4	21	24	8														57	6.632	0.665
长穗亲本(P_2代)									3	11	12	15	26	15	10	7	2	101	16.802	3.561
F_1代					1	12	12	14	17	9	4							69	12.116	2.307
F_2代	1	10	19	26	47	73	68	68	39	25	15	9	1					401	12.888	5.072

但是,数量性状杂种后代的表型也受遗传的制约。如上面所说大丽花重瓣性的遗传实例中,当选择 F_1 代中重瓣性较强的单株进行杂交时,所得 F_2 代植株的花朵重瓣性要比用 F_1 代中重瓣性差的单株进行杂交获得的 F_2 代强。

2. 环境互作

数量性状普遍存在着基因型与环境的互作,杂种后代对环境条件反应敏感。

控制数量性状的基因较多,很容易在特定的时空条件下表达,在不同环境下基因表达的程度可能不同(图9-2)。

由于环境条件的影响而引起的变异是不遗传的,它往往和那些能够遗传的变异混淆在一起,使问题更加复杂化。同一个作物品种,种植在不同的生态区域,在考察产量时发现,尽管每一群体所有个体基因型是相同的,各区域产量在一定范围内均呈现出连续性变异,而不是集中在某一个特定的数值上。这种连续性变异是由于土壤肥力、种植密度、管理措施以及温度、光线等环境条件不一致而产生的,一般是不遗传的。这种基因型与表型之间非一一对应的关系很大程度上掩盖了孟德尔规律对遗传特性表述的准确性。对于某一新品种而言,其群体的基因型基本是纯合一致的,产量差异主要是由于环境影响所造成的。因此,充分估计外界环境的影响,分析数量性状遗传的变异实质,对提高数量性状育种的效率是很重要的。例如,表9-1中玉米果穗长度不同的两个品系进行杂交,在亲本和 F_1 代各自的群体中,个体的基因型是一致的,但是,个体之间依然存在着差异,显然,这些差异是由于环境因素所造成的。F_2 代各植株的果穗长度表现出明显的连续变异,不容易分组,因而也就无法求出不同组之间的比例。F_2 代群体则存在着基因型和环境的综合作用,变异更加广泛,如图9-1所示。因此,充分估计外界环境的影响,分析数量性状遗传的变异实质,对提高数量性状育种的效率是很有益的。遗传学家运用数量遗传学的原理与方法研究群体中的可连续变异特性的遗传学问题,其核心还是预测不同表型的个体杂交后将产生怎样的后代。

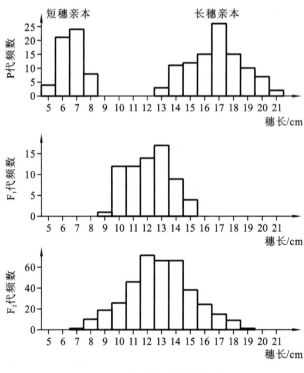

图 9-1 玉米穗长遗传的柱形图

3. 变异幅度

一般情况下,F_1 的表型平均值介于两亲本之间,F_2 代的表型平均值与 F_1 代大致相近,但 F_2

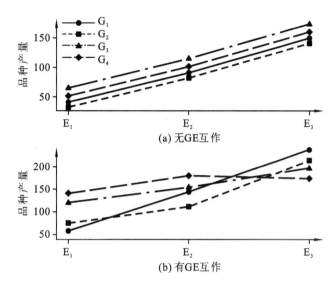

图 9-2 玉米 4 个品种在 3 种环境($E_1 \sim E_3$)中的产量表现

代的变异幅度要大于 F_1 代。

在 F_1 代植株中,虽然基因型彼此全都相同,但由于环境的影响,也呈轻微的表型差异,而在 F_2 代分离群体内,除了环境作用之外,还有基因型效果,各种不同的表型之间,既有量的区别,也有质的差异,因而不能求出简单的分离比例,最终造成 F_2 代的变异系数要比 F_1 代的大,如表 9-1 玉米穗长的遗传试验所示。

杂种后代中也有可能分离出高于高值亲本或低于低值亲本的类型,这种现象称为超亲遗传。在遗传育种中,超亲优势 $= \dfrac{F_1 - HP}{HP} \times 100\%$(HP 为较好亲本)。例如,基因型是 $AABBCCdd$ 的汉堡鸡与基因型是 $aabbccDD$ 的乌骨鸡杂交,F_1 代是一致的杂合体 $AaBbCcDd$,体重居中,但在 F_2 代中基因型为 $AABBCCDD$ 的个体比亲本汉堡鸡的个体大很多,而基因型是 $aabbccdd$ 的个体比亲本乌骨鸡还要小。

4. 表现不同

质量性状和数量性状的划分不是绝对的,同一性状在不同亲本的杂交组合中可能表现不同。

如植株的高度是一个数量性状,但在有些杂交组合中,高株和矮株却表现为简单的质量性状遗传。小麦种皮颜色分为红色和白色,在一些杂交组合中表现为一对基因的分离,而在另外一些杂交组合中,F_2 代的种皮颜色则呈现出不同程度的红色,表现出数量性状的特征。为什么同一性状如植株的高度,既可以表现为质量性状又可以是数量性状呢?这是因为虽然性状本身由多对基因控制,应表现为数量性状,但如果用于交配的两亲本就这一性状而言,就只有一对基因的差别了,而这一对基因的差别对性状又有较大的影响,这样就表现为质量性状了,因而性状的划分有时候也是出于研究目的的需要而人为确定的。

(二)数量性状与质量性状的联系和区别

生物体的性状分为数量性状和质量性状,两者既有联系也有区别,主要表现为如下几点。

(1)控制性状的基因都存在于染色体,都遵循遗传规律。

(2)某些性状既有质量性状特点,也有数量性状特点,实际结果根据研究目的和区分标准的不同而异。例如小麦粒色,红粒对白粒,根据孟德尔遗传定律,可以分为 3：1 或者 15：1,表现为质量性状,但是,红粒如果进一步细分,发现粒色实际上是一个由浅入深的渐变过程,而颜色的深浅是由数量性状的微效多基因所决定的。

(3) 同一性状由于杂交亲本类型或有差异的基因数不同,可能表现为数量性状或质量性状。例如,豌豆的株高,一般情况下为数量性状,但在孟德尔杂交试验中,却表现为质量性状。数量性状与质量性状之间还存在明显的区别,主要差异见表 9-2。

表 9-2　质量性状和数量性状的区别

性状 类别	质 量 性 状	数 量 性 状
统计学特点	非连续性,性状表现为"非此即彼"	连续性,性状间差异或多或少,或大或小,只是一个量的差异
F_1 代	显性	连续性(中亲值或有偏向)
F_2 代	相对性状分离,可用孟德尔规律分析	连续性变异,不显示孟德尔比例,呈正态分布特点
对环境的效应	不敏感	易受环境条件影响产生变异
控制性状的基因及存在显隐性	由单基因控制,基因少,效应明显	微效多基因控制,作用相等,具有累加效应
研究方法	群体小,世代数少,用分组描述	群体大,世代数多,采用统计方法

二、数量性状遗传的多基因假说

早在 1760 年,Klrenter 就曾报道了烟草的高品种和矮品种之间的杂交结果。F_1 代植株的高矮介于两亲本之间,约为两亲本的平均值。F_2 代平均值与 F_1 代基本相同,但变异范围更大,高矮几乎遍及原始亲本的全部范围,呈现连续的正态分布状况,可惜的是他未能解释这一结果。孟德尔曾经用"遗传因子"和两条经典遗传定律很好地解释了质量性状的遗传基础,以后的研究证实了他的理论,并且在生物细胞染色体上找到了这一"遗传因子",也就是基因。那么数量性状遗传是否也遵循孟德尔遗传定律呢? 大量的遗传研究已经证明了数量性状也是由孟德尔遗传因子所控制的,但它是由多个基因控制的,这些基因表现为颗粒性,以线性方式排列在染色体上,也就是说,数量性状的表型是由许多等位基因的相互作用决定的。这类性状的遗传,在本质上与孟德尔式的遗传完全一样。数量性状的遗传机制是以多基因假说为基础的基因理论,具体内容如下。

(一) 多基因假说的试验根据

1909 年,瑞典遗传学家 Hermann Nilsson-Ehle 通过对小麦和燕麦中籽粒颜色的遗传进行了研究,认为这类性状的遗传在本质上同孟德尔遗传完全一样,并首次提出了数量性状遗传的多基因假说。依据该假说,每个数量性状是由许多基因共同作用的结果,其中每个基因的单独作用较小,与环境影响造成的表型差异近似,因此,各种基因型所造成的差异表现为连续的数量。具体杂交试验有如下几种情况。

试验一:红粒与白粒杂交,得到红色种皮 F_1 代,自交得到 F_2 代,其中 F_2 代中 3/4 为红粒,1/4 为白粒。

试验二:红粒与白粒杂交,F_1代粒色为中间型,颜色为粉红色,不能区分显性和隐性,自交得到的 F_2 代粒色总体上可以划分为红色、白色两组,其中红色籽粒占 15/16,白色籽粒占 1/16。

试验三:红粒品种与白粒品种杂交,F_1代粒色为中间型,颜色为粉红色,自交得到的 F_2 代粒色总体上可以划分为红色、白色两组,其中红色籽粒占 63/64,白色籽粒占 1/64。

从上述三个试验可以看出,不同杂交组合红粒亲本的颜色深浅也有差别,所有杂交组合中的 F_1 代都不如各自的红粒亲本颜色深,所有杂交组合的 F_2 代中红色的程度也存在着差异。结合孟德尔遗传定律和图 9-3 结果可知,小麦粒色的遗传完全符合二项式展开的数量关系。同时也说明数量性状的遗传是由基因控制的。由 n 对等位基因控制的性状的遗传分离比为 $(p+q)^n$ 的展开式,其中 F_2 代中显性基因数是 k 的概率,为 $c_n^k p^k q^{n-k}$,在小麦粒色杂交试验中,经研究发现,控制小麦籽粒种皮颜色的基因共有 3 对,它们各自独立遗传且功能上表现为重叠作用,这些基因分别是 R_1r_1,R_2r_2,R_3r_3,其中每个显性基因都能使得麦粒表现为红色,且程度相同。当多个显性基因存在时,由于基因剂量效应而使得红色加深,这 3 对基因的任何一对单独分离时都可以产生 3:1 的分离比例,而 3 对基因同时分离则产生 63:1 的分离比例,当所有的基因为隐性纯合时($r_1r_1r_2r_2r_3r_3$),则表现为白粒。

红色深浅程度的差异与它所具有的红色基因数目有关,而与基因的种类无关。各个基因型所含的红粒显性基因数目不同,形成了红色程度不同的许多中间籽粒。后来对小麦籽粒颜色生化基础的研究结果表明,红粒基因只编码一种红色素合成酶:R 基因份数越多,酶和色素的量也就越多,种皮颜色就越深。现将由 3 对重叠基因决定的遗传动态表述如下,以说明种皮颜色的深浅程度与基因数目的关系。设 R_1r_1 及 R_2r_2 为两对决定种皮颜色的基因,其中大写表示增加红色,小写表示不增加红色,没有显隐性关系。

$$P \qquad 红(R_1R_1R_2R_2R_3R_3) \times 白(r_1r_1r_2r_2r_3r_3)$$
$$\downarrow$$
$$F_1 代 \qquad 红(R_1r_1R_2r_2R_3r_3)$$
$$\downarrow \otimes$$

表型类别	红色						白色
	最深红	暗红	深红	中深红	中红	浅红	
F_2 代表型比例	1	6	15	20	15	6	1
红粒有效基因数	6	5	4	3	2	1	0
红粒:白粒	63:1						

图 9-3　不同杂交组合的小麦粒色遗传分析

随着控制某一数量性状的基因数增多,杂种后代分离比趋于多样,如果以 n 表示决定数量性状的杂合基因对数,则图 9-3 中分离比恰好是杨辉三角形 $2n+1$ 层的系数,各种表型在群体中所占比例如表 9-3 所示,群体表现则更为连续。

表 9-3　多基因系统在 F_2 代群体中分离比例理论值

等位基因对数	F_2 代表型数	F_2 代分离比例	纯合亲本在群体中的比例
1	3	1:2:1	1/4

续表

等位基因 对数	F₂代 表型数	F₂代 分离比例	纯合亲本在 群体中的比例
2	5	1∶4∶6∶4∶1	1/16
3	7	1∶6∶15∶20∶15∶6∶1	1/64
4	9	1∶8∶28∶56∶70∶56∶28∶8∶1	1/256
5	11	1∶10∶45∶120∶210∶252∶210∶120∶45∶10∶1	1/1024

关于多基因假说发展的另一个实例是 1916 年美国学者 East 关于烟草花冠长度的遗传研究试验。该试验中采用长筒状(均值为 93.3 mm)和短筒状(均值为 40.5 mm)花冠亲本的烟草自交系做杂交,杂种后代中 F₁ 代花冠长度居中(长度稍有变异),F₁ 代自交后得到 F₂ 代表现为花冠长度在两亲本平均长度之间,没有比亲本更短或更长的个体,但个体间的变异较 F₁ 代大,F₂ 代自交后得到 F₃ 代则出现了超亲遗传现象,即 F₃ 代具有较其亲本更长的花冠。

Nilsson-Ehle 总结了上述试验分析的结果,提出了数量性状遗传的多基因假说。该假说又经统计学家 Fisher 及 East 等对玉米和烟草等植物数量性状遗传的研究中进一步得到证明和完善,成为解释和分析数量性状遗传的理论。

(二) 多基因假说的要点

第一,数量性状的遗传受到许多对独立遗传的微效基因(minor gene)或效应微小的多基因(polygene)的共同控制,其遗传方式符合孟德尔遗传定律。微效基因是指效应微小的基因,主(效)基因是指效应明显的基因。

第二,微效基因的效应是相等的,而且彼此间的作用可以累加,并呈现剂量效应。因此,后代的分离表现为连续变异,连续性强弱跟基因的数量和环境影响有关。

第三,微效等位基因之间通常无显隐性关系,增效时用大写字母表示,减效时用小写字母表示,F₁ 代大多表现为双亲的中间类型。

第四,微效基因对外界环境的变化极为敏感,单个基因的作用常常被环境影响所遮盖,很难对个别基因的作用加以识别,只能按性状表现进行归纳。由于每一个数量性状是由许多微效基因共同作用的结果,涉及基因数目多,每个基因单独作用很小,且可以累加,加上修饰基因的修饰作用和环境的影响,这样就使得由于基因型差异所造成的表型差异与由于环境因素所造成的表型差异很接近。因而各种基因型所表现出来的差异就成了连续性变异。如果环境对某一性状有较大的影响,即使控制某一性状的微效基因数目很少,它的后代也会成为不连续的分布。

第五,微效基因与控制质量性状的主基因都是位于细胞核的染色体上的,并且具有分离、重组和连锁规律。

第六,多基因往往有多效性,多基因一方面对于某个数量性状起微效基因的作用,同时在其他性状上又可以作为修饰基因而起作用,使之成为其他基因表现的遗传背景。

有一些性状虽然是受一对或少数几对主基因控制,但另外还有一组微效基因能增强或削弱主基因对表型的作用,这类微效基因在遗传学上称为修饰基因(modifying factors)。修饰基因是专门用来表述控制数量性状的基因,与控制质量性状的基因相区别。例如,牛的毛色花斑是由一对隐性基因控制的,但花斑的大小则是一组修饰基因影响主基因的结果。

　　上述几方面的特性不能绝对化,在个别情况下,多基因的效应不是累加而是累积的,有时某几对基因也表现显性,以致表型分布呈现偏态。

　　此外,在 1963 年 Thoday 认为,微效基因也可以个别地识别并在染色体上定位。1977 年,J. L. Jinks 认为可以有较好的办法估计多基因系统中有效基因的数目。

　　20 世纪 80 年代发现有些动植物的产量性状不但受微效多基因控制,而且也受控于一个或几个主效基因。数量性状主效基因的分离规律也类似于质量性状主效基因的遗传特点,甚至某些数量性状位点也表现出基因的多效性。如 2008 年华中农业大学张启发院士的试验研究表明,控制水稻产量相关性状——株高、开花时间和小穗数目的基因是由 7 号染色体上的一个片段长度为 0.31 cM 的主效基因 Gdh7 控制的。1994 年,Montgomerry 等报道,已定位于绵羊第 6 号染色体上的名为布罗拉(booroola)的基因与绵羊的产羔数有关。带有该基因的纯合体母羊,其产羔数比不带该基因的母羊平均多 1.1~1.7 头,杂合子母羊也要多产羔 0.9~1.2 头。

　　近些年来,遗传学有了突飞猛进的发展,因此结合多基因假说,可以这样来重新定义数量性状:由许多对微效基因或称多基因的联合效应造成的一类具有正态分布特性的性状,具有这种性状的个体在正态分布中的位置取决于它们所具有的微效基因的多少,这种基因多的个体就处于分布的上端或正极,这种基因数目少的个体则处于分布的下端或负极。

　　另外,需要注意的是,多基因假说虽然阐明了数量性状遗传的多数现象,但还不能解释某些数量性状遗传的复杂现象。如控制数量性状的各对微效基因的遗传效应值不尽相等。多基因间的效应可能不是累加的,非等位基因间、基因与环境之间可能还存在互作效应等。也有一些性状虽然主要由少数主效基因控制,但还存在一些效应微小的修饰基因,这些基因的作用是增强或削弱其他主效基因对表型的作用。

　　总之,多基因假说也只是奠定了数量性状遗传分析的理论基础和基本的分析模型,反映了大部分数量性状的遗传规律。另外,数量性状和质量性状不同,因此其研究方法也具有自己的特点。

　　第一,研究规模采用了群体。杂交后代的分离比无法准确观察,要想获得某个性状的遗传规律,必须调查大量的个体才行。

　　第二,必须把遗传学理论和生物统计学的知识相互结合,才能发现其中的遗传规律。来自群体的数据必须借助于统计学的方法加以描述整理。

第二节　数量性状遗传分析的基本统计方法

　　数量性状往往是由多对基因控制的,各个基因对表型的影响较小,各基因型间的表型差异很微小,一般情况下很难观察到界限分明的不同表型,用不同表型比例来进行遗传分析,由于表型经常受到环境条件的修饰,使遗传因素造成的变异与环境条件造成的变异混杂在一起,不易区分。所以,研究数量性状只能采用数理统计的方法进行处理,计算性状的表型参数,包括平均数、方差、协方差、相关、回归等。在此基础上进而计算遗传参数、遗传力、遗传相关等。鉴于生物统计学是遗传学研究的基础课程,本节只以备忘录的形式列出遗传学常用的统计学基本概念和计算方法,这里仅介绍平均数、方差、标准差、变异系数。

一、平均数

平均数是统计学中最常用的统计量,是指某一性状的许多观察值的平均,用来反映一组观察值的集中性,并且可作为资料的代表值与另外一组资料进行比较,以明确两者之间的差异情况。平均数主要包括算术平均数(arithmetic mean)、中位数(median)、众数(mode)、几何平均数(geometric mean)等。通常是应用算术平均数,算术平均数是指资料中各观测值的总和除以观测值个数所得的商,简称平均数或均数,表示一组资料的集中性,通常用 $\bar{x}$ 表示。算术平均数可根据样本大小及分组情况而采用直接法或加权法来计算。

(一) 直接法

直接法主要用于样本含量 $n \leqslant 30$、未经资料分组的平均数的计算。

设某一资料包含 n 个观测值:$x_1, x_2, \cdots, x_n$,则样本平均数 $\bar{x}$ 可通过下式计算:

$$\bar{x} = \frac{x_1 + x_2 + \cdots + x_n}{n} = \frac{\sum\limits_{i=1}^{n} x_i}{n}$$

其中:$\sum$ 为求和符号;$\sum\limits_{i=1}^{n} x_i$ 表示从第一个观测值 x_1 累加到第 n 个观测值 x_n。当 $\sum\limits_{i=1}^{n} x_i$ 在意义上已明确时,可简写为 $\sum x$,上式可改写为

$$\bar{x} = \frac{\sum x}{n}$$

对有限总体而言,通常用 μ 表示总体平均数,计算公式为

$$\mu = \frac{\sum\limits_{i=1}^{N} x_i}{N}$$

其中:N 为总体的观测值个数,x_i 为观测值,$\sum$ 为求和符号。

例:在大豆区域试验中,吉农 904 的 6 个小区产量(kg)分别为 25.0、26.0、22.0、21.0、24.5、23.5。求该品种的小区平均产量。

解:$\bar{x} = \dfrac{\sum x}{n} = \dfrac{25.0 + 26.0 + 22.0 + 21.0 + 24.5 + 23.5}{6} \text{ kg} = \dfrac{142}{6} \text{ kg} = 23.7 \text{ kg}$

即吉农 904 的小区平均产量为 23.7 kg。

(二) 加权法

对于样本含量 $n \geqslant 30$ 且已分组的资料,可以在次数分布表的基础上采用加权法计算平均数。样本平均数的加权平均法计算公式为

$$\bar{x} = \frac{f_1 x_1 + f_2 x_2 + \cdots + f_i x_i + \cdots + f_k x_k}{f_1 + f_2 + \cdots + f_i + \cdots + f_k} = \frac{\sum\limits_{i=1}^{k} f_i x_i}{\sum\limits_{i=1}^{k} f_i} = \frac{\sum fx}{\sum f}$$

式中:x_i 为第 i 组的组中值;f_i 为第 i 组的次数;k 为分组数。

第 i 组的次数 f_i 是权衡第 i 组组中值 x_i 在资料中所占比重大小的数量,因此 f_i 称为 x_i 的

"权",加权法也由此而得名。

计算若干个来自同一总体的样本平均数的平均数时,如果样本含量不等,也可采用加权法计算。

总体平均数的加权平均法计算公式为 $\mu = \sum p_i x_i$ 其中,p_i 为 x_i 在总体所有观测值中出现的概率。

例如,玉米穗长试验中对短穗亲本共测量了 57 个果穗,得到 57 个观察值。其中,5 cm 的 4 个,6 cm 的 21 个,7 cm 的 24 个,8 cm 的 8 个,则平均穗长的计算公式为

$$\bar{x} = \frac{4 \times 5 + 21 \times 6 + 24 \times 7 + 8 \times 8}{4 + 21 + 24 + 8}\ \text{cm} = \frac{378}{57}\ \text{cm} = 6.632\ \text{cm}$$

二、方差和标准差

(一)方差

仅通过平均数还不足以了解数量性状的全貌。因为平均数仅反映群体的平均表现,并不能反映群体内的变异情况,需要引入一个新的变量——方差。方差(variance)又称均方,表示一组资料的分散程度或离中性,是全部观测值偏离平均数的重要度量参数。方差越大,说明平均数的代表性越小。方差是数量性状表型分布的关键信息,它能反映表型分布范围,也就是个体和平均值的离散程度,平均值相同的两个样本,它们的方差不一定相同。如在玉米穗长试验中,F_1 代和 F_2 代两个群体的平均数相差不大,但是 F_1 代比 F_2 代整齐,F_2 代的变异范围和程度比 F_1 代大。平均数和方差都是表示一组变量分散程度的参数。

设一样本包含 n 个观测值,为了准确地描述样本内各个观测值的变异程度,首先以平均数为标准,求出各个观测值与平均数的差,即离均差。离均差越大的个体,变异程度越大;反之,变异就越小。由于 $\sum (x - \bar{x}) = 0$,不可能把 $\sum (x - \bar{x})$ 作为描述样本内所有观测值总变异程度的统计数。

为解决离均差正负抵消这一问题,可以将各个离均差先平方,再累加,用来反映资料所有观测值的总变异程度,进而求得离均差的平方和,简称平方和,记作 SS,即

$$SS = \sum_{i=1}^{n} (x_i - \bar{x})^2$$

由于平方和常随样本容量 n 而改变,为了消除样本容量的影响,用平方和除以样本容量 n,即 $\sum_{i=1}^{n} (x_i - \bar{x})^2 / n$,求出离均差平方和的平均数;为了使所得的统计数是相应总体参数的无偏估计量,统计学证明,在求离均差平方和的平均数时,分母不用样本容量 n,而用自由度 $n-1$。于是,我们采用统计数 $\sum_{i=1}^{n} (x_i - \bar{x})^2 / (n-1)$ 表示资料所有观测值的总变异程度。统计数 $\sum_{i=1}^{n} (x_i - \bar{x})^2 / (n-1)$ 称为均方,又称样本方差,记为 S^2,即

$$S^2 = \frac{\sum_{i=1}^{n} (x_i - \bar{x})^2}{n-1}$$

为了计算方便,在实际工作中更常用的计算公式为 $S^2 = \dfrac{\sum x^2 - (\sum x)^2/n}{n-1}$。

因而,离均差的平方和除以自由度就是方差。通常用"S^2"和"σ^2"来分别表示样本和总体的方差,其大小可用直接法和加权平均法进行计算。一般当样本容量大于 30 时(当 $n>30$ 时,$n-1 \approx n$),相应的总体参数称为总体方差。对于包含 N 个个体的有限总体而言,σ^2 的计算公式为

$$\sigma^2 = \frac{\sum\limits_{i=1}^{N}(x_i-\mu)^2}{N}$$

μ 为总体平均数,该公式也可以转换成如下形式:

$$\sigma^2 = \frac{\sum x^2 - (\sum x)^2/N}{N}$$

(二)标准差

方差虽能反映样本的变异范围,但是样本方差的单位是原观测单位的平方,因此,方差的单位和个体量度的单位意义不同。为了使得变异范围的单位和个体量度范围相同,人们将方差开方,统计学上把样本方差 S^2 的平方根称为样本标准差或者标准误,记为 S,它反映的是试验中抽样误差的大小,可以很好地表示群体的变异程度。样本标准差的单位与观察值的单位是一致的。计算公式为

$$S = \sqrt{\text{方差}} = \sqrt{S^2} = \sqrt{\frac{\sum(x-\bar{x})^2}{n-1}}$$

另一计算式为

$$S = \sqrt{\frac{\sum x^2 - \dfrac{(\sum x)^2}{n}}{n-1}}$$

相应的总体参数称为总体标准差,记为 σ。对于有限总体而言,σ 的计算公式为

$$\sigma = \sqrt{\sum(x-\mu)^2/N}$$

样本标准差 S 是反映样本各观测值 $x_1, x_2, \cdots, x_i, \cdots, x_n$ 变异程度大小的统计指标,它的大小说明了 $\bar{x}$ 对该样本代表性的强弱。方差和标准差是全部观察数偏离平均数的重要参数,方差或标准差越大,表示这个资料的变异程度越大,也说明平均数 n 代表性越小。例如,在前面的玉米的穗长试验中:

$$
\begin{aligned}
S &= \sqrt{\frac{\sum x^2 - \dfrac{(\sum x)^2}{n}}{n-1}} \\[2mm]
&= \sqrt{\frac{(9^2 \times 1 + 10^2 \times 12 + \cdots + 15^2 \times 4) - \dfrac{(9+10\times12+\cdots+15\times4)^2}{69}}{69-1}} \ \text{cm} \\[2mm]
&= \sqrt{2.309} \ \text{cm} = \pm 1.519 \ \text{cm}
\end{aligned}
$$

$\bar{x}_{F_1} = 12.116$ cm,在统计表中就可以写成 (12.116 ± 1.519) cm,表明平均数的可能变异范围。这样,既反映了这个群体的集中性,又反映了它的离中性。F_2 代群体的方差和标准差比

F_1代群体大,就表示F_2代群体的变异程度比F_1代大。

但在实际的科研工作中,我们的着眼点虽然关注的是总体特征,或者说研究对象的总体表现出的特征,但实际上我们只能对总体中的某一部分个体即样本开展研究,由样本的研究结果来推断总体。统计学上通常用$S_{\bar{x}} = \dfrac{S}{\sqrt{n}}$来估计抽样误差引起的样本标准差大小,样本标准差可以阐明样本间的变异程度及由样本统计量推断总体参数时的精确度高低。样本标准差大,表示平均数的变幅大,如果做重复试验,则每次试验的平均数之间将有较大差异,因此反映数据的精确度不高。样本标准差小,表示平均数的变幅小,如果重复试验,则每次试验的平均数之间的差异小,表明试验数据的精确度高。

(三)变异系数

变异系数是指标准差占平均数的百分比,当两个群体平均数相近时,从标准差的大小就可以比较它们的变异程度,但当两个群体平均数相差较大或者在比较两个不同性状的观察值时,由于单位不同,标准差就不一定能比较出这两组观察值变异程度的大小。例如,在一个群体中,玉米的穗长为(20 ± 10) cm,单株质量为(2 ± 0.4) kg,这两个性状因为单位不同,无法直接进行比较,对单株质量而言,这0.4 kg只是相当于2 kg的20%,而在穗长,这10 cm就是20 cm的50%。因为变异系数(CV)是一个无单位的量,所以穗长和单株质量可以直接进行比较,即

$$CV = \frac{S}{\bar{x}} \times 100\%$$

在玉米穗长试验中,变异系数$CV_{F_1} = \dfrac{1.519}{2.309} \times 100\% = 65.79\%$。

有了上面一些基本的统计学方法,就可以来讨论遗传变异和遗传力了。

第三节 遗传力的估算和应用

由于数量性状是连续变异的,它的表型受到基因型和环境条件的共同影响。如果环境对表型的影响较小,则表型值主要由基因型值决定,基因型值越大,则亲本将其遗传特征传递给子代的能力就强,反之亦然。目前还无法准确区分基因型与环境的作用大小,因此只能在整体上分析数量性状在群体中的表现,然后用统计方法获得一些参数,利用这些参数对数量性状的遗传加以说明,了解其遗传特性。植物多数经济性状都属于数量性状,因此要选育新品种必须研究数量性状的遗传,而遗传力是一个特别重要的遗传参数。在育种中,对一个性状进行选择的效果如何,也是主要取决于该性状遗传力的大小。为了更深刻地理解遗传力,还需要了解一些基础知识。

一、遗传力的概念

对数量性状来说,排除环境影响,确定基因型对其表型的真实作用是非常重要的。目前,可用遗传力来表示。遗传力也称遗传率(heritability),是指遗传方差与表型方差的比值,或者说是亲代将其遗传特性传递给子代的能力,是反映遗传因素和环境效应相对重要性的一个基本指标。值得注意的是,遗传力是一个群体概念,不能用于个体。遗传力是一个介于0和1之

间的数值,它为 0 时说明表型变异完全由环境决定,为 1 时说明表型变异完全由遗传因素决定,遗传力出现负值说明亲子间呈负相关,这种情况一般是不真实的。不同性状的遗传力大小往往不同,同一性状的遗传力也可以因品种、组合、繁殖方式不同而发生变化,采用的估算方法不同时,遗传力也会有所变化。

遗传力可作为杂种后代选择的一个参考,从而判断该性状传递给后代可能性的大小。在一个杂交后代的群体中,某个数量性状所发生的变异,既有基因型不同引起的变异,又有环境引起的变异,由于方差可用来测量变异的程度,所以各种变异大小都可用方差来表示,基因型变异可用遗传方差或基因型方差(V_G)表示,环境变异可用环境方差(V_E)表示,而表型方差则用 V_P 表示。那么在一个表型的变异中起主要作用的究竟是遗传因素还是环境因素呢?这就需要引入遗传力的概念。根据对遗传变异方差分解和测定方法的不同,遗传力可分为广义遗传力和狭义遗传力两种。

如果用 $\bar{P}$、$\bar{G}$、$\bar{E}$ 分别表示表型值、基因型值和环境效应的平均数,那么就可以推算出各个方差的关系。

$$\sum (P - \bar{P})^2 = \sum \left[(G + E) - (\bar{G} + \bar{E}) \right]^2$$
$$= \sum (G - \bar{G})^2 + \sum (E - \bar{E})^2 + 2 \sum (G - \bar{G})(E - \bar{E})$$

如果基因型和环境之间不存在互作关系:

$$\sum (G - \bar{G})(E - \bar{E}) = 0$$
$$\sum (P - \bar{P})^2 = \sum (G - \bar{G})^2 + \sum (E - \bar{E})^2$$

各项均除以 n,从而可得到

$$\frac{\sum (P - \bar{P})^2}{n} = \frac{\sum (G - \bar{G})^2}{n} + \frac{\sum (E - \bar{E})^2}{n}$$

所以表型、基因型和环境三者的关系为 $V_P = V_G + V_E$。

(一)广义遗传力

广义遗传力(broad sense heritability)是指基因型方差占表型方差的比例,又可称为遗传决定系数,记为 h_B^2。遗传力常用百分数来表示,用来衡量基因型值在表型值中的相对重要性。表型值是指某性状表型的数值,用 P 表示。基因型值是指性状表达中由基因型所决定的数值,用 G 表示。环境型值是指表型值与基因型值之差,用 E 表示,三者关系为 $P = G + E$。广义遗传力用公式表示为

$$h_B^2 = \frac{遗传方差}{总方差} \times 100\% = \frac{V_G}{V_P} \times 100\% = \frac{V_G}{V_G + V_E} \times 100\%$$

从上式可以看出,如果环境方差越小,求得的遗传力数值就会越大,说明这个性状传递给子代的能力就越强,亲本性状在子代中将有越多的机会表现出来,选择的把握性就越大。反之,遗传力较低,说明环境条件对性状的影响较大,表示该表型变异大都是不能遗传的,对这种性状进行选择的效果也就较差,所以遗传力的大小可以作为衡量亲代和子代之间遗传关系的标准。

广义遗传力的概念解决了生物学中争论多年的问题,即在性状的表现上,究竟是遗传的作用大,还是环境的作用大呢?有了广义遗传力这个重要的遗传参数,我们可以认识到,对不同的性状来说,V_G 和 V_E 的相对大小是有所不同的。例如,在玉米中产量的遗传力为 20%,说明

80%是由于环境条件引起的变异,说明产量的遗传力很低。广义遗传力对某些自花授粉的植物而言,估计 h_B^2 是很有意义的,因为这时基因型效应不能进一步剖分,所有的基因型效应都可以稳定遗传。广义遗传力的概念解决了生物学中的一个重要问题,即在某一特定的性状表型变异中,究竟遗传因素与环境因素谁的作用更大的问题。

(二)狭义遗传力

狭义遗传力(narrow sense heritability)是指基因加性方差占表型总方差的比例,记为 h_N^2。狭义遗传力可用来衡量育种值(基因累加效应)在表型值中的相对重要性,它和广义遗传力相同,都是性状遗传传递力大小的指标,是动植物育种的重要遗传参数之一。从基因作用来分析,基因型方差可以进一步分解为加性方差 V_A、显性方差 V_D 和上位性方差 V_I,基因型方差可以用公式表示为

$$V_G = V_A + V_D + V_I$$

表型方差用公式可表示为

$$V_P = V_A + V_D + V_I + V_E$$

其中,加性方差是指等位基因间和非等位基因间的累加作用引起的变异量,显性方差是指等位基因间相互作用引起的变异量,上位性方差是指非等位基因间的相互作用引起的变异量,三部分变异中只有等位基因的加性效应所引起的变异是可以稳定遗传的变异量,可在上、下代之间稳定传递,而显性方差和上位性方差则不能固定遗传,它们常常会随着基因型纯合程度的提高而减少,甚至在纯合状态时消失,故由基因的这两种效应所表现的变异在选择上是不可能有什么效果的。因此,亲代传递给子代的只是加性基因效应,所以为了更精确地预测亲代与子代间的相似程度,在进行遗传力的估算时,应在遗传方差中去掉显性和上位性方差。广义遗传力就是通过这三种方差占总方差的百分比求得的,而狭义遗传力是用可固定遗传的加性方差占表型方差的百分比来表示遗传力的大小,所以狭义遗传力要比广义遗传力更加准确些。其定义为

$$h_N^2 = \frac{基因加性方差}{总方差} \times 100\% = \frac{V_A}{V_P} \times 100\% = \frac{V_A}{(V_A + V_D + V_I) + V_E} \times 100\%$$

如下文所介绍的,V_E 可通过利用纯合基因型或一致基因型群体(亲本或 F_1 代)来估算,即

$$V_E = \frac{1}{2}V_{P_1} + \frac{1}{2}V_{P_2}$$

或者

$$V_E = \frac{1}{3}V_{P_1} + \frac{1}{3}V_{F_1} + \frac{1}{3}V_{P_2}$$

性状的遗传力越大,说明在该性状的表现中,由遗传对它的影响就越大,环境对它的影响就越小,对这个性状进行选择就比较容易获得预期的效果。因此,应选择可以在杂交后较早的世代中进行,选留的个体数也可以较少。一般来说,与生物适应性无关的性状的遗传力往往比与适应性有关的性状的遗传要高一些。而遗传力小的性状,由于受环境影响较大,选择到的个体,后代往往不能保持这一优良性状,所以对这类性状不宜在早世代进行选择,一般让杂交后代自交或近亲繁殖多代后,基因型趋于纯合时再作选择,而且选留的个体数要多一些。

二、遗传力的估算

估计遗传力的基本方法是基于统计学上的方差、回归和相关分析。在自花授粉作物中,根

据资料来源不同,估计农作物数量性状遗传力的方法大致有四种。第一,利用不同世代杂种群体消去环境方差和遗传方差中属于显性作用的方差,从而估算遗传方差中纯属于基因累加作用的方差,求狭义遗传力。第二,利用基因型一致的不分离群体来估计环境方差,求广义遗传力。第三,利用亲代和子代的回归或相关关系估计狭义遗传力。第四,利用方差分析法分别估计总方差中的各种方差组分,求遗传力。分清基因型作用和环境作用在表型中所占的比重,进行遗传力的估算,对育种工作来说具有重要的意义,它能更有效地改进和提高某些数量性状。

(一)广义遗传力的估算方法

1. 环境方差的估算

1)利用 F_1 代基因型方差估算环境方差来计算广义遗传力

估算广义遗传力常用的方法是利用基因型纯合的或一致的群体(如自交系亲本及 F_1 代),估算环境方差,然后从总方差中减去环境方差,即得基因型方差。基因型方差与总方差的比值就是广义遗传力。在实际应用中,一般是以两个亲本的 F_2 代群体的方差来代表总方差,因为在 F_2 代群体中,个体之间存在着基因型的差异,也存在着环境影响而产生的变异。

不分离世代 P_1、P_2 和 F_1 代群体各个个体的基因型是一致的,基因型方差等于零,即 P_1、P_2 和 F_1 代各自的表型的差异完全是由环境引起的,P_1、P_2 和 F_1 代的表型方差就是环境方差,因此环境变异的方差可用基因型一致的纯系亲本及 F_1 代群体的表型方差来估算。所以 $V_{F_1} = V_E$,由于 F_2 代是分离世代,群体内的个体间的表型值的不同,既有基因型的影响又有环境作用的影响,所以表型方差可由杂种 F_2 代群体内的表型方差 V_{F_2} 来估算,也就是说,可以把 V_{F_2} 作为总方差,看成是基因型差异和环境条件的共同影响。即 $V_P = V_{F_2} = V_G + V_E$,假如 F_1 和 F_2 代对环境条件的反应相似,也就可以说明两者的环境方差相同,即 $V_{E_1} = V_{E_2}$,所以用 $V_{F_2} - V_{F_1}$ 就可作为由基因型引起的遗传方差,即 V_G,有了表型方差和遗传方差便可估计该性状的广义遗传力,即

$$h_B^2 = \frac{遗传方差}{总方差} \times 100\% = \frac{V_G}{V_P} \times 100\% = \frac{V_{F_2} - V_{F_1}}{V_{F_2}} \times 100\%$$

例如,采用 East 的玉米穗长试验所得资料来估算广义遗传,从表 9-1 计算得到 F_2 代的方差 $V_{F_2} = 5.072$,$V_{F_1} = 2.307$,代入上式得到广义遗传力为

$$h_B^2 = \frac{V_{F_2} - V_{F_1}}{V_{F_2}} \times 100\% = \frac{5.072 - 2.307}{5.072} \times 100\% = 54\%$$

由计算结果可以看出,玉米穗长性状有 54% 是受到遗传因素控制的,46% 是环境效应引起的,属于遗传力较高的性状。

需要注意的是,利用这种方法估计广义遗传力,要求杂种 F_2 代群体、基因型一致的纯系亲本及其杂交所得的杂种 F_1 代群体必须种植在环境条件大致相同的环境中,否则用来估算的试验结果与理论值相比就会发生较大的偏差。

2)利用纯合亲本基因型群体来估计环境方差

两个纯种或自交系亲本的基因型都应是纯合的,理论上不存在基因型方差,亲本的遗传型都是一致的,因此,遗传变异等于零,所以说亲本的表型变异完全来自于环境变异,环境方差可从两个亲本的表型方差 V_{P_1} 和 V_{P_2} 来估算,即 $V_E = \frac{1}{2}V_{P_1} + \frac{1}{2}V_{P_2}$,该公式可适用于没有 F_1 代的数据。

在不同的情况下，F_2 代环境方差 V_E 的估算还可以用下列方法。

① 对异花授粉植物，可利用基因型一致的不分离群体（纯合亲本及其 F_1 代群体）来估计环境方差。

两个纯合亲本杂交，F_1 代是基因型一致的杂合体，它们各自群体内没有基因型的差异，群体内的变异完全是由环境引起的。所以 V_E 可以直接从 F_1 代的表型方差来估算，即 $V_E = V_{F_1}$。

② 从两个亲本的表型方差和 F_1 代的表型方差合计来估算环境方差 V_E，即 $V_E = \dfrac{1}{3}V_{P_1} + \dfrac{1}{3}V_{F_1} + \dfrac{1}{3}V_{P_2}$。

③ $V_E = \sqrt{V_{P_1} \times V_{P_2}}$。

④ $V_E = \sqrt[3]{V_{P_1} \times V_{P_2} \times V_{F_1}}$。

⑤ $V_E = \dfrac{1}{4}V_{P_1} + \dfrac{1}{2}V_{F_1} + \dfrac{1}{4}V_{P_2}$（因为 F_2 代的基因型及其频率为 $\dfrac{1}{4}AA$、$\dfrac{1}{2}Aa$、$\dfrac{1}{4}aa$，即 $\dfrac{1}{4}V_{P_1}$、$\dfrac{1}{2}V_{F_1}$、$\dfrac{1}{4}V_{P_2}$，所以可以利用不分离世代的表型方差的加权平均作为 F_2 代的环境方差估计值）。

2. 遗传方差的估算

当用于杂交的两个亲本都是纯种时，杂种 F_1 代的基因型是一致的，基因型方差也就等于零，于是由 $V_{F_2} - V_{F_1}$ 可得到遗传方差 V_G。

$$h_B^2 = \frac{\text{遗传方差}}{\text{总方差}} \times 100\% = \frac{V_G}{V_G + V_E} \times 100\% = \frac{V_{F_2} - V_{F_1}}{V_{F_2}} \times 100\%$$

广义遗传力也可以通过亲本的表型方差来计算，结合上面的环境方差可以得出估算方法，即

$$h_B^2 = \frac{\text{遗传方差}}{\text{总方差}} \times 100\% = \frac{V_G}{V_P} \times 100\% = \frac{V_{F_2} - V_E}{V_{F_2}} \times 100\%$$

$$= \frac{V_{F_2} - \frac{1}{2}(V_{P_1} + V_{P_2})}{V_{F_2}} \times 100\% = \frac{V_{F_2} - \frac{1}{3}(V_{P_1} + V_{P_2} + V_{F_1})}{V_{F_2}}$$

例如，依然采用 East 的玉米穗长试验所得资料来估算广义遗传，从表 9-1 计算得到 F_2 代的方差 $V_{F_2} = 5.072$，$V_{F_1} = 2.307$，$V_{P_1} = 0.666$，$V_{P_2} = 3.561$，代入上式得到广义遗传力为

$$h_B^2 = \frac{V_{F_2} - V_E}{V_{F_2}} \times 100\% = \frac{V_{F_2} - \frac{1}{2}(V_{P_1} + V_{P_2})}{V_{F_2}} \times 100\%$$

$$= \frac{5.072 - \frac{1}{2} \times (0.666 + 3.561)}{5.072} = 58\%$$

对于有性繁殖作物，可以用亲本的表型方差或用 P_1 代的基因型方差来估计环境方差，然后估算广义遗传力，这两种方法估算所得的数值相近。对于无性繁殖作物，如甘薯、马铃薯等，一般可采用营养系方差 V_{S_0} 作为环境方差估计值，其第一代的方差即 V_{S_1} 作为总方差估计值，于是得到遗传方差为 $V_G = V_{S_1} - V_{S_0}$，所以其遗传力为 $h_B^2 = \dfrac{V_{S_1} - V_{S_0}}{V_{S_1}} \times 100\%$。

利用此法估计广义遗传力时需要注意如下两点。

① 混合群体(F_2代群体)和一致群体(亲本群体或F_1代群体)必须同时种植在相似的环境中,否则试验的结果会发生偏离。若遗传基础或环境条件发生改变,遗传力也随之发生改变。估算同一群体在两个不同环境中的遗传力或者测定两个群体在同一环境中的遗传力,或者同一群体的两个不同的性状的遗传力,其结果都有可能是不同的。

② 在估计环境方差时,不同的估算方法精确度有偏差,最好充分利用试验结果,用 $V_E = \frac{1}{3}V_{P_1} + \frac{1}{3}V_{F_1} + \frac{1}{3}V_{P_2}$ 来估算环境方差,结果会更加准确,因为它提供的信息量比较大。

(二)狭义遗传力的估算方法

由于狭义遗传力是从总的遗传方差中取其固定遗传的部分(即加性方差)所占表型方差的百分比,因而在估算中必须把遗传方差中的加性方差和显性方差区别开来。从基因作用来分析,遗传方差可分解为加性方差、显性方差和上位性方差三部分。加性方差是由基因的累加效应产生的,它能稳定地遗传,用 V_A 表示。显性方差是由等位基因之间相互作用而产生的,在一个杂合群体中,随着纯合体的增加显性方差会逐渐减少,因而它是不能稳定地遗传的,用 V_D 表示。非等位基因之间互作产生的上位性方差 V_I,由于其机理目前尚不太清楚,因而上位性方差难以估算。所以真正能代表稳定遗传变异的只有加性方差。狭义遗传力的估算方法很多,这里仅介绍较为常用的几种估算遗传力的原理和方法。

1. 利用回交自交群体的方差分析来估算

根据前面的推算可知,自交 F_2 代群体的基因型方差为 $V_{G(F_2)} = \frac{1}{2}V_A + \frac{1}{4}V_D$,环境方差为 $V_E = \frac{1}{3}V_{P_1} + \frac{1}{3}V_{F_1} + \frac{1}{3}V_{P_2}$,$F_2$ 代群体的表型方差为 $V_P = \frac{1}{2}V_A + \frac{1}{4}V_D + V_E$。

在实际估算时,如果用 F_1 代分别与两个亲本回交,得到两个回交子代群体 BC_1 和 BC_2,回交子代群体的方差中也包含一定比例的加性方差、显性方差和环境方差。回交一代的基因型方差之和是 $V_{G(BC_1)} + V_{G(BC_2)} = \frac{1}{2}V_A + \frac{1}{2}V_D$,$F_2$ 代的表型方差为 $V_{P(BC)} = \frac{1}{2}V_A + \frac{1}{2}V_D + V_E$。

进一步的分析和推导得到 $V_A = 2V_{F_2} - (V_{BC_1} + V_{BC_2})$,因此,可以利用 F_2 代方差和 BC_1、BC_2 的方差估算狭义遗传力。由此,加性方差占 F_2 表型方差的比率为狭义遗传力,其估算公式为

$$h_N^2 = \frac{2V_{F_2} - (V_{BC_1} + V_{BC_2})}{V_{F_2}} \times 100\%$$

例如,小麦抽穗期的遗传分析,已知 $V_{F_2} = 40.35$,$V_{BC_1} = 17.35$,$V_{BC_2} = 34.29$,可知

$$h_N^2 = \frac{2V_{F_2} - (V_{BC_1} + V_{BC_2})}{V_{F_2}} \times 100\% = \frac{2 \times 40.35 - (17.35 + 34.29)}{40.35} \times 100\% = 72\%$$

用这种方法估算狭义遗传力方法比较简便,只要根据 F_2 代及两个回交子代的表型方差就可以估计出群体的狭义遗传力,不需要用不分离的群体估计环境方差。该法特别适用于异花授粉作物。但是,回交的工作量比较大。当控制性状的基因之间存在连锁和互作时,不能拆分上位性方差,可能使狭义遗传力估计值偏大,甚至大于广义遗传力。

2. 利用亲、子代回归关系估算

亲、子代之间的相似程度,本身就是遗传力的概念。因此,用子代对亲代的直线回归系数可以表示亲代把性状固定地传递给子代所占的比例。

1）利用杂种后代协方差估算

一般用 F_2 代个体效应值与 F_3 代系统平均效应值估算,具体见表 9-4。此外,也可用 F_3 代与 F_4 代或 F_4 代与 F_5 代,只要有一套亲本和一套后代群体即可估算。这种估算方法适用于自花授粉作物或异花授粉作物自交系的杂种后代。

表 9-4 大白菜 F_2 代单株高度与 F_3 代系统平均高度

F_2 代单株高度(X)	F_3 代系统平均值(Y)
102	88.33
94	74.0
92	79.0
95	80.11
101	89.0
104	90.78
90	81.33
76	69.22
92	80.33
平均值 94	81.37

$$h_N^2 = \frac{\mathrm{COV}_{F_3/F_2}}{V_{F_2}} \times 100\%$$

式中:COV_{F_3/F_2} 为 F_2 代个体效应值与 F_3 代系统平均值的协方差(COV);V_{F_2} 为 F_2 代的方差。

2）利用中亲值与后代平均值的回归估算

对果树和马铃薯等无性繁殖作物,可用双亲的中亲值与后代的平均值估算。用中亲值与后代平均值的回归估算无性繁殖作物的狭义遗传力的公式如下:

$$h_N^2 = \frac{\sum (x - \bar{x})(y - \bar{y})}{\sum (x - \bar{x})^2} \times 100\%$$

其中:$\bar{x}$ 为两个亲本的平均值,即中亲值;$\bar{y}$ 为相应杂交组合后代群体的平均值。

3）利用单亲与后代平均值的回归估算

此法与中亲值估算遗传力的方法和适用范围相同。$\bar{x}$ 为单亲的个体表型值,$\bar{y}$ 为相应的后代群体平均值。由于单亲只贡献出一半配子给后代群体,所以其计算公式如下:

$$h_N^2 = 2 \times \frac{\sum (x - \bar{x})(y - \bar{y})}{\sum (x - \bar{x})^2} \times 100\%$$

4）利用世代间相关系数法估算

当利用世代间回归分析法时,如果亲、子代变幅较大,估算值将偏高或偏低,有时遗传力大于 1,而遗传力最高只能是 1,所以在这种情况下,可用相关系数估算,其计算公式如下:

$$h_N^2 = r \times 100\% = \frac{\mathrm{COV}_{F_3/F_2}}{\sqrt{V_{F_2} \times V_{F_3}}} \times 100\%$$

由于环境有所改变,遗传力的大小也就不相同,由于选择基因有所固定,基因频率会发生改变,V_A 会逐年变小,世代更长,同一性状遗传力的数值可能有些不可靠。但经验证明,一般在 5～10 代范围内,遗传力的参考值没有太大的变化。事实也证明,即使在不同群体中,如果动植物群体的历史和环境条件没有特殊情况或很大的差别,遗传力的参考值也可以在不同的育种场之间暂时借用,因而这个遗传参数仍然有很大的普遍性。

三、遗传力的应用

遗传力的重要意义之一,就在于它能反映群体内数量性状的遗传变异情况,从而可以判断某数量性状遗传给下一代时,环境因素影响的程度。这样,在下一代中进行选择时,可以判断选择效果的好坏。研究遗传力对确定育种群体大小、制订正确的选择方法,以及预测选择进度等都有重要作用和应用价值。

性状的表现(表型)是基因型和环境共同作用的结果,但对某一具体性状而言,了解它的遗传作用和环境影响在其表型中各占多大的比重,对于育种人员关系极大。从遗传力的高低,可以估计该性状在后代群体中的大致概率分布,因而能确定育种群体的规模,提高育种的效率。随着性状的不同,遗传力的变化很大,有些性状的遗传力很高,有的则很低。一般情况下,遗传力高的性状,因表型与基因型相关程度大,在育种中采用系谱法及混合选择法的效果相似,在杂种的早期世代选择,收效比较显著;而遗传力较低的性状,根据公式可以看出表型不易代表其基因型,因加性方差小时,育种效率低,所以要用系谱法或近交进行后代测定,才能决定取舍,在杂种后期世代选择时才能收到较好的效果。在杂交育种时,使饲养方式或栽培条件一致从而降低环境变异,可以加速育种的进度。当显性方差高时,可利用自交系间杂种 F_1 代优势;当互作效应高时,应注重系间差异的选择,以固定 V_I 产生的效应;当基因型与环境交互作用大时,说明某些基因型在某些地区表现好,而另一些基因型在另一些地区表现好,这样,在育种上就要注意在不同地区推广具有不同基因的品种,以发挥品种区域化的效果。

自从遗传力概念提出后,各国育种工作者对不同植物(如小麦、水稻、大豆、牧草等)和动物都进行了测验和估算,认为它对杂种后代群体的选择有指导意义。我国育种工作者从 20 世纪 60 年代以来,对遗传力的概念进行了介绍,并应用于水稻、小麦、棉花、谷子、粟、高粱、大豆、花生和蚕桑等方面,取得了一定的效果。

目前,根据多数试验结果,对遗传力在育种上的应用,总结了如下几项规律。

① 变异系数小的性状遗传力高,变异系数大的性状遗传力低;受环境影响小的性状遗传力比较高,反之则较低。

② 与自然适应性无关的性状遗传力较高(如株高等),反之则较低,如产量性状等(表9-2)。在作物中,一般认为遗传力高的性状有株高、抽穗期、开花期、成熟期、每荚粒数、油分、蛋白质含量和棉纤维的灰分等性状。这类性状进行早期的个体选择有效。千粒重、抗倒伏、分枝数、主茎节数和每穗粒数等性状具有中等的遗传力。空壳率、穗数、果穗长度、株粒数、每行粒数、每株荚数以及产量等性状的遗传力较低。对于这类性状,一般在晚代才进行个体的表型选择。

③ 质量性状一般比数量性状有较高的遗传力。

④ 杂交亲本组合不同会影响遗传力,相对性状差距大的两个亲本的杂交后代,一般遗传力较高,反之则低。

⑤ 亲本生长发育正常,对环境的反应不敏感的性状,遗传力一般较高,对环境敏感的性状遗传力较低。变异系数小的性状遗传力高,变异系数较大的性状遗传力则一般较低。

⑥ 遗传力并不是一个固定数值,在自花授粉作物中或异花授粉作物的小群体中,由于显性作用会随着世代的递增而减少,遗传力则因杂种世代的递增而有逐渐升高的趋势。

⑦ 遗传力是一个相对数值,亲本材料、环境条件、群体大小和估算方法等不同,都会影响遗传力的估算值。遗传力不是某个个体的特性,而是群体的特性,是个体所处的环境的特性。例如小麦穗长的遗传力是 60%。这并不意味着某一个穗长的 60% 是由遗传控制的,40% 是环境影响的结果,而是指小麦群体穗长的总变异中,其中遗传因素占到 60%,环境因素占 40%。表 9-5 为几种主要作物遗传力的估算资料。

表 9-5 几种主要作物遗传力的估算资料 单位:%

	籽粒产量	株高	穗数	穗长	每穗粒数	千粒重
水稻		52.6~85.9	10~84	57.2~69.1	55.6~75.7	83.7~90.7
小麦		51.0~68.6	12.0~27.2	60.0~78.9	40.3~42.6	36.3~67.1
大麦	43.9~50.7	44.4~74.6	23.6~29.5			21.2~38.5
玉米	15.5~29	42.6~70.1		13.4~17.3		

了解遗传变异和环境条件影响的相互关系,可以提高选种工作的效率,增加对杂种后代性状表现的预见性。首先,对于杂种后代进行选样时,根据某些性状遗传力的大小,就容易从表型鉴别不同的基因型,从而较快地选育出优良的新类型。其次,根据大量的研究可知,有些性状,尤其是产量等经济性状都是典型的数量性状,且遗传力很低,但是,若这些性状与某些遗传力高的简单性状密切相关,则可以用这些简单性状作为指标进行间接选择,以提高选择的效果。例如,大豆产量的遗传力很低,而籽粒重、开花期、生育期、株高、结实期长短的遗传力较高,且这些性状与产量有很高的相关性,所以,可以根据这些性状的表现来提高产量选择的效果。

遗传力在应用上还存在一些问题。

① 在不同试验中求得的遗传力差异较大。

② 遗传力不能进行显著性测定。

③ 遗传力是一个百分数,代表性不强。

所以,对遗传力应理解为对某一特定群体某性状在特定条件下的估计量,因而对特定育种群体根据性状的遗传力进行选择研究,对提高育种效果有重要作用。虽然遗传力是一个相对值,又不能进行显著性测定,但某一特定性状的遗传力有一个相对稳定的变化幅度。因此,仍然可以从中区别性状的遗传力高低,进而指导品种选育工作。

第四节　近亲繁殖和杂种优势

从遗传性差异的程度来说,近亲交配和远交之间并没有绝对的界限。由于动植物原有交配方式的不同,近交和杂交的遗传学效应有显著的差异。近交可以使原来杂交的生物增加纯合性,从而提高遗传稳定性,但是往往伴随严重的近交衰退现象。杂交可以使自交的动植物增加杂合性,出现杂种优势,但杂种优势很难用有性繁殖方法固定下来。所以在动植物的改良上,往往交互使用近交和杂交,互相取长补短。大多数动植物的繁殖方式是有性繁殖,由于亲本来源和交配方式不同,它们的后代遗传动态有着明显的差异。孟德尔遗传定律被发现以后,近亲繁殖和杂种优势一直是遗传学研究的一个重要方面。

一、近亲繁殖的遗传效应

（一）近亲繁殖的概念

近亲繁殖（inbreeding）也称近亲交配，简称近交，是指血统或亲缘关系相近的雌雄个体交配，或指基因型相同或相近的两个个体间的交配。相同基因型之间的交配称为同型交配，近亲繁殖是完全的或不完全的同型交配，其完全的程度与近交程度密切相关。近亲繁殖中按照亲缘关系的远近程度一般可分为全同胞（双亲相同的后代）、半同胞（有一个亲本相同的后代）、表兄妹（各自的亲本之一是全同胞）和回交等交配方式，其中自交是近亲繁殖中最极端的方式。植物的自花授粉（雌雄同株或雌雄同花）和少数自体受精动物的受精称为自交。近亲繁殖的程度，用近交系数（F）来度量，它是指个体的某个基因位点上两个等位基因来源于共同祖先某个基因的概率。杂交则是指亲缘关系较远的个体的随机相互交配，也称为远交或异型交配。根据亲缘关系的远近，可把一些交配方式图示如下（图 9-3）。

自交（自体受精或自花授粉）

回交（父女或母子交配）

全同胞交配（同父母的兄妹交配）

半同胞交配（同父或同母的兄妹交配）

表兄妹交配

品种内交配

品种间交配

远缘杂交（种间或亲缘关系更远个体间的杂交）

图 9-3　生物的交配方式

如图 9-3 所示，以品种内交配为起点，愈上则亲缘关系愈近，属于近亲繁殖，愈下则亲缘关系愈远，属于异交，而以远缘杂交为极点。本来是杂交繁殖的生物，让其进行自交，随着纯合度的增加，机体的生活力不断下降，近交的一个最重要的遗传效应就是近交衰退，产量和品质下降，甚至出现畸形性状，因为近亲来自共同的祖先，因而许多基因是相同的，这样就必然导致等位基因的纯合而增加隐性有害性状表现的机会。已有大量的动植物育种资料证明了这种衰退现象，几个世纪以前，人类就意识到近亲婚配的严重后果。

植物群体或个体近亲交配的程度，常是根据天然杂交率的高低划分的，一般可分为自花授粉植物、常异花授粉植物和异花授粉植物三种类型。栽培作物中约有 1/3 是自花授粉植物，如小麦、水稻、大豆等，不过它们也不是绝对自交繁殖，由于遗传基础和环境条件的影响，常发生少量的天然杂交（1%～4%）。常异花授粉植物，如棉花、高粱等，其天然杂交率较高（5%～20%）。自花授粉和常异花授粉植物绝大多数是雌雄同花，在自然状态下大多能够实现自交繁殖。大多数雌雄同花的显花植物以色彩、香气、花蜜等引诱昆虫，或雌雄蕊成熟期不同等，以保证异花授粉。还有一些生物采用自交不亲和性来避免近亲繁殖产生的衰退，如在烟草及报春花等植物自交不亲和的植物中，是通过多个复等位基因控制有性繁殖过程中的亲和性的，异花授粉植物天然杂交率高(20%～50%),如玉米、白菜型油菜等,在自然状态下是自由传粉的。

（二）自交的遗传效应

纯合体自交得到的仍然是纯合体,杂合体通过自交或近亲繁殖,其后代群体将表现以下几方面的遗传效应。

1. 杂合体通过自交可以导致后代基因的分离,将使后代群体中的遗传组成迅速趋于纯合化

以一对基因 Aa 为例,在从 $AA×aa$ 得到 F_1 代时,Aa 杂合体占 100%,F_1 代自交产生 F_2 代,F_2 代基因型的分离比例为 $1/4AA$∶$2/4Aa$∶$1/4aa$,其中纯合体(AA,aa)占 $1/2$,杂合体(Aa)也占 $1/2$,比例比 F_1 代时减少了 $1/2$。F_2 代自交,纯合体 AA 和 aa 个体只产生纯合的后代,之后再不会发生分离,而杂合体 Aa 又产生一半纯合体和一半杂合体。杂合体的比例又比 F_2 代时减少了一半。可见,每自交一代,杂合体的比例就减少 $1/2$,纯合体就增加 $1/2$。照此分析,如果这样连续自交 r 代,结果如表 9-6 所示,其中后代群体中杂合子比例按 $\left(\dfrac{1}{2}\right)^r$ 通式,会随着自交代数的增加而逐渐减少,其极限值为零,纯合体将按 $1-\left(\dfrac{1}{2}\right)^r$ 的通式,随着自交代数的增加而逐渐增加,极限值为 100%,使自交群体的遗传组成趋于纯合化。但从理论上推论,不管自交多少代,在群体中都会含有少量的 Aa 个体,也就是说,一个由杂合子 Aa 产生的群体,如果不经过选择,即使无限制地自交下去,也不可能变成绝对纯的 AA 或 aa 纯合群体。表 9-6 为一对杂合基因连续自交的后代基因型分离比例的变化情况。

表 9-6　一对杂合基因(Aa)连续自交的后代基因型比例的变化

世代	自交代数	基因型的比数	杂合体(Aa)		纯合体($AA+aa$)	
			比数	百分率	比数	百分率
F_1	0	Aa	1	100%	0	0
F_2	1	$1/4AA$　$1/2Aa$　$1/4aa$	$1/2$	$1/2^1=50\%$	$1/2$	$1-1/2^1=50\%$
F_3	2	$3/8AA$　$1/4Aa$　$3/8aa$	$1/4$	$1/2^2=25\%$	$3/4$	$1-1/2^2=75\%$
F_4	3	$7/16AA$　$1/8Aa$　$7/16aa$	$1/8$	$1/2^3=12.5\%$	$7/8$	$1-1/2^3=87.5\%$
F_5	4	$15/32AA$　$1/16Aa$　$15/32aa$	$1/16$	$1/2^4=6.25\%$	$15/16$	$1-1/2^4=93.75\%$
⋮	⋮		⋮	⋮	⋮	⋮
F_{r+1}	r		$(1/2)^r$	$1/2^r→0$		$1-1/2^r→100\%$

在纯合体中,某种纯合基因,如 AA 个体所占比例应为 $\dfrac{1}{2}×\left[1-\left(\dfrac{1}{2}\right)^r\right]$,随着 r 的增加,$\left(\dfrac{1}{2}\right)^r$ 趋于无穷小,同理,$1-\left(\dfrac{1}{2}\right)^r$ 也趋于 1。至于纯合体增加的速度和强度,则与所涉及的等位基因对数、自交代数和是否严格选择具有密切的关系。纯合体所占的百分率可表示为

$$纯合体所占的百分率=\left[1-\left(\frac{1}{2}\right)^r\right]^n=\left(1-\frac{1}{2^r}\right)^n×100\%=\left(\frac{2^r-1}{2^r}\right)^n×100\%$$

式中:r 是分离世代(第一分离世代是 F_2,这时 $r=1$);n 是杂型合子中等位基因的对数。杂合体在同一自交世代中,等位基因对数越少,纯合子所占的比例越大,等位基因对数越多,纯合子所占的比例则越小。

例如,8 对基因杂合体自交 6 代以后,纯合体的比例为

$$纯合体所占的百分率 = \left(\frac{2^6-1}{2^6}\right)^8 \times 100\% = 88.16\%$$

图 9-4 所示表明了 1、5、10 和 15 对杂合基因自交 1~10 代纯合体在群体中所占比例的变化情况。从图中可以看出,随着杂合基因对数的增加,纯合率增加的速度越来越慢。

Wright 等人曾经计算了各种不同的近交系统的各相继世代的纯合率,如图 9-5 所示,自花授粉产生纯合性最为迅速。在产生纯合性的速度上同胞交配不如自花授粉那样有效。从表面上来看,似乎不论哪一种近交系统,只要持续下去,最终杂合基因型都将趋于纯合。如果在大群体中,而且亲缘关系不比嫡表亲更近的个体间进行这样的交配,则并不会发生趋于纯合的情况。例如,半嫡表亲间的交配在经过了无数代之后,纯合率仅从 50% 提高到 52%,而在表亲间的交配最终也只能从 50% 提高到 51%。

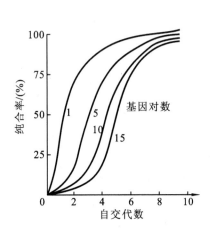

图 9-4　杂种所涉及的基因对数与自交后代纯合率的动态曲线

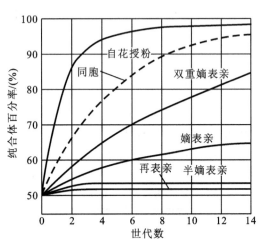

图 9-5　各种不同的近亲交配系统在相继世代里的纯合体百分率曲线

纯合体在遗传上是稳定的,杂合体在遗传上是不稳定的。自交使得基因型不断得到纯合,从而使遗传性状的表现稳定一致。所以,自交和近交对于农作物品种的保纯和物种的稳定性都具有重要的意义。在遗传研究和育种工作中很强调自交或近亲繁殖。这是因为只有在自交或近亲繁殖的前提下,才能使供试材料具有纯合的遗传组成,从而才能更确切地分析和比较其杂种后代的遗传差异,研究性状的遗传规律,更有效地开展育种工作。

2. 改良群体遗传组成

杂合体通过自交能够导致等位基因纯合,使隐性性状得以表现出来,从而可以淘汰有害的隐性个体,改良群体遗传组成。

近交的一个重要的遗传效应就是近交衰退,表现为近交后代的生活力下降、适应能力减弱、抗逆性降低或者出现一些畸形性状。这是因为在异交物种中,在杂合状态下,隐性基因常被显性基因掩盖而不能表现出来。在自花授粉植物中,由于长期自交,有害的隐性基因已被自然选择和人工选择所淘汰,后代中很少出现隐性有害性状,不会因为近交而使生活力显著降低。但是,异花授粉植物的杂合体,有害隐性基因常被显性的等位基因掩盖而不能表现。若要强制自交或近交,提高隐性基因纯合的机会,就可以使得这些隐形基因暴露出来,使隐性性状得以表现。因为隐性性状对生物一般是不利的,所以自交往往会使生物的生活力降低,甚至产

生畸形或死亡,如玉米后代自交出现白苗、黄苗、花苗、矮生等畸形性状,引起后代的严重衰退,通过对畸形植株的淘汰,控制畸形性状的隐性基因也随之清除了,但是,如果继续加以人工选择,可培育出优良的自交系。

3. 选择纯合体

杂合体通过自交可使遗传性状重组和稳定,可使同一群体内出现多个不同组合的纯合体或纯系。

近交虽然会出现近交衰退现象,但是近交也有有利的一面。农作物中,自花授粉的很多,如水稻、小麦、豌豆、马铃薯和烟草等。杂合体通过自交遗传性状分离和重组,使同一群体内出现多个不同纯合基因型。例如一对基因的杂合体 Aa,可以形成 AA 和 aa 两种纯系,两对基因的杂合体 $AaBb$ 可以形成 $AABB$、$AAbb$、$aaBB$、$aabb$ 四种纯合基因型,表现四种不同的性状,而且逐代趋于稳定,这对于品种的保纯和物种的相对稳定性都具有重要意义,如果有 n 对基因杂合,就能形成 2^n 种纯系,杂合的基因对数越多,通过自交形成的纯系类型就越丰富,为优良纯系的选择提供了可能。

自花授粉需要的花粉量少,在恶劣的条件下比异花授粉更有利于繁殖后代。所以,在自然选择作用下,保留了一些自花授粉的植物,并且在长期的进化过程中逐渐消除了自交的不利影响,成为具有较强生活力和适应能力的稳定类型。

4. 自交群体中的基因频率并没有改变

每代自交群体中 A,a 基因频率永远为 $p=q=1/2$。因此,自交系统本身并不改变基因频率,但是改变了群体的合子比率,杂合体迅速减少,以致趋向于零,最后,纯合体的频率分别等于它们相应的基因频率。在同一物种内,不同群体间的差别主要是基因频率的差异,差别愈大的群体间杂交所产生的杂种优势愈大。

5. 近交加选择是提高杂种优势的重要手段

近交加选择较快地加大了群体间基因频率的差异,因而也成为提高杂种优势的有力手段。通过人工选择可保留理想的纯合体。例如,玉米自交系间杂种优势比品种间杂种优势高,就是因为自交系是通过连续自交和选择而具有纯合基因型的,只有在双亲基因型纯合程度都很高时,F_1 群体的基因型才具有整齐一致的异质性,不会出现分离混杂,这样才能表现明显的优势。

(三)回交的遗传效应

回交是指杂种后代与其两个亲本之一再次交配。例如,A×B→F_1,F_1×B→BC_1,BC_1×B→BC_2,…或 F_1×A→BC_1,BC_1×A→BC_2,…。BC_1 表示回交一代,BC_2 表示回交二代,以此类推。被用来连续回交的亲本,称为轮回亲本;相对未被用来回交的亲本,称为非轮回亲本。回交与自交类似,如连续多代进行,其后代群体的基因型也将趋于纯合。但是,回交与自交在基因型纯合的内容和进度上有重大的差别。

1. 回交后代的基因型总是趋近于轮回亲本

回交也是近交的一种形式。回交在遗传学研究和育种上都是常用的方法。设两亲本的基因型为 AA、aa,杂交后,F_1 代为 Aa,则回交后代的遗传组成如表9-7和图9-6所示。在 F_1 代的遗传组成中,双亲各占 1/2,在 BC_1 中,轮回亲本的成分共有 3/4,在 BC_2 中,轮回亲本的成分增加到 7/8,连续回交下去,纯合体仍形成纯合体,而杂合体又产生 1/2 纯合体的后代和 1/2 杂合体的后代;如果轮回亲本在杂交和每次回交中均作为父本,每回交一次,将使后代增加轮回亲本的 1/2 的基因组成;由于受精卵的细胞质主要来自母细胞,这样多次连续回交后,其后代的细胞质中的遗传物质仍然是非轮回亲本的,而细胞核中的遗传物质几乎都成了轮回亲本的,这就称为核代换(图9-6)。

表9-7　回交后代的遗传组成

世代	交配方式	基因型频率	
		AA	Aa
P	$AA \times aa$		
F_1	$Aa \times AA$		
BC_1	$(1/2AA+1/2Aa) \times AA$	1/2	1/2
BC_2	$(3/4AA+1/4Aa) \times AA$	3/4	1/4
BC_3	$(7/8AA+1/8Aa) \times AA$	7/8	1/8
BC_4	$(15/16AA+1/16Aa) \times AA$	15/16	1/16
⋮		⋮	⋮
BC_r		$1-(1/2)^r$	$(1/2)^r$

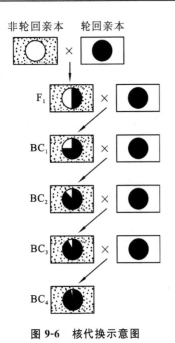

图9-6　核代换示意图

2. 回交导致基因型纯合的进度快

利用隐性亲本和 F_1 代回交,可以测定 F_1 代产生的配子的种类和比例。而为了保留轮回亲本的优良性状,同时又需要从非轮回亲本中得到少数或个别有用基因,则可以通过连续多代回交使其增加轮回亲本的基因成分,减少非轮回亲本的基因成分,从而向轮回亲本中定向地导入非轮回亲本的个别基因或染色体区段,实现基因型的定向纯合。

回交后代中,纯合体所占的比例仍然可以用公式:纯合体所占的比例 $= \left(\dfrac{2^r-1}{2^r}\right)^n \times 100\%$ 计算,但回交后代的纯合是定向的,它只有一种基因型,纯合体所占的比例就是这种基因型的纯合率;回交 r 代杂合体和纯合体频率表现见表9-8。

从表9-8中也可看到,虽然在回交中群体内纯合率的增高也随着杂合基因对数增加而变得缓慢,但是,轮回亲本的基因频率在群体内的增加速度与包含的杂合基因对数无关,回交到 r 代后,轮回亲本基因频率是 $\dfrac{2^{r+1}-1}{2^{r+1}}$ 。可以看出,在轮回条件下,子代基因型的纯合是定向的,回交后代的基因型纯合将严格受其轮回亲本的控制,但在自交的情况下,子代基因型的纯合是不定向的,将出现多种多样的组合形式。因此,自交子代基因型的纯合方向是无法预先控制的,只有等到基因已经纯合之后才能加以选择,而回交子代的基因型,在选定轮回亲本的同时,就已经确定了。因而在基因型纯合的进度上,如果是 n 对基因的杂合体自交,后代中某一种纯合体只占纯合体总数的 $\left(\dfrac{1}{2}\right)^n$,自交 r 代后,某一种纯合体在群体中所占的比例仅为

$\left(\dfrac{2^{r}-1}{2^{r}}\right)^{n} \times \left(\dfrac{1}{2}\right)^{n}$，显然这种基因的纯合率比回交的低，回交对于某种基因型的纯合进度要比自交快得多。一般来说，连续回交的过程都会伴随着人工选择，保留非轮回亲本的某些目标性状，否则回交就失去了意义。

表 9-8　2 对杂合基因的回交遗传效应

AABB	$\times aabb$	杂合体	纯合体	轮回亲本基因频率
F_1　$AaBb$	$\times aabb$	1	0	1/2
BC_1　$AaBb$				
$Aabb$				
$aaBb$	$\times aabb$	3/4	1/4	3/4
$aabb$				
BC_2　$1AaBb\ 2Aabb\ 2aaBb\ 4aabb$				
$1aaBb\ 2aabb\ 2aaBb$				
$1aaBb$	$\times aabb$	7/16	9/16	7/8
$1aabb$				
BC_3　$1AaBb\ 6Aabb\ 6aaBb\ 36aabb$				
$1aaBb\ 6aabb\ 6aaBb$				
$1aaBb$		15/64	49/64	15/16
$1aabb$				
经 r 代回交，有 n 对杂合基因		$1-\left(\dfrac{2^{r}-1}{2^{r}}\right)^{n}$	$\left(\dfrac{2^{r}-1}{2^{r}}\right)^{n}$	$\dfrac{2^{r+1}-1}{2^{r+1}}$

回交在育种工作中具有重要意义。要想改良某一优良品种的一个或两个缺点，或把野生植物的抗病、抗旱、抗灾、多粒等性状转移给栽培品种时和转育雄性不育时，回交是不可缺少的育种措施。

二、杂种优势

杂种优势是生物界普遍存在的现象，从最高等的生物人到低等的生物真菌，凡是进行正常有性生殖的生物，都可见到杂种优势现象，产生杂种优势的性状多是数量性状，某个性状的杂种优势大小，可以用 F_1 代的平均值超过双亲平均值的百分比来衡量。但并不是任何两个亲本杂交产生的杂种或者杂种的所有性状都表现优势。有些杂种与亲本水平相当，无明显的优势；有些不但没有优势，甚至还表现劣势，如高粱的产量性状优势很大，而品种性状却表现劣势。因此杂种优势也是一种很复杂的生物学现象。杂种优势的大小与诸多因素有关。一般来说，异花授粉植物如玉米要比常异花授粉植物如棉花和自花授粉植物如小麦的杂种优势强。从实际利用的观点来看，如果 F_1 代只是优于双亲的平均值，则没有多少利用价值，只有 F_1 代的平均值优于双亲中高值亲本的平均值才有利用价值。

（一）杂种优势的表现

1. 基本概念

杂种优势是 1911 年由 Shull 首先提出来的概念，是指两个遗传组成不同的亲本杂交产生的杂种第一代，在生长势、生活力、繁殖力、抗逆性、产量和品质上优越于双亲的现象。杂种优势是生物界的普遍现象，杂种优势所涉及的性状大都为数量性状，故必须以具体的数值来衡量和表示其优势表现的程度。就某一性状而言，通常以 F_1 代超过双亲平均数即中亲值的百分率来表示其优势程度，称为中亲优势。F_1 代超过双亲中最优亲本的杂种优势，称为超亲优势。

$$中亲优势 = \frac{F_1 - MP}{MP} \times 100\%, \quad 超亲优势 = \frac{F_1 - HP}{HP} \times 100\%$$

其中 MP 为中亲值，HP 为较好亲本。

杂种优势的表现是多方面的，Gustafsson(1951)根据杂种表现性状的性质，把杂种优势分为三种基本类型：第一种，体质型，杂种营养器官的发育较好，如茎叶发育快、产量高；第二种，生殖型，杂种繁殖器官发育较好，如结实率高、种子和果实的产量高；第三种，适应型，杂种具有较高的活力，适应性和竞争能力强。

2. 杂种优势表现的基本特点

① 杂种优势往往都表现出较强的代谢功能和生活力，所以一般不是一两个性状单独表现突出，而是许多性状的综合表现。例如体型增大、产量增加、抗逆性增强、器官发达，或者生殖力和生存率提高等，往往在几个方面同时表现出来。许多禾谷类作物的杂种一代，在产量利用质上表现为穗多、穗大、粒多、粒大、蛋白质含量高等，生长势上表现为株高、茎粗、叶大、干物质积累快等，在抗逆性上表现为抗病、抗虫、抗寒、抗旱。

② 杂种优势的大小往往取决于双亲之间遗传的差异和性状的互补程度。在一定范围内，双亲的亲缘关系远、遗传差异大、生态类型和生理差异大，双亲间性状的优缺点能彼此互补的，一般杂种优势较显著，反之，优势就很弱。如原产我国的高粱品种与原产西非或南非的高粱品种间的杂种，其优势一般高于同一地区原产的品种间杂交；玉米马齿型与硬粒型自交系间杂交比同类型自交系间杂交表现出较强的优势。

③ 杂种优势的大小与双亲基因型的纯合程度密切相关。杂种优势一般是对于群体而言的，只有双亲基因型高度纯合，F_1 代杂种群体的基因型才能整齐一致、高度杂合，不会出现分离，才能有明显的杂种优势。如果亲本基因型不纯，产生的具有最强杂种优势基因型的个体在 F_1 代群体中占一部分，则整个群体的杂种优势就会降低。如玉米自交系间杂种优势比品种间杂种优势高，在环境适宜的条件下种植比在不适宜的环境条件下优势大。如果具有强杂种优势的 F_1 代自交，根据遗传的基本规律，F_2 代群体内必出现性状分离和重组，在 F_2 代群体中，具有强杂种优势基因型的个体也只有一部分。因此，F_2 代和 F_1 代相比，其生长势、生活力、抗逆性和产量等方面都显著地下降，这在杂种优势的利用中称为 F_2 代的衰退现象，并且 F_1 代优势愈大，则其 F_2 代衰退现象愈加明显。所以在有性繁殖生物杂种优势的利用中，一般只利用 F_1 代。

④ 杂种优势的大小与环境条件密切相关。

在任何情况下，生物的表型都是遗传基础与环境条件相互作用的结果，不同的环境条件对于杂种优势的表现程度有很大的影响。有些杂种，在甲地具有强大的杂种优势，而在乙地优势却并不明显；在同一地区，土壤肥力水平和管理水平不同，杂种优势表现的程度也会有很大的差别。但是,一般来说,在同样不良的环境条件下,杂种比其双亲总是有较强的适应能力。

(二) 杂种优势的遗传理论

人类很早就知道杂种优势,而且现在已经广泛利用杂种优势,关于杂种为什么会有优势的问题,学者们曾提出了多种假说。但迄今为止,还没有任何一个理论能够有足够的证据解释所有的杂种优势现象,杂种优势的遗传机理仍然是科学界的一大难题。目前主要有两种解释:"显性假说"和"超显性假说"。近期,人们探讨了杂种优势的遗传学基础,并利用现代分子遗传学理论和技术,对杂种优势进行了研究。

1. 显性假说

显性假说首先由布鲁斯(Bruce)等人 1910 年提出,后经补充和修改完善而成,其基本论点如下。

① 杂种优势是由于双亲显性基因全部聚集在杂种中而产生的互补作用,有利显性基因积累得越多,杂种优势越明显。

由于在生物的基因库中存在不少隐性有害基因或不利基因,它们不同程度地影响生物体的生活力、繁殖力、抗病性等,在数量性状上表现为表型值低于显性的等位基因,这些不利作用可以在杂合体中由于显性等位基因的存在而被不同程度消除。

例如,两个豌豆品种株高都是 $45 \sim 52$ cm,但其中一个品种是节多而节间短,另一个品种是节少而节间长,它们杂交的 F_1 代,由于聚集了双亲节多和节间长的显性基因,株高达 $57 \sim 68$ cm,表现出明显的杂种优势。

② 杂交亲本的有利性状大都由多基因连锁群中的显性基因控制,有害性状一般是由隐性基因控制,等位基因中不利隐性基因的作用能被有利显性基因所抑制,有缺陷的基因能被正常基因所补偿,即显性基因的互补作用。

一对杂合的基因与一对纯合的显性基因产生的遗传效果是相同的。在长期的自然选择过程中,多数有害性状已经被淘汰了,但是有些有害基因与显性有利基因连锁,不易被选择所淘汰。

③ 如果选用不同的自交系进行杂交,那么由一个亲本带入子代杂合体中的某些隐性基因会被另一亲本的显性等位基因所遮盖,决定数量性状的微效多基因之间具有累加作用,杂合体就表现出比双亲更优越。

如有两个玉米自交系,假定它们有五对互为显隐性关系的基因,且位于同一染色体上,其基因型分别为 $aabbCCDDee$ 和 $AABBccddEE$,杂交 F_1 代的基因型是 $AaBbCcDdEe$,在 F_1 代杂种中,所有的隐性基因都相对地被显性基因所遮盖,不能发挥作用,同时显性的有利基因集合起来发挥综合效应,从而使 F_1 代出现明显的优势。

④ 杂合个体自交或近交会增加子代纯合子出现的机会,从而使隐性不利基因得以表现,因而造成近交衰退。

Bruce 的假说不能很好地解释杂种优势难于进一步固定的问题,1917 年 D. F. Jonse 进一步补充说明。根据显性假说,按独立分配规律,如所涉及的显隐性基因只是少数几对时,其 F_2 代的理论次数应为 $(3/4 + 1/4)^n$ 的展开,表现为偏态分布。但事实上 F_2 代一般表现为正态分布。根据显性假说,杂交后代应该可以得到具有全部显性基因的纯合体,一旦获得这种纯合体,就不会由于基因的分离而产生优势的衰退。但人们从未获得过这种纯合体。为此,琼斯又对显性假说作了补充,认为决定某些性状的基因是相当多的,必然有很多基因是连锁的,有些显性基因与隐性基因紧密连锁在一起,杂交后代要分离出完全的显性基因纯合体几乎是不可能的。

现以 2 个玉米自交系连锁群的部分基因为例说明显性假说。假定它们有 5 对基因互为显隐性的关系,分别位于 2 对染色体上。同时假设每对隐性基因(如 aa 等)对性状发育的作用值为 1,每对显性基因(如 AA 等)和杂合基因(如 Aa 等)所产生的作用值相同,都为 2。两个纯合亲本杂交产生杂种优势可以表示如下(图 9-7)。

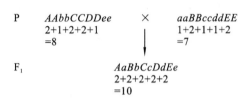

P　　$AAbbCCDDee$　　　×　　$aaBBccddEE$
　　　2+1+2+2+1　　　　　　　1+2+1+1+2
　　　=8　　　　　　　　　　　　=7

F$_1$　　　　　　　$AaBbCcDdEe$
　　　　　　　　　2+2+2+2+2
　　　　　　　　　=10

图 9-7　用显性假说解释杂种优势示意图

显性假说虽然得到了一些试验结果的直接证明,但也存在一些缺点。按照该假说的结论,如果杂种优势的大小完全取决于有利显性基因的加性效应,也就是完全符合显性假说,那么玉米自交系间产生的单交种的产量就不可能超过两个亲本的产量总和,因为杂种的有利显性基因数目不可能超过双亲有利显性基因的总和。但事实上玉米自交系间最好的单交种,其产量可以大大超过双亲产量之和,所以显性假说只考虑到等位基因的显性作用,没有指出非等位基因的相互作用,即上位性效应。另外,也没有考虑到细胞质在杂种优势表现中的作用,不能有效解释数量性状杂种优势的遗传机理。

2. 超显性假说

超显性假说也称等位基因异质结合假说,其核心要点是杂种优势来源于双亲基因型的异质结合所引起的基因间的互作,这一理论认为等位基因间不存在显隐性关系。该假说是由 Shull 和 East 于 1908 年分别提出的,1936 年 East 又作了进一步的说明。这个假说的主要观点如下。

① 杂种优势来源于双亲等位基因的异质结合以及基因间的互作效应是产生杂种优势的根本原因。产生杂种优势所涉及的等位基因之间无显隐性的关系,杂合等位基因不论是显性基因还是隐性基因,都表现出优势。在杂合体中,它们分别以不同的方式影响代谢,两者结合在一起,往往优于纯合体。

假定一对纯合等位基因 $a_1a_1b_1b_1c_1c_1d_1d_1e_1e_1$ 能支配一种代谢功能,生长量为 10 个单位。另外一对纯合等位基因 $a_2a_2b_2b_2c_2c_2d_2d_2e_2e_2$ 具有另一种代谢功能,生长量为 10 个单位,由于基因的异质结合,使 F$_1$ 代杂合体可同时支配 $a_1b_1c_1d_1e_1$ 及 $a_2b_2c_2d_2e_2$ 两种功能,其代谢强度远高于两个亲本,于是生长量超过最优亲本而达到 10 个单位以上,如果非等位基因间也存在互作,则杂种优势会有更大幅度的提高。总之,等位基因的互作,常可导致来源于双亲代谢机能的互补或生化反应能力的加强。因此杂合体的新陈代谢在强度上和广度上都比纯合体优越。

② 杂合等位基因间的相互作用比纯合等位基因间的作用大,基因异质位点越多,杂种优势越明显。

例如,2 个连锁群各受 5 对基因作用,各等位基因均无显隐性关系。同时 a_1a_1、b_1b_1 等同质等位基因对性状的贡献值为 1 个单位,而 a_1a_2、b_1b_2 等异质等位基因对性状的贡献值为 2 个单位。两纯合亲本杂交产生的杂种优势如图 9-8 所示。

由此可见,由于异质基因互作,F$_1$ 代的优势可以显著地超过双亲,而且异质位点越多,优势越明显;如果非等位基因间也存在互作,则杂种优势更能大幅度地提高。

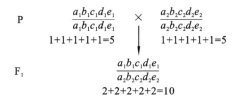

图 9-8　超显性假说解释杂种优势示意图

③杂种优势还取决于每对等位基因作用的差异程度,差异越大,F_1 代的优势越明显。

以某些质量性状的杂种优势为例,来说明 F_1 代的杂种优势。某些植物花的颜色,粉红色和白色杂交时,F_1 代表现为红色,淡红色和蓝色杂交时,F_1 代为紫色,它们的 F_2 代都分离为 1:2:1 的比例,说明它们的花色是由一对不完全显性的基因控制的,杂合体形成色素的能力比任何一个亲本都强,这也是一种超显性假说的表现。

越来越多的试验资料支持超显性假说。但是,这一假说也存在着局限,它完全排斥了等位基因间的显隐性差别,没有考虑细胞质在杂种优势中的作用,也未考虑不同基因位点之间相互作用即上位性效应。许多事实证明,杂种优势并不都是与等位基因的异质结合相一致的。例如,在自花授粉植物中,有一些杂种并不一定比其纯合亲本表现优势,甚至还有不如亲本的现象。

虽然显性假说和超显性假说都得到了许多试验结果的证实,但两者在解释杂种优势时所处的角度有所区别,这两个假说也有许多共同点,如都一致认为杂种优势来自不同基因型双亲的基因互作,自交能够导致生活力衰退,品质变劣。而杂种可使生长势恢复,杂交才能产生优势,杂种一代的优势很难或是无法固定。但显性假说认为,杂种的优势来源于非等位基因之间的互作,而超显性假说认为,杂种的优势来源于等位基因之间的互作。两种假说也都存在着不少缺点,显性假说只是强调了显性基因的作用,没有考虑到非等价基因之间的相互作用,更没有考虑到杂种优势的性状大多是数量性状,是受多基因控制的,基因效应是可以累加的,没有说明为什么一定是杂种才具有优势。超显性假说强调等位基因之间无显隐性关系也过于绝对,决定数量性状的基因,显性仍然或多或少地存在。而且,在一些自花授粉植物中,杂合体并不一定比纯合体优越,说明并不是凡异质结合都能产生优势。这两种假说在解释杂种优势现象时是相辅相成的,不是对立的。往往用显性假说难以解释的现象用超显性假说就可迎刃而解,反之亦然,所以多数学者认为,把两种假说结合起来解释复杂的杂种优势现象较为稳妥。

需要补充的是,两种假说都只注意到了双亲核基因之间的相互作用,没有考虑到母本细胞质与父本细胞核之间的相互作用。而近代的遗传研究表明,细胞质基因的作用和核、质基因的互作效应在杂种优势形成中占有重要位置,不可忽视。

此外,关于杂种优势的遗传解释,还有一些假说,如质核互补假说、遗传平衡假说、有机体的生活力假说、核质刺激假说、生物集优假说等,值得注意的是近年来人们从多个层次对主要农作物(水稻、玉米和小麦)杂种优势形成的遗传机制进行了详细的研究。一是探讨遗传差异(距离)与杂种优势的关系;二是从 DNA 水平探讨数量性状位点(QTL)杂合性和基因互作方式与杂种优势的关系;三是从 mRNA 水平探讨基因表达与杂种优势的关系;四是 DNA 甲基化和转录调控与杂种优势表现的关系。

(三)杂种优势在育种上的利用

根据杂种优势的原理,通过育种手段的改进和创新,可以使农(畜)产品获得显著增长。早在两千多年前,我国人民就利用母马和公驴杂交得到强健有力、耐役、耐粗食、抗病力强的杂种骡子,为杂种优势的利用开创了先例。如今在农业生产上,杂种优势的利用已经成为提高产量和改进品质的重要措施之一。这方面以杂种玉米的应用为最早,成绩也最显著,一般可增产20%以上。随后在水稻、高粱、甜菜、牧草、烟草、番茄、甘薯、青椒、向日葵、油菜、花卉等作物,果树、林木等多年生植物以及家蚕、家禽、猪、牛等动物的生产上,都已广泛利用杂种优势。近年来,更是积极开展了小麦、棉花等作物杂种优势的研究和利用。尤其是杂交棉因能更好地保护育种者的知识产权,种子公司更容易控制市场,农民增产增收显著,因而这些年来在我国长江流域、黄河流域以及新疆都有很大的应用规模。从20世纪70年代中期开始,我国育种工作者首创杂种水稻在生产上大面积的推广利用,收到很大增产效益,为杂种优势的应用开辟了新途径。从玉米杂种优势的利用中可以看到,亲本的纯合性、双亲的配合力以及杂交技术的简便易行,是杂种优势利用的三个重要条件。

在植物生产上利用杂种优势的方法,因植物繁殖方式和授粉方式而不同。杂种利用的方法主要有人工去雄法、两系雄性不育法、三系雄性不育法,以及近年来发展起来的化学杀雄法等。在自花授粉作物中,有些作物杂交能产生大量种子,如烟草、番茄等,用人工去雄和授粉,杂交少量的花就可得到大量的杂交种子。如甘薯、马铃薯、甘蔗等无性繁殖的作物,杂交一次,杂合的基因型可以通过无性繁殖长期保持下去,不需要年年制种,这些作物的杂种优势也得到了广泛的应用。在有性繁殖植物的杂种优势利用上,一般只能利用F_1代种子,故需年年配制杂种,较为费时费力。

因此,在杂种优势利用的过程中,不论哪种授粉方式的植物,也不论哪种杂交组合方式,都必须重视三个问题:一是亲本杂交组合的选配。因为F_1代表现的优势是各不相同的,甚至有表现劣势的,所以要预先测定杂交亲本的配合力。被利用的杂种优势一定要能显著提高生产率和单位面积的产量。二是杂交亲本的纯合性和典型性。正如以上所述,只有两个纯合亲本,其F_1代才能表现整齐一致的优势。三是杂交制种技术需要简便易行,同时种子繁殖系数要高。这样才能迅速而经济地为生产提供大量的杂交种子。

(四)杂种优势的固定

为了充分发挥杂种优势的作用,省去年年制种的麻烦,最好能将杂种优势固定下来,可使杂种优势能够在生产上通过一代制种而多代利用,这是一个值得研究的问题。目前,国内外都在研究和探索固定杂种优势的可行性,较为有效的途径如下。

1. 无性繁殖法

无性繁殖被看成是固定杂种优势最有效的途径之一。如果杂种第一代的优势很强,就可把杂种一代进行无性繁殖,除非发生细胞突变或芽变,一般不会再发生分离,采用这种方法可以把杂种优势固定下来。对于分别以块根和块茎为收获对象的农作物,如马铃薯和甘薯,利用无性繁殖固定杂种优势已取得显著成效。如今在生产上大面积推广种植的三倍体无籽西瓜,每年要用四倍体与二倍体杂交,产生三倍体种子。如果能将组织培养技术与三倍体制种相互结合,可以直接在培养基上生长出和原来一模一样的品种,直接移栽到地里,这样就不用年年制种了。对以籽粒为收获对象的高粱、水稻等,也可利用杂种的宿根进行无性繁殖来固定杂种优势。

2. 多倍体法

通过"双二倍体"法也是有效固定杂种优势的途径之一。两个品种杂交获得F_1代,将F_1代直接加倍,可使具有杂种优势的F₁代中来自双亲的全部杂合染色体加倍而使原来的每个等位基因都相同。这样杂种后代就不再发生性状分离,而成为"不分离杂种"或"永久杂种",其杂种优势可以长期保持。近代育种学已可用人工的方法(如用秋水仙素处理)诱发双二倍体,从而将其杂种优势固定下来。

3. 创造人工种子

人工种子是用组织培养方法产生胚状体,然后在胚状体外部包上人工种皮,代替生产上用的天然种子。将父母本杂交产生的F₁胚状体进行无性繁殖,即可获得遗传基础均一的大量种子。虽然目前产生人工种子还存在着许多问题,但美国已在苜蓿上试用。

习题

1. 名词解释:

数量性状、质量性状、显性假说、超显性假说、微效多基因假说、遗传力、近亲繁殖、杂种优势。

2. 区别群体的连续变异和不连续变异,各举一例加以说明。

3. 遗传力变化有何规律?如何提高变异群体的遗传力,增进选择进度?

4. 什么是广义遗传力和狭义遗传力?它们在育种实践上有何指导意义?

5. 怎样表示杂种优势的程度?杂种优势的大小与哪些因素有关?

6. 数量性状与质量性状有什么区别?

7. 如何固定杂种优势?

参考文献

[1] 李锁平.遗传学[M].开封:河南大学出版社,2010.
[2] 刘庆昌.遗传学[M].北京:科学出版社,2010.
[3] 张飞雄.普通遗传学[M].北京:中国农业出版社,2004.
[4] 卢良峰.遗传学[M].北京:中国农业出版社,2003.
[5] 王亚馥,戴灼华.遗传学[M].北京:高等教育出版社,1999.
[6] 徐耀辉.遗传学[M].武汉:华中师范大学出版社,1990.
[7] 徐晋麟,徐沁,陈淳.现代遗传学原理[M].北京:科学出版社,2011.
[8] 祝朋芳.园林植物遗传学[M].北京:化学工业出版社,2011.
[9] 贺竹梅.现代遗传学教程[M].广州:中山大学出版社,2002.
[10] 郭玉华.遗传学习题全解[M].北京:中国农业大学出版社,2008.

染色体变异

生物的染色体表现出：同一物种不同个体间染色体组型具有一致性，而亲缘关系相近物种的染色体组型具有相似性。生物的染色体组型是某一物种遗传物质的基本特性，具有相对的恒定性。但在生物界，不论是原核生物还是真核生物都发生各种可遗传变异。染色体作为遗传物质的载体，在细胞分裂过程中能够准确地自我复制、均等地分配到子细胞中，以保持染色体的形态、结构和数目的稳定。但染色体的稳定是相对的，变异是绝对的。染色体变异（chromosome variation），又叫染色体畸变（chromosome aberration），是指染色体结构和数目的改变。染色体结构改变导致了染色体的重排，染色体数目的改变包括整套染色体的增减和单条或多条染色体的增减。

第一节　断裂愈合和交换学说

各种染色体结构的改变都涉及染色体受到损伤而产生断裂和以某种方式连接。关于染色体结构尽管有一些学说，但仍存在很多问题需要解决。染色体结构的改变通常是认可由于染色体的断裂和染色体片段愈合而产生的。染色体的断裂产生了损伤的具有黏性的末端，容易与其他染色体黏性末端相连接。

染色体的断裂愈合和交换学说最早是由 Stadler(1931)、Muller(1954)及其他学者相继提出的。这个学说认为，染色体自发或者由于诱发产生断裂，然后会以三种方式存在：其一，在原来的位置按原来的方向通过修复而愈合，这种现象又叫重建；其二，染色体断裂后，与其他的染色体片段愈合，重建改变原来的结构即非重建性愈合；其三，如果染色体断裂后的片段（不含着丝点）丢失，留下游离的断裂端，即不愈合。

染色体断裂并发生再连接的最初证据是来自于 Meselson 和 Weigle 用两个 λ 噬菌体同时感染大肠杆菌的试验。λ 噬菌体的染色体末端具有标记基因 c 和 mi，一个菌株生长在同位素 ^{13}C 和 ^{14}N 中，因而形成重链。另一个菌株 c^+ 和 mi^+ 由于生长在正常的轻的同位素中，直到它们释放为止。释放出的子代噬菌体 DNA 的氯化铯密度梯度离心结果表明，在一系列的条带中，既有重链和轻链两个亲本类型的染色体，也有一系列重链与轻链发生断裂再重接的中间类型。遗传标记方面也证明了不仅具有 $c\ mi$ 和 c^+mi^+ 亲本组合，同时也有 $c\ mi^+$ 和 c^+mi 新组合（图 10-1）。由此表明染色体的基因重组的发生必定是通过 DNA 的物理断裂与重接而实现的。

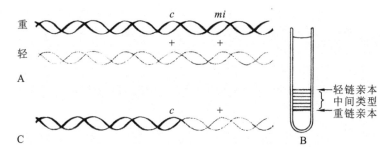

图 10-1 λ 噬菌体的染色体断裂与重接的证据

A:两个品系的 λ 噬菌体($c\,mi$,c^+mi^+)感染 E. coli。

B:氯化铯密度梯度离心显示轻链亲本(上)、中间类型(中)和重链亲本(下)三种条带。

C:两个标记($c\,mi$)间的交换所产生的重组($c\,mi^+$)后代,进一步证明了 DNA 的断裂与重接。

第二节 染色体结构变异

据研究,在自然条件中光照、温度、生理等异常的变化,都有可能使染色体断裂为各种片段。如果人为地用某些物理因素(如 X 射线、紫外线等)、化学药剂处理细胞,染色体断裂的频率还会大大增加。染色体结构变异是染色体发生结构的变化。观察染色体变异在果蝇等蚊蝇中常利用其唾液腺细胞中的多线染色体进行观察,因为唾液腺染色体多次复制而不分开,使染色体变大变粗,同源染色体也配对在一起,染色体的畸变会产生一定的形态。

双翅目昆虫(摇蚊、果蝇等)幼虫期的唾液腺细胞很大,其中的染色体称为唾液腺染色体。这种染色体比普通染色体大得多,宽约 5 μm,长约 400 μm,相当于普通染色体的100~150倍,因而又称为巨大染色体(图 10-2)。唾液腺染色体处于体细胞染色体联会配对状态,并且唾液腺染色体经过多次复制而并不分开,每条染色体有 1000~4000 根染色体丝的拷贝,所以又称多线染色体。多线染色体经染色后,出现深浅不同、密疏各异的横纹,这些横纹的数目和位置往往是恒定的,代表果蝇等昆虫的种的特征;如染色体有缺失、重复、倒位和易位等,很容易在唾液腺染色体上识别出来。

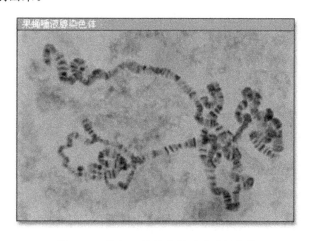

图 10-2 果蝇三龄幼虫的唾液腺染色体

自从 1927 年 Mull 发现电离辐射能使果蝇的染色体发生结构变异之后,又发现了各种各样的染色体结构变异。归纳为四大类:缺失(deletion)、重复(duplication)、倒位(inversion)、易位(translocation)。

一、缺失

(一)缺失的类型

缺失(deletion)是指染色体上丢失了一个片段,导致位于这个片段上的基因也随着丢失的现象。1917 年 C. B. Bridges 在研究黑腹果蝇(*Drosophila melanogaster*)的缺刻翅(notch)突变型时首先发现染色体的缺失突变。该缺失区域位于 X 染色体控制眼色基因的附近,包括控制眼色的基因。该缺刻翅性状只在雌性杂合子中表现出来,在雌性纯合子和雄性半合子中都是致死的。在雌性半合子中,X 染色体白眼性状和与其紧密连锁的几个隐性性状都可以表现出来。这说明该区域在同源染色体上发生了缺失。

染色体缺失的位置可分为顶端缺失和中间缺失两种类型。

1. 顶端缺失(terminal deficiency)

顶端缺失是指在染色体的长臂或短臂的外端发生断裂,造成该染色体缺少远端一段的现象。顶端缺失比较少见。某染色体没有愈合的断头如果同缺失的顶端断片重接,重建的染色体仍是单着丝粒的,是稳定染色体,也能遗传下去。如果有断头的染色体同另一个有着丝点的染色体断头重接,就形成一个不稳定的双着丝粒染色体,它在细胞分裂的后期受两个着丝粒向相反的两极移动所产生的拉力,会发生断裂,再次造成结构的变异。这就是"断裂-融合-桥"循环。

例如,某染色体各区段的正常基因顺序是 ab·cdef(·代表着丝粒),缺失 ef 区段就成为顶端缺失,缺失 de 区段就成为中间缺失,如图 10-2 所示。缺失 ef 和 de 区段无着丝粒,称为断片。

2. 中间缺失(interstitial deficiency)

中间缺失是指在染色体的长臂或短臂的臂内发生断裂和重接的现象,即染色体缺失的区段是长臂或短臂的内段。顶端缺失和中间缺失二者的丢失片段都能产生无着丝点的断片。如果体细胞内的一对染色体一条是正常的,另一条是缺失的,则该个体称为缺失杂合体(deficiency heterozygote);如果一对染色体在同一位置上都是缺失的,则该个体称为缺失纯合体(deficiency homozygote)(图 10-3)。

(二)缺失的细胞学鉴定

细胞内是否发生过染色体的缺失是不太容易鉴定的。在最初发生缺失的细胞进行分裂时,一般可以见到遗弃在细胞质里无着丝粒的染色体断片。但是该细胞经多次分裂后的子细胞内就很难找到断片了。如果中间缺失的染色体区段较长,在缺失杂合体的粗线期,正常染色体与缺失染色体所联会的二价体常会出现环形或瘤形突出(图 10-4)。这个环或瘤是正常染色体没有缺失区段无配对时被排挤出来形成的。细胞学鉴定顶端缺失和微小的中间缺失是比较困难的。倘若顶端缺失的区段较长,则缺失杂合体形成的二价体常出现非姐妹染色单体的末端长短不等的现象。

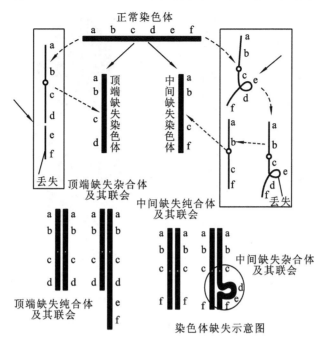

图 10-3　缺失的类型和形成

图 10-4　果蝇唾液腺染色体结构变异的缺失环

（三）缺失的遗传效应

1. 影响染色体上基因的正常功能——生活力降低

染色体的某一区段缺失后，缺失染色体自然丢失了许多基因，它必然影响到生物体的生长和发育，其有害程度因缺失区段长短及基因的重要性而不同。缺失纯合体通常是难以存活的，缺失杂合体的生活力也很差。含缺失染色体的雄配子是不育的，含缺失染色体的胚囊能成活。因此，缺失染色体主要是通过雌配子而遗传的。

人类染色体缺失显示了严重的遗传病。如果缺失的区段较小，对个体生活力损伤不严重时，存活下来的含缺失染色体的个体，常表现各种临床症状。如人类中第 5 号染色体短臂缺失的个体 5p⁻，称为猫叫综合征(cri-du-chat syndrome)(图 10-5)。该个体生活力差、智力低下、面部小，最明显的特征是患儿哭声轻、音调高、常发出咪咪声、通常在婴儿期和幼儿期夭折。另外，人类第 4、13、18 号染色体的杂合缺失也都伴有生理和智力上的缺陷。

人类染色体的观察常结合染色体显带技术。用特殊的染料对细胞分裂中期的染色体染色可产生一些明暗相间的带纹，如吉姆萨染色法(G 带)。染色体的显带在很多动物染色体组中都有一定的带纹模式，为染色体的观察提供了参照，如猫叫综合征患儿的第 5 号染色体如图 10-5 所示。

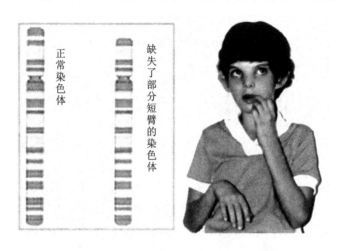

图 10-5　猫叫综合征患儿的第 5 号染色体短臂部分缺失

2. 假显性 (pseudominance)

它是指染色体发生缺失后,在缺失杂合体中隐性基因得以显现的现象。如控制玉米植株颜色的一对相对性状表现为紫色(显性性状)和绿色的基因分别为 PL 和 pl,在第 6 号染色体长臂的外段。紫株玉米 $PLPL$ 与绿株 $plpl$ 杂交的 F_1 植株 $PLpl$ 应该都是紫色的。有人用经过 X 射线照射的紫株玉米的花粉给绿株玉米授粉,杂交获得的 734 株 F_1 代幼苗中意外地出现 2 株绿苗(图 10-6)。对这两株进行细胞学检查,发现花粉带给 F_1 的那个载有 PL 基因的第 6 号染色体缺失了长臂的外段 PL 基因随着缺失的区段丢失了,于是另一个正常染色体上的 pl 基因显示了它的作用。

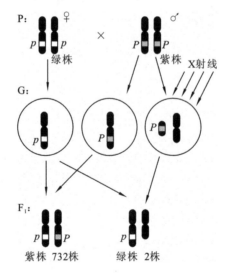

图 10-6　玉米植株颜色的假显性现象

3. 改变基因间的连锁强度

发生染色体中间缺失后,再经各种方式交配,可形成缺失纯合体,而缺失之外的基因相互连接起来,使相距较远的基因连锁强度增强,交换率下降。

4. 缺失和肿瘤的发生

细胞癌基因都具有正常的生理功能,以维持细胞中信息的顺利传递。基因突变会改变其产物的结构或表达调控而导致肿瘤的发生,而染色体畸变也会由于染色体的重排和基因的扩增而使细胞癌变。视网膜母细胞瘤(retinoblastoma)基因是缺失导致肿瘤产生最好的例子,人类的视网膜母细胞瘤(Rb)原被认为是常染色体显性遗传的恶性肿瘤,患者常见于幼儿,发病率为 $1/(1.7$ 万～3.4 万)。约有 5% Rb 患者检测到 13 号染色体长臂缺失(13q$^-$),现在已弄清在 13q 有一抗癌基因 RB-1,编码 928aa 的核内磷蛋白,可抑制细胞增殖,当其缺失或突变时,不仅会引起 Rb 的产生,还会导致骨癌和小细胞肺癌的产生。

当一对 Rb 基因都失活时,才会导致视网膜母细胞瘤,在遗传型的病例中,个体常常是缺失了一个 Rb,还带有一个正常的 Rb。但如果其视网膜细胞作为体细胞丢失了另一个 Rb 基因拷贝,那么,它就会产生肿瘤。在散发的病例中亲代的染色体是正常的,但患者的体细胞中丢失了一对 Rb 等位基因。几乎半数的 Rb 患者都是缺失了 Rb 座位。另一些病例虽具有 Rb 座位,但不是不能转录,就是发生了突变。在 Rb 细胞中是没有 RB 蛋白产物的,或者其产物失去了正常功能,这是基因突变的结果。

二、重复

(一) 重复的类型

重复(duplication)是指某条染色体多了自身的某一区段。重复一般分为顺接重复(tandem duplication)和反接重复(reverse duplication)两大类型(图 10-7)。顺接重复是指重复的区段内基因顺序同源染色体上的正常顺序相同。反接重复则是指重复的区段内基因顺序与原染色体上的正常顺序相反。如某染色体各区段的正常基因顺序是 ab·cdef,如果"cd"区段重复了,顺接重复染色体上的基因顺序是 ab·cdcdef;反接重复染色体上的基因顺序是 ab·cddcef。重复区段内不能有着丝粒。如果着丝粒所在的区段重复了,重复染色体就变成双着丝粒染色体,就会继续发生结构变异,"断裂-融合-桥"循环很难稳定成型。

在果蝇的遗传研究中,也发现了染色体重复的突变体,如果蝇 X 染色体上的棒眼基因,它减少果蝇复眼的数目使眼睛呈棒状,由 X 染色体上的 16A 区的重复而引起。该重复还表现为剂量现象,纯合存在及重复次数增加时,果蝇眼睛更小。这一区段可以重复两次到三次,重复三次的果蝇称超棒眼(图 10-8)。

人类的一种遗传病 Huntington 症(Huntington disease)近年来被证实是第 4 号染色体的一段三核苷酸的多次重复造成的。一段"CAG"碱基在正常的人群中通常重复 26 次,但在 Huntington 症的患者中重复了 40～100 次。目前还不清楚是什么原因造成了这段区域的多次重复。

(二) 重复染色体的细胞学鉴定

倘若重复的区段较长,重复染色体在和正常染色体联会时,重复区段就会被排挤出来,成为二价体的一个突出的环(图 10-7)。倘若重复区段极短,联会时重复染色体区段可能收缩一点,正常染色体在相对的区段可能伸长一点,于是二价体就不会有环或瘤突出,镜检时就很难察觉是否发生过重复了。一旦在显微镜下观察到染色体联会成环,则可采用以下方法将缺失和重复分开。

(1) 利用联会后染色体长度进行比较:某个二价体上有环状突起,但长度与正常染色体相等,则为重复环;染色体已缩短,则为缺失环。

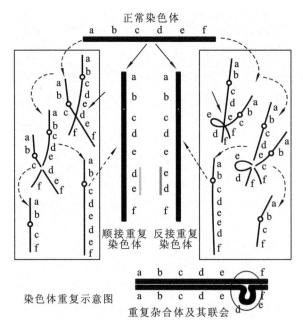

图 10-7　染色体重复类型

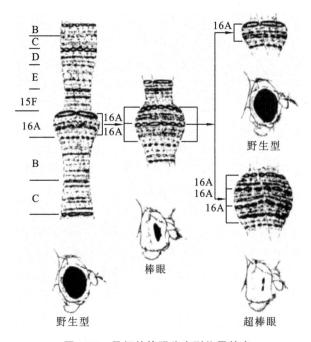

图 10-8　果蝇的棒眼稳定型位置效应

（2）利用多线染色体上的带纹进行比较：某条联会的染色体有环状突起，但带纹数与正常相比不变，则此环为重复环；有环的染色体带纹数减少了，表明该染色体发生了缺失。

（三）重复的遗传效应

重复对细胞、生物体的生长发育可能产生不良影响。过长区段的重复或带某些特殊基因的重复也会严重影响生活力、配子生育能力，甚至引起个体死亡。重复还导致基因在染色体上的相对位置改变、重复区段两侧基因间连锁强度降低。重复也是生物进化的一种途径,它导致染色体 DNA 含量增加,为新基因产生提供材料。重复对表型的影响主要是扰乱了基因的固有平衡体系,呈现出随着基因数目的增加,表型效应发生改变的现象。

1. 剂量效应(dosage effect)

重复个体的性状变异因重复区段载有的基因不同而异。某些基因可能表现剂量效应,随着细胞内的基因拷贝数增加,基因的表现能力和表现程度也会随着增加,因此,细胞内基因拷贝数越多,表型效应越显著。有些多个拷贝的隐性基因甚至会掩盖其显性等位基因的表现。

剂量效应一个典型的例子来自果蝇眼色遗传。果蝇眼睛红色(V^+)对朱红色(V)为显性,杂合体(V^+V)为红眼。当基因所在的染色体区段重复,杂合体(V^+VV)却表现为朱红色眼,表明两份 V 的表现能力比一份 V^+ 强,V^+ 的作用被掩盖。剂量效应具有相当的普遍性,许多基因的作用都具有剂量效应。

因为重复区段上的基因在重复杂合体的细胞内是 3 个,在重复纯合体的细胞内是 4 个,这改变了生物在进化过程中长期适应了的成对基因的平衡关系,因而出现某些意想不到的后果。例如,果蝇的棒眼遗传是剂量效应的另一个重要例证。野生型果蝇的每个复眼大约由 780 个红色小眼所组成。如果果蝇 X 染色体的 16 区 A 段因不等交换而重复了,则小眼数量显著减少;重复杂合体的红色小眼数只有 358 个左右,不到野生型的红色小眼数的一半。这些红色小眼聚集在复眼当中,好像一根凹凸不平的粗棍棒。重复纯合体的红色小眼数更少,只有 68 个左右,是野生型红色小眼数的 1/11(图 10-9)。

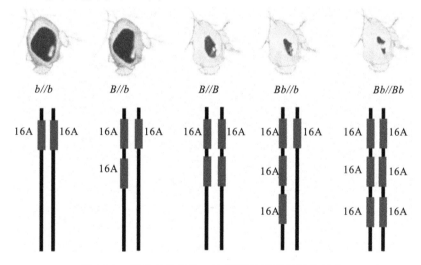

图 10-9　果蝇 X 染色体 16A 区段的重复的遗传效应

2. 位置效应(position effect)

通过对果蝇棒眼的深入研究,发现了基因重复的位置效应。设以"b"代表一个 16 区 A 段,以"B"代表两个 16 区 A 段,则"Bb"是 3 个 16 区 A 段。一个基因型为 B/B 的雌蝇和一个基因型为 Bb/b 的雌蝇 16 区 A 段数同样是 4 个,然而前者的红色小眼数有 68 个左右,后者的红色小眼数只有 45 个左右。出现这种差异的原因是基因型为 B/B 的雌蝇的 4 个 16 区 A 段平均分配在两条染色体上,而基因型为 Bb/b 的雌蝇的 4 个 16 区 A 段之中有 3 段在一条 X 染色体上,在另一条染色体上只有一段(图 10-9)。这就是说,染色体上重复区段的位置不同,表型的效应也不同,这种现象称为位置效应。位置效应的发现是对经典遗传学基因论的重要发展,它表明染色体不仅是基因的载体,而且对其载有基因的表达具有调节作用。

三、倒位

(一) 倒位的类别

倒位(inversion)是指染色体的某一区段的正常直线的基因顺序颠倒了。倒位是染色体上一段区域的位置颠倒。一段 DNA 片段的颠倒可能在染色体的结构水平上观察不出来,如沙门氏细菌鞭毛的相变涉及一段 DNA 序列的颠倒,结果使基因的表达模式发生了改变,引起其鞭毛发生相变。在染色体水平能观察到的倒位往往涉及染色体一段较大的区段,倒位的杂合个体在染色体联会时会出现染色体的倒位环。在果蝇的多线染色体上很容易观察到倒位环。根据染色体发生倒位的位置,染色体倒位有两种形式:臂内倒位(paracentric inversion),它是指倒位的区段在染色体的某一个臂内,倒位片段不含着丝粒;臂间倒位(pericentric inversion),它是指倒位区段内有着丝粒,或倒位的区段涉及染色体的两个臂,倒位片段包含着丝粒。

一条正常区段顺序为 ab·cde 的染色体 A,在 c、d 处发生断裂,区段倒转重接后形成臂内倒位染色体(ab·dce)B(图 10-10);如果在 b、d 处发生断裂,区段倒转重接后形成臂间倒位染色体(adc·be)B。如果细胞内某对染色体中一条为倒位染色体,而另一条为正常染色体,则该个体为倒位染色体杂合体(inversion heterozygote,图 10-10 中 C;而含有一对发生相同区段倒位同源染色体的个体称为倒位染色体纯合体(inversion homozygote)。

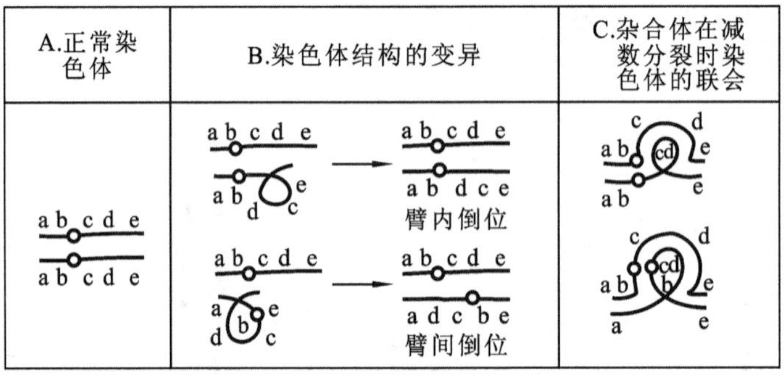

图 10-10　染色体倒位及其杂合体在减数分裂时同源染色体联会示意图

(二) 倒位的细胞学鉴定

根据倒位杂合体在减数分裂时的联会图像可鉴别是否发生了倒位。若倒位区段很长,倒位染色体可反转过来,倒位区段仍与正常染色体的同源区段进行联会,其他区段就只得保持分离,呈现一种"桥"的形状;若倒位区段较短,常常是倒位的区段不能配对,结果中间有疏松区;若倒位区段不长,则倒位染色体与正常染色体所联会的二价体就会在倒位区段内形成"倒位圈或环"(图 10-11)。

倒位圈不同于缺失杂合体和重复杂合体的环或瘤(图 10-12)。倒位环是一对染色体形成的,缺失环或重复环是由一条染色体形成的。在倒位圈内外,非姐妹染色单体之间都可能发生交换,结果引起臂内和臂间杂合体产生大量的缺失染色单体、重复染色单体或双着丝粒染色单体等。双着丝粒染色单体的两个着丝粒在后期向相反两极移动时,两个着丝粒之间的区段跨

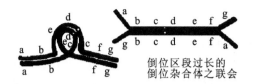

倒位区段过长的
倒位杂合体之联会

图 10-11 倒位染色体与正常染色体联会形成的倒位环和桥

越两极，就构成了所谓的"后期桥"的形象。所以，某个体在减数分裂时形成后期 I 桥或后期 II 桥，就可以作为鉴定是否出现染色体倒位的依据之一。

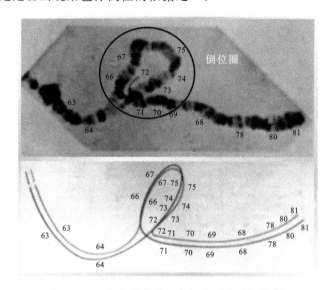

图 10-12 果蝇染色体片段倒位形成的倒位圈

（三）倒位的遗传学效应

1. 倒位可抑制或大大降低倒位环内基因的重组或交换

对倒位杂合体来说，非姐妹染色单体之间在倒位圈内发生交换所产生的染色单体或配子有四种：①臂内倒位杂合体交换后产生无着丝粒断片，在后期 I 丢失了；②臂内倒位杂合体的交换产生了双着丝粒的缺失染色单体，后期桥折断后，形成两个缺失染色体，含此染色体的配子不育；③两种倒位杂合体染色单体交换后产生单着丝粒的重复缺失染色体和缺失染色体，含此染色体的配子仍是不育的；④未发生交换，含有正常或倒位染色单体的配子是可育的（图10-13）。因此可以看出，倒位可抑制倒位环内的交换。

2. 改变基因间的重组率

当染色体出现倒位区段之后，倒位区段内的那些基因的直线顺序也就随着颠倒了。因此，倒位纯合体同未发生倒位的正常生物体比较，倒位区段内的各个基因与倒位区段外的各个基因之间的重组率改变了（图10-14）。

3. 影响到基因间的调控方式

因为基因间的关系是悠久的地质年代造成的，一旦发生染色体倒位，基因调控方式就发生根本性的变化，可使正常表达的基因被迫关闭，也可能使原来关闭的基因被激活，产生特定的表型。

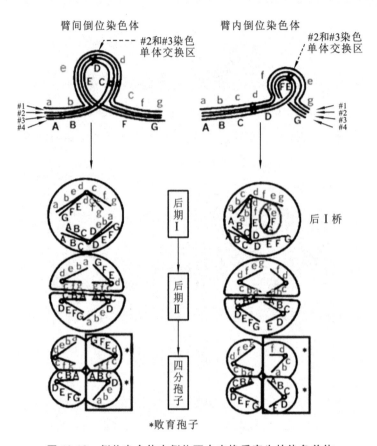

图 10-13　倒位杂合体在倒位环内交换后产生的染色单体

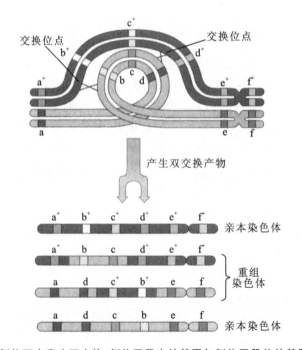

图 10-14　在倒位环内发生双交换,倒位区段内的基因与倒位区段外的基因之间的重组

四、易位

（一）易位的类型

易位（translocation）是指某染色体的一个区段易接在非同源的另一条染色体上。它分为两类。一种是相互易位（reciprocal translocation），指两个非同源染色体都断裂后，这两个断裂了的染色体及其断片随后又交换、重接起来。如两条非同源染色体 ab·cde 与 wx·yz，发生区段 de 与 z 互换，形成两条易位染色体 ab·cz 和 wx·yde。另一类是简单易位（simple translocation）或单向转移，是指染色体的某一区段嵌入到非同源染色体的一个臂内的现象。相互易位最常见。如 ab·cde 的 d 区段插入 wx·yz 的 yz 之间，形成易位染色体 wx·ydz，而另一条染色体就成为缺失染色体 ab·ce（图 10-15）。

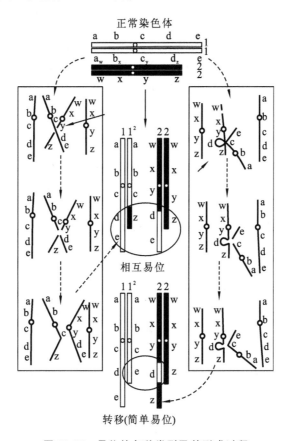

图 10-15　易位的各种类型及其形成过程

易位杂合体（translocation heterozygote）是指两对同源染色体各含一条易位染色体和一条正常染色体。易位纯合体（translocation homozygote）是指两对同源染色体都是相同区段的易位，形成的两对易位染色体。

（二）易位的细胞学鉴定

鉴定易位的方法是观察易位杂合体在减数分裂时的联会图像。根据同源区域相互配对原则，一条易位的染色体片段仍与同源染色体的片段相联会，结果形成十字形（图 10-16）。

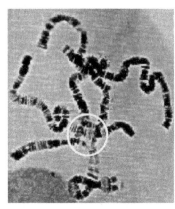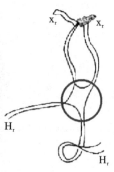

果蝇唾液腺染色体：十字形联会

图 10-16　易位的染色体片段仍与同源染色体的片段相联会形成的十字形

这种易位杂合体形成的两对染色体联会在后期 I 染色体分离时,有两种分离方式:一是交叉式分离,即以着丝粒分离或同源染色体分离,4 条染色体交叉着被拉向两极,结果形成 8 字形;二是邻近式分离,即相邻的两条染色体到达一极,另两条染色体到达另一极,再加上有交叉端化现象,结果形成 4 条染色体的大环,为"四体环"。这些图像都是鉴定易位的重要依据(图 10-17)。

(三) 易位的遗传学效应

(1) 易位可造成植物中的半不育(semi-sterility)现象。

植物中花粉有 50% 是败育的,胚囊也有 50% 是败育的,因而结实率很低。这种半不育性是易位杂合体的突出特点。原因是易位杂合体在产生配子时,若后期 I 交叉式分离,最后产生的配子或者得到两条正常的染色体,或者得到两条易位染色体,它们都是可育的;若后期 I 是邻近式 2/2 分离,就只能产生含重复、缺失染色体的配子,它们都不可育。由于发生交叉式分离和邻近式分离的机会一般大致相等,于是易位杂合体常表现为半不育。

(2) 易位可降低易位接合点附近某些基因间的重组率。

原因是易位点附近的染色体区段在联会时不太紧密,交换的概率下降,重组率必然降低。

(3) 易位可使两个正常的连锁群改组为两个新的连锁群,出现假连锁现象。

原来属于一个连锁群的一部分基因,改为两个连锁群,与仍然留在原连锁群的那些基因反而成为独立遗传关系。同理,原来属于两个连锁群的某些基因改为同一连锁群。像这样本不属于一个连锁群的某些基因由于易位而连锁在一起的现象称为假连锁(pseudolinkage)。现已知许多植物的变种就是由于染色体在进化过程中不断发生易位造成的。直果曼陀罗(*Datura stramonium*)的许多品系都是不同染色体的易位纯合体。

(4) 易位可造成染色体融合(chromosomal fusion),从而导致染色体数目的减少。

由于两个易位染色体中:一个从两个正常染色体得到的区段很小,在产生配子时丢失;另一个从两个正常染色体得到的区段很长,成为一个更大的易位染色体在形成配子时存留了下来。于是这个易位杂合体的子代群体内,有可能出现少了一对染色体的易位纯合体。这种现象在人类中经常发生,如罗伯逊易位(Robertsonian translocation)(图 10-18),最常见的是第 14 号和第 21 号染色体之间的易位。核型通常写为 $N=45,-14,-21,+t(14q21p)$,表示易位发生在第 14 号和第 21 号染色体间,而且在着丝粒处发生了断裂和重接;少了两条染色体(第 14 号和第 21 号染色体),多了一条易位的带有两条染色体长臂的染色体(t14q21p),这种

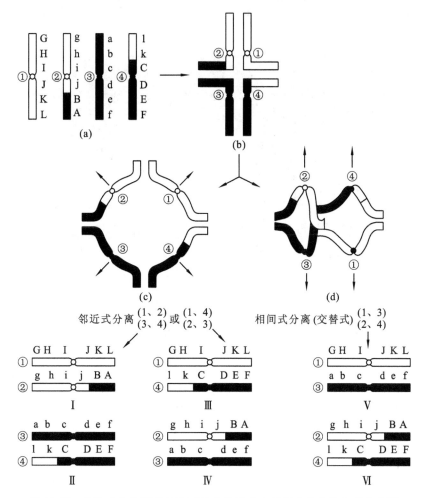

图 10-17 易位杂合体形成的两对染色体联会在后期 I 染色体分离示意图

个体虽然染色体总数少了一条,但从基因成分来看仍保持平衡,故称为平衡易位携带者。

(5)易位可激活致癌基因。

近年来的研究发现,易位与人类致癌基因的表达也有关系。Burkitt 淋巴癌是一种恶性肿瘤,究其原因是第 8 号染色体长臂末端与第 14 号染色体长臂末端发生了相互易位。第 8 号染色体的易位区段在致癌基因 *c-myc* 附近,而第 14 号染色体的易位区段为 IgH 免疫球蛋白的重链基因。这样的相互易位把来自第 8 号染色体的一个致癌基因 *c-myc* 从正常位置插入通常编码 IgH 的基因内部,激活了致癌基因,使 *c-myc* 大量表达。

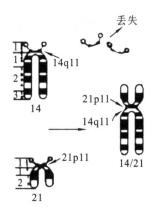

图 10-18 罗伯逊易位

1960 年 Nowell 和 Hungefora 在美国费城发现慢性粒细胞白血病的患者中有一个很小的近端着丝粒染色体,人们就称此为费城染色体(Philadelphia chromosome,Ph),Ph 染色体已被公认为慢性粒细胞白血病的特异标记染色体。Riodan O.(1971)用荧光带法鉴别出 Ph 染色体是第 22 号染色体长臂丢失了 1/3 而形成。Rowly(1973)进一步发现缺失的染色体片段易位到第 9 号染色体上。另外,第 6 号和 14 号染色体之间的易

位可产生卵巢乳突状癌（ovarian papillary Ca），t（3；8）易位可产生腮腺混合瘤等肿瘤，如图
10-19所示。

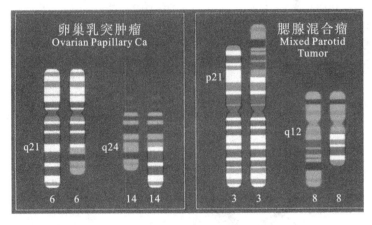

图 10-19　在人类几种不同类型实体瘤中常发现存在染色体易位现象

第三节　染色体结构变异的应用

染色体结构变异在遗传研究中具有独特的价值，在育种中得到了广泛应用。由于结构变异的特征和效应与其所涉及的染色体区段（及其所携带的基因）密切相关，因此每一个特定的结构变异可能具有不同的应用方式与范围。下面是染色体结构变异在几个主要方面的应用。

一、基因定位

广义的基因定位包括确定基因所在的染色体（甚至染色体的特定区域），并进而通过连锁分析确定其与相邻基因间的距离与顺序。确定基因所在的染色体也称基因的染色体定位，通常利用非整倍体完成。利用缺失可以更精细地确定基因所在的染色体区域，而倒位点与易位点在连锁分析中可以作为遗传标记加以应用。

（一）利用缺失进行基因定位

利用缺失的细胞学鉴定与假显性现象，可以确定基因在染色体上的大致区域，这种方法称为缺失定位（deficiency mapping，缺失作图）。高等植物中，麦克琳托克的方法是最常用而行之有效的：首先采用诱导染色体断裂的方法处理显性个体的花粉，用处理后花粉给隐性性状母本授粉；然后观察后代中哪些个体表现假显性现象；对表现假显性现象个体进行细胞学鉴定。如果该个体发生了一个顶端缺失，就可以推测控制该性状的基因位于缺失区段。利用缺失造成的假显性现象，可进行基因定位。如在玉米紫株基因 *PL* 缺失的条件下，其隐性等位基因 *pl* 处于半杂合状态，使绿色隐性性状得以表现，从而确定该隐性基因 *pl* 的位置。这种基因定位的方法是，首先使载有显性基因的染色体发生缺失，让它的隐性等位基因有可能表现假显性，其次对表现假显性现象的个体进行细胞学鉴定，发现某染色体缺失了某一区段，就说明该显性基因及其等位的隐性基因位于该染色体的缺失区段上。

中间缺失杂合体二价体上缺失圈显示了缺失区段在染色体上的位置，因此也可据此定位

表现假显性现象的基因。例如,果蝇的缺失区段可以结合唾液腺染色体横纹观察进行更精确的鉴定,许多果蝇基因最初正是通过缺失定位(包括中间缺失)确定其在染色体上的位置的。

(二)利用易位进行连锁分析

通常易位杂合体所产生的可育配子中一半含两个正常染色体(1 和 2),一半含两个易位染色体(1^2 和 2^1),所以在它的自交子代群体内:1/4 是完全可育的正常个体(1122);2/4 仍然是半不育的易位杂合体($11^2 22^1$);1/4 是完全可育的易位纯合体($1^2 1^2 2^1 2^1$)。由此可见,易位染色体上的易位点也符合一对等位基因的遗传方式。

可以将易位点当作一个具有配子半不育表型的显性基因(T),正常染色体上的等位点相当于一个隐性基因(t),具有配子可育表型。尽管易位纯合体(TT)也表现为可育,但在测交后代群体中只有杂合体(Tt)和一种纯合体(tt 或 TT),所以根据配子育性可以将两者区别开来。依据这一原理,易位点与相邻基因间的重组率可通过两点或三点测验进行测定。根据 T-t 与其邻近基因间的重组率,确定它在染色体上的位置。如已知玉米株高正常基因(Br)为植株矮化基因(br)的显性。某玉米植株的株高正常,但半不育,使之与完全可育的矮生品系杂交,并再用该矮化品系与 F_1 代群体的半不育株测交,测交子代(F_t)为,株高正常、完全可育的 27 株,株高正常、半不育的 234 株,植株矮化、完全可育的 279 株,植株矮化、半不育的 42 株。据此可计算出 Br 基因与易位点间的重组率,即重组型后代(株高正常、完全可育($BrT // brt$),植株矮化、半不育($brT // brt$))占测交后代的百分率为 11.9%,则二者相距 11.9 cM。

二、用于基因突变的检测

ClB 测定法(crossover suppress-lethal-Bar technique)用于检测果蝇 X 染色体上的隐性突变和致死突变,并测定其隐性突变的频率。这一方法由 Muller 于 1928 年在果蝇 ClB 品系的基础上创建,是对倒位交换抑制效应巧妙的应用之一。ClB 品系是 Muller 从 X 射线照射的果蝇子代群体中筛选的一种特殊的 X 染色体倒位杂合体($X^+ X^{ClB}$),具有 1 条结构正常、通常带野生型显性基因的 X 染色体(X^+)和 1 条 ClB 的 X 染色体(X^{ClB})。在 ClB 染色体上,C 表示该染色体上存在 1 个倒位区段,可抑制 X 染色体间交换;l 表示该倒位区段内的 1 个隐性致死基因,l 基因纯合胚胎在最初发育阶段死亡;B 表示倒位区段外的 16A 区段重复,具有显性棒眼表型。由于 l 基因的作用,$X^{ClB} X^{ClB}$ 与 X^{ClB} Y 类型均不能存活。

ClB 法测定 X 染色体上某基因的隐性突变率(诱变率)的基本步骤如图 10-20 所示。①用射线(如 X 射线)处理 X 染色体正常的显性雄果蝇(X^+ Y);部分 X 染色体上的显性基因突变($X^+ X^-$);带 XX 染色体的配子有两种类型,即 X^+ 和 X^-,由于不能直接将其区分开,可用 X^* 表示。②用该雄果蝇与 $X^+ X^{ClB}$ 交配:由于倒位区段抑制交换,后者只产生两种类型的配子,分别带 X^+ 和 X^{ClB} 染色体;杂交子代存活个体有 3 种类型,即 $X^* X^{ClB}$(棒眼雌性)、$X^* X^+$(正常眼雌性)和 X^+ Y(正常眼雄性);此时仍然不能根据表型鉴定前两种个体的 X 染色体上基因是否突变。③再用后代中棒眼雌性($X^* X^{ClB}$)与显性雄果蝇(X^+ Y)交配:由于倒位仍然抑制 X^* 与 X^{ClB} 交换,因此棒眼雌性($X^* X^{ClB}$)也只产生两种类型的配子,分别含 X^* 和 X^{ClB} 染色体。后代中 X^{ClB} Y 雄果蝇不能存活,存活的 X^* Y 雄性个体中,X^* 染色体上的基因呈半合状态,其中未突变的为 X^+,表现显性性状,而发生隐性突变为 X^-,表现为隐性性状。④雄果蝇中隐性个体的比例就是该基因的诱变(突变)频率。

理论上,诱导处理的雄果蝇 X 染色体上所有显性基因突变频率都能通过一次 ClB 测验来

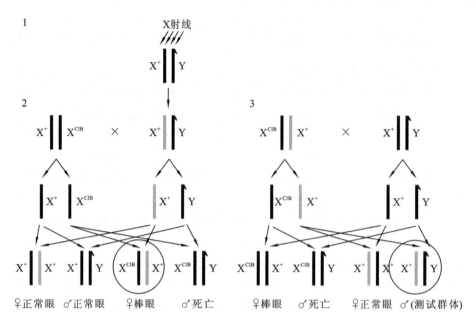

图 10-20　果蝇的 CIB 测定法

测定。另外,由于诱变处理通常具有较高的突变频率,如果在最后的子代雄果中没有发现隐性个体,则可能是发生了高频率的隐性致死突变。

三、用于保存致死基因

致死基因虽对生物有害,但研究它的遗传规律、致死效应和机理以及它与其他性状的关系都有重要的意义,所以有必要保存致死基因。一般情况下,致死基因不易保存,纯合时个体死亡,为此只能以杂合状态予以保存。Muller 在 1918 年发现果蝇的翻翅基因(Cy)是一个纯合致死的显性基因,而另一个隐性致死基因(l)也是纯合致死的。Cy 基因和 l 基因分别位于一对染色体的不同位置上,而且这对染色体的两基因之外有倒位区段。在两致死基因的杂合体 $Cy+/+l$ 中,由于倒位抑制了交换,只形成 $Cy+$ 和 $+l$ 配子,近交后代可有 3 种基因型,即 $Cy+/Cy+$、$+l/+l$ 和 $Cy+/+l$,前两种基因型死亡,只存活最后一种($Cy+/+l$),表型为全翻翅。像这种各代存活的个体都是杂合体,无须选择而能保存致死基因,并能真实遗传的品系称为平衡致死品系(balance lethal system)。

四、重复、倒位在生物进化中的应用

重复虽对生物的生活力影响不大,但在生物进化中有着非常重要的意义。因为重复所增加的片段很可能有独特的功能,可能更适应环境的变化,有利于生物的生存。现已知在真核生物中,有许多重复序列尤其是中度重复序列,大都是与蛋白质合成有关的 DNA 序列。可推测这些重复序列很可能是由染色体多次重复形成的。

在生物进化中,倒位不仅改变了连锁基因的重组率,也改变了基因与基因之间固有的关系,从而造成变异,种与种之间的差异常常是一次又一次的倒位造成的。通过种间杂交,根据杂种减数分裂时的联会形象,可以分析亲本种的进化历史。如欧洲百合(*Lilium martagon*)和竹叶百合(*L. hasnonii*)是两个不同的种,都是 $n=12$。这 12 条染色体之中,两条很大,以 M_1

和 M_2 代表;10 条相当小,以 S_1,S_2,$\cdots$,S_{10} 代表。研究发现,这两个种之间的分化就在于一个种的 M_1、M_2、S_1、S_2、S_3 和 S_4 6 条染色体,是由另一个种的相同染色体发生臂内倒位形成的。

五、利用易位控制害虫

采用化学农药防治害虫效果不易控制,成本较高,还会造成环境污染,而天敌防治也存在难以控制天敌数量等问题。利用易位的半不育效应可以有效地控制害虫:用适当剂量的射线照射雄虫(产生各种易位杂合体),放归自然;易位雄虫与自然群体中的雌虫交配,后代表现半不育(50%的卵不能孵化);长期处理,可以降低害虫的种群数量以达到控制害虫的目的。我国台湾用这种方法,经过 10 年努力控制了柑橘果蝇的危害。

六、染色体结构变异在植物、动物育种中的应用

染色体结构变异是育种选材工作中遗传变异的重要来源之一。

(一)利用重复进行育种

由于基因的剂量效应,重复区段基因拷贝数增加可能导致性状变异,诱导特定基因所在染色体区段重复可能提高其性状表现水平。其中,最具前途的应用包括植物抗逆相关基因、营养成分或特定次生代谢产物相关的基因。例如,诱导大麦的 α-淀粉酶基因所在染色体区段重复,可大大提高其 α-淀粉酶表达量,从而显著改良大麦品质。

(二)利用易位进行植物、动物育种

染色体易位是迄今为止在植物、动物育种中应用最为传统也最富有成果的物种间基因转移方法。

1. 利用易位创造玉米核雄性不育双杂合保持系

玉米核雄性不育基因(ms)通常对其雄性可育基因(Ms)为隐性,核雄性不育($msms$)与可育植株($MsMs$)杂交后代雄性可育($Msms$);而不育系与杂合株($Msms$)杂交后代为一半可育株($Msms$)与一半不育株($msms$)的混合群体。找不到能与不育系杂交产生完全不育系群体的保持系。已经发现玉米的第 1、3、5、6、7、8、9 和 10 号染色体上都载有 ms 及其等位的 Ms 基因。

曾有人提出利用易位来创造核雄性不育双杂合保持系。以位于第 6 号染色体上的不育基因 ms_1 不育系($ms_1\,ms_1$)为例,其双杂合保持系为,育性基因杂合($Ms_1\,ms_1$)、第 6 号染色体杂合($66^9 99$,包含一条正常的第 6 号染色体和一条第 6~9 号易位染色体,但具有一对正常的第 9 号染色体)、可育基因 Ms_1 位于易位染色体上(6^9)。其中第 9 号染色体也可以是任意其他染色体,如图 10-21 所示,这种双杂合保持系可以从第 6~9 号相互易位杂合体($66^9 99^6$)与正常染色体、育性基因杂合体杂交后代中筛选得到。

双杂合保持系产生两种小孢子:带有 Ms_1 基因的花粉为重复到缺失的小孢子,因而是败育的;带有 ms_1 基因的小孢子染色体组成正常,因而可育。雄性不育系与双杂合体杂交子代植株都是 $ms_1\,ms_1$ 的雄性不育株,雄性不育性得到保持(图 10-21)。

2. 易位在家蚕生产上的应用

在家蚕养殖中,雄蚕比雌蚕食桑量小,吐丝早,出丝率高 20%~30%,丝的质量也更高,因此经济价值明显高于雌蚕。家蚕的性别决定为 ZW 型,研究发现其卵壳颜色受第 10 号染色体上的 B 基因控制,野生型卵壳为黑色(B)。诱导突变可获得隐性基因(b),表现为白色卵壳。

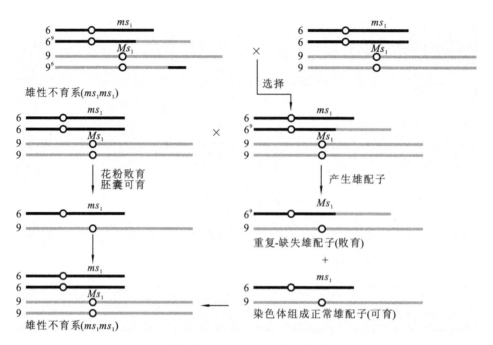

图 10-21　玉米雄性不育系、双杂合保持系获得及其应用机理

用 X 射线处理雌蚕,从后代中筛选到带有 W-10 易位染色体(含 B 基因)的雌性品系。该品系与白卵雄蚕杂交后代中,黑卵全为雌蚕,而白卵全为雄蚕(图 10-22),采用光学仪器就能够自动鉴别蚕卵的性别。

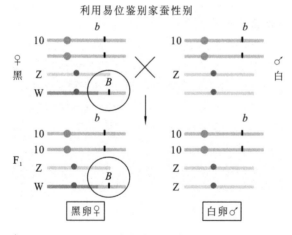

图 10-22　利用染色体易位鉴别家蚕的雌雄

此外,栽培植物的野生近缘物种具有许多如抗逆性、品质性状等有益基因,通过物种间杂交得到种间杂种,再诱导杂种或其衍生后代发生栽培植物染色体与野生物种染色体间易位,可以将野生物种的基因转移到栽培种中。几乎所有番茄栽培品种都带有从一个野生近缘种导入的抗枯萎病基因。

第四节 染色体数目变异

生物物种的稳定性不仅取决于染色体结构,更取决于染色体的数目。若染色体数目发生改变,生物体可产生大的变异。这一点在育种中被广泛地应用,甚至直接影响到生物的进化。

染色体数目的变异通过显微镜观察细胞分裂中期的细胞就可以观察到。19 世纪末,荷兰植物学家费里斯从月见草中发现一种植株增大的变异株(1901 年命名为巨型月见草),通过染色体观察发现其体细胞染色体数目为 $2n=28$,是普通月见草($2n=14$)的 2 倍。因此发现染色体数目变异可以导致遗传性状的变异,并由此认识到生物的染色体组可能有多倍的现象。

一、染色体组和染色体数目变异的类型

(一)染色体组的概念和特征

在二倍体生物中,能维持配子正常功能的最低数目的一套染色体称为染色体组或基因组(genome),是细胞内形态、结构和载有的基因均彼此不同的各条染色体的集合。这些染色体构成一个完整而协调的整体,任何一个成员或其组成部分的缺少对生物都是有害的,如表现出生活力降低、配子不育或性状变异等。一个染色体组所含染色体的数目就是染色体基数(x)。在动物的体细胞核中一般含有两个染色体组,即为二倍体,$2n=2x$。在植物界,许多物种是多倍体,所包含的染色体组数是 $2n=2\sum x$。如普通小麦是异源六倍体($2n=6x=42$)。染色体基数具有种属的特性,不同属往往具有独特的染色体基数。如小麦属 $x=7$,该属中不同物种的染色体数都是以 7 为基数变化的,野生一粒小麦 $2n=2x=14$,野生二粒小麦 $2n=4x=28$,普通小麦 $2n=6x=42$。不同种属的染色体组所包含的染色体数可能相同,也可能不同。如大麦属 $x=7$,高粱属 $x=10$,烟草属 $x=12$,稻属 $x=12$。

(二)染色体数目变异的类型

染色体数目变异是指在一个细胞内染色体与通常染色体组型内数目的差异。

染色体数是 x 整倍数的个体或细胞称为整倍体(euploid);非整倍体(aneuploid)是指细胞核内的染色体不是染色体组的完整倍数,而是比该物种正常合子($2n$)多(或少)一个至若干个的个体或细胞。

1. 整倍体变异(euploid variation)

整倍体变异是指在二倍体生物的基础上增减个别染色体组所引起的变异,实际上整倍体的细胞内部含有完整的染色体组。整倍体变异分为两大类。

(1)单倍体(haploid) 细胞内含有配子染色体数目的个体,染色体组成用 n 表示。在二倍体物种中,$n=x$,而在多倍体物种中,$n>x$。

(2)多倍体(polyploid) 细胞内含有 3 个或 3 个以上染色体组的个体,有三倍体、四倍体、六倍体等。1926 年,木原均和小野提出同源多倍体和异源多倍体两个不同的概念。多倍体依据染色体组的来源不同,又分为同源多倍体和异源多倍体(图 10-23)。同源多倍体(autopolyploid)是指增加的染色体组来自同一物种,一般是由二倍体的染色体直接加倍得到的,如同源三倍体西瓜 $3n=33$;异源多倍体(allopolyploid)是指增加的染色体组来自不同物

种,一般是由不同种、属间的杂种染色体加倍形成的,如异源四倍体的陆地棉 $2n=4x=52$,六倍体的普通小麦 $2n=6x=42,n=3x=21,x=7$。

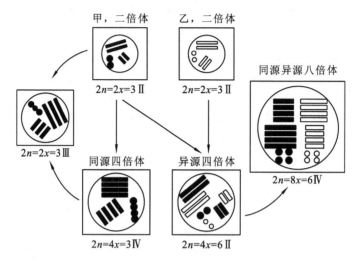

图 10-23　多倍体染色体组的组合

例如,甲、乙、丙 3 个二倍体物种,其染色体组分别表示为 AA、BB、CC,其中 A、B 和 C 是无亲缘关系的 3 个染色体组。若使甲、乙和丙的染色体数加倍,则分别形成 3 个不同的同源四倍体,即 AAAA、BBBB、CCCC。四倍体 AAAA 与二倍体 AA 杂交的子代是同源三倍体($2n=3x=AAA$)。甲、乙两个二倍体杂交子代的染色体组是 AB,其染色体加倍就成为异源四倍体($2n=4x=AABB$)。同理,异源四倍体 AABB 与二倍体 CC 杂交,子代是异源三倍体 ABC,再经染色体加倍就成为异源六倍体($2n=6x=AABBCC$)。如果异源四倍体 AABB 染色体加倍,就形成同源八倍体($2n=8x=AAAABBBB$)。

2. 非整倍体变异(aneuploid variation)

非整倍体变异是指在二倍体生物的基础上增减个别条染色体所引起的变异,如图 10-24所示。非整倍体主要有亚倍体和超倍体两大类。通常染色体数少于 $2n$ 的非整倍体统称为亚倍体(hypoploid),如单体、缺体、双单体;而把染色体数多于 $2n$ 的非整倍体称为超倍体(superploid),如三体、双三体、多体等。

染色体数目变异的基本类型——非整倍体

名称	染色体组	
单体 $2n-1$	𝕏𝕏 𝕏𝕏 𝕟𝕟 𝕏	(ABCD)(ABC_)
双单体 $2n-1-1$	𝕏𝕏 𝕟𝕟 𝕟 𝕏	(ABC_)(AB_D)
缺体 $2n-2$	𝕏𝕏 𝕏𝕏 𝕟𝕟	(ABC_)(ABC_)
三体 $2n+1$	𝕏𝕏𝕏 𝕏𝕏 𝕟𝕟 𝕏𝕏	(ABCD)(ABCD)(A)
四体 $2n+2$	𝕏𝕏𝕏𝕏 𝕏𝕏 𝕟𝕟 𝕏𝕏	(ABCD)(ABCD)(AA)
双三体 $2n+1+1$	𝕏𝕏𝕏 𝕏𝕏𝕏 𝕟𝕟 𝕏𝕏	(ABCD)(ABCD)(AB)

图 10-24　非整倍体变异类型

(1)单体(monosomic)　在 $2n$ 体细胞内缺少一条染色体,表示为 $2n-1$。如人类的 45,X

个体,人类的 Turner 氏综合征性染色体只有一条 X 染色体而没有 Y 染色体(这是唯一已知的人类单体存活类型)。个体女性特征为只有轻度发育、无卵巢、不育。

(2) 缺体(nullisomic) 在 $2n$ 体细胞内缺少一对同源染色体,表示为 $2n-2$,故又称为缺对体。

(3) 双单体(double monosomic) 在 $2n$ 体细胞内缺少两条非同源染色体,表示为 $2n-1-1$。

(4) 三体(trisomic) 在 $2n$ 个体中增加了一条染色体($2n+1$),即在合子中某一染色体为三条,而其他染色体成对存在。人类中有多种染色体三体造成的遗传性疾病。唐氏综合征是第 21 号染色体三体造成的。该病的特征是智力严重低下、典型的脸部特征,平均可活 16 年左右。三体如人类的 47,XXY 个体、XYY 个体等。还有三条 X 染色体的超雌型个体。

(5) 双三体(double trisomic) 在 $2n$ 个体中增加了两条非同源染色体,表示为 $2n+1+1$。

(6) 多体(polysomic) 在 $2n$ 体细胞内增加三条或三条以上染色体,如人类的性染色体存在 48,XXXX 四体和 49,XXXXX 五体,等等。

上述非整倍体在遗传学研究中有很重要的作用,例如单体可以使该染色体上的隐性基因得到表达,三体可以了解基因剂量效应等。在植物中通过长期的人工培育,获得每条染色体分别为单体的成套株系,对遗传学研究有重要的价值。

二、整倍体

(一) 同源多倍体

1. 同源多倍体的形态特征

染色体倍数的增加可能给生物体带来一系列变化。例如,二倍体的西葫芦(*Cucurbita pepo*)的果实为梨形,而同源四倍体的果实是扁圆形的。同源多倍体在形态上一般表现巨大型的特征,倍数越多,细胞体积和细胞核体积越大,组织和器官也有趋大的倾向,如四倍体葡萄的果实明显大于二倍体的。

一般情况下,同源多倍体的气孔和保卫细胞比二倍体的大,单位面积内的气孔数比二倍体的少。另外,大多数同源多倍体的叶片大小、花朵大小、茎粗和叶厚都随染色体倍数的增加而递增,其成熟期也随之递延。当然,这样的递增或递延关系并不是绝对的。染色体倍数超过一定限度,同源多倍体的器官和组织就不再随着增大,如甜菜最适宜的同源倍数是三倍而不是四倍。也有例外的情况,同源多倍体的器官和组织不增大甚至变小,如同源八倍体玉米的植株比同源四倍体玉米矮壮,大花马齿苋(*Portulaca grandiflora*)同源四倍体的花并不比同源二倍体的花大,车前(*Plantago asiatica*)同源四倍体的花反而比同源二倍体的花小。

2. 同源多倍体形成的途径

(1) 染色体自然加倍 如果某一物种的个体形成了未减数的配子,即配子内含有体细胞染色体数,这样的雌雄配子结合后就成为同源多倍体。如在二倍体桃树中($2n=16$),发现了三倍体种子,很可能花粉粒未经过减数分裂就与卵子结合。如果花粉或胚囊内单倍体细胞受到物理或化学因素的影响,染色体也可能自然加倍,结果加倍的配子再受精,同样可形成多倍体。但以这种途径获得多倍体的频率非常低。

(2) 二倍体物种的人工加倍 现在采用人工染色体加倍,频率可大幅度提高。染色体加倍的方法有多种,如温度的剧烈变化、机械损伤、射线处理和化学药品诱发。其中最有效的是用 $0.01\%\sim0.1\%$ 的秋水仙碱水溶液浸泡植物生长点。

3. 同源多倍体的遗传学效应

(1) 剂量效应　由于多倍体的每个基因位点有多个基因成员,基因产物必然增多,结果糖类、蛋白质等含量显著提高。细胞体积明显增大,细胞分裂速度降低,生育期延长。

(2) 偶数的同源多倍体育性部分降低　现以同源四倍体($4n$)为例进行说明。由于体细胞中每号染色体都有 4 条,在减数分裂时,同源染色体联会有多种方式(表 10-1 和图 10-25),而以 2/2 联会(Ⅱ＋Ⅱ)占多数,它们在后期Ⅰ能正常分离,形成的配子都是可育的。

表 10-1　同源四倍体的联会形式和染色体分离结果

联 会 类 型	后期Ⅰ分离方式	配子可育情况
Ⅱ＋Ⅱ	2/2	均衡可育
Ⅳ	2/2 或 3/1	高度可育
Ⅲ＋Ⅰ	2/2 或 3/1 或 2/1	少部分配子不育
Ⅱ＋Ⅰ＋Ⅰ	2/2 或 3/1 或 1/1	少部分配子不育

但有时也会有其他联会方式,如Ⅳ(四价体)、Ⅲ＋Ⅰ(一个三价体和一个单价体)、Ⅱ＋Ⅰ＋Ⅰ(一个二价体和两个单价体)。这些联会方式在后期Ⅰ分离时可能形成 2/2 式均衡分离,也可能形成 3/1 式、2/1 式等不均衡分离,产生的配子中染色体数目不平衡,结果导致同源四倍体的部分不育。

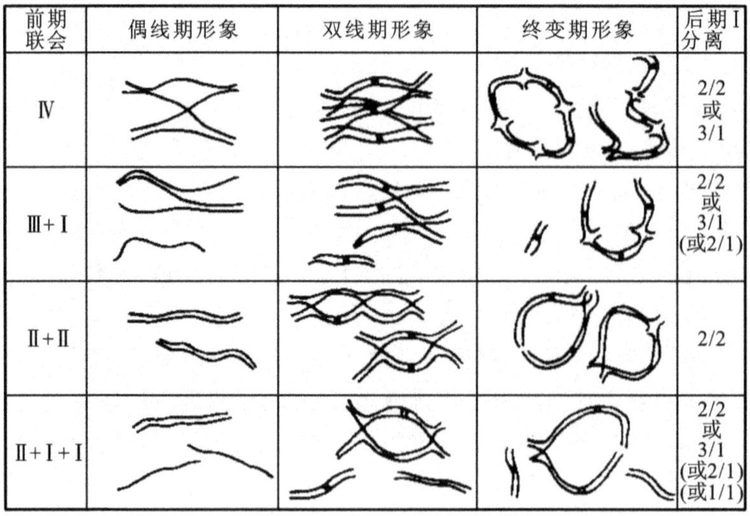

图 10-25　同源染色体各同源组四条染色体的联会和分离

(3) 偶数的同源多倍体的基因分离非常复杂　现仍以同源四倍体为例,细胞内每一基因位点都有 4 个成员,它们可组成 5 种基因型,即 $AAAA$(全显性)、$AAAa$(三显体)、$AAaa$(二显体)、$Aaaa$(单显体)和 $aaaa$(隐性纯合体)。假定这些基因型都按 2/2 式分离,而且基因与着丝粒间不发生交换(即不存在染色单体的分离,只有染色体的正常分离)。那么,除了 2 种纯合体外,3 种杂合基因型的基因分离、产生的配子种类和比例、测交或自交后代的分离比例见表 10-2。现以基因型 $AAaa$ 的配子形成和自交结果为例,用图 10-26 进行说明。

表 10-2　同源四倍体各种杂合体的分离结果

基　因　型	配 子 比 例	测交后代表型比例	自交后代表型比例
全显性($AAAA$)	全 AA	全 A	全 A
三显体($AAAa$)	$1AA：1Aa$	全 A	全 A
二显体($AAaa$)	$1AA：4Aa：1aa$	$5A：1a$	$35A：1a$
单显体($Aaaa$)	$1Aa：1aa$	$1A：1a$	$3A：1a$
隐性纯合体($aaaa$)	全 aa	全 a	全 a

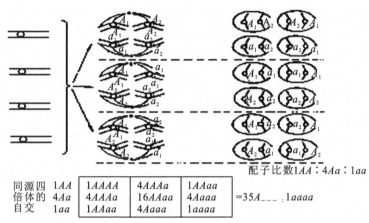

配子比数$1AA：4Aa：1aa$

同源四倍体的自交	1AA	4Aa	1aa
1AA	1AAAA	4AAAa	1AAaa
4Aa	4AAAa	16AAaa	4Aaaa
1aa	1AAaa	4Aaaa	1aaaa

$=35A\_\_\_：1aaaa$

图 10-26　同源四倍体的二显体($AAaa$)的配子形成和自交后 $35A：1a$ 比数的产生

在同源多倍体中,染色体和基因分离是多种多样的,产生的配子也各种各样,而配子又可随机结合,形成众多的后代类型,出现各种分离比例,这就为生物进化提供了物质基础。

例: 某植物基因型是 $AaBb$,经染色体加倍成同源四倍体后,它自交产生了各种基因型的后代。问:后代中,表现 $A\_\_\_bbbb$、$A\_\_\_B\_\_\_$、$aaaabbbb$ 各占多少?

解: 因为基因型 $AaBb$ 经染色体加倍后变成了同源四倍体,它自交时任一基因位点可分离出 $35/36$ 显性个体和 $1/36$ 隐性纯合体,所以

$$A\_\_\_bbbb 为 35/36×1/36=35/1296$$
$$A\_\_\_B\_\_\_为 35/36×35/36=1225/1296$$
$$aaaabbbb 为 1/36×1/36=1/1296$$

(4) 奇数的同源多倍体高度不育　若某植物是三倍体,它应有 $3n$ 条染色体。由于每号染色体有 3 条,在减数分裂时如图 10-27 所示,通常可形成三价体(极少数形成二价体和单价体),当这些三价体在后期Ⅰ分离时,常呈 2/1 式分离,即两条染色体到一极,另一条染色体到另一极,而且 n 个二价体中的任两条到一极的概率是 $1/2$,到另一极的概率也是 $1/2$。

要想使配子可育,必须使配子细胞内含有成套的染色体,即平衡配子。那么,形成平衡配子(n)的概率应为$(1/2)^n$,形成 $2n$ 配子的概率也为$(1/2)^n$,则形成可育配子(n 和 $2n$)的概率为$(1/2)^n+(1/2)^n=(1/2)^{n-1}$。

要使三倍体形成种子,必须平衡配子的结合,那么,形成各种类型种子的概率应分别为

$$P(2n)=(1/2)^n×(1/2)^n=(1/2)^{2n}$$
$$P(3n)=2×(1/2)^n×(1/2)^n=2×(1/2)^{2n}$$
$$P(4n)=(1/2)^n×(1/2)^n=(1/2)^{2n}$$

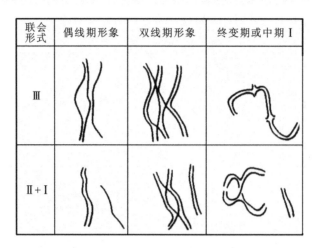

图 10-27　同源染色体各同源组三条染色体的联会和分离

合计,形成种子的概率为$(1/2)^{2n-2}$。

4. 同源多倍体的应用

在栽培作物中,很多物种是同源多倍体,如三倍体甜菜、香蕉、无籽西瓜、四倍体黑麦、葡萄、马铃薯等,都在生产上发挥了重要作用。

采用抑制细胞分裂时染色体分离的化学药剂如秋水仙碱,可以使细胞染色体加倍。二倍体的染色体加倍后,获得同源四倍体。正如月见草的四倍体一样,很多植物的多倍体由于基因剂量的增加,其细胞、气孔及整个植株都有长势增旺使个体更加高大的特点,一些代谢活动也可能加强,从而使某些内含物质更加丰富。因此在农作物改良过程中常运用该技术培育多倍体作物。但同源多倍体在减数分裂时的联会过程中,同源染色体形成多价联会,染色体分离异常,导致配子不育。三倍体植株的不育现象在同源三倍体无籽西瓜($3n=3$)的培育中取得了良好的运用。它是用四倍体西瓜和二倍体西瓜杂交育成的(图 10-28)。无籽西瓜含糖量、蛋白质含量均高,而且食用方便,深受消费者欢迎。

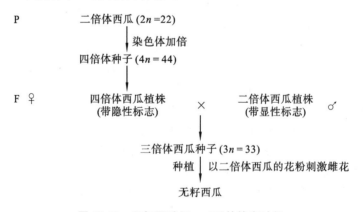

图 10-28　无籽西瓜($3n=33$)的培育过程

依上所述,三倍体西瓜的配子可育率为$(1/2)^{n-1}=(1/2)^{10}$,它即使偶尔结种,频率也极低,只有$(1/2)^{10}\times(1/2)^{10}=(1/2)^{20}$,而且后代不一定是三倍体,所以要年年制种,成本很高。现在正试验推广无籽西瓜的无性繁殖,即取优良三倍体西瓜叶切成适当大小的外植体,经组织培养诱导成植株,实行育苗工厂化,可克服年年制种的困难。

（二）异源多倍体

异源多倍体在植物界广泛存在,是物种演化的一个重要因素。据分析,中欧植物的 652 属中有 419 属是由异源多倍体种组成的。在被子植物纲内,异源多倍体物种占 30%~35%。小麦、燕麦、棉花、烟草、甘蔗等农作物,苹果、梨、樱桃等果树,菊花、水仙、郁金香等花卉,都是异源多倍体。在动物中,异源多倍体极为罕见,马蛔虫(*Parascaris equorum*)有 $2n=2$ 的个体和 $2n=4$ 的个体,可能是唯一的实例。根据染色体组数目的奇偶性,可将异源多倍体划分为偶倍数的异源多倍体和奇倍数的异源多倍体。

1. 异源多倍体的特征

（1）形态生理的多样化　在异源多倍体中,由于含有两个或两个以上物种的染色体,往往具有双亲的特性,一般表现抗逆性强,适应性广,种子大而多等。如普通小麦是异源六倍体,它结合了 3 个物种的优良特性。

（2）具有正常染色体行为和高度的可育性　由于偶数的异源多倍体的染色体都成对存在,减数分裂时较易形成二价体,能正常地分离,所以形成的配子高度可育。但奇数的异源多倍体仍高度不育。

（3）等位基因能正常分离　由于双二倍体的染色体成对存在,基因也成对存在,所以它们在减数分裂时仍遵循孟德尔遗传定律,能正常地分离。

（4）基因间的相互作用非常复杂　有各种基因互作方式,如互补作用、显性上位作用等。

2. 异源多倍体形成的途径

由于异源多倍体的表型类似于二倍体,为了区别起见,常把异源多倍体称为双倍体,而最常见的异源多倍体有异源四倍体、异源六倍体、异源八倍体等,形成途径如下。

① 二倍体种间或属间杂种的体细胞染色体加倍。自然界的异源多倍体很少通过这一途径形成,但人工用秋水仙碱水溶液处理远缘杂种,却比较容易得到这类多倍体。

② 杂种减数分裂不正常。同一细胞内两个物种的染色体没有联会,后期Ⅰ染色体不规则地分向两极,形成染色体数目不等的配子,其中也有全部染色体都分配到同一子细胞中形成的重组核($2n$),它们是可育的,当这样的雌雄配子结合时就形成了双二倍体[$2(n)$]。自然界中异源多倍体常是这样形成的。

③ 两个不同种属的同源四倍体杂交产生异源四倍体。

1）偶倍数的异源多倍体

偶倍数的异源多倍体是指各同源染色体组的染色体都是成对存在的异源多倍体。在这一类多倍体中,同源染色体都是成对的,在减数分裂前期Ⅰ,所有染色体可以像正常的二倍体那样联会成二价体,后期Ⅰ成对染色体均衡地分向两极,从而形成正常的配子,受精后产生正常的合子,表现出与二倍体相同的遗传规律,从而保证了物种的生存和繁衍。

自然界能够自己繁殖的异源多倍体种几乎都是偶倍数的。例如,普通烟草($2n=4x=$ TTSS$=48=24$ Ⅱ),是由一个二倍体($2n=2x=$ TT$=24=12$ Ⅱ)的拟茸毛烟草(*N. tomentosiformis*)和另一个二倍体($2n=2x=$ SS$=24=12$ Ⅱ)的美花烟草(*N. sylvestris*)合成的异源四倍体。普通烟草由两个二倍体物种的染色体组成,即 TT 和 SS,故又称为双二倍体(amphidiploid)。

普通小麦为异源六倍体($2n=6x=$ AABBDD$=42=21$ Ⅱ),其中:A 染色体组的 7 条染色体分别为 1A,2A,3A,4A,5A,6A 和 7A;B 染色体组的 7 条染色体分别为 1B,2B,3B,4B,5B,

6B 和 7B；D 染色体组的 7 条染色体分别为 1D,2D,3D,4D,5D,6D 和 7D。在这 3 个染色体组间，编号相同的染色体之间具有部分同源关系。例如,1A、1B 和 1D 是部分同源的,2A、2B 和 2D 是部分同源的,以此类推。在 1A、1B 和 1D 上有少数基因座的功能是相同的,因而在遗传上,1A、1B 和 1D 有部分相互补偿功能。普通小麦减数分裂时,正常情形是 1A 与 1A 联会、1B 与 1B 联会、1D 与 1D 联会,即同源联会(autosynapsis)。但在小麦单倍体中,由于每条染色体都是单的,具有部分同源关系的染色体之间也可能发生异源联会(allosynapsis),如 1A 可能与 1B 或 1D 联会。

如果某异源多倍体的不同染色体组间有很高程度的同源关系,则这样的多倍体称为节段异源多倍体(segmental polyploid)。节段异源多倍体在减数分裂时,染色体除了联会成二价体外,还会出现或多或少的多价体,从而造成某种程度的育性下降。

在大多数异源多倍体物种中,不同染色体组所含染色体数常常是相同的。如上述的普通烟草中的 T 组和 S 组都含有 12 条染色体,普通小麦的 A、B 和 D 组都含有 7 条染色体。但也有些异源多倍体的不同染色体组的染色体数不同。例如芥菜($B.\ juncea$)是异源四倍体($2n=4x=36=8\,\text{Ⅱ}+10\,\text{Ⅱ}$),它由黑芥菜($B.\ nigra,2n=2x=16=8\,\text{Ⅱ}$)提供 $x=8$ 的染色体组,由油菜($B.\ campestris,2n=2x=20=10\,\text{Ⅱ}$)提供 $x=10$ 的染色体组。再如,欧洲油菜($B.\ napus$)也是异源四倍体($2n=4x=38=9\,\text{Ⅱ}+10\,\text{Ⅱ}$),中国油菜为其提供 $x=10$ 的染色体组,甘蓝($B.\ oleracea,2n=2x=18=9\,\text{Ⅱ}$)提供 $x=9$ 的染色体组。

2) 奇倍数的异源多倍体

奇倍数的异源多倍体是指含有奇数个染色体组的异源多倍体。它们一般是不同的偶倍数异源多倍体的种间杂交后代。例如,异源六倍体普通小麦($2n=6x=\text{AABBDD}=42=21\,\text{Ⅱ}$)与异源四倍体圆锥小麦($T.\ turgidum,2n=4x=\text{AABB}=28=14\,\text{Ⅱ}$)的杂交子代 F_1 代为异源五倍体($2n=5x=\text{AABBD}=35=7\,\text{Ⅱ}+7\,\text{Ⅱ}+7\,\text{Ⅰ}$)。普通小麦与异源四倍体提莫菲维小麦($T.\ timopheevii,2n=4x=\text{AAGG}=28=14\,\text{Ⅱ}$)的杂交子代也是异源五倍体($2n=5x=\text{AABDG}=35=7\,\text{Ⅱ}+21\,\text{Ⅰ}$)。上述 2 个 F_1 代虽然同是异源五倍体,但它们在减数分裂过程中有着不同的细胞学特征。在普通小麦×圆锥小麦的 F_1 代,孢母细胞内将出现 14 个二价体和 7 个单价体($14\,\text{Ⅱ}+7\,\text{Ⅰ}$),而在普通小麦×提莫菲维小麦的 F_1 代,孢母细胞内则形成 7 个二价体和 21 个单价体($7\,\text{Ⅱ}+21\,\text{Ⅰ}$)。单价体数越多,染色体的分离越紊乱,配子染色体数及其组合成分越不平衡。由于单价体的出现,这 2 个 F_1 代都会表现不育,而后者的不育程度要比前者严重得多。所以奇倍数的异源多倍体很难在自然界存在,除非它可以无性繁殖。

3. 异源多倍体的应用

人工诱发异源多倍体在育种中具有重要的应用价值,主要体现在三个方面,即克服远缘杂交的不孕性、克服远缘杂种的不育性、创造远缘杂交育种的中间亲本。

1) 克服远缘杂交的不孕性

由于存在生殖隔离,亲缘关系较远的植物种杂交往往不能得到种子。例如,白菜($B.\ chinensis,2n=20=10\,\text{Ⅱ}$)与甘蓝($B.\ oleracea,2n=2x=18=9\,\text{Ⅱ}$)杂交,无论正交还是反交都不能得到种子。但是,如果将甘蓝加倍成为同源四倍体($4x=36=9\,\text{Ⅳ}$),再与白菜杂交,正交、反交均能得到种子。所以在进行种间杂交前,将一个亲本种加倍成同源多倍体,是克服种间杂交不孕性的有效途径之一。

2) 克服远缘杂种的不育性

人工创造多倍体也是克服远缘杂种不育性的重要手段。在远缘杂交的情况下,亲本染色体组之间的差异悬殊,减数分裂时孢母细胞内必然出现大量的单价体,造成严重的不育。但是,如果使 F_1 代植株的染色体数加倍成异源多倍体物种,则在减数分裂时各条染色体都能联会成二价体。小黑麦的育成是一个成功范例。黑麦($2n-2x=RR=14=7$ Ⅱ)穗大、粒大、抗病和抗逆性强。因为小麦与黑麦的杂种 F_1 代($2n=4x=ABDR=28$)是高度不育的,所以黑麦的这些优点无法通过杂交转移给普通小麦。将这个异源四倍体的 F_1 代加倍成为异源八倍体($2n=8x=AABBDDRR=56=28$ Ⅱ),就成为可育的小黑麦,如图 10-29 所示。这种小黑麦曾在我国云贵高原的高寒地带大面积种植。

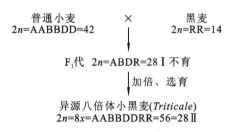

图 10-29 异源八倍体小黑麦新品种培育过程

3)创造远缘杂交育种的中间亲本

远缘杂交很难成功,即使成功,杂种也常常不育。为了克服这个困难,通常先创造一个多倍体的中间亲本,再利用中间亲本与另一亲本杂交。突出的成功案例是将伞形山羊草(*Aegilops umbellulata*,$2n=2x=COCO=14=7$ Ⅱ)的抗叶锈病显性基因(R)转移给普通小麦$2n=6x=AABBDD=42=21$ Ⅱ)的过程。伞形山羊草与普通小麦杂交不能产生有活力的种子,因而无法直接将伞形山羊草的抗叶锈病基因转移给普通小麦。先将伞形山羊草与异源四倍体的野生二粒小麦($4x=AABB=28=14$ Ⅱ)杂交,再将其 F_1 代($2n=3x=ABCO=21$)加倍成异源六倍体($2n=6x=AABBCOCO=42=21$ Ⅱ)。以此为中间亲本,再与普通小麦进行杂交和回交,最后得到携带来自伞形山羊草的高抗叶锈病基因的普通小麦。图 10-30 所示为普通小麦产生的可能过程。

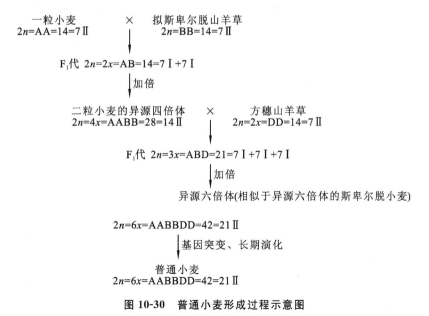

图 10-30 普通小麦形成过程示意图

三、单倍体

1. 单倍体的类型

根据单倍体细胞内含有的染色体组数,可把单倍体分为以下几类。

① 一倍单倍体(monohaploid):细胞内含有一个染色体组的单倍体,如雄蜂,$n=x=16$,真菌的营养菌丝多属此类。

② 二倍单倍体(dihaploid):细胞内含有两个染色体组的单倍体,如陆地棉的花粉及由花粉培育成的植株都属此类($n=2x=26$)。

③ 多倍单倍体(polyhaploid):细胞内含有三个或三个以上染色体组的单倍体,如普通小麦是异源六倍体($2n=6x=42$),其花粉及培育成的植株都是单倍体($n=3x=21$)。

二倍单倍体或多倍单倍体又可根据染色体组的来源是否相同分为同源单倍体和异源单倍体。一倍单倍体和异源单倍体,各染色体都是单个的,在减数分裂过程中没有联会的伙伴,只能以单价体的形式存在。这种单价体在减数分裂时表现为三种可能。①后期Ⅰ随机趋向纺锤体的某一极,即某个或某些趋向一极,另一个或另一些趋向另一极,后期Ⅱ姐妹染色单体进行正常的均衡分离。②提早在后期Ⅰ进行姐妹染色单体的均衡分离,后期Ⅱ姐妹染色单体随机趋向纺锤体的某一极。③不迁往中期纺锤体的赤道板,以致被遗弃在子核之外,最终在细胞质中消失。这三种表现都会使最后形成的配子中很少能够得到整套(x)的染色体组,从而导致单倍体的高度不育。高度不育现象是单倍体最重要的遗传特征。

2. 单倍体形成的途径

(1) 自然界存在的单倍体　有些单倍体是正常的生命个体,也有些是某些物种正常生命过程的一个阶段。如真菌的菌丝体都是单倍体,还有雄蜂、雄蚁、孤雌生殖的蚜虫都由未受精卵发育而成,也是单倍体。胚囊中的助细胞或反足细胞如能发育成胚,也是单倍体,这种情况在柑橘、水稻、棉花、黑麦等植物中时常发生。

(2) 人工诱导的单倍体　这种方法首先由印度的 S. Guha 等(1964)试验成功,他们用野生曼陀罗的花药进行人工培养,最后培育成单倍体植株。随后世界各国的科学家相继做花药培养或小孢子培养获得单倍体的试验,已培育出几百种植物的单倍体植株,有的经染色体加倍形成了二倍体,再经选择,育成稳定遗传的二倍体优良品种。如我国科学家胡道芬培育成的"京花号"小麦品种,已大面积推广。

3. 单倍体的遗传学效应

① 生活力降低。由于单倍体只含有体细胞染色体数的一半,基因产物必定减少;它也不存在等位基因间的相互作用(即异质性)。所以大多数动植物的单倍体不能存活,人工诱导的单倍体在表型上往往细胞体积小,体型小,生活力较差。

② 缺乏等位基因间的显隐性关系,各种性状都可直接显现。例如玉米单倍体植株常出现白化苗、黄绿苗等。

③ 自然界的单倍体能正常可育,人工培育的单倍体高度不育。自然界中的单倍体(如雄蜂)不经过典型的减数分裂即可形成配子。但人工培育的单倍体(如玉米)在减数分裂时形成 n 配子的概率很小,基本上为$(1/2)^n$;形成 $2n$ 种子的概率更小,为$(1/2)^{2n}$或更低。这是因为单倍体的染色体大多没有同源关系,在减数分裂的中期Ⅰ时,n 条染色体基本上都以单价体排列在赤道板上,后期Ⅰ染色体分离时,每个单价体到达细胞一极的概率均为 1/2。因此要使植物

的配子可育,必须含有该物种全套的染色体,但是,n个单价体都跑到一极的概率仅为$(1/2)^n$。由于单价体分离经常存在落后现象,即停留在赤道板不动,最后被分解,所以植物单倍体植株的配子可育率为$(1/2)^n$以下。

例:玉米花粉植株($n=10$)形成可育配子的概率多大?自然产生种子的概率又如何?

解:玉米花粉植株是单倍体,所以它形成正常配子($n=10$)的概率应为$(1/2)^{10}$,如果想从单倍体植株上获得正常的种子,雌雄配子都必须可育,这种概率为$(1/2)^{10} \times (1/2)^{10} = (1/2)^{20}$。

4. 单倍体的应用

尽管单倍体的高度不育特性对自身的繁衍不利,但它对于人类有着非常重要的理论意义和实用价值。

(1)遗传学理论上,可直接探讨基因的功能。单倍体植物中的所有基因无显隐性差别,都可发挥作用,所以可直接研究基因的性质和功能。

(2)用于基因定位的研究。单倍体的同源染色体和等位基因都只是一个成员,用分子标记原位分子杂交方法研究基因在染色体上的位置比较方便。如马铃薯是同源四倍体植物,用常规方法进行基因定位十分困难,但若使用单倍体则方便得多。

(3)进化上,利用单倍体可探讨染色体组的起源和进化。在单倍体减数分裂时,如果个别的染色体发生联会,则可推测它们有同源性,从而可追溯物种染色体的起源。在异源多倍体中,如果染色体组来源于相近的几个物种,则它的单倍体内的某些染色体间可出现联会现象。如普通小麦的花粉植株就有个别染色体联会的现象。

(4)利用单倍体培育纯合自交系,进而配制杂种。虽然单倍体高度不育,但经过染色体加倍,就可成为纯合一致的二倍体或双倍体,正常可育,可快速培育出优良品种,提高育种效率。在作物杂交育种时,若把F_1代的花粉直接诱导成单倍体,从加倍的单株中选优繁殖,能加快育种进程,提高选择效率。

在杂交育种中,亲本基因型是$AABB$和$aabb$,若将二者杂交,F_1代$AaBb$产生4种配子(AB、Ab、aB、ab),经染色体加倍,当代就可得到4种纯合基因型$AABB$、$AAbb$、$aaBB$、$aabb$,其中$AAbb$占$1/4$,可直接选择利用。但在常规育种时,自交F_2代中$AAbb$仅占$1/16$,而且在F_2代中它与$Aabb$难以区分,不能直接利用,需经几代纯合、鉴定、选择,才能成为新品种。在远缘杂交育种时用单倍体培养杂种一代,经染色体加倍,可避免杂种不孕和后代的分离。

(5)离体诱导非整倍体。研究表明,在花粉离体培养条件下,容易产生各种类型的非整倍体,能够为用非整倍体进行染色体工程提供丰富的材料。

四、非整倍体

(一)亚倍体

亚倍体(hypoploid)实际上包括单体、缺体和双单体。

1. 亚倍体的来源

在动物中,有些物种的正常个体是单体,而单体染色体主要是性染色体。如许多昆虫(蝗虫、蟋蟀、某些甲虫)的雌性为XX型($2n$),雄性为X型($2n-1$);一些鸟类的雄性为ZZ型($2n$),雌性是Z型($2n-1$)。动物中也会出现不正常的单体。例如,果蝇$2n=8=4\text{II}$,雌性是XX型,雄性是XY型,曾经发现一种单体IV果蝇,其Y染色体丢失了,从而变成X型($2n-1$)。

人类的唐氏综合征患者的性染色体组成为 XO（$2n-1$），缺少了 1 条性染色体。

缺体一般来自单体的自交后代。在二倍体生物中，缺体是不能存活的，在异源多倍体中，也只有普通小麦才具有能存活并有一定育性的缺体。普通烟草的缺体在幼胚阶段就死亡，因为它只有两组染色体，其中的异位同效基因不如普通小麦的多，缺少的一对染色体上有许多重要基因的功能不能得到补偿。

细胞学分析亚倍体的来源有三种情况。

① 同源染色体在减数分裂后期 I 不分离，产生 $n+1$ 和 $n-1$ 的配子。如果这对染色体都到达一极，则另一极缺乏这号染色体，结果形成 $n+1$ 和 $n-1$ 的配子。当一种 $n-1$ 配子与正常的 n 配子结合时，子代为 $2n-1$ 的单体；相同的 $n-1$ 雌雄配子结合，可产生 $2n-2$ 的缺体；不同的 $n-1$ 雌雄配子结合产生 $2n-1-1$ 的双单体。

② 某条染色体在减数分裂的后期 II 不分裂，这条染色体的两条单体均移向一极，到了一定时间，两条单体再裂开成两条子染色体。这样也可形成 $n+1$ 配子和 $n-1$ 配子，而 $n-1$ 配子与 n 配子结合同理可产生亚倍体。

③ 由单体杂交的后代产生单体、缺体或双单体（图 10-31）。

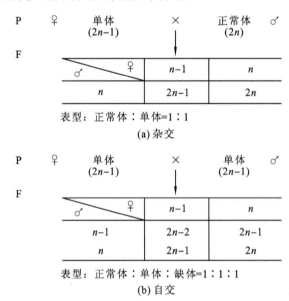

图 10-31 单体杂交和自交后代的结果

2. 亚倍体的遗传学特点

① 生活力降低。在普通小麦的单体或缺体系中（图 10-32），由于缺一条或一对染色体，造成染色体不平衡，使代谢途径发生障碍，往往表现为植株矮小、生长势弱、育性降低等。

在植物中，二倍体物种的单体一般不能存活，即使有少数存活下来也是不育的。而异源多倍体植物由于不同染色体组有部分相互补偿功能，单体是可以存在的，也能繁衍后代。例如，普通烟草是异源四倍体（$2n=4x=TTSS=48=24\,II$），其配子中有 2 个染色体组（$n=2x=TS=24\,I$）。烟草是第 1 个分离出全套 24 个不同单体的植物。通常用除 X 和 Y 以外的其他 24 个英文字母命名烟草中 2 个染色体组的 24 条染色体。因此，烟草的全套 24 个单体分别表示为 $2n-I_A$，$2n-I_S$，…，$2n-I_W$ 和 $2n-I_Z$。烟草单体与正常双体之间，以及不同染色体的单体之间，在花冠大小、花萼大小、蒴果大小、植株大小、发育速度、叶形和叶绿素浓度等方面都有

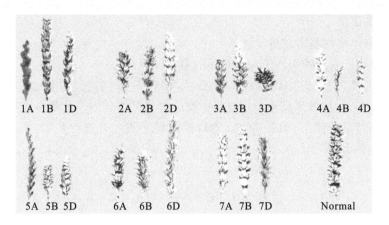

图 10-32　普通小麦($n=21$)的缺体

明显差异。再如,普通小麦也有 21 个不同染色体的单体,分别用 $2n-\mathrm{I}_{1A},\cdots,2n-\mathrm{I}_{2B},\cdots,2n-\mathrm{I}_{7D}$ 表示。同样,各个单体与正常双体之间,以及不同染色体的单体之间,都有一定的差别。如单体 $2n-\mathrm{I}_{1D}$ 比其他单体的生长势弱,$2n-\mathrm{I}_{1D}$ 抗秆锈能力不及它的双体姐妹系,等等。

普通小麦的 21 个缺体都已分离出来,普通小麦缺体生活力都较差,育性都较低,可育的缺体一般都各具特征,例如:$2n-\mathrm{II}_{5A}$,丢失抑制斯卑尔脱小麦穗型基因,故 5A 缺体就会发育成斯卑尔脱小麦穗型;$2n-\mathrm{II}_{7D}$,生长势小于其他缺体,有半数植株是雄性不育或雌性不育;$2n-\mathrm{II}_{4D}$,花粉表面正常,但不能受精,说明 4D 上载有控制育性的基因;$2n-\mathrm{II}_{3D}$,种子是白果皮,而双体则为红果皮。

② 二倍体生物中的亚倍体常常死亡或高度不育。在异源多倍体中,单体或缺体尚有补偿作用,尽管有表型变异,但不至于使生物体死亡。而在二倍体中,由于缺乏基因间的补偿作用,对个体影响极大。例如,人类中未见到缺体,虽有第 21 号和第 22 号染色体的单体,但为死胎,其他各常染色单体都不能生存,X 单体($45,X$ 型)虽然活下来,但不育。

③ 基因分离比例不规则。在减数分裂时,特定的单体常形成一个单价体,后期 I 的分离是随机的,可能移向一极,也可能丢失,结果产生 n 和 $n-1$ 配子,而且二者的生活力也不相等,$n-1$ 雌配子多能正常生存,但雄配子往往死亡。因而子代的分离比非常不规则。

理论上讲,单体应该产生 $1:1$ 的 n 型和 $n-1$ 型配子,自交后代应表现出双体:单体:缺体$=1:2:1$ 的分离比例。但实际上并非如此,分离的比例变化很大,受很多因素的影响。研究表明,成单的那条染色体在减数分裂时无联会对象,后期 I 不能正常分离,常常被遗弃,所以 $n-1$ 配子的频率高于理论预期值。例如,普通小麦 21 种单体中参与受精的 $n-1$ 型胚囊平均占 75%,正常的 n 型胚囊平均只占 25%。对于花粉而言,由于 $n-1$ 型花粉生活力较差,在受精过程中竞争不过正常的 n 型花粉,所以尽管产生的 $n-1$ 型花粉比例较大,但参与受精的数量很少。普通小麦单体参加受精的 $n-1$ 型花粉平均只占 4% 左右(变异范围为 0~10%),而 n 型花粉的传递率平均为 96% 左右(变异范围为 90%~100%)(表 10-3)。

表 10-3　小麦单体自交子代群体各种类型的比例

♀	♂	
	$n(21\,\mathrm{I})96\%$	$n-1(21\,\mathrm{I})4\%$
$n(21\,\mathrm{I})25\%$	双体 $2n(21\,\mathrm{II})24\%$	单体 $2n-1(20\,\mathrm{II}+\mathrm{I})1\%$
$n-1(20\,\mathrm{I})75\%$	单体 $2n-1(21\,\mathrm{II}+\mathrm{I})72\%$	缺体 $2n-2(20\,\mathrm{II})3\%$

3. 亚倍体的应用

1）利用亚倍体进行基因定位

（1）利用单体把基因确切地定位在具体的染色体上。

例如,已知小麦无芒($S\_$)对有芒(ss)是显性,在对 S 基因进行定位时可用单体。首先用有芒个体与无芒的 21 种单体品系分别进行杂交。如果某组合的后代都是无芒的,则表明 S 基因不在缺少的那号染色体上;如果某组合的后代出现无芒:有芒＝1:1,则表明 S 基因位于缺少的那号染色体上(图 10-33)。

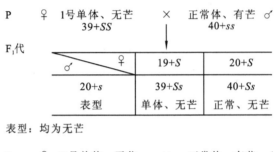

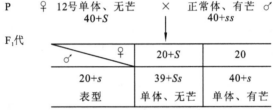

表型:无芒:有芒=1:1

图 10-33 利用单体进行小麦的基因定位

S 和 s 分别代表一条染色体和其上的基因。

（2）可以利用缺体研究基因与染色体的关系。由于不同染色体的缺体表现不同性状,所以可据此明确控制这个性状的基因位于哪条染色体上。例如,已用此方法确定了控制小麦籽粒颜色遗传的 3 个独立分配的异位同效基因是 R_1-r_1,R_2-r_2,R_3-r_3 分别位于 3D、3A、3B 染色体上。缺体植株:($2n-$ II $3DR_1R_1$)结出白皮籽,是双体植株:18 II ＋ II $3DR_1R_1$ ＋ II $3Ar_2r_2$ ＋ II $3Br_3r_3$ 结红皮籽,控制红粒基因 R_1R_1（显性）随 3D 染色体的缺失而丢失,从而也证实 R_1R_1 基因位于 3D 之上。

2）在农业育种上可有目标地更换个别染色体。

例如,已知某抗病基因(R)位于小麦 6B 染色体上,现有一品种具有强抗病特性,但综合性状较差,另一品种综合性状优良但不抗病(rr)。因此,就有必要把优良品种中不抗病基因($6B$ II rr)置换为($6B$ II RR)。方法是以某品种的 6B 单体(20 II ＋ I r)为母本与抗病品种(20 II ＋ II RR)杂交,在 F_1 代群体中,不管是单体植物(20 II ＋ I R),还是双体植物(20 II ＋ II Rr)都是抗病的,淘汰双体植物,使单体植物自交得到 F_2 代,淘汰 F_2 代群体内的单体(20 II ＋ I R)植物和缺体植物(20 II),对其双体(20 II ＋ II RR)则实行进一步选择,或用它作为杂交亲本与其他优良品种杂交。这个 F_2 代的双体就是换进了一对载有抗病基因(R)的 6B 染色体的个体。具体操作过程如图 10-34 所示。

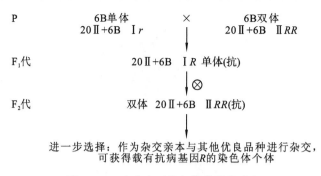

图 10-34　小麦个别染色体的置换过程

（二）超倍体

染色体数多于 $2n$ 的非整倍体称为超倍体（hyperploid），如三体、双三体、多体等。三体（trisomic）是超倍体最重要的一种，由于超倍体其他类型应用较少，所以重点介绍三体。

1. 三体

1）三体的性状特征

在三体细胞中，由于有一对染色体由 2 条增加为 3 条，该染色体上的基因剂量（gene dosage）也就随之改变，从而会使三体或多或少地产生不同于正常双体的表型效应。例如，直果曼陀罗（$2n=24=12\ II$）的某染色体变成三体（$12\ II + I$）后，其蒴果的形状就会发生变异（图 10-35）。三体引起的基因剂量变化对人类的表型会产生巨大的影响，例如，唐氏综合征患者（第 21 号染色体的三体患者见图 10-36）患阿尔兹海默症的比例较高，可能是因为与阿尔兹海默症有关的类淀粉前趋蛋白基因（位于第 21 号染色体上）的剂量增加所致。相对而言，唐氏综合征患者患乳腺癌的比例较低，可能是因为位于第 21 号染色体上的肿瘤抑制基因（tumor-suppressor gene）增加了剂量。

人类经常会出现三体，性染色体三体（XXX、XXY、XYY）的发生率相对较高。据报道，在异常胎儿中，有 47.8% 为三体。在流产胎儿中，有 11.9% 为三体。1960 年，Edward 首次发现第 18 号染色体的三体病例，称为 Edward 综合征，发病率约为 1/3500，50% 患儿在 2 个月内死亡，极少能活到 10 岁。同年，Patau 等又发现第 13 号染色体三体患儿，发病率约为 1/5000。这两种患者都表现为智力低下，并有唇裂、腭裂和多趾等畸形。

2）三体的来源

前已述及，正常的二倍体在减数分裂时染色体的不分离或不分裂均可形成 $n+1$ 配子和 $n-1$ 配子。当 $n+1$ 配子与 n 配子结合时，即可产生三体；相同的两个 $n+1$ 雌雄配子结合可形成四体 $[2n+2(1)]$；不同的两个 $n+1$ 雌雄配子结合可形成双三体（$2n+1+1$）。

三体、双三体和四体的种类数与单体、双单体和缺体的种类数相同，如小麦（$2n=42$）应有 21 种三体、21 种四体和 21 种双三体。

但动物的三体种类数并不与单倍体染色体数相等，这是因为动物有性染色体的差异。例如，果蝇（$n=4$）的三体类型应为 6 种（3 种常染色体形成的 3 种三体，另有 XXX、XXY、XYY 三体，未发现 YYY 三体）；人类也如此，理论上应有 25 种三体，即 22 种常染色体形成的三体加上 XXX、XXY 和 XYY 三体。

同理，三倍体植株也可产生 $n+1$ 配子，结合后也可形成三体。

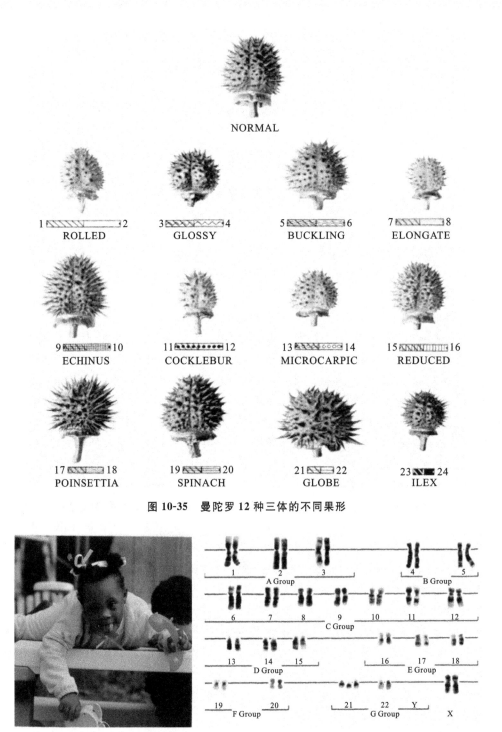

NORMAL

1 ⬜ 2
ROLLED

3 ⬛ 4
GLOSSY

5 ⬛ 6
BUCKLING

7 ⬜ 8
ELONGATE

9 ⬛ 10
ECHINUS

11 ⬛ 12
COCKLEBUR

13 ⬛ 14
MICROCARPIC

15 ⬛ 16
REDUCED

17 ⬛ 18
POINSETTIA

19 ⬛ 20
SPINACH

21 ⬛ 22
GLOBE

23 ⬛ 24
ILEX

图 10-35　曼陀罗 12 种三体的不同果形

图 10-36　唐氏综合征患者(第 21 号染色体的三体)

3) 三体的种类

（1）初级三体(primary trisomic)　多余的这条染色体与自身的某条染色体相同。如人类中的 XXX 个体。

（2）次级三体(secondary trisomic)　三体中所增加的一条染色体是自身某染色体的等臂

染色体。

（3）三级三体(tertiary trisomic) 三体中所增加的一条染色体是自身的两条非同源染色体经易位而成的染色体。

4）三体的基因分离

三体的染色体在减数分裂时多形成三价体,常呈现 2/1 式分离,结果非常复杂。

假定某三体上的基因与着丝粒间未发生交换,而且染色体可随机地 2/1 式分离(不考虑染色单体的分离),那么两种杂合体(二显体 AAa 和单显体 Aaa)的分离比例见表 10-4。为了更易理解,下面以二显体 AAa 为例说明配子的形成过程。

表 10-4 三体的测交和自交后的表现

基 因 型	配 子 比 例	n 与 $n+1$ 配子均成活可育		仅 n 配子成活可育	
		测交后代表型比例	自交后代表型比例	测交后代表型比例	自交后代表型比例
AAA	$1AA:1A$	全 A	全 A	全 A	全 A
AAa	$2A:1AA:2Aa:1a$	$5A:1a$	$35A:1a$	$2A:1a$	$8A:1a$
Aaa	$2Aa:2a:1aa:1A$	$1A:1a$	$3A:1a$	$1A:2a$	$5A:4a$
aaa	$1aa:1a$	全 a	全 a	全 a	全 a

若 $n+1$ 配子和 n 配子均能成活,且 A 对 a 是显性的,则 AAa 个体测交后代分离比例为 $5A:1a$,自交后代为 $35A:1a$(表 10-5)。

表 10-5 三体的二显体 AAa 自交分离结果分析

		♂			
		$2A$	$1AA$	$2Aa$	$1a$
♀	$2A$	$4AA$	$2AAA$	$4AAa$	$2Aa$
	$1AA$	$2AAA$	$1AAAA$	$2AAAa$	$1AAa$
	$2Aa$	$4AAa$	$2AAAa$	$4Aaaa$	$2Aaa$
	$1a$	$2Aa$	$1AAa$	$2Aaa$	$1aa$

归纳:$35A:1a$

如果只有 n 配子成活,则测交后代表型比为 $2A:1a$,自交后代为 $8A:1a$。至于单显体的分离(Aaa)同理可证。

在实际生活中,并非所有的配子都能成活,而是在不同性别中生殖能力不同。一般情况下,n 配子在雌、雄体中的生殖能力都相同,但 $n+1$ 配子在雌、雄体中差距非常大。通常是 $n+1$ 雌配子能生存,而 $n+1$ 雄配子却死亡。在此,就必须以两类配子所占的比例列成棋盘格,然后进行归纳整理,得出后代的表型种类和比例。

5）三体的应用

（1）利用三体进行基因定位。将本身为三体,并在该号染色体上带有杂合基因的个体进行测交或自交,在所得的后代中,呈现的比例不是 1:1 或 3:1,则可认为该基因位于多余的这条染色体上。若比例是 1:1 或 3:1,则可认为该基因不在这条多余的染色体上。例如,果蝇的三体,其体形变化不大,身上的刚毛稍短。把无眼果蝇($eyey$)与三体红眼($EyEy$)或($EyEyEy$)杂交,F_1 代全为红眼。然后从中选出三体果蝇,再与正常的无眼果蝇测交。F_t 代

中如果出现红眼：无眼＝1∶1,则表明无眼基因(ey)不在此条染色体上,如果出现红眼∶无眼
＝5∶1,即不是1∶1,则表明无眼基因(ey)一定位于多余的染色体上(图10-37)。

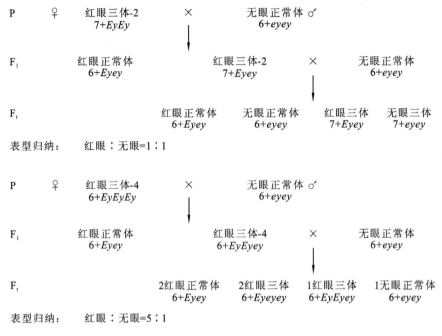

| P | ♀ 红眼三体-2 | × | 无眼正常体 ♂ |
| | $7+EyEy$ | | $6+eyey$ |

F₁   红眼正常体   红眼三体-2   ×   无眼正常体
      $6+Eyey$ $7+EyEy$ $6+eyey$

Fₜ   红眼正常体   无眼正常体   红眼三体   无眼三体
      $6+Eyey$ $6+eyey$ $7+EyEy$ $7+Eyey$

表型归纳：   红眼∶无眼＝1∶1

P   ♀ 红眼三体-4   ×   无眼正常体 ♂
       $6+EyEyEy$ $6+eyey$

F₁   红眼正常体   红眼三体-4   ×   无眼正常体
      $6+Eyey$ $6+EyEy$ $6+eyey$

Fₜ   2红眼正常体   2红眼三体   1红眼三体   1无眼正常体
      $6+Eyey$ $6+EyEyey$ $6+EyEy$ $6+eyey$

表型归纳：   红眼∶无眼＝5∶1

图 10-37 果蝇中利用三体进行基因定位的方法

(2) 利用三体配制杂种,从而利用杂种优势。现在玉米中广泛利用了杂种优势,能大幅度
地提高产量。在大麦中利用杂种优势也得到很大收益。因为大麦是自花授粉作物,配制杂种
相当困难,故人们设想利用其雄性不育制种:雄花败育,雌花正常,能接受外来花粉受精结实,
从而可免去去雄工作。

2. 四体

四体($2n+2$)的特征是体细胞中($n-1$)对染色体都是成对存在的,但有一对增加了2个同
源染色体,成为由4个成员组成的同源组(Ⅳ)。绝大多数四体来源于三体的自交后代,如在普
通小麦三体($2n+1=43=20Ⅱ＋Ⅳ$)的自交子代群体内,大约有1%的植株是四体($2n+2=44$
$=20Ⅱ＋Ⅳ$)。已经从普通小麦21个不同三体的子代群体内分离出21个不同的四体。

4个成员的同源染色体组的联会与分离与同源四倍体的某一同源组一样,同源区段内只
能有2条染色体联会,联会的同源区段相对较短,交叉数显著减少,容易发生不联会和提早离
解,中期Ⅰ除四价体(Ⅳ)外,还会出现1个三价体和1个单价体(Ⅲ＋Ⅰ)、2个二价体(Ⅱ＋
Ⅱ)以及1个二价体和2个单价体(Ⅱ＋Ⅰ＋Ⅰ)等多种情况。虽然如此,四体的同源染色体数
毕竟是偶数的,后期Ⅰ多数是2/2式均衡分离,所产生的配子中$n+1$型占多数,而且大部分能
参与受精。因此,四体的遗传稳定性远远高于三体。

四体植株的基因分离和三体一样,也能出现两种不同的分离比例:一是双体 Aa 杂合基因
型所导致的$[A_-]$∶$[aa]=3∶1$的分离;二是四体染色体上三式($AAAa$)、复式($AAaa$)或单式
($Aaaa$)杂合基因型所导致的不符合孟德尔比例的分离,其分离规律与同源四倍体某一同源组
相同。

习题

1. 名词解释：

缺失、重复、倒位、易位、多倍体、同源多倍体、异源多倍体、单体、双单体、缺体、三体、双三体、四体、超倍体、亚倍体、ClB、整倍体、单倍体、非整倍体、假显性效应、剂量效应、位置效应、假连锁现象。

2. 什么是染色体畸变？染色体结构变异是如何产生的？

3. 缺失分为几类？如何鉴定缺失？缺失有哪些遗传学效应？如何利用它？

4. 重复分为几类？如何鉴定重复？有何遗传学效应？

5. 倒位分为几类？有哪些遗传学效应？

6. 易位分为几类？有哪些遗传学效应？如何利用它？

7. 单倍体分为几类？有何遗传学效应？如何利用它？

8. 同源多倍体和异源多倍体有何异同点？分别举例说明。

9. 同源多倍体有哪些遗传学效应？

10. 单体是如何产生的？有哪些遗传学效应？应如何利用它？

11. 三体分为几类？它是如何形成的,有何遗传学效应？

12. 植株是显性 AA 纯合体,用隐性 aa 纯合体的花粉给它授粉杂交,在 500 株 F_1 代中,有 2 株表现为 aa。如何解释这个杂交结果？

13. 某生物有 3 个不同的变种,各变种的某染色体的区段顺序分别为：ABCDEFGHIJ、ABCHGFIDEJ、ABCHGFEDIJ。试论述这 3 个变种的进化关系。

14. 玉米植株是第 9 号染色体的缺失杂合体,同时也是 Cc 杂合体,糊粉层有色基因 C 在缺失染色体上,与 C 等位的无色基因 c 在正常染色体上。玉米的缺失染色体一般是不能通过花粉而遗传的。在一次以该缺失杂合体植株为父本与正常的 cc 纯合体为母本的杂交中,10% 的杂交子粒是有色的。试解释这种现象。

15. 普通小麦的某一单位性状的遗传常常是由 3 对独立分配的基因共同决定的,这是什么原因？用小麦属的二倍体种、异源四倍体种和异源六倍体种进行电离辐射处理,哪个种的突变型出现频率最高？哪个最低？为什么？

16. 四倍体的马铃薯 $2n＝48$,曾获得单倍体,经细胞学检查,发现该单倍体在减数分裂时形成 12 个二价体。据此,你对马铃薯染色体成分是怎样认识的？为什么？

参考文献

[1] 陈阅增.普通生物学[M].北京:高等教育出版社,1997.

[2] 李振刚.分子遗传学[M].北京:科学出版社,2001.

[3] 赵寿元,乔守怡.现代遗传学[M].北京:高等教育出版社,2000.

[4] 卢健.细胞与分子生物学实验指导[M].北京:人民卫生出版社,2010.

[5] 张建民.现代遗传学[M].北京:化学工业出版社,2005.

[6] 张飞雄,李雅轩.普通遗传学[M].2 版.北京:科学出版社,2010.

[7] 戴灼华,王亚馥,粟翼玟.遗传学[M].2 版.北京:高等教育出版社,2008.

［8］刘庆昌.遗传学［M］.2 版.北京:科学出版社,2010.

［9］刘祖洞.遗传学［M］.北京:高等教育出版社,1991.

［10］朱军.遗传学［M］.3 版.北京:中国农业出版社,2007.

［11］徐晋麟,徐沁,陈淳.现代遗传学原理［M］.2 版.北京:科学出版社,2005.

［12］杨业华.普通遗传学［M］.2 版.北京:高等教育出版社,2006.

［13］S L 埃尔罗德,W 斯坦斯菲尔德［M］.田清涞,等译.北京:科学出版社,2004.

第十一章

基因与基因组学

第一节 基　　因

一、基因的概念

自从孟德尔 1866 年发现了基因的传递规律,即基因分离定律和基因自由组合定律以来,对于控制遗传性状的基因本质及其在遗传中的传递规律的认识逐渐发生着变化,从基因概念的演化过程可以了解遗传学的发展历程。孟德尔时期对基因的认识与现代基因概念有一定的差异,实际上基因是指控制某一个特殊表型特征的"特性"或"稳定因子",是一种和表型对应的具有遗传特性的物质,如决定豌豆种皮的颜色、皱缩程度、株高等的物质。这种物质的化学本质是什么、其在细胞的哪些结构上、通过哪些具体的方式来决定表型等尚不知晓。然而,孟德尔学说的基础是遗传物质和表型的对应关系,这一命题至今仍然正确。而当进入 20 世纪后,随着孟德尔遗传定律被重新发现,英国内科医生 Archibald E. Garrod 在研究人类的几种遗传性代谢疾病(如尿黑酸症)时,发现了关于基因功能的一个重要线索,即基因突变可能决定了一个代谢障碍,并进而决定了各种外在的生物学表型(如血友病等)。

40 年后,随着生物化学的发展进入黄金时代,代谢通路得到详细阐明,George W. Beadle 和 Edward L. Tatum 提出了"一个基因一个酶"的概念,使得对基因的认识得到进一步深入。由于许多酶常由 2 个或多个肽链构成,因此基因的概念随后又被修正为"一个基因一条多肽链"。关于基因的最近的认识告诉我们:基因是编码蛋白质或有功能 RNA 的基因组上的一段序列。该 RNA 可以经过翻译形成蛋白质,可以形成具有酶活性的 RNA 分子,可以参与细胞结构的形成,也可以参与对其他基因的表达调控。

二、基因的结构

(一)基因的功能特征

基因是庞大基因组中的一段特定序列,从基因组成本身来看基因与非基因没有本质差异,那么这一段特定的序列如何行使基因的功能? 哪些因素会影响基因的功能? 回答这些问题还要从基因的结构谈起。首先,任何基因都是可表达的,而且基因的表达能够被调节,即仅在特定条件下才能表达。无论是单细胞生物还是多细胞生物,无论是对环境因子的应答,还是个体的发育过程,基因功能的发挥过程都可以描述成是时间和空间特异性表达的结果。

　　基因的结构决定了基因表达是受高度调控的,任何基因在其上下游近端都含有能够调控基因何时表达的侧翼序列(flanking sequence),没有侧翼序列,基因所蕴含的信息就无法表达。因此,组成完整基因的区域至少应该包括:①编码初级转录产物(进行 RNA 加工前的转录产物)的序列;②为正确启动转录所必需的侧翼序列,这些侧翼序列中有启动子(promoter)和终止子(terminator),启动子一般位于基因 5′ 上游 30~100 bp 范围内,是 RNA 聚合酶特异性识别和结合的 DNA 序列,控制基因表达(转录)的起始时间和表达的程度,是启动基因表达的不可或缺的“开关”。与启动子结合的蛋白质除 RNA 聚合酶外还有转录因子(transcription factors,TFs),与转录因子的结合控制着 RNA 聚合酶与启动子的结合能力,从而决定转录诱导与抑制状态,影响着基因的表达水平。终止子是位于基因下游 polyA 加尾信号远端的一段由数百个核苷酸构成的序列,为基因的下游设立了边界,使转录能够在合适的区域完成,终止子作用的强弱决定了转录反应是在一个基因单元完成转录后能够顺利终止,还是继续延伸从而形成串联的转录产物。上述区域是基因正常行使机能的最小单位,而且基因编码区与调控区之间没有化学意义上的差别,是连续的,我们也把位于 DNA 序列之上的调控基因表达的区域称为顺式调控元件(cis-acting element),它只作用于同一条染色体上的基因表达。单纯考虑某一特定基因的表达时,编码区内基因何时何地表达取决于基因侧翼序列,侧翼序列不仅决定了基因的时空特异性表达状态,也为基因在基因组上设定了一个区域,使之成为相对独立的功能单位。

　　当然,从整个基因组水平看基因的表达不仅受到其上游的启动子的调控,同时还受到另外一些顺式作用元件的调控,如增强子(enhancer)、绝缘子(insulator)、沉默子(silencer),它们对基因表达的调控不仅仅局限于一个基因范围内,可以位于基因较远距离之外作用于相对更广泛的区域,调节一个或多个相关基因的表达水平。

(二) 原核生物基因的结构

　　从基因结构看,原核生物基因含有最基本的编码区域和调节基因表达的侧翼调控区域,符合所有基因的共性,然而,原核生物基因最主要的结构特征有两点。其一,绝大多数原核生物基因的编码区序列与蛋白质氨基酸序列之间存在共线性关系,即结构基因的核苷酸序列,从翻译的起始密码子之后开始,每一个三联体密码子都能在翻译的最终产物中有相应的氨基酸与之一一对应,直到翻译终止密码子所有核苷酸序列的编码都是连续的,没有中断。因此,结构基因任意位点发生错义突变,都会产生突变的蛋白质产物,导致与其对应的突变表型产生。其二,原核生物的某些代谢相关的基因排列成簇,共用一个基因顺式调节区域,形成操纵子(operator),由一个调节蛋白同时控制该簇所有基因的表达。

　　作为操纵子的代表:1961 年由法国科学家 Jacob 和 Monod 发现的大肠杆菌乳糖操纵子(lac Z operator)是位于基因组 DNA 的由一个蛋白控制的一个基因簇,含有一个转录单位的一组相关的“结构基因”(lac Z、lac Y、lac A),它们按顺序连锁排列,形成基因簇,在“结构基因”启动子区域上游 60 bp 位点有一个正调控元件,称之为激活位点(activator site),供激活蛋白结合。而启动子下游 11 bp 处有一段回文序列供阻遏蛋白识别和结合,称之为“操纵基因”(operator gene),阻遏蛋白由单独存在的阻遏基因编码,阻遏蛋白的结合能够阻断所有下游结构基因(lac Z、lac Y、lac A)的转录,而在诱导物存在时,阻遏物被诱导物结合,从操纵基因处脱离,结构基因得以转录。这一基本结构的存在使得与乳糖代谢相关的基因仅在培养基中含有乳糖时大量表达,而不存在乳糖时始终处于关闭状态(图 11-1)。类似乳糖操纵子的基因调控模式在原核生物中还有很多,它们的存在使得成簇基因的开与关呈现同步性,能够对环境条件的改变迅速反应,改变基因的表达模式从而适应环境的改变。

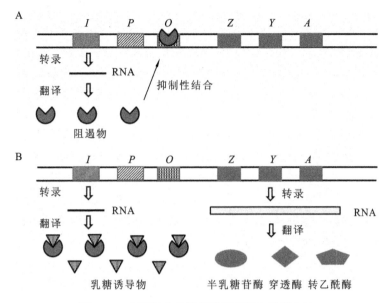

图 11-1　大肠杆菌乳糖操纵子阻遏与诱导表达

　　原核生物和一些病毒的基因组较小,较少含有冗余信息资源,不仅如此,通过一种特殊的基因编码方式,在有限的遗传资源的使用上实现了高效率。1976 年 Burrell B. G. 等人发现在 ΦX174 噬菌体中存在着重叠基因(overlapping gene)。重叠基因是指具有部分共用核苷酸序列的基因,即同一段 DNA 携带了两种或两种以上不同蛋白质的编码信息。在全部由 5386 个核苷酸组成的基因组含有编码 11 个基因的信息,即使每个核苷酸都编码氨基酸,合在一起最多也只能编码 1795 个氨基酸,所有蛋白质的相对分子质量之和约为 197000,而实际上测出的蛋白质相对分子质量总和是 262000。显然,只有遗传信息发生了重叠才能解释这一现象。ΦX174 噬菌体的重叠基因的重叠部分可以在调控区,也可以在结构基因区。重叠基因的存在体现着遗传信息存储的高效性,是某些原核生物的重要基因信息存储方式。不仅原核生物存在基因重叠现象,真核生物也有特定方式的基因重叠现象,不同于原核生物,真核生物基因的重叠常常是反向重叠,即某些区域 DNA 双链均有编码功能,能产生有功能的蛋白质产物,在表达调控过程中既可以关联表达也可独立表达。

（三）真核生物基因的结构

　　真核生物基因组比原核生物基因组庞大,碱基对数目分布从单细胞生物酵母的 1200 万直到人类的 30 亿,甚至在开花植物中有高达 1500 亿碱基对之多的物种(如 *Paris japonica*)。真核生物基因数量众多,其中蛋白质编码基因从数千到数万个不等,而且,绝大多数真核生物基因的编码区是不连续的,被非编码区间隔开,称之为断裂基因(split gene)(图 11-2)。编码区称为外显子(exon),非编码区称为内含子(intron)。外显子序列将要在成熟的 mRNA 中出现,而内含子序列则在 RNA 成熟加工过程中被切除,并没有与之对应的序列出现在 mRNA 中,或被翻译成蛋白质。因此,基因的整体序列与其蛋白质产物之间没有共线性关系,只有外显子区域与基因蛋白质相应区段存在共线性关系。mRNA 成熟加工后外显子部分拼接到一起才能行使基因的编码功能,从起始密码子开始按照 3 的整数倍阅读三联体密码子,从而翻译出有功能的多肽链直到终止密码子(终止密码子不同于基因的终止子,后者是基因上的一段用于决定基因转录终止位点的序列)。

已知断裂基因主要存在于真核生物基因中,有趣的是,断裂基因的最早发现是源自对病毒基因的研究。这一发现要追溯到 1977 年,当时美国的科学家 Sharp 和 Roberts 分别发现了断裂基因,这是分子遗传学上重要的突破。它们的主要试验来自于分子杂交和电子显微镜观察,他们在试验中使用 $EcoR\;I$ 和 $Hind\;III$ 分别消化腺病毒外壳蛋白六聚体(hexon)基因,分离得到 DNA 片段,用于与 mRNA 的分子杂交形成杂合双链,然后在电子显微镜下观察,如果 DNA 片段和 mRNA 能够完全互补配对,则形成一条双链,相反,如果 DNA 片段中含有 mRNA 上没有的序列,则 mRNA 上没有的序列将会从杂交双链溢出而呈现环状结构。结果发现,当用 $EcoR\;I$ 酶切 DNA 片段进行 DNA:RNA 分子杂交时,DNA 分子上有 3 段溢出的环不能与 mRNA 配对,表明在这一 DNA 片段内的 DNA 序列并没有出现在 mRNA 中,而是在 mRNA 形成过程中被切除了,所以才出现了不配对的环。这一结构确凿地证明了 hexon 基因是断裂基因(split gene)。随后,包括卵清蛋白基因在内的真核生物断裂基因被不断地发现,使这一概念成为分子遗传研究的重要的里程碑。

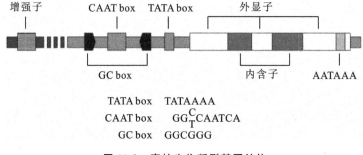

图 11-2　真核生物断裂基因结构

内含子不是固定不变的,高等生物存在一个基因编码多个蛋白质产物的现象,在基因转录后加工过程中,通过选择性的剪切(alternative splicing)以不同方式将不同组合的内含子切除,产生多个功能相关的转录本(transcripts)(图 11-3),已知 $MAP4K4$ 基因在已公布的人类基因组数据库显示有 49 个不同的转录本。在有限基因资源和基因组大小的范围内,这些来源于一个基因的不同的蛋白质产物对于维持高等生物复杂的生命活动具有重要的进化上的优势。据估计,人类基因编码的蛋白质高达 10 万种,而基因组中编码蛋白质的基因仅仅不超过25000 个,有超过 70% 的人类蛋白质编码基因拥有不同的 RNA 剪切加工方式,能够产生多种蛋白质产物。

在前体 mRNA 剪切加工之后,通常情况下内含子被切掉并降解,然而有时内含子区域包含有表达功能的序列,某些微小 RNA(miRNA)以嵌套的方式存在于特定基因的内含子内,在宿主基因内转录后加工过程中,被剪切释放并进行 miRNA 加工,形成有功能的调控宿主基因表达的分子,通过自主调控的模式来对基因的表达进行微调。把这种位于蛋白质基因内含子中的 miRNA 称为内含子 miRNA(introngenic miRNA),内含子 miRNA 通过转录后调控的方式抑制宿主基因的翻译或促进其降解从而抑制基因的表达,通过生物信息学分析显示的这种调控方式广泛存在于真核生物调控网络中。

内含子的存在提供了基因组进化的多样性,因为减数分裂中内含子内发生重组形成的外显子重排增加了进化中基因的多样性。同时内含子发生突变的频率较高,内含子的长度变化

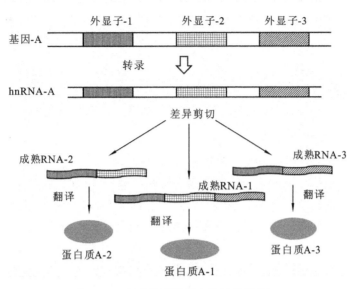

图 11-3　断裂基因转录产物的差异剪切

丰富,由于这些改变并不直接影响基因最后产物的顺序,因此更容易在进化中发生积累,真核生物内含子的存在为遗传变异提供了丰富的物质基础。

　　然而,真核生物中有些物种的基因很少含有内含子,如:酵母 90％以上的基因是不含内含子的非断裂基因。其他的无内含子的真核生物基因包括构成核小体主要成分的组蛋白基因、干扰素基因等。同时原核生物基因中也有少量含有内含子的,如 T_4 噬菌体的胸苷合成酶基因。既然如此,内含子的出现是进化中的早期事件,还是晚期事件呢? 无论如何,真核生物基因中内含子的存在为生物的进化提供了极大的多样性,并且因内含子剪切方式的多样性提高了基因组信息的利用效率,由此看来,内含子的出现和生物复杂性的进化存在平行的关系。

　　真核生物基因组中编码序列仅占小部分,除基因的内含子所占据的组成之外,基因组中大部分区域是庞大的基因间隔区,其中蕴含大量的各种类型的重复序列。例如:人基因组中编码蛋白质的序列仅占基因组的 1.5％左右,其余为内含子序列、基因间间隔序列、各种类型的重复序列。这些重复序列的存在不仅是维持基因组的基本功能所必需的,同时也是基因组进化的重要来源。

　　外显子与内含子的结构特征:外显子与内含子相比,通常很小且大小范围比较稳定,在数十个到数百个核苷酸不等,而内含子则有很大的变异,短则仅有数十个碱基对,长则高达数千个碱基对甚至更大。不同基因间内含子的数量也有很大的差异,最少的只有一个内含子,最多的是引起人类遗传学疾病的假肥大性肌营养不良(DMD)的致病基因(dystrophin),其内含子多达 79 个。内含子和外显子的关系可以比喻成“广阔的海洋和岛屿”的关系,比较不同物种的相关基因时可以发现相应的外显子序列通常是保守的,而内含子序列则很少保守,在不同物种间及物种内个体间存在较大的变异,这是由于编码外显子的序列通常处于选择压力之下,而内含子由于没有选择压力因此比外显子进化得快。

　　基因的结构中,无论是内含子与外显子,还是基因的调控序列,它们的本质都是核酸,在化学水平上没有本质差异,而且基因及与其相连锁的非基因区域也是如此。因此,基因组中一段行使基因功能的 DNA 序列的最主要特征还是核苷酸排列方式的不同,即序列本身的差异。阅读基因,使其在特定的时空条件下被表达出来,需要细胞内复杂的基因表达调控体系的参与,而基因表达调控体系的执行者也是基因的产物,也就是说基因组不仅包含结构基因,同时也编码了调控基因表达的基因。因此,基因的进化必定伴随着基因表达调控的进化,二者相辅相成。

三、基因的种类

(一) 编码蛋白质的基因

蛋白质是构成生物体结构和功能的最重要的成分,参与所有生物体结构的构建和细胞的生命活动。从"一个基因一个酶"、"一个基因一条多肽链"的早期基因定义可以了解人们对于蛋白质编码基因的认识是解决早期基因本质的主要科学问题,诚然,细胞蛋白质数量、结构的复杂程度和表达调控网络的精细程度与生物体的复杂程度有密切关系。因此,蛋白质编码基因是基因组中最重要的组成部分,占据了遗传信息的核心地位,几乎所有的调控基因都与蛋白质时空特异性表达有关。人类的蛋白质编码基因接近 25000 个,这些基因决定了人体生长发育、环境应答、思维意识等所有的功能。蛋白质基因的时空特异性表达调控决定了人类发育的全部过程,因此,蛋白质基因的结构和表达调控模式的演化是生物进化的核心内容。

蛋白质编码基因的结构也是广泛研究的最具有代表性的基因结构,即结构基因区(编码区)、侧翼调控序列(启动子、终止子)、其他调控序列(增强子、沉默子)。其中结构基因区域包含外显子和内含子(图 11-2)。蛋白质编码基因表达时,不仅通过反复转录产生多个 mRNA 拷贝,mRNA 翻译过程也是反复进行的,一条 mRNA 结合多个核糖体,反复地指令翻译系统合成大量蛋白质,因此基因的表达具有显著的放大效应。一个编码基因就能够通过表达过程产生足够量的蛋白质产物,因此蛋白质编码基因常常是单拷贝的,是典型的单一序列 DNA 组分。某些基因在基因组中以蛋白家族的形式存在,如 Ras 蛋白超家族有超过 150 个成员,因为这些蛋白质的氨基酸序列不完全相同,而且已经发生功能上的分化,代表了完全不同的功能基因,因此并不是真正意义上的重复序列。

(二) 编码 RNA 的基因

人类基因组编码的转录物中,蛋白质编码基因的转录物仅占 1/5,有相当多的基因资源并不编码蛋白质,而是编码终产物 RNA,这类 RNA 种类众多,功能多样。其中很大一部分是与蛋白质基因的表达调控相关的 RNA,这些 RNA 基因与蛋白质编码基因不同,RNA 编码基因每次转录只产生一个有功能的 RNA 终产物,有些种类的 RNA 基因为了在短时间内高效合成大量的基因产物,需要基因组中含有较多的拷贝数,因此,这些 RNA 基因大多数是多拷贝的。以核糖体 rRNA 为例,其编码基因不仅存在多拷贝,而且在发育的特定时期还能发生 rRNA 基因的扩增,产生数百个串联排列的拷贝,在细胞核内构成细胞核仁组织区表达大量的 rRNA,形成灯刷染色体,完成核糖体大、小亚基的组装,从而适应卵母细胞发育中蛋白质合成的需求。而其他大多数有功能的 RNA 基因是单拷贝的,如 miRNA 基因。

已知的 RNA 基因根据功能可分为 7 类,即 rRNA 基因、tRNA 基因、scRNA 基因、snRNA 基因、snoRNA 基因、小分子干扰 RNA 基因和长非编码 RNA(long non-coding RNA,lncRNA)基因。

1. rRNA 基因

rRNA 基因也称为 rDNA,rRNA 是核糖体的主要骨架成分,约占细胞总 RNA 量的 80%,

在真核细胞全 RNA 提取试验中,经过琼脂糖凝胶电泳可以观察到 rRNA 不同组分的带型,包括 28S、18S、5.8S、5S。它们分别由两个区域编码,其中 28S、18S、5.8S rRNA 基因构成一个类似操纵子结构,首先合成一个 45S 前体转录物,通过转录后加工形成三种不同的 rRNA 终产物。而 5S rRNA 则定位于另外区域的串联重复序列,转录和加工过程单独进行。45S rRNA 基因以多基因家族形式存在,是基因组中度重复序列的重要组成部分,定位于近端着丝粒染色体第 13、14、15、21、22 号染色体短臂,由 43 kb 组成的 rDNA 单位串联排列形成;5S rRNA 基因定位于第 1 号染色体 1q42,由 2.2 kb 的串联重复序列构成基因簇。

2. tRNA 基因

tRNA 是蛋白质合成中不可或缺的氨基酸转运载体,tRNA 基因也以家族性存在,构成了基因组中另一类 RNA 分子家族,人类基因组含有 497 个核 tRNA 基因以及 22 个线粒体 tRNA,其中核 tRNA 基因构成 49 个家族,分布于除 22 号和 Y 染色体以外的所有染色体上。tRNA 总量占细胞所有 RNA 的 15%。

3. scRNA 基因

scRNA 基因产物是细胞质小 RNA(small cytoplasmic RNA,scRNA)。scRNA 存在于细胞之内,例如:7SL RNA 是细胞质信号识别颗粒(SRP)的组装骨架,对于新生肽链的信号肽识别、结合和运输起重要作用。

4. snRNA 基因

snRNA 基因编码核内小 RNA(small nuclear RNA,snRNA),snRNA 常常与蛋白质结合形成核糖核蛋白颗粒(ribonucleoprotein particle,RNP),在间期细胞核中可见 RNP 聚集形成的复合结构,参与前体 RNA 的加工。

5. snoRNA 基因

snoRNA 基因编码核仁小 RNA(small nucleolar RNA,snoRNA),用于指导其他种类 RNA 的化学修饰,例如,rRNA、snRNA 都能成为 snoRNA 修饰的底物,使特定位点的碱基发生甲基化或使碱基转变成假尿嘧啶。

6. 小分子干扰 RNA 基因

近年来,一种转录后水平调控基因表达的小分子 RNA 被逐渐认识,这一类型的小 RNA 长度大约 22 nt(核苷酸),构成一个大的小 RNA 家族,能作用于特定的靶 mRNA,也可选择性地结合多种 mRNA(主要结合在 3′-非翻译区),通过抑制翻译或引发 RNA 降解的方式调控基因的表达,其本身的表达调控以及与靶基因表达的关系对于个体发育、疾病发生等是不可或缺的。目前已知这种类型的小 RNA 分子主要分三大类:miRNA、siRNA、piRNA。小分子干扰 RNA 基因种类众多,其中人类基因组中 miRNA 总数超过 1000 个。

7. lncRNA 基因

lncRNA 基因是另外一类非蛋白质编码 RNA 基因,其产物 lncRNA 与小分子干扰 RNA 不同,长度大于 200 nt 而小于 100000 nt。其种类众多,数倍于已知蛋白质编码基因转录物。与蛋白质编码基因相似,其成熟转录物经过 5′-加帽、3′-PolyA 修饰以及剪切过程,但不含或极少含有开放读码(ORF)。最初发现的时候 lncRNA 被视为转录的噪音,是 RNA 聚合酶 II 的副产物。然而,近年来人们发现,lncRNA 参与了多种重要的生物学功能,包括 X 染色体剂量补偿效应,基因组印记以及染色质修饰,胚胎干细胞多能性调节,转录调控,核内运输等多种重要的调控过程。其中调节 X 染色体失活的 *Xist* 基因位于 X 染色体失活中心,其产物就是典型的长链非编码 RNA,长度有 17 kb,在哺乳动物中 Xist RNA 仅仅由同源染色体中失活的 X 染色体表达,是 X 染色体失活的重要调节因子。相对于蛋白质编码基因,lncRNA 行使功能的方式多种多样,主要调节基因表达、蛋白质活性和参与到细胞核糖核蛋白体的形成,对于大多数 lncRNA 来说,其功能未知,有待于阐明。lncRNA 基因和 miRNA 基因的存在极大地丰富了编码蛋白质基因的调控手段,使得基因调控网络更加精细,使用有限的蛋白质编码基因就能够完成复杂的生命活动。

四、基因的存在方式

(一)基因家族

通过比较不同物种基因组的大小可以看出,从简单的低等生物到高等生物基因组大小基本上与物种的复杂程度呈正相关。从进化的观点出发可以提出这样的问题,即简单的低等生物向复杂的高等生物进化过程中基因组的进化是怎样发生的呢? 事实上,真核生物基因组中大量的重复序列信息告诉我们,基因的加倍和趋异是进化中基因组扩增的主要方式,因此基因组中存在着大量这一过程的遗留物——基因家族。基因家族(gene family)是来自于共同的祖先基因,通过加倍扩增和进化中的趋异作用而形成的序列相似、功能相关的所有基因的统称。基因家族可以位于基因组特定位置,串联排列,如:α-珠蛋白基因,定位于第 16 号染色体上,包含 7 个基因座,共 30 kb,串联排列,它们分别编码胚胎发育不同时期及成体的 α-珠蛋白基因或者假基因,它们共同构成一个基因簇(gene cluster)。基因簇是指基因家族中的各成员紧密成簇排列成大串的重复单位,位于染色体的特殊区域。除了 α-珠蛋白基因之外,很多具有相关功能的基因倾向于串联聚集排列在染色体的特定区域内,构成基因簇,在人类基因组中有约 37% 的 miRNA 基因聚集形成基因簇,例如,人 has-miR-17 基因簇就是由 6 个成员构成的。基因簇不仅在不同物种间高度保守,部分 miRNA 构成的基因簇的表达方式特别,首先以多顺反子形式转录,然后进行剪切和加工,形成成熟的 miRNA,这样使得同一基因簇内的 miRNA 基因接受相似的调控并具有相似的表达图式。基因家族也可以分散存在于不同的染色体上,如:Ras 超家族基因,共计有超过 150 个成员,根据它们之间的氨基酸相似性及功能的相关性分为 6 个亚家族,在基因组中广泛分布。

(二)重叠基因

重叠基因(overlapping gene)是指编码序列彼此重叠的基因,重叠有 3 种方式:①2 个基因首尾重叠,形成一段 DNA 序列,为两个以上的基因编码,阅读框相同;②2 个基因共享同一编码区,由不同的启动子分别起始转录形成不同阅读框的产物,如:人类 INK4a/ARF 基因座编码两个产物 p19 和 p16;③同一 DNA 区域的正反义两条链分别作为编码链被转录形成表达产物,如:人线粒体基因组两条链都能被转录、表达蛋白质和 RNA;④ 基因完全位于某个基因的非编码区,如内含子区域,能够独立转录、剪切、加工,如:人类神经纤维瘤 Ⅰ 型(NF1)基因定位于第 17 号染色体,全基因长约 280 kb,在其第一个内含子区域内含有小 RNA 基因 MIR4733,同时在其他内含子内含有 EVI2B、EVI2A 和 OGM 三个基因,分别独立转录、加工。像这样一个基因内存在多个重叠基因的现象,也称为基因内基因(gene-within-gene)。

(三)假基因

假基因(pseudogene)是指来源于基因组内的功能基因,序列上与功能基因相似,但因为丢失调控元件不能表达或者因积累过多发生突变,已经失去活性。虽然称之为基因,由于其含有过多的突变,且大多数情况下不能转录,因此假基因被认为是进化的末端。例如:在上述 NF1 基因的一个内含子中就存在一个假基因 AK4P1。在人类基因组中假基因数量庞大,据分析总数约为 20000 个,相对于 23000 个有功能的蛋白质编码基因来说是个不小的数目,约 3% 的假基因是可以转录的。假基因来源有两类。第一类假基因来自于重复,一般是功能基因的重复,并且保留在源基因附近构成基因簇的成员,如:人 α-珠蛋白基因家族成簇排列,共 7 个成员,其中含有 4 个假基因,假基因内部由于突变、插入、缺失造成翻译中途停止从而形成无功能的蛋白质产物,最终形成了序列与功能相似,但不表达的基因残骸。其中的一个假基因 $\psi\alpha l$ 同有功能的 α2 基因的序列相似度达 73%。只是假基因中含有很多突变,包括起始密码子 ATG 变成了 GTG,影响剪切的内含子突变以及编码区内的许多点突变和缺失。$\psi\alpha l$ 假基因被认为是由一个珠蛋白基因经过复制产生的,但是这个复制生成的基因在进化的某个时期产生了失活突变,尽管失去了功能,但是不致影响到生物体的存活,因此又随着进化积累了更多的突变,从而形成了现今的假基因的序列。第二类假基因也称为加工型假基因(processed pseudogene),这类假基因是由细胞内的逆转录酶将 RNA 逆转录形成 cDNA,并进一步整合到基因组中形成的,它的存在方式是分散的,遍布于基因组中,无内含子及基因的侧翼序列,因此不能转录成有功能的产物。尽管一般认为假基因失去了活性、不能转录,但人们发现有些假基因是能够转录的,而且也有人进行小鼠随机插入试验,证明了假基因被破坏后会产生严重的表型改变。仍然能够转录的少量假基因的存在是否代表了基因组进化中正在丧失功能的基因走向"生命轨迹终了"的一个中间过程? 或者代表了假基因从"死亡中复活"的起点? 这仍然是个谜。因此,假基因在进化中的意义及其在个体发育中的功能尚有极大的探讨价值。

第二节　基　因　组

一、基因组的概念

基因组是指生物的整套染色体所含有的全部 DNA 序列,指的是一个生物体内所有遗传信息的总和。对于真核生物来讲,既包括核基因组也包括核外基因组,如线粒体或叶绿体基因组。尽管核外基因组仍然非常重要,但由于核外基因组所占比例极低,组成相对简单,因此人们研究的主要目标在于核基因组,即核染色体组。

基因组的概念最早由德国汉堡大学 H. 威克勒于 1920 年提出,用来表示真核生物从其亲代所继承的单套染色体所携带的遗传信息的总和,也称为染色体组。例如:人类体细胞含有 23 对 46 条染色体,而配子中只含有半数的(23 条)染色体,那么人类基因组指的是配子所含有的单套(23 条)染色体所携带的遗传信息的总和,但由于决定性别的性染色体 X 和 Y 不同于常染色体成对存在,具备完全的同源性,因此人类基因组包含的染色体是 24 条。每条染色体都含有一个完整的 DNA 双螺旋分子,由许多线性排列的连锁基因组成,因此,一条染色体也称为一个连锁群。一条染色体上的所有基因按照遗传的连锁与交换规律(孟德尔第三定律)进行上、下代间的传递,而不同染色体之间的基因传递则遵循基因的自由组合规律(孟德尔第一、第二定律)。其中基因间连锁与交换的基础是减数分裂前期 I 的同源染色体非姐妹染色单体之间的交叉与互换。由此看来,一个基因组内的各基因间的传递方式会因为它们所处连锁群的不同而有所差异,处于连锁群内的基因呈连锁传递,如果我们认识了基因组内所有连锁群内基因间的连锁关系,那么就容易根据其连锁关系的存在对我们感兴趣的生物性状的决定基因进行分离,这代表了遗传学研究的一个重要领域(正向遗传学,即由性状到基因)。人类中许多致病基因也正是通过连锁分析的方法对来自遗传病家系的个体进行遗传病致病基因分离和鉴定的。通过连锁分析,人们已经找到并克隆了亨廷顿氏舞蹈症(Huntington's disease)的致病基因(huntingtin gene,HTT)及囊性纤维化基因(cystic fibrosis gene,CF)。

采用连锁分析的方法进行基因的克隆需要先绘制物种基因组的遗传图谱和物理图谱,根据这样一些已知的遗传标记在基因组的位置关系来定位未知的基因,从而将其限定在基因组的较小范围内并将其克隆。

二、基因组大小与物种复杂性的关系

如同生物丰富的表型一样,各类生物所含有的遗传信息的总量也千差万别,从进化的角度看,生物的复杂性是逐渐增加的,这与基因组的进化密切相关,那么,基因组的大小,或者说基因组的总量是不是和生物的复杂性呈正相关呢? 这可以通过对基因组的大小进行比较,然后对比生物在进化中的地位进行分析,然而结论出乎人们的意料。

C 值与 C 值悖理:一个物种不同个体间特征性的基因组的大小是稳定的,或者说其 DNA 的长度和组成在物种内是恒定的。我们把物种的特征性基因组的大小或单倍体基因组的 DNA 总量称为 C 值(C Value)。C 值不仅具有物种特异性,而且根据 C 值的大小,可以大体上把处于相同或不同进化等级及复杂程度的物种进行相对的分类(图 11-4)。以基因组 C 值大小为横坐标,以代表不同生物复杂程度的物种为纵坐标,可以得到有规律的曲线。曲线的变化趋势表明:①不同复杂程度的物种间基因组大小差别很大,最小的支原体小于 10^6;②随着生物结构和功能复杂程度的提高,基因组大小(C 值)逐渐增大;③在结构和功能相似的同一类生物或亲缘关系很近的物种间其 C 值的差异很小或很大,最为典型的代表是两栖类和显花植物,在同一类生物内其 C 值的差距分别达到 2 个或 3 个数量级,而哺乳类和鸟类则是 C 值分布差异很小的代表;④虽然随着生物复杂程度的提高 C 值有逐渐增加的趋势,但是 C 值的大小并不能完全代表生物的复杂程度。即使在动物界,已知两栖类动物最高 C 值可达到 10^{11} 左右,而我们人类基因组的 C 值仅 $3×10^9$。因此,上述数据提示我们 DNA 的含量多少既是生物复杂程度的基础,同时也不完全是决定因素。物种的 C 值与它的进化复杂性之间没有严格的对应关系,这种现象被称为 C 值悖理(C value paradox)。C 值悖理现象包含两个基本的遗传学问题。首先,基因组较大而复杂程度较低的物种,其基因组所含有的 DNA 是否含有大量的非编码成分而导致实际编码的基因数量并没有随着基因组的增大而增多? 其次,如果物种的基因数量随着基因组的增大而增多,那么基因数量的多少是否一定是生物复杂程度的标志? 对于前者,事实上答案是肯定的,确实有些较低等的物种,虽然拥有较大的基因组,然而其编码基因并没有相应地增多,原因在于基因组中存在大量冗余的非编码组分。而对于后者,可以根据已知完成的人类基因组序列数据给出答案,人类是复杂程度极高的生物,人体细胞的总数达到 10^{14} 之多,而其全部蛋白质编码基因的总数仅为 25000 个左右,相反,成体中仅含有 1000 个左右体细胞的线虫的蛋白质编码基因数量却达到了约 19000 个,如此鲜明的对比提示我们基因组的大小并不决定生物的复杂程度,而且蛋白质编码基因数量的多少也与其没有一一对应关系。那到底是什么因素影响了生物的复杂性呢? 对于结构和功能复杂的生物来说,其蛋白质编码基因的总数与其结构和功能的复杂程度没有平行性。一方面,基因的数量并不能直接反映其最终编码蛋白质的数量,真核生物的基因多数是断裂基因(split gene),基因的编码序列——外显子(exon),被非编码的内含子(intron)间隔开,因此在转录完成后通过差异剪切(alternative splicing),使得一个基因能够产生多个功能 mRNA,为蛋白质翻译作指导。通过这样的方式在有限的基因条件下可能产生较多的蛋白质产物,为物种的复杂性增添了物质基础。另一方面,高等生物具有更复杂的基因调控网络,对于基因表达的调控更加精细,这是完成复杂的生命活动所必需的。

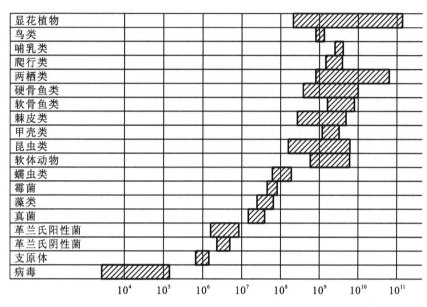

图 11-4　不同生物群类的 C 值比较

三、基因组的化学组成与结构

摩尔根的"染色体学说"清楚地表明遗传物质位于染色体上,然而,人们知道染色体主要有核酸和蛋白质两种主要成分,起到遗传作用的到底是核酸还是蛋白质呢? 这一问题直到 20 世纪 40 年代才得到确切的回答。当时哥伦比亚大学的 Avery O. T.、Macleod C. M. 和 McCarty 等人做了著名的肺炎双球菌转化试验,结果出乎人们当时的意料,不是当时普遍认为的结构和组成复杂的蛋白质,而是较为简单的 DNA 行使了肺炎双球菌转化的功能,也就是说,真正的遗传物质是核酸而不是蛋白质。

除了一部分病毒基因组(如流感病毒、艾滋病毒)由核糖核酸(ribonucleic acid,RNA)构成外,绝大多数生物的基因组是由脱氧核糖核酸(deoxyribonucleic acid,DNA)构成的。

1. 核苷酸是组成 DNA 的结构单位

DNA 含有 4 种脱氧核苷酸:腺嘌呤(adenine,A)核苷酸、鸟嘌呤(guanine,G)核苷酸、胞嘧啶(cytosine,C)核苷酸和胸腺嘧啶(thymine,T)核苷酸,如果将每种核苷酸的结构进一步剖析,可发现它们分别由 $2'$-脱氧核糖($2'$-deoxyribose)、4 种含氮碱基(nitrogenous base)和磷酸基团构成。由 $2'$-脱氧核糖和碱基构成的分子称为核苷(nucleoside),加上磷酸后称为核苷酸(nucleotide)。虽然游离的核苷酸上结合的磷酸基团有三种类型:单磷酸、双磷酸和三磷酸,但只有三磷酸核苷酸才是合成 DNA 的底物,它们分别是 dATP、dGTP、dCTP 和 dTTP。4 种核苷酸以特定顺序首尾相接,通过 $5',3'$-磷酸二酯键连接构成 DNA 单链,一个核苷酸链含有两个末端核苷酸,其中之一含有游离的 5′-磷酸基团,而相反的一端则含有游离的 3′-OH,这就形成了核苷酸链的极性,而人们习惯于按 5′—3′ 方向书写核苷酸序列,因此,所有已公布的核酸序列均遵循这一排列方式。

2. DNA 形成天然反向平行的双螺旋构象

两条互补的单链从极性角度看反向平行、相互缠绕形成双螺旋结构的 DNA 分子,在 DNA 链上,糖和带有负电荷的磷酸构成骨架,处于双螺旋的外部,而碱基则位于双螺旋的内侧,通过碱基间的相互作用形成螺旋状的"楼梯",将两条 DNA 链结合在一起。1953 年,Watson 和 Crick 根据 DNA 晶体 X 射线衍射分析结果最早提出 DNA 具有规则的双螺旋形式,每 34 Å(3.4 nm)形成一整圈,其直径为 20 Å(2 nm),因此每圈有 10 个核苷酸。事实上天然 DNA 分子绝大多数采用这种稳定的双螺旋结构,只有少量单链 DNA 病毒除外(如:引起猪流产的细小病毒的基因组由单链 DNA 构成)。

之所以双螺旋 DNA 具有很高的稳定性,是由于稳定而广泛的分子间作用力的存在。维持 DNA 双螺旋结构稳定的作用力主要包括:氢键——维持两条互补单链上的碱基稳定配对(base-pairing);碱基堆积力(base-stacking)——垂直于双螺旋方向的相邻碱基间杂环之间的作用力。碱基配对的主要形式只有两种,即 A-T 和 G-C 配对,事实上,两种配对方式之间形成的氢键数目不同,A-T 配对之间形成 2 个氢键而 G-C 配对之间形成 3 个氢键,G-C 配对之间的相互作用更加稳定,因此 DNA 分子中 G-C 配对比例的高低影响着 DNA 双链之间的稳定性。正是这种分子间作用力的存在使得 DNA 双链分子能够紧密结合在一起形成稳定的双螺旋构象。

DNA 双螺旋的天然构象主要是 B-DNA、A-DNA 和 Z-DNA 等三种,其中 B-DNA 是细胞内的主要形式,而 A-DNA 是在特定 DNA 序列中或非生理条件下 DNA 采取的构象,B-DNA 及 A-DNA 均为右旋构象,相反,Z-DNA 是左旋构象,是在某些特定序列存在下 DNA 采取的构象。采取不同构象的 DNA 与蛋白质结合特性不同,例如,Z-DNA 能够被细胞核内特定的 DNA 结合蛋白识别,影响基因的转录活性。

3. 影响 DNA 构象稳定性的因素

生物体内的 DNA 总是与蛋白质结合,与蛋白质结合能够改变 DNA 的构象,使得 DNA 分子发生轻微解旋,导致单位长度的 DNA 螺旋缠绕圈数少于游离存在的 B-DNA,对于真核生物来说,与蛋白质的结合不仅影响 DNA 结构的稳定性,同时也与基因的表达调控密切关联。DNA 序列本身也蕴含着构象信息,如:一些特定的 DNA 序列能够影响 DNA 的构型,如果 A-T 碱基对每隔 10 个碱基周期性出现,会导致其所在区段出现明显的弯曲从而偏离标准的双螺旋构象。事实上,由于 DNA 序列的多样性和细胞核内大量 DNA 结合蛋白的存在,DNA 构象经常发生各种方式的修饰,而这种修饰后的构象本身也蕴含着基因表达调控的信息,决定了所在区段基因表达的时空特异性。

4. RNA 也可行使遗传功能

多种感染人类的病毒是由 RNA 行使遗传功能的,它们的基因组是 RNA,而非 DNA。从分子大小看,这些 RNA 病毒的基因组都很小,甚至小到只有数千个碱基。然而它们存在的方式多种多样,可能以正义单链形式((+)Strand)或反义单链((−)Strand)形式存在,也可以双链形式存在。例如:流感病毒(influenza virus)和脊髓灰质炎病毒(poliovirus)分别是反义单链和正义单链 RNA 病毒;而轮状病毒(rotavirus)则是双链 RNA 病毒。遗传物质 RNA 的存在方式决定了其信息的复制方法和阅读方式,形成了 RNA 病毒所特有的遗传和变异模式,而且,逆转录病毒感染宿主后,其基因组能够在宿主细胞内发生逆转录,然后以溶源途径整合进入宿主基因组内形成对宿主基因组的修饰。高等真核生物(包括人类)基因组的组分中有很高比例的组分是来自于逆转录病毒基因组及其扩增产物,例如:人类基因组中长分散组分(LINEs)和短分散组分(SINEs)重复多达数万次,占基因组总量的约40%之多。

RNA 不仅作为少量简单生物(RNA 病毒)的遗传物质,同时也是所有生物物种中不可或缺的功能大分子,在基因表达中行使信息载体(mRNA)功能,在 mRNA 成熟加工(snRNA)、mRNA 稳定性调节(miRNA,siRNA)、氨基酸转运和蛋白质翻译(tRNA,rRNA,7SL RNA)中发挥重要的作用。RNA 的化学组成和结构与 DNA 相似,也是由核苷酸首尾相接,通过 $5'$,$3'$-磷酸二酯键连接形成单链结构。不过构成 RNA 分子的核苷酸与构成 DNA 的脱氧核苷酸在分子结构上有差别,属于非脱氧核苷酸,即核苷酸上五碳糖上的 2 位 C 原子上结合有羟基($2'$-OH)而非氢原子($2'$-H)。由于 $2'$-OH 比 $2'$-H 的化学性质更加活泼,这就赋予了 RNA 分子完全不同于 DNA 的理化性质。例如:所有的 RNA 分子与 DNA 分子相比都短很多;而相反由于 $2'$-OH 参与分子构象形成,RNA 能够形成稳定的 3 级结构;RNA 很难形成长片段的互补配对区域等。除此以外,组成核苷酸的 4 种碱基中有一种与组成 DNA 的核苷酸不同,除了腺嘌呤、鸟嘌呤和胞嘧啶外,RNA 分子中含有独特的碱基尿嘧啶(uracil,U),即含有 A、G、C、U 等 4 种碱基的三磷酸核苷酸是合成 RNA 的原料。而 RNA 中尿嘧啶的存在也恰恰揭示了流感病毒等 RNA 病毒比 DNA 病毒更易发生突变的主要机理,原因在于胞嘧啶的自发脱氨是细胞中常见的事件,脱氨后胞嘧啶(C)就变成了尿嘧啶(U),而突变形成的 U 与原有的 U 没有任何差别,因此原来分子的基本功能不会因为胞嘧啶脱氨而发生毁灭性的丧失。相反,如果以胸腺嘧啶(T)作为 RNA 的组成碱基,突变的后果对于分子的结构和功能来说是灾难性的。除了作为遗传物质的 RNA 之外,上述所有的 RNA 都由 DNA 编码,也就是使用 DNA 作模板,通过转录来合成各种功能的 RNA。转录过程依赖于碱基互补配对,如果 DNA 分子上某位点是 A,则对应合成 RNA 的相应位点即为 U,即 A-U 配对,其他的配对方式与 DNA 完全相同。单链的 RNA 常常通过分子内部的碱基配对形成颈环状的局部双螺旋结构,一般长度不超过 10 个碱基对(base pair,bp),在分子内相互作用下 RNA 分子易形成带有稳定空间构象的三级结构,因此,某些 RNA 分子具有酶活性,称为核酶(ribozyme),如催化 mRNA 前体加工的 snRNA 分子等。

5. 基因是基因组的结构和功能单位

DNA 或 RNA 中所包含的遗传信息以基因的形式存在,基因构成了基因组的结构和功能单位,基因所含有的特定的核苷酸顺序通过细胞内的"阅读"机制完成表达,形成具有细胞生物学功能的蛋白质产物。这种"阅读"机制是通过受高度调控的特定组合的基因表达调控蛋白来完成的。基因的蛋白质产物表达与否取决于基因特异的侧翼调控序列,包括位于基因上游近端的启动子(promoter)、下游近端的终止子(terminator)和位于上游或下游较远距离的增强子(enhancer)等。因此,基因组内各个基因的表达具有一定的独立性。

原核生物和真核生物基因组的结构和复杂性存在巨大差异,原核生物染色体的结构简单,常由单一的呈环状的 DNA 分子构成,有少量的蛋白质与之结合;而真核生物染色体常由多条线状的双链 DNA 和与之结合的大量蛋白质构成,包括组蛋白和非组蛋白。

既然是有核苷酸、脱氧核苷酸构成了生物体的基因组,那么在已经明确天然的基因组的基础上是否可以通过人工化学合成的方式重建具有全部功能的人工基因组呢?答案是肯定的,美国克莱格·文特尔研究所的研究人员经过 15 年的努力,于 2011 年成功实现了化学合成全长 1077 kb 的支原体(*Mycoplasma mycoides*)基因组 DNA 的全部序列,并成功导入山羊支原体(*Mycoplasma capricolum*)受体细胞中,人工合成基因组能够完全替代原有基因组发挥全部遗传功能。

四、基因组的结构特征

基因组中所包含的所有的信息是指其全部核苷酸序列的总和,无论是原核生物基因组还是真核生物基因组,并不是所有的核苷酸序列都有遗传编码功能或者调控功能。我们把这样一些尚未发现有任何编码或者调控功能的序列称为冗余序列。冗余序列一般位于基因间隔区域,尽管这些序列可能对于维持基因组的进化或稳定性具有一定功能,但相对于具有表达产物的基因区域显得不那么重要。

(一)原核生物基因组剖析

原核生物基因组很小,且排列十分紧凑,基因间隔区域很少。例如,大肠杆菌的非编码序列仅占 11%。而一种生活在海洋中的浮游细菌 *P. ubique*(SAR11)则含有目前发现最为紧凑的基因组,在全部由 1308759 bp 的核苷酸组成的基因组中共有 1354 个蛋白质基因,35 个 RNA 基因,这些仅仅是独立生存所必需的基因数目,没有假基因和内含子,没有转座子或者噬菌体序列。其次,原核生物基因组包含大量的操纵子(operon),每个操纵子都是一个独立的转录单元,具有启动子、操纵基因序列和其下游的结构基因或一组串联排列的功能相关或无关的结构基因,每个基因间仅有极少的核苷酸间隔。事实上,大肠杆菌有 2584 个操纵子,其中大部分操纵子含有单个结构基因,而其余的含有 2 个或 2 个以上的结构基因(图 11-1)。

(二)真核生物基因组剖析

真核生物的基因组包含核基因组与核外基因组,核基因组位于染色体上,不同物种的染色体数目有明显的差异,而物种内是稳定的。我们把单倍体所含有的全套染色体称为染色体组,一个染色体组即是配子中所含有的全部染色体的总和。核外基因组是指线粒体基因组和叶绿体基因组,分别位于不同的细胞器中。

1. 染色体组的细胞学特征与核型分析

在细胞有丝分裂中期,染色体处于高度凝缩状态,呈现特征性的核形。通过特定的染色方法,如吉姆萨(Giemsa)染色可使染色体染成紫红色,便于形态观察。在正常的条件下,一个体细胞的核型可代表该个体的核型。将待测细胞的核型进行染色体数目、形态特性的分析,并排列成图片的过程称为核型分析(karyotyping)。通过染色体核型分析能够区分的染色体结构精度依赖于对染色体染色的方法,通常使用吉姆萨染色方法得到的染色体形态没有更详细的结构特征,因此对于区分染色体以及认识染色体结构尚不充分。为了能够对染色体的详细结构进行区分,人们用物理、化学因素处理后,再用染料对染色体进行分化染色,使每条染色体上出现明暗相间或深浅不同的带纹,且带纹的数目、部位、宽窄和着色深浅均具有相对稳定性,这一技术称为显带技术(banding technique)。染色体显带技术如同为每条染色体加上了条形码,每一条染色体都有固定的带纹模式,这样不仅可以轻易地区分不同染色体,还能很容易地进行染色体形态和结构观察。染色体显带技术有多种,根据使用的处理方法和所用染料的不同,可以将染色体带型分成多种,如 G 带、R 带、C 带、N 带、T 带等,每种显带方法都有特征性的带纹。通过显带技术进行核型分析,可以从染色体水平对一个个体的遗传组成是否正常进行判断,若发生染色体水平的异常,包括染色体数目和结构变异,可以通过核型分析得出可靠的结论。

2. 核型分析的意义

通过核型分析所能够检测得到的染色体结构变异一般涉及范围较大,如发生大片段 DNA 的缺失、重排等。然而,显带技术提供了对遗传物质结构进行精细分析的工具,使得核型分析在较长时间内对遗传学相关领域的发展发挥着重要作用。通过 G 显带核型分析能够鉴定人类多种染色体综合征,如唐氏综合征(也叫 21 三体综合征),该患者体细胞中含有 3 条第 21 号染色体,导致伴有严重智力低下的出生缺陷。核型分析的方式在遗传咨询和产前诊断中的应用能够一定程度预防多种人类染色体综合征的发生。此外,在植物物种亲缘关系鉴定和系统发生上,根据核型分析来比较物种之间的染色体组带型,解决了诸多的疑难问题,成为鉴别植物之间的亲缘关系的重要依据。

3. 原位杂交技术

如果通过显带技术能够展现稳定的染色体形态,那么以此物理结构为基础,每条带纹所包含的遗传信息也就应该是稳定的,即每条带纹上应当包含了特定的遗传信息。事实如此,20 世纪后期人们已经能够将特定的遗传信息与染色体核型上的特定带纹建立联系。20 世纪 60 年代末期诞生了基于核型分析的原位杂交技术(in situ hybridization)。原位杂交是利用带标记的探针同组织、细胞或染色体的 DNA 进行分子杂交,从而对细胞中的待测核酸进行定性、定位或相对定量分析的方法。以某些特定的遗传标记或基因为模板合成标记的探针(probe),通过原位分子杂交的方法将该遗传标记或基因定位在染色体特定区域的带纹上,建立了遗传信息与细胞遗传学结构间的可靠关联。例如,Pardue 等(1970)以小鼠卫星 DNA 为模板体外合成了放射性物质 ^{3}H 标记的 RNA 探针,并与小鼠中期染色体标本进行原位杂交,经放射自显影及吉姆萨染色,发现小鼠卫星 DNA 主要分布在结构异染色质区。通过原位杂交方法 Yunis 等(1978)将核糖体 RNA 基因 28S rDNA 基因定位于人的 G 显带核型的 D、G 组染色体(第 13、14、15、21 和 22 号染色体)的次缢痕区。在传统放射性原位杂交的基础上,采用非放射性标记物标记探针,如荧光素、生物素、地高辛等,进行原位杂交,利用荧光标记物在紫外线激发后发出荧光的特点,使用荧光显微镜可直接进行杂交信号的观察、检测,诞生了荧光原位杂交技术(fluorescence in situ hybridization,FISH)。使用荧光原位杂交技术不仅能够进行精细的基因在染色体上的定位分析,同时对物种染色体来源的识别、杂交育种后染色体易位的鉴定具有重要意义,是分子生物学与细胞遗传学技术相结合解决遗传学问题的重要手段。

五、染色体作图与遗传标记

通过原位杂交技术能够将特定基因定位在染色体上的细胞图上,然后根据基因在染色体上的定位就可以对某些感兴趣的性状决定基因进行分离,如一些重要的疾病相关基因的分离和鉴定。这对于研究基因的功能和作用机制意义巨大。然而相对于基因的尺度,染色体结构尺度过大,而基因分离的难度和定位的精度是成反比的,因此,如果不能实现精确的定位,将会使得通过连锁分析分离鉴定基因变得耗时、费力。为了实现详细的基因排列,获得精细的基因图谱需要借助大量的遗传标记来对基因组进行微尺度标记。这时人们使用的方法是建立遗传图谱。

通过遗传连锁与互换方式(也称为遗传重组)所得到的基因或遗传标记在染色体上线性排

列的图称为遗传图谱(genetic map)或连锁图。它是通过计算连锁的遗传标志之间的重组率,确定基因间的相对距离的,一般用厘摩(cM,即每次减数分裂的重组率为1‰)来表示。显然,与原位杂交不同,绘制遗传图谱需要进行多次杂交或者对大的遗传性疾病家系进行连锁分析,对连续多代个体间(实际上是经过多次减数分裂事件的群体)基因的连锁关系进行分析。否则,如果杂交群体太小所得结果会出现较大偏差,不利于得出正确的连锁关系数据。此外,用于连锁分析的基因资源主要来自于表型上有明显改变的种质资源或者有遗传性疾病的基因变异。早期用于连锁分析进行遗传作图所用的遗传基因非常有限,因此获得的遗传图是粗略和大尺度的,增加遗传作图的精度就需要大量可利用的遗传标志物。

1. 遗传标记

遗传标记是指在染色体上位置已知的基因或一段DNA序列,在遗传分析中可作为基因定位和连锁分析的参照。它具有遗传性和可识别性,因此,生物的任何有差异表型出现的基因的变异类型或者虽未有显著表型差异但能够被检测到的一段DNA差异序列均可作为遗传标记。遗传标记包括形态学标记(morphological marker)、细胞学标记(cytological marker)、生物化学标记(biochemical marker)、免疫学标记(immune genetic marker)和分子标记(molecular marker)等5种类型。前4种标记属于传统遗传标记,例如:果蝇遗传学试验中使用的白眼和红眼(野生型)基因属于形态学标记,传统遗传标记的数目较少,不能满足精细遗传作图的需求,而分子标记的出现大大弥补了这一不足。

分子标记是可遗传的并可被识别的DNA序列或蛋白质,广义的分子标记包括蛋白质标记和核酸标记。而近来常常使用的"分子标记"是指DNA分子上位置已知的,能反映生物个体间或种群间某种差异的特征性DNA片段。分子标记的种类主要有限制性片段长度多态性标记、可变数目串联重复序列标记、AFLP标记、STS标记和单核苷酸多态性标记等。

1) 限制性片段长度多态性标记

所谓的限制性片段长度多态性(restriction fragment length polymorphism,RFLP)是指当基因组DNA被限制性内切酶切割后产生的来自于同源染色体的片段长度在不同个体间具有差异,呈现多态性。RFLP标记是第一代分子标记,其产生的机理有两种。其一在于基因组中存在可以引起酶切位点变异的突变,导致某一酶切位点的新生或消失,当使用该酶进行酶切时某一特定片段的长度就会发生变化或者消失。其二,在两个酶切位点之间如果有DNA片段的插入、缺失或者含有重复序列拷贝数的变异,也能造成酶切位点间的长度发生变化,从而导致RFLP标记的产生。事实上在两个酶切位点之间由于重复序列的拷贝数差异而产生的RFLP标记在遗传作图上具有很高的利用价值(图11-5)。

一个物种内的不同个体间或者不同的地理隔离群间均含有大量的RFLP标记,这为绘制详细的遗传图提供了高价值的标志物。因此,使用RFLP标记作为遗传标记会极大丰富标记的种类和提高遗传作图的精度。作为便于使用的遗传标记,RFLP标记还具有以下特点:首先,RFLP标记是使用分子生物学手段检测的纯粹分子标记,不需要对应任何遗传性状;其次,不同于经典的遗传标记,RFLP标记在等位基因之间具有共显性特征,即如果两条同源染色体上的RFLP片段长度不同,检测后都能显示,没有显隐性差别;最后,由于基因组的突变资源丰富,RFLP标记的数量较多。尽管RFLP标记并不对应某一性状,但是可以通过连锁分析测量RFLP标记与经典遗传标记间的相对距离和连锁关系,因此,使用RFLP标记完全可以实现与经典遗传标记间的对接,建立统一的遗传图谱。RFLP标记的利用主要依赖于基因突变,相对于基因组内发生的大量突变,满足于刚好位于RFLP位点上的点突变概率相对较低,能够被用于 RFLP 标记的基因组内多态性突变位点仅占很小比例,因此使用 RFLP 标记进行遗传作图的精度仍然是有限的。尽管如此,RFLP 标记已经在遗传作图和基因定位上发挥了重要作用。1992 年,遗传学家绘制了第 24 号染色体基因突变,标示了 2000 个 RFLP。通过连锁分析已经能够发现许多致病基因与 RFLP 标记之间存在连锁关系,因此在致病基因的克隆分离上显示出巨大作用。

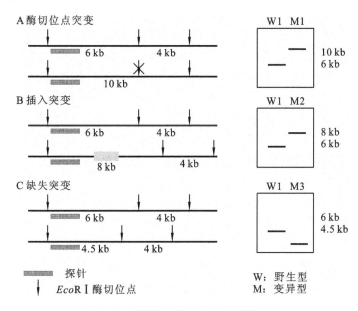

图 11-5　RFLP 标记形成和检测的机理

2) 可变数目串联重复序列标记

真核生物基因组中除基因编码序列外,广泛分布着串联排列的重复序列,这些重复序列的重复单元可能较大也可能较小,重复数目不同,即不同个体同源染色体等位位点上的串联重复序列的重复数目存在着较大差异,在个体间呈现广泛的多态性,称为可变数目串联重复序列(variable number tandem repeat,VNTR)标记。根据重复序列的重复单元的长度不同,可变数目串联重复序列标记可以分为小卫星 DNA 标记和微卫星 DNA 标记。

小卫星 DNA(minisatellite DNA):由 11~60 bp 的基本单位串联重复而成,重复次数在群体中是高度变异的,可从数十个到数百个不等,呈现高度多态性(图 11-6)。然而小卫星 DNA 多位于着丝粒和端粒附近,且分析过程中容易产生假阳性或假阴性,使得其用于遗传标记的价值受到影响。

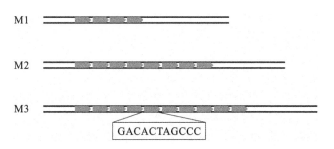

图 11-6　可变数目串联重复序列标记

微卫星 DNA(microsatellite DNA)：另外一种可变数目串联重复序列，是短串联重复序列（short tandem repeat，STR，也称为 SSLP），广泛分布于基因组中，其中富含 A-T 碱基对。1981 年 Miesfeld 等首次发现微卫星 DNA，其重复单位长度一般为 2~6 个核苷酸，其中常见的重复单位有(CA)$_n$、(TG)$_n$、(GAG)$_n$ 和(GACA)$_n$ 等，重复的拷贝数可达到 100 个左右，所以每个微卫星 DNA 长度在数十至数百个核苷酸。

微卫星 DNA 标记的主要特点有：①种类多、分布广，在基因组中平均每 50 kb 就有一个重复序列，多分布于基因内含子区或基因间隔区，因此其变异对于基因的正常功能没有影响；②能够按孟德尔方式遗传并呈现共显性，在人群中高度多态，即正常人群的不同个体间、同一个体的两个同源染色体上等位位点的微卫星 DNA 基本重复次数或 DNA 拷贝数不一样；③微卫星 DNA 标记呈现复等位现象，即同一基因位点的等位基因数目常常是可变的，重复拷贝数的差异广泛存在；④微卫星 DNA 两端序列多为单一序列，长度适中，因此便于通过基于 PCR 扩增的方法快速分析。综上所述，微卫星 DNA 作为第二代分子标记，在以连锁分析的方式进行精密的遗传作图中发挥重要作用，在遗传图谱中使用的微卫星 DNA 标记迅速扩大到接近上万个，使得遗传作图的精度大为提高。

DNA 指纹(DNA fingerprint)是指每个个体所具有的特异的 DNA 多态性，常可来进行个体识别、亲子鉴定以及法医学鉴定。该项技术最早在 1984 年由英国莱斯特大学的遗传学家 Jefferys 等提出，他们将分离的人源小卫星 DNA 用作基因探针，同人体核基因组 DNA 的酶切片段杂交，获得了由多个位点上的等位基因组成的长度不等的杂交带图纹，因其在不同个体间差异显著，故称为 DNA 指纹。后来同样作为 VNTR 标记的微卫星 DNA 因其分布广泛、易于检测，现已成为 DNA 指纹分析的主要来源。

3) AFLP 标记

AFLP 标记也称为扩增片段长度多态性(amplified fragments length polymorphism，AFLP)标记，是结合 RFLP 标记和 PCR 方法的一种 DNA 指纹技术。通过对基因组 DNA 进行酶切，随后对产生的酶切片段加入接头并选择性扩增酶切片段来检测 DNA 酶切片段长度的多态性。AFLP 同样呈现稳定的孟德尔遗传，且 AFLP 分析中所产生的大多数带纹与基因组的特定位置相对应，因此可作为遗传图谱和物理图谱的界标，用来构建高密度的连锁图。

4) STS 标记

STS 标记也称为 DNA 序列标签位点(sequence-tagged site，STS)。20 世纪 90 年代起，基因组测序工作的开展积累了越来越多的单拷贝 DNA 序列信息，这包括基因序列的一部分，也包括来源于基因表达产物的序列，它们在染色体上的定位也逐渐被阐明，称为序列标签位点。这些序列已知的单拷贝 DNA 短片段可以通过 PCR 进行扩增，产生一段长度为数百个核苷酸的产物，易于检测。由于不同的 STS 标记序列在基因组中往往只出现一次，因而能够作为界定基因组的特异标记制作遗传图谱和物理图谱，因此，STS 标记在基因组作图上具有非常重要的作用。

5) 单核苷酸多态性标记

单核苷酸多态性(single nucleotide polymorphism，SNP)是在基因组水平上由单个核苷酸的变异所引起的 DNA 序列多态性。随着基因组测序工作的开展，人们发现基因组中存在着大量的单个核苷酸变异，人类基因组中平均每 1200 个核苷酸中就有 1 个变异，据估计其总数接近 1000 万个，占所有已知多态性的 90% 以上。由于这些变异本身常常并不带来致病性的改变，因此，开拓利用基因组中单个核苷酸变异序列作为分子标记将会对整个基因组学研究提供巨大的信息资源。相对于分析 DNA 的片段长度,SNP 标记分析的是单个碱基的差别,因此,SNP 是双等位多态性,作为多态性的标志,其中一种等位基因在群体中的频率应不小于 1%,如果出现频率低于 1%,则被视作突变。从 SNP 标记在基因组中的分布上看,SNP 的分布最为分散,它既可以存在于基因序列中,也可存在于基因以外的非编码序列中,其中存在于编码序列中的 SNP 标记相对较少,然而影响一些遗传性疾病的发病机制,因此对其深入研究将有助于理解人类遗传性疾病的发病机制。SNP 标记的研究价值不仅体现在与疾病发生相关的方面,由于一部分 SNP 标记直接或间接地贡献于个体的表型差异、个体对环境的反应差异,影响了人类对疾病的易感性和抵抗能力,因此,对 SNP 标记的深入研究将有助于更好地理解个体差异,促进人疾病易感性的研究和个体化医疗的开展。SNP 标记的发现使得遗传作图进入芯片时代,摒弃了经典的凝胶电泳,实现了高通量化,SNP 标记作为第三代遗传标记,已成为研究基因组多样性、识别和定位疾病相关基因的一种重要手段。

SNP 标记所含有的遗传信息十分丰富,是目前为止发现的在染色体上连锁排列最为紧密的分子标记,因此,SNP 标记的发现和应用推动了全球范围内人类基因组个体差异性和疾病易感性的研究。2002 年成立了国际人类基因组单体型图谱计划(HapMap project)组织,单体型(haplotype)是指 SNP 标记在单条染色体上的串联排列模式,在人群中某个染色体区域的 SNP 标记倾向于构成模块连锁遗传,即所谓的单体型遗传,人类基因组单体型图谱计划的目的在于建立人类全基因组遗传多态性图谱,依据这张图谱人们可以进一步研究基因组的结构特点以及 SNP 标记位点在人群间的分布情况,然后通过比较不同人群间 SNP 标记在染色体上的差异,找到个体或群体特征性的 SNP 标记单体型模块,并以此为依据寻找疾病相关基因和探讨不同个体对药物敏感性差异的机制。此外,还可以通过寻找人类经世代间保守性的单体型图,以及它们在不同族群中的分布,探讨人类起源中重要的迁徙历程和现存人类间的亲缘关系。人类基因组单体型图谱的构建分为三个步骤:①对来自多个个体(共计 270 个正常个体,分别来自欧洲、亚洲和非洲)的 DNA 样品鉴定单核苷酸多态性 SNP 标记;②将群体中频率大于 1% 的那些共同遗传的相邻 SNP 标记组合成单体型;③从单体型中找出用于识别这些单体型的标签 SNP 标记。通过对图中的三个标签 SNP 标记进行基因分型,可以确定每个个体拥有哪一个单体型。按照人类基因组单体型图谱计划,一期计划共成功分型 100 多万个多态性位点。我国以中国科学院北京基因组研究所为代表承担了第 3 号、8 号和 21 号染色体短臂单体型图的构建,约占总计划的 10%。截至 2009 年第三阶段成果已经在网上公布。

2. 分子标记的特点

分子标记具有以下特点:①分子标记是基于分子生物学技术而诞生的一类核酸标记,揭示的是来自 DNA 的变异;②大多数分子标记为共显性,便于分析纯合与杂合状态;③基因组内分子标记资源极其丰富;④多数分子标记表型为中性,无显著性状;⑤检测手段简单、迅速。

目前,遗传分析中使用的 DNA 分子标记种类已达到数十种,在遗传育种、基因组作图、基因定位、物种亲缘关系鉴别、基因库构建、基因克隆等方面有着广泛的应用。例如:通过借助于分子标记的连锁分析技术,人们已经将人类亨廷顿氏舞蹈症和囊性纤维化的致病基因进行了克隆,为理解疾病的发生机制奠定了基础。此外,许多分子标记,包括 RFLP 标记、VNTR 标记、STS 标记和 SNP 标记等对于完成人类基因组计划,绘制完整的遗传图(连锁图)、物理图和序列图起到了基石般的作用。

第三节　基因组测序与组装

基因组(genome)一词的使用已有将近100年的历史,而专门以基因组为研究对象的一门遗传学分支学科,即基因组学(genomics)概念是由 Thomas Roderick 在1986年提出的,这主要归功于20世纪70年代 Sanger 的末端标记双脱氧核苷酸(ddNTPs)基因测序技术的诞生和发展,因为这项技术的发展使得人们得以高效率地阅读基因的序列,使人们从基因组水平认识遗传信息组成成为可能。

基因组研究包括两方面的内容:以全基因组测序为目标的结构基因组学(structural genomics)和以基因功能鉴定为目标的功能基因组学(functional genomics),又称为后基因组(postgenome)研究。结构基因组学主要完成的工作包括基因组作图、全基因组测序及功能分析,通过对基因组所包含的全部信息的认识,试图从整体水平了解物种的遗传构成和机制,基因组学已成为现代遗传学的重要分支,承担着推动现代遗传学、现代医药学、生物信息学快速发展的重任。

我们将主要以人类基因组计划为例叙述基因组学的研究历程,事实上在人类基因组计划开始实施后不久,多个物种的基因组测序计划陆续启动,包括病毒、大肠杆菌、酵母、线虫、拟南芥、水稻等,都取得了成功。其中,人类基因组计划(human genome project,HGP)是由美国科学家于1985年率先提出,并于1990年正式启动的。在当时的状况下,它所产生的轰动和社会效应是无与伦比的。美国、英国、法国、德国、日本和我国科学家共同成立并参与了这一预算达30亿美元的人类基因组计划。按照这个计划的设想,到2005年为止,用15年的时间把人类基因组全部30亿个碱基对完全测序,把人体内约10万个基因(按照当时的估算,但目前认为只有2.3万个蛋白质编码基因)的遗传密码全部解开,同时绘制出人类基因的连锁谱图。基于当时人类的技术能力有限,人类基因组计划被誉为生命科学的"登月计划",可见实现这一计划将要完成的任务之重。

(一)绘制遗传图

遗传图(genetic map)也称为连锁图,描述的是基因或遗传标记在染色体上的相对位置,是通过分析杂交试验或对减数分裂资料中的基因的连锁关系分析而建立的图谱。作为人类基因组研究计划基石的工作是对基因组进行遗传作图,即将庞大的基因组建立"坐标",再以此为依据分段测序,采取"化整为零"的策略。待全部测序完成,再综合拼接建立完整的基因组序列图。在绘制遗传图中使用的遗传标记越多,分布越广泛,所得到的连锁图谱的分辨率就越高。

从20世纪80年代开始以393个RFLP标记和其他10个多态性标记绘制了第一个人类基因组连锁图,到1998年 Broman K. W. 对全长约3500 cM 的人类全基因组绘制了包含8000个短串联重复序列STR(或者SSLP)的高密度连锁图,人们实现了平均每380 kb物理距离含有一个分子标记的精确度的目标,这为进一步通过测序和拼接完成基因组全序列分析工作奠定了基础。

绘制遗传图的方法依赖于连锁分析,在染色体上呈串联排列的基因相互连锁成连锁群,位于同一连锁群上的基因在生殖细胞进行减数分裂时发生连锁与交换,一对同源染色体上两个基因座位距离较远,则发生交换的机会较多,重组率较高;相距较近,则重组率较低。将两个基因座位间发生重组的频率是 1% 时的遗传距离定义为 1 厘摩（1 cM），整个人类基因组含 3.2×10^9 bp，遗传距离大约有 3300 cM，1 cM 约为 1000 kb。理论上，通过连锁分析能够对所有已知的遗传标记进行连锁作图，建立统一的遗传图谱，并且能够通过研究遗传性疾病与遗传标记间的遗传距离对致病基因进行染色体定位和克隆。

通过连锁分析获得遗传图的主要问题是：①连锁分析以染色体上不同位点间的重组率作为遗传距离的划分标准，而实际上染色体上不同区域的重组率并不是均一的，不同的染色体以及同一染色体的不同区段的重组率是不同的，某些区段具有较高的重组率，称为重组热点。位于着丝粒和端粒处的区域重组率远高于其他区域，因而，遗传图谱所给出的遗传距离往往不能完全反映出遗传标记在染色体上的物理位置。②不同于微生物的杂交试验，可供人类基因组计划利用的减数分裂事件毕竟有限，或者说寻找大的家系十分困难，这导致了通过记录减数分裂事件的连锁分析获得的遗传图的分辨力大受限制。为了获得最终的基因组序列图谱，需要将二者之间存在的误差校正到物理图谱水平以真实反映遗传标记间的物理距离。在这种状况下，寻找对基因组进行物理作图的技术突破变得十分迫切。

（二）绘制物理图谱

物理图谱（physics map）是指各遗传标记之间或 DNA 序列两点之间以碱基对数目为衡量单位的物理距离。细胞遗传学图谱相当于最初的物理图谱，使用的标记是经特殊处理后染色体上显示的带纹，通过原位杂交将基因定位在染色体各区带上就形成粗略的物理图谱，当然这种图谱的精度十分有限，且不与具体的核苷酸长度一一对应，远远不能满足基因组测序的要求。现在，人们已经开发了多种手段进行染色体物理制图，主要的方法有限制性作图（restriction mapping）、基于克隆的基因组作图（clone-based mapping）、荧光原位杂交（fluorescent in situ hybridization，FISH）、序列标签位点（sequence-tagged site，STS）作图。

1. 限制性作图

限制性作图是指将各种限制性酶切位点标记在 DNA 分子相对位置的过程。例如：我们在使用质粒载体时首先要了解：载体的酶切位点有哪些？在哪里有？而提供酶切位点信息的技术就是常规的限制性作图。使用常规限制性内切酶（识别位点为 6 个核苷酸）切割基因组时会产生较多酶切位点，因此仅适用于进行小型基因组精确作图（小于 50 kb）。而进行大型基因组作图则需要使用稀有切点限制性内切酶，产生长度达数十万个碱基对的大片段，然后经过脉冲场凝胶电泳进行酶切片段分离、作图，从而标示出酶切位点在基因组中的位置。

2. 基于克隆的基因组作图

经脉冲场凝胶电泳后分离的基因组 DNA 片段需要进行克隆才能进入测序工作。因为常规载体仅能容纳数万个核苷酸的 DNA 片段，为了进行大片段的克隆工作，需要专门设计的能容纳大片段 DNA 的载体，为此，陆续开发了能够克隆大片段的载体，包括：①容载大于 100 kb DNA 片段的酵母人工染色体（yeast artificial chromosome，YAC），它包含染色体的主要结构：着丝粒、端粒和自主复制序列（ARS），保证了其能够在酵母中进行增殖，标准的 YAC 克隆 DNA 容量为 600 kb。YAC 克隆是首个开发的大型片段载体，从克隆容量上满足了基因组测序的需求，使用 YAC 完成了人类基因组计划的首个大型克隆。但 YAC 存在插入子稳定性和富含 GC 的区域克隆效率较低的问题。②基于 YAC 存在的问题，人们又开发了细菌人工染色体（bacterial artificial chromosome，BAC），BAC 起源于大肠杆菌的 F 质粒，其最主要特点在于：是单拷贝复制，非常稳定；相对分子质量较大，从 F 质粒衍生的 BAC 载体能够容载 300 kb

以上的 DNA 片段；在大肠杆菌中增殖，便于扩增提取，适于机械化操作。③此后，P1 人工染色体(P1-derived artificial chromosome，PAC)也被建立并投入到基因组研究中，PAC 能容载片段长度达到 300 kb。④黏粒载体(fosmid)，既含有 F 质粒的复制起始点又含有 λ 噬菌体的 *cos* 位点，提升了载体的稳定性。

重叠克隆群(contig)组建：完成了大片段克隆工作后，首先获得的是包含大量的克隆群的文库(library)。需要对文库内各个克隆在染色体上的物理位置进行排列以确定不同克隆之间的物理关系，最终获得首尾重叠的连续的克隆群，以代表一个单倍体基因组一整套完整的信息。用于重叠克隆群组建的方法主要有以下几种。

(1) 染色体步移(chromosome walking)：从基因组文库中随机选取一个克隆，以该克隆的末端序列为探针，从文库中寻找与之重叠的第二个克隆，以此类推，直到完成每条染色体重叠克隆群的组建。该方法进展比较缓慢，适用于小基因组物理图谱的绘制，不适用于人类基因组测序。

(2) 指纹作图：对重叠克隆群内的每个克隆进行 DNA 指纹分析，根据它们所含有指纹的重叠状况，判断哪些克隆群是重叠的，以此来对克隆群的各个克隆进行作图排序。用于指纹作图的标记可以是 RFLP、VNTR 或者是 STS 标记，其中后两者是通过 PCR 方式对每个克隆进行专一性扩增来完成的，若两个相邻的克隆含有重叠区域，那么这些重叠区域就具有共同的遗传标记，也就具有了上述相同的 DNA 指纹，据此可以为来源于一个基因组的所有克隆进行排序，完成物理图谱的构建。

3. 荧光原位杂交

荧光原位杂交是使用荧光素标记一段 DNA 序列作为探针，与细胞分裂中期的染色体或分裂间期的染色质进行杂交，将某一段 DNA 序列定位到染色体或者染色质的某个区域，是一种大尺度的物理图谱绘制方法。其精确度达到 1 Mb，约与染色体上的一条带相当，而且原位杂交操作困难，资料积累慢，仅适用于粗略的作图。

4. 序列标签位点作图

限制性作图、克隆重叠群构建和指纹作图对大基因组仍存在适用性的问题，而荧光原位杂交操作烦琐、技术不容易掌握、资料积累较慢，为了绘制详细准确的物理图，有必要使用更为有效的技术。序列标签位点(STS)是基因组的单拷贝序列，因为序列已知，是用于基因组物理图绘制的优质分子标记，因此对于包括人类基因组在内的大型基因组的物理作图使用的主流技术为 STS 作图(STS mapping)。而 STS 作图的核心技术是辐射杂种(radiation hybrid)作图。

辐射杂种是含有另一种生物染色体片段的啮齿类细胞。20 世纪 70 年代，Goss S. J. 和 Harris H. 发现将人体细胞暴露在不同剂量的 X 射线中可引起染色体随机断裂，产生的染色体片段的大小依赖于辐射的 X 射线的剂量。将经过强辐射处理的人体细胞立即与未辐射的啮齿类动物细胞融合，有些人体细胞染色体片段将会整合到啮齿类动物染色体中，因此又称为辐射与融合基因转移(irradiation and fusion gene transfer，IFGT)。由此获得的一系列随机插入了人类染色体片段的杂种细胞的集合体称为辐射杂种群(radiation hybrid panel)。

辐射杂种作图是使用辐射杂种群作为作图试剂，从杂种细胞分离 DNA，用 PCR 检测杂种细胞中含有的 STS 标记，根据两个 STS 标记同时出现在一个杂种细胞的频率，判断这两个标记是否连锁以及连锁程度，并以此为依据为基因组内的 STS 标记绘制物理图谱的过程。这是基于一种染色体随机断裂后两个 STS 标记同时出现在一起的概率事件来推算 STS 标记间的连锁关系，两个 STS 标记之间距离越远，则染色体发生断裂的可能性就越高，经过随机整合，它们同时出现的概率就越低。这在一定程度上模拟了减数分裂遗传重组的过程,因此用来快速计算基因间连锁关系更为便捷、迅速。为完成单一染色体的辐射杂种作图所需的杂种数量为 100～200 个。辐射杂种的作图单位是厘镭(centiRay,cR),定义为暴露在 N rad X 射线剂量(N 代表具体辐射剂量)下两个分子标记之间发生 1% 断裂的概率。两个标记出现在同一个杂种细胞的比率与二者之间的连锁关系成正比。

辐射杂种作图的主要原理是:基因组中 STS 标记都含有唯一的序列组成,且在染色体上的位置是确定的;位于染色体上相邻排列的 STS 在外力作用下发生 DNA 断裂时,两个不同的 STS 标记在同一片段同时出现的概率取决于它们在基因组中的相对位置,位置靠近的 STS 标记有更多的机会同时出现在同一个杂种细胞中。相反,相距较远的 STS 标记同时出现在同一个杂种细胞的概率就会下降。因此,根据 DNA 随机断裂后 STS 标记同时出现的概率就可以对各个 STS 标记在基因组的连锁关系进行作图。

人类基因组辐射杂种作图最初采用的是来自单一染色体的辐射杂种细胞而非整个基因组,因为单条染色体作图所用的杂种数量要比全基因组少得多。现在已能用 100 个以内全基因组辐射杂种群进行物理作图。根据不同的辐射剂量,可以获得分辨率不同的辐射杂种图,人类全基因组辐射杂种群 Genebridge 4(G4)采用了 3000 rad 辐射剂量获得了较低分辨率的 93 个人体 DNA 杂种系,获得片段大小平均约 10 Mb;而 G3 辐射杂种群则采用了 10000 rad 辐射剂量,获得较低分辨率的 83 个杂种系,片段大小平均约 4 Mb;Schwartz D. C. 等(1993)采用 G3 辐射杂种群,使用了 30000 个分子标记,绘制了一份平均密度达到 80 kb 的人类辐射杂种图。辐射杂种作图是完成人类全基因组测序和序列组装的重要基石。辐射杂种作图的分辨率可达到 50 kb,远高于荧光原位杂交的分辨率(1 Mb),而且辐射杂种作图直接以染色体区段为作图试剂,可信度更高。因此,全基因组辐射杂种作图(whole genome radiation hybrid mapping)在人类基因组计划的物理图绘制中占有中心地位,是人类基因组计划的核心内容之一。

（三）人类基因组整合图

基因组遗传图和物理图针对的对象都是基因组或染色体,但在绘制过程中使用的原理不同,分子标记也有差异,因此有必要对二者进行整合,彼此衔接,将来源不同的分子标记归并在一张整合图上,提高基因组整合图(integrated genome map)的分子标记密度,以利于下一步基因组的测序和序列组装。

人类基因组物理图绘制晚于遗传图。1993 年采用 STS 筛选法及其他指纹技术产生了第一份基于克隆的重叠群物理图(clone contig map),由 33000 个 YAC(yeast artificial chromosome)组成。YAC 克隆的插入片段平均为 0.9 Mb,因为有不少 YAC 克隆含有 2 个或多个嵌合的 DNA 片段,导致基因组中一些原来分散的 DNA 片段大范围错位。为解决这一问题,美国麻省理工学院基因组研究中心的 Whitehead 研究所采用辐射杂种作图方法进行 STS 标记作图,并对 YAC 物理图进行校正。最早(1995 年)成功地将 6193 个基因组位点和 5264 个遗传位点进行了整合,绘制了一份含有 15086 个 STS 标签的人类基因组物理图。后来,又在 STS 数目进一步增加的同时使用了表达序列标签(EST)和蛋白质编码基因,到 1998 年 Deloukas P. 等在已有的人类基因组物理图谱基础上,采用了 30181 个人类基因 cDNA 作为标记,绘制了一份密度更高的辐射杂种物理图谱,标记的平均密度约 75 kb。

20 世纪 90 年代末,另一份以 BAC 克隆为基础的物理图绘制也开展起来,该方法采用指纹作图法将人类基因组约 15 个单倍体的 283287 个 BAC 克隆组建成 7133 个集群（cluster），同时利用 13695 个分子标记将 96283 个不同的 BAC 克隆锚定到基因组连锁图上，到 2001 年基于 BAC 克隆群的物理图谱已经公布。进一步再利用 BAC 作为探针，采用荧光原位杂交将这些 BAC 克隆定位到染色体的细胞遗传图上。这样使不同的克隆集群与已公布的遗传图、辐射杂种物理图和细胞图完全衔接到一起，标志着一幅足以指导基因组测序与序列组装的基因组整合图的完成（图 11-7，表 11-1）。

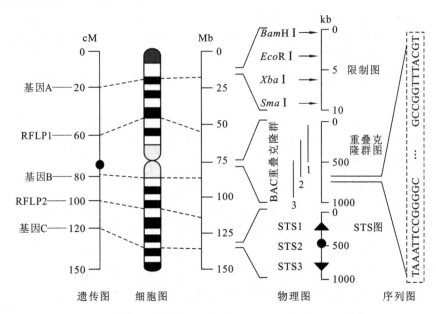

图 11-7　全基因组遗传图、细胞图、物理图和序列图之间的关系

表 11-1　以染色体为单位的人类基因组遗传长度、物理距离以及基因分布

染色体编号	物理距离/Mb	遗传长度/cM	kb/cR	已定位基因数
1	263	293	197	2594
2	255	277	225	1745
3	214	233	233	1434
4	203	212	256	1105
5	194	198	272	1169
6	183	201	243	1478
7	171	184	229	1242
8	155	166	271	878
9	145	167	305	977
10	144	182	253	994
11	144	不完善	270	1795
12	143	169	234	1360
13	114	118	179	528
14	109	129	208	915
15	106	110	203	787

染色体编号	物理距离/Mb	遗传长度/cM	kb/cR	已定位基因数
16	98	131	201	972
17	92	129	147	1351
18	85	124	172	393
19	67	110	110	1605
20	72	97	191	728
21	50	60	151	326
22	56	58	185	576
X	164	198	231	1187
Y	28	数据缺乏	208	97
合计	3217.2			26236

kb/cR：基于辐射杂种作图的每个厘镭所定义的物理距离。

（四）全基因组测序

1. 基因组测序的策略

在构建包含大分子 DNA 片段的重叠克隆群（包括 YAC 和 BAC），并绘制高精度物理图谱之后，下一步的工作就是进行基因组测序。由于每个克隆的 DNA 都很长，达到数十万个碱基对，而使用双脱氧末端终止法进行测序的每个反应仅能测 1000 个左右的碱基对。因此，有必要进行测序的策略选择，目前可以归结为两种。

1）作图测序

首先，利用现有的遗传图谱和物理图谱的结果，分别对每个大分子 DNA 克隆内部进行测序与序列组装，然后将彼此相连排列的大分子克隆按次序搭建支架（scaffold），最后以分子标记为向导将搭建好的支架逐个锚定到基因组整合图上。这种测序策略称为作图测序（map-based sequencing），或者称为克隆依次测序（clone-by-clone sequencing）（图 11-8）。

具体的做法是：根据已知的物理图，挑取待测的克隆（BAC 或者 YAC），提取并纯化DNA，然后用机械法（超声波）随机断裂制备小分子 DNA 片段，进行分离电泳分离，收集 2 kb大小的 DNA 片段，连接到质粒载体中进行克隆，并对产生的符合条件的所有随机克隆从两侧开始测序。对所有克隆测序完成后，使用软件进行初筛，然后依据不同克隆间出现序列的重叠使用软件进行序列组装。为了保证测序的覆盖率，全部测序的总长度不低于 3 个单倍体的基因组。

作图测序法需要遗传图和物理图作支撑，相对来说，所花时间较长，所需人力较多。20 世纪 90 年代，很多生物基因组的测序和序列组装采取的是作图测序法，例如，大肠杆菌、酵母和线虫基因组的测序等都是先构建遗传图和物理图，然后完成自上而下的测序和组装。国际人类基因组计划测序中心就是通过作图法开展测序的，它将所有的 BAC 克隆作出完整的物理图谱，然后将测序工作分配给 6 个参与国家，我国所参与的测序任务是第 3 号染色体端部，占全部测序计划的 1% 左右。

2）全基因组鸟枪法测序

另一种测序策略是全基因组鸟枪法，该法在不具备遗传图和物理图的前提下也可以进行，

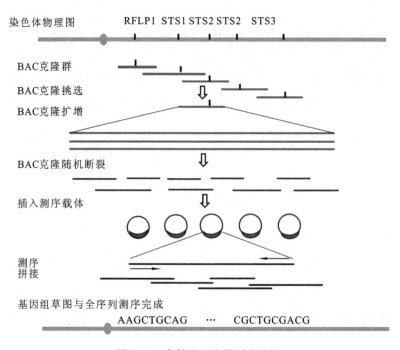

图 11-8 全基因组作图测序流程

将整个基因组 DNA 打断成小片段后将其克隆到质粒载体中,然后随机挑取克隆对插入片段进行测序,并以一个序列为中心对获得的测序结果进行重叠群构建。在此基础上进一步搭建序列支架,最后以分子标记为向导将序列支架锚定到基因组整合图上,这种测序方法称为全基因组随机测序(whole-genome random sequencing),或者称为全基因组鸟枪法测序(whole-genome shotgun sequencing)(图 11-9)。全基因组鸟枪法在基因组测序开始时就已经提出了,但它的实施不仅对于测序自动化的要求更高,而且还需要具备更强运算能力的计算机的参与,因此,曾经被认为不可行。然而,到了 20 世纪 90 年代中期,随着大规模自动化测序技术的问世和超级计算机的诞生,人们将这种测序方法付诸了实施。全基因组鸟枪法测序的最大优势在于快速和自动化,尤其对于没有物理图和遗传图背景的物种来说是个捷径。1995年,使用全基因组鸟枪法首次完成了流感嗜血杆菌的全基因组测序,该法在短时间内在大量的微生物基因组测序中被广泛应用,此后,全基因组鸟枪法被推广到多数生物,包括果蝇、人类、小鼠和水稻等大型基因组的测序。1999 年,Celera Genomics 公司宣布了自己的人类基因组计划,将使用全基因组鸟枪法对分别来自非洲裔的北美人、亚裔中国人和西班牙裔等 5 个自愿者进行人类全基因组测序。

然而,全基因组鸟枪法测序也有局限性,例如:当基因组过大时,序列组装的初期工作量非常之大;对于基因组中存在的重复序列容易漏掉,水稻全基因组测序时留下了 13 万个间隙。鉴于上述缺点,即使由 Celera Genomics 公司进行的人类基因组鸟枪法测序也参照了大量国际人类基因组计划作图法所公布的草图,以防止漏掉人类基因组中的重复序列。

无论使用哪种方法都会共同面对的不可回避的问题是:基因组中大量重复序列的存在会导致相关区段测序不准确;另外,在基因组作图过程中还会出现测序“间隙”,采用全基因组鸟枪法测序过程中更加明显,如果测序过程导致遗传信息漏掉,那将会导致基因组计划的不完善。水稻基因组计划最初就是采用全基因组鸟枪法开展的,但全基因组测序完成后保留了

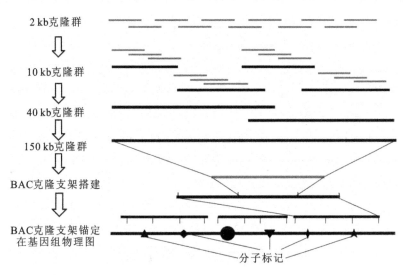

2 kb克隆群

10 kb克隆群

40 kb克隆群

150 kb克隆群

BAC克隆支架搭建

BAC克隆支架锚定
在基因组物理图

分子标记

图 11-9　全基因组鸟枪法测序流程

13000 个间隙未能填补,因此这一方法未能给出完整的全基因组序列。所以,尽管全基因组鸟枪法测序的效率更高,但完成之前的组装和间隙填补变得十分困难,因此并不能完全取代作图测序。

2001 年 2 月由国际人类基因组计划测序中心与 Celera Genomics 公司分别在《Nature》和《Science》杂志上发表两份基于物理图法与鸟枪法的人类基因组序列草图,标志着人类基因计划的里程碑式的胜利。此后,人类基因组计划组织分别检测了草图序列中的各个间隙,结果发现人类基因组草图序列有多处遗漏,涉及 3800 万个碱基,因此,国际人类基因组计划测序中心又进行了大量纠错补缺的工作。2003 年由中、美、日、英、法、德六国科学家联合宣布:人类基因组序列图完成。全部基因组序列共包含 28.5 亿个核苷酸,它近乎完整,涵盖了 99% 以上的常染色质基因组序列,准确率为 99.999%,由于重复序列的存在,常染色质基因组序列中存在 341 个空缺未能完成。

人类基因组数据显示基因组并非是紧凑的,蛋白质编码序列仅占 1.5% 左右,除此以外,与蛋白质表达调控相关的序列也不超过 25%;含有大量的间隔序列,其中占基因组近 45% 的是中度重复序列,可能来源于病毒转座子的插入和扩散;非转座的重复序列,其中 STR 等是可作为遗传标记使用的序列;此外,还有一小部分为非蛋白编码的单一序列。关于这些序列的进化来源以及它们在基因组进化中的功能有待进一步研究(图 11-10)。

2. 人类基因组测序的伦理学问题

因为人类基因数据涉及所有个人、不同家族、种族群体及其后代的特殊而敏感的医学信息,因此人类基因组计划从一开始立项就存在着伦理学方面的争论。其一,作为一个蕴含在人类身体的奥秘,是否人类都拥有认识人类自身 DNA 序列的权利? 这一信息是否会被滥用? 其二,由于基于基因组信息的疾病治疗药物及治疗手段的开发,涉及许多商业利益,参与基因组测序的 Celera Genomics 公司曾经想到对基因序列申请专利以保证其投资回报。其三,是否会因为所谓"缺陷"的基因被人获知,导致受到任何可能的歧视,如医疗保险费用的增加和种族主义的抬头。鉴于人类基因组数据对人类社会生活可能带来的重大影响,2003 年 10 月 16 日,联合国教科文组织大会通过了《国际人类基因数据宣言》,宣言中做出了明确的规范,提出:人类基因数据的采集工作中要遵循知情和自愿原则,尊重个人的隐私权和基本自由;而且对于

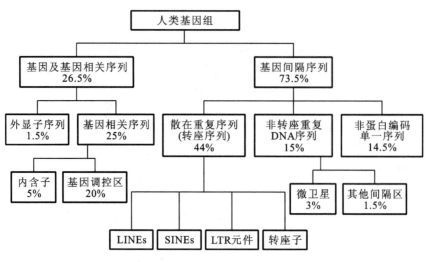

图 11-10　人类基因组遗传信息组成

人类基因数据的使用，要保证其公益性用途，如用于疾病防治、亲子鉴定、犯罪侦查等领域等。该宣言规范了在人类基因数据采集、处理、储存及使用过程中应该遵循的伦理道德准则，保证对人类尊严、人权和基本自由的尊重，保证人类基因资源不被用于社会歧视及侵犯人权。

第四节　基因组研究现状

国际上启动的基因组计划涵盖的物种极为广泛，涉及农作物、家畜、园艺、生物能源、植物、海洋生物、昆虫、稀有物种等。中国的华大基因公司和合作者制订了一项涉及千种动植物基因组的测序计划，启动了许多中国特有物种、重要农作物和畜牧类动物的测序工作。其中水稻、熊猫、黄瓜、家蚕及蚂蚁的基因组研究成果已分别在国际杂志上发表。根据 GOLD 网站统计，到 2014 年全部完成的基因组测序物种达到 18884 种，正在进行测序的有 23134 种，包括真核生物(eukaryote)、真细菌(bacterium)、古细菌(archaebacterium)等，这些基因组计划既包括独立的基因组(isolate genome)计划，对来自可以区分的独立种属的生物体基因组进行测序，也包括混合基因组计划，即对来自共栖生物体的基因组 DNA 进行统一测序。共栖基因组计划主要包括：与环境保护有关的工程类、涉及特定的生态环境共栖生存的环境类和具有寄生或共生关系的(host-associated)生物体等三类。

一、全基因组序列图谱的应用

（一）新的基因的克隆与分离

在拥有庞大的基因组序列数据的时代，通过解读整个基因组图谱从中进行基因搜寻、分析变得十分便捷。首先，可以从基因组序列中查找新的基因，主要方法如下。

(1) 根据已知的模块序列利用同源性比对方法进行基因组查询，然后通过计算机分析，来寻找与某些功能相关的新的基因。这主要是基于现有生物基因组之间存在的保守序列。其次，可以使用基因组图谱对与某些性状连锁的基因进行克隆和分离。

（2）通过图位克隆（map-based cloning）法或定位克隆（positional cloning）法分离，该方案需要通过连锁分析将目标基因定位于某个分子标记附近，然后用与目的基因紧密连锁的分子标记去筛选基因组文库（如 YAC、BAC 和 PAC 等），构建目的基因区域的详细物理图谱，再通过染色体步移逐渐接近目的基因，并完成对目的基因的克隆。

（3）借助基因组图谱进行全基因组关联研究（genome wide association study，GWAS）是一种新的寻找表型决定基因的方法，在致病基因的寻找上发挥着重要作用，它通过获取一定群体数量的患病个体与正常个体的 DNA 样品，采用高通量分子标记检测技术，对全基因组范围内的分子标记进行检测，分析这些分子标记与疾病的关联性，如果某一个分子标记在患者中出现的频率远高于正常对照个体，就说明疾病与分子标记关联，关联并不意味着这种分子标记代表的变异是致病原因，但表明该分子标记可能与致病基因处于高度连锁关系。该法对人类疾病相关基因的定位具有极大的应用价值，常常使用分子标记基因组内存在的大量的短串联重复序列（STR），即微卫星标记以及 SNP 标记。

该方法并不能直接寻找到具体的相关基因，而是通过研究均匀分布于整个基因组的微卫星标记来间接筛查相关基因所在区域。获得与疾病关联的分子标记后，用高密度的分子标记对这一区域进一步进行连锁分析，这样就会确定哪一个标记与疾病连锁的可能性最大，不断缩小分析范围后，当目标基因的定位精确度达到或小于 1 cM（100 万碱基对）时，可以对患者的该区域进行大规模测序，找到与正常人群中不同的突变基因作为候选基因，再通过功能分析对候选基因的功能进行验证。

（二）基因功能的预测和分析

利用超过多达 1 万种物种基因组序列数据，可以快速比对某一未知功能序列在已知序列中的同源性基因，假设获得某一功能未有报道的基因，可以先进行测序，然后进行基因组信息同源性或相似性比对，借鉴其他物种中与该基因同源的基因的功能来进行功能预测，这样可以初步推断未知基因的功能，再通过试验对基因功能进行研究。

（三）比较基因组学研究

通过不同物种间基因组比较作图（comparative mapping）可以寻找物种间是否存在同线性模块，以此来分析物种间的进化关系。染色体上某个模块（染色体片段）在不同物种间具有保守性，同时存在的现象称为同线性（synteny）或共线性（colinearity）。共线性模块的多少、保守性程度的高低是判读物种间亲缘关系近和远的依据。比较作图中常利用的有多个分子标记，主要利用 cDNA 标记及基因标记，在相关物种中进行物理或遗传作图，比较这些标记在不同物种基因组中的分布情况。

比较基因组学的基础理念是进化，即生物共同起源和进化是产生物种多样性的基础，在此基础上比较生物基因组的相似性才有意义。而从基因的角度看，生物基因组不仅存在垂直进化，也存在水平演化的过程，生物基因组中有 $1.5\%\sim14.5\%$ 的基因与"横向迁移现象"有关，即基因可以在同时存在的物种间迁移，这样就增加了分析判断的难度。

二、基因组计划重要历程

1986　美国能源部正式提出了人类基因组计划草案。

1990　经美国国会批准人类基因组计划正式启动，总体计划在 15 年内投入至少 30 亿美元进行人类全基因组的分析,标志着以美国为首的国际人类基因组计划组织的开始。

1992　BAC 克隆技术问世。

1995　全基因组鸟枪法完成流感嗜血杆菌基因组测序,标志着人类已经能从全基因组水平认识物种的遗传信息并进而认识遗传的本质。

发表人类基因组 YAC 重叠群物理图和 STS 物理图。

1996　完成酵母基因组和第一个古细菌詹氏甲烷球菌基因组测序。

1997　完成大肠杆菌基因组测序。

1998　完成第一个多细胞生物线虫基因组测序。

1999　Celera Genomics 公司宣布采用全基因组鸟枪法进行人类全基因组测序,标志着国际人类基因组计划组织和私人公司之间测序竞争的开始。

2000　完成果蝇基因组测序。

2001　国际人类基因组计划组织与 Celera Genomics 公司联合宣布完成人类全基因组草图序列。

2001　完成第一个植物拟南芥基因组测序。

2002　完成第一个谷类作物水稻基因组草图序列。

2002　启动人类基因组单倍型计划。

2003　由中、美、日、英、法、德六国科学家联合宣布:人类基因组序列图完成。

三、功能基因组学

(一) 功能基因组学的概念

随着基因组计划的开展,已近完成测序的基因组超过了 10000 种,而新的完成测序物种还在以加速度的方式增加,结构基因组信息的迅速积累为了解许多生命现象的本质、探索疾病形成机理提供了重要的信息基础。基因组研究也正从结构基因组学向功能基因组学转向,探讨基因的功能成为今后研究的主流。功能基因组学(functional genomics)指的是利用基因组数据,采用高通量方法从基因组整体水平探讨基因的转录、翻译、功能以及蛋白质间的相互作用等,即研究基因的功能以及行使功能过程。

(二) 功能基因组学的主要研究内容

1. 基因组表达及调控的研究

无论个体发生还是生物对外界环境的应答过程,基因总是通过时空特异性表达来完成生命活动的,因此,在全细胞或组织水平,对基因组的所有表达产物,包括蛋白质、非编码 RNA 以及它们的相互作用进行研究,阐明基因组表达在发育过程和不同环境压力下的时空调控网络。在此基础上,诞生了转录组、蛋白质组的概念和研究分支。

2. 转录组

转录组(transcriptome)一词源于转录物(transcript)和基因组(genome)的整合,广义上是指某一生理条件下,细胞内所有转录产物的集合,包括信使 RNA、核糖体 RNA、转运 RNA 及非编码 RNA。狭义的转录组也指一个特定群体细胞所有 mRNA 的表达谱(mRNA profile)。基因组的表达具有高度时空特异性,每个组织在个体发育的不同时期、不同环境条件下,所表达的基因是不同的,将一个细胞群体在特定时空条件下表达的全部基因的总和称为表达谱。

认识和比较不同细胞群体细胞的转录组数据有助于理解个体发生的机制,并从本质上认识遗传性疾病及肿瘤的发病机理。

借助于 DNA/cDNA 微阵列技术或 DNA/cDNA 芯片(DNA/cDNA mircoarray,或者 DNA/cDNA chips)技术的发展,人们将一个物种已知的所有种类的 cDNA 高密度点播在芯片(特制的载玻片)上,将来源于待测细胞群体的 RNA 或 cDNA 标记上荧光做出探针,然后进行杂交,就可以用来检测待测细胞群体全部 RNA 的表达水平。芯片技术的应用使得人们能够使用芯片对一个组织、器官或一种细胞内所表达的几乎所有 RNA 进行整体水平检测,实现了高通量化研究。

转录组研究所提供的信息是 RNA 水平的,对于编码蛋白质的基因来说,不仅存在转录水平和转录后水平基因调控,基因的表达还包括翻译水平和翻译后水平的调控,因此,蛋白质的最终表达及其修饰是基因功能的重要方面。

3. 蛋白质组学

蛋白质组(proteome)一词源于蛋白质(protein)与基因组(genome)两个词的整合,最早是由 Marc Wilkins 在 1995 年提出的,指的是特定条件下一种基因组所表达的全套蛋白质,可以包括一种细胞、一种组织甚至一种生物所表达的全部蛋白质,既包括蛋白质的表达水平,也包括翻译后的修饰,如蛋白质的磷酸化、乙酰化、泛素化等修饰,还包括蛋白质与蛋白质相互作用关系等。根据组织及环境状态的不同,其所表达的蛋白质组是不同的,同时,对于蛋白质编码基因常常存在前体 RNA(hnRNA)的差异剪切,因此一个基因可以编码多种功能相关的蛋白质,因此,相比较基因组的静态性,蛋白质组是高度动态的,是随着时空、环境条件时刻在改变的。据推测,人类基因组所含有的全部蛋白质编码基因总数大于 23000 个,但编码的蛋白质高达 100000 余种。

疾病的发生也是如此,在高度动态调控的蛋白质水平上出现一些细微的改变,会导致蛋白质组水平的差异、基因调控网络的异常从而产生疾病。因此蛋白质组学研究将有利于阐明疾病发生、细胞代谢等过程的机理。

蛋白质组学领域的关键技术是双向凝胶电泳(two-dimensional gel electrophoresis,2-DE)和质谱(mass spectrometry,MS)分析技术。双向凝胶电泳是进行蛋白质分离的手段,通过对蛋白质所带电荷的差异(第一向)和相对分子质量的差异(第二向)对蛋白质进行分离。目前的技术水平能够一次电泳分离出大约 4000 个蛋白质,并对超过 10000 个蛋白质进行检测。由于蛋白质双向电泳涉及的信息量极大,需要借助计算机进行数字化处理、分析,以便对来源于两个不同条件下的蛋白质差异状况进行比对。同时使用计算机处理还能够建立蛋白质组数据库,为相关领域研究提供重要参考资料。

质谱法(mass spectrometry,MS)即用电场和磁场将运动的离子(带电荷的原子、分子或分子碎片等)按它们的质荷比分离后进行检测的方法。由于核素的准确质量是多位小数,绝不会有两个核素的质量是一样的,也不会有一种核素的质量恰好是另一核素质量的整数倍,因此,测出离子准确质量即可确定离子的化合物组成和化学结构。这一技术在蛋白质鉴定中的应用使得根据质荷比鉴定蛋白质的组成和结构成为可能。目前,用于蛋白质组成鉴定的技术有电喷雾离子化质谱(electrospray ionization mass spectrometry,ESI-MS)、基质辅助激光解吸离子化飞行时间质谱(matrix-assisted laser desorption/ionization time-of-flight mass spectrometry,MALDI-TOF-MS)。使用双向凝胶电泳分离得到的蛋白质在经过处理后,进行质谱分析已经是蛋白质鉴定的成熟技术,这依赖于每个物种的蛋白质质谱数据库的建立,每个分离的蛋白质进行质谱分析后进行数据库比对才能得出蛋白质本体的组成和结构的结论。因此蛋白质组学同样依赖于数据库的发展和建设。

为了能够实现蛋白质组数据库的迅速建立,造福于对人类疾病的认识和治疗,国际上多个研究机构合作成立了人类蛋白质组组织(Human Proteome Organization,HUPO),类似于人类基因组组织(HUGO),该组织经过 2009—2011 年的会议决定了两个大的研究方向,分别是C-HPP 和 B/D-HPP,其中 C-HPP 对于人类单倍体基因组全部 24 条染色体上的蛋白质组进行分离研究,我国科学机构将承担其中 3 条染色体的蛋白质组学研究。B/D-HPP 将会针对蛋白质与生物学及疾病相关性领域进行研究。例如,由我国科学家主张成立的"人类肝脏蛋白质组计划"(HLPP)和美国科学家牵头成立的"人类血浆蛋白质组计划"等。

随着基因组数据的迅速积累,功能基因组学的研究将会得到极大的促进,所有的信息资源将会对每个研究参与者提出巨大的挑战,我们是否准备好去使用这些数据,还有哪些知识和技能需要去掌握?很显然,没有对信息的大规模收集和整理就无法使用这些宝贵的数据,因此,生物信息学应运而生。生物信息学(bioinformatics)是运用计算机和信息技术对生物学实验数据进行收集和整理,同时开发新的算法对生物学研究数据进行分析,以探讨研究数据所蕴含的生物学意义的学科。它是生物学与计算机科学以及应用数学学科相结合、交叉而形成的一门学科,开始于 20 世纪 80 年代。在生物信息学技术的支持下,基因组以及后基因组时代将会面临的一个科学命题就是"整体性与实验的关系",而对于整体性的认识离不开实验本身,生物学是实验科学,实验是根本。

习题

1. 名词解释:

基因家族、假基因、重叠基因、C 值、miRNA、lncRNA、siRNA、核型、遗传图谱、物理图谱、RFLP、VNTR、STS、微卫星 DNA、SNP、辐射杂种、转录组、蛋白质组。

2. 真核生物基因的主要结构特征有哪些?

3. 什么是分子标记?分子标记在遗传作图和物理作图中有哪些作用?

4. 请说明全基因组鸟枪法测序与序列组装的过程及二者的主要区别。

5. 全基因组鸟枪法测序与作图法测序有何差别?

6. 基因组测序中使用的文库有哪些?请详述。

7. 功能基因组的研究有哪些方向?与结构基因组学的关系如何?

参考文献

[1] D Peter Snustad,Nichael J Simmons. Principles of Genetics[M].赵寿元,等译. 3 版. 北京:高等教育出版社,2011.

[2] 杨金水.基因组学[M]. 3 版. 北京:高等教育出版社,2012.

[3] 戴灼华,王亚馥,栗翼玟. 遗传学[M]. 2 版. 北京:高等教育出版社,2007.

[4] Hugh Fletcher,Ivor Hickey,Paul Winter. Genetics[M].张博,等译. 3 版. 北京:科学出版社,2010.

第十二章

基因突变

　　基因突变是遗传学从 20 世纪初就已经使用的词汇。荷兰科学家德弗里斯(Hugo de Vries)在 1902 年研究月见草遗传时,发现月见草会产生一些特殊性状,他认为这是遗传因子突然发生变化而产生的,于是他把这种变化称为突变(mutation)。基因突变(gene mutation)是指染色体上某一个位点的碱基发生了化学性质变化,因此基因突变也可以称为点突变(point mutation),即碱基组成的变化。

　　一般生物的遗传物质是 DNA,DNA 的分子结构特点决定了遗传信息不仅具有稳定性,而且具有可变性。DNA 的精确复制是遗传稳定性的基础,基因突变是遗传信息改变的根源。同时,基因突变与生物的进化、动植物和微生物的育种实践以及人类的身体健康等都有着密切联系。

第一节　基因突变概述

一、基因突变的类型

(一)体细胞突变和生殖细胞突变

1. 体细胞突变

对于一个多细胞生物而言,如果突变仅发生在体细胞中,那么这种突变就不会传递给后代,这种类型的突变称为体细胞突变(somatic mutation)。

2. 生殖细胞突变

突变如果发生在生殖细胞中,那么这种突变就可以通过配子传递给下一代,在后代个体的体细胞和生殖细胞中产生相同的突变,这种突变就称为生殖细胞突变(germinal mutation)。

(二)突变型的几种类型

1. 形态突变

形态突变(morphological mutation)主要影响的是生物体的外观形态结构,如形态、大小、色泽等肉眼可见的变异,所以也称为可见突变(visible mutation),如小麦、水稻的矮秆变异,果蝇的复眼和眼色等变异。

2. 生化突变

生化突变(biochemical mutation)影响生物的生化代谢过程,虽没有明显的形态效应,但可以导致某些特定生化功能的改变或丧失。如野生型的(正常的)红色面包霉能在基本培养基上生长,而其中的一种突变体则需要在基本培养基中添加某种氨基酸才能正常生长,称为营养缺陷型。又例如人类的半乳糖血症,是因为先天性的基因缺陷而缺乏半乳糖-1-磷酸尿苷酸转移酶,以致 1-磷酸半乳糖和半乳糖醇沉积而致病,主要伤及肝、肾、眼晶体、脑组织等。

3. 致死突变

致死突变(lethal mutation)是指引起生物体生活力下降乃至死亡的突变。致死突变可以分为显性致死和隐性致死两类。如果是显性致死,无论是杂合状态还是显性纯合均有致死作用;而隐性致死只有是隐性纯合时才有致死作用。其中隐性致死比较常见。以上各种致死作用可以发生在不同的发育时期,如配子期、合子期或胚胎期等。

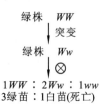

图 12-1　白化苗突变的遗传

在植物中最常见的致死突变是隐性的白化苗突变。白化苗不能形成叶绿素,当子叶中的养料耗尽时,幼苗因为不能进行光合作用而死亡。现在发现,叶绿素的合成涉及 50 多对基因,只要其中一对发生异常,便有可能导致叶绿素不能合成。图 12-1 是其中一对正常基因(W)突变为异常基因(w)之后的遗传表现。

在动物中致死突变也经常发生,现已发现几十种隐性致死型畸形,其中大多数是骨骼发育障碍引起的变态,如牛的软骨发育不全、猪的畸形足致死、鸡的先天性瘫痪等。

4. 条件致死突变型

条件致死突变(conditional lethal mutation)是指某突变在一定的条件下表现出致死效应,而在其他条件下却能正常存活。例如,某些细菌的温度敏感突变型在 30℃ 可以正常生长,当在 42℃ 左右或低于 30℃ 时却是致死的。显然,条件致死突变体(型)能够用于研究基因作用的敏感时期。

（三）正向突变和回复突变

1. 正向突变(forward mutation)

其突变方向是从野生型向突变型。

2. 回复突变(backward mutation)

其突变方向是从突变型向野生型。

在鉴定回复突变时,应该注意区分真的回复突变和抑制因子突变:①真的回复突变,突变发生在同一座位,跟正突变是一样的;②抑制因子突变(suppressor mutation),突变发生在另一座位上,但是掩盖了原来突变型的表型效应。在微生物中,抑制因子的突变,通常可以通过回复品系(revertant stock)与野生型杂交,观察子代中是否有突变型重新出现(图 12-2)。如果有突变型出现,这就意味着,抑制因子和原来突变是相互分开的,使突变型重新出现。如果这种杂交的后代中没有突变型出现,这就说明回复突变与抑制作用无关。

二、基因突变的一般特征

（一）突变的稀有性

在一般情况下,自发突变率往往较低。突变率(mutation rate)是指一个世代中或其他规

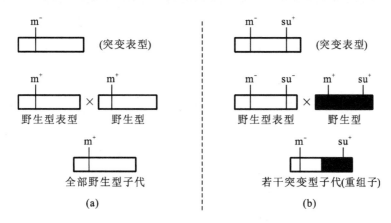

图 12-2 回复突变出现的两种机理以及在微生物中常用的区别方法

(a) 突变座位本身发生复突变,m⁻→m⁺,结果表现出野生型表型。跟一野生型 m⁺ 菌株杂交,子代全为 m⁺,所以是野生型(除非极偶然地新突变 m⁻ 出现);(b) 突变型表型改变是由于一个抑制因子座位(su)的突变引起的。当被抑制的 m⁻su⁻菌株跟野生型 m⁺su⁺杂交,某些子裔由于重组将会出现突变型 m⁻su⁺,而且它们的出现频率比基因 *m* 的突变率高得多。

定的单位时间内,在特定的条件下,一个细胞发生某一突变事件的概率。在有性生殖的生物中,突变率通常用一定数目配子中的突变型配子数来表示;而在无性繁殖的细菌中,用一定数目的细菌在一次分裂过程中发生突变的次数来表示。根据试验发现,一般高等动植物的突变频率为 $1\times10^{-8}\sim1\times10^{-5}$,即在 10 万到 1 亿个配子中可能有一个突变发生;细菌自发突变率一般为 $1\times10^{-10}\sim4\times10^{-4}$,各种生物的某些座位的自发突变率见表 12-1。

表 12-1 各种生物的某些座位的自发突变率

生 物	性 状	频 率	备 注
T₂噬菌体			
	溶菌抑制 r⁺→r⁻	1×10^{-8}	每次复制的突
	宿主域 h⁺→h	9×10^{-9}	变基因频率
细菌			
E. coli	乳糖发酵 lac⁻→lac⁺	2×10^{-7}	每次分裂的突
	T₁噬菌体敏感性 T₁ˢ→T₁ʳ	2×10^{-8}	变细胞频率
	组氨酸需要型 his⁺→his⁻	2×10^{-6}	
	his⁻→his⁺	4×10^{-3}	
藻类			
Chlamydomonas reinhardtii	链霉素敏感型 strˢ→strʳ	1×10^{-6}	
真菌			
Neurospora crassa	肌醇需要型 inos⁻→inos⁺	8×10^{-8}	每个无性孢子
	腺嘌呤需要型 ade⁻→ade⁺	4×10^{-8}	的突变频率

生　　物	性　　状	频　率	备　注
玉米			
Zea mays	皱缩种子 Sh→sh	1×10^{-6}	每个配子的
	非紫色糊粉层 Pr→pr	1×10^{-5}	突变频率
	无色糊粉层 $R^r\rightarrow r^r$	1×10^{-4}	
果蝇			
Drosophila	黄体 Y→y(雄蝇)	1×10^{-4}	
melanogaster	Y→y(雌蝇)	1×10^{-5}	
	白眼 W→w	4×10^{-5}	
	褐眼 Bw→bw	3×10^{-5}	
	黑檀体 E→e	2×10^{-5}	
小鼠			
Mus	非鼠色 $a^+\rightarrow a$	3×10^{-5}	

(二) 突变的随机性

突变可以发生在个体发育的任何时期、任何个体、任何基因上,无论是体细胞还是性细胞。一般认为,同源染色体上一对等位基因的突变是独立发生的。体细胞突变在不同组织中也是独立发生的。

(三) 突变的重演性

同一突变可以在同种生物的不同个体间多次发生,称为突变的重演性。例如,玉米籽粒的颗粒颜色的基因、抑制色素形成的基因、黄胚乳基因等在多次试验中都出现过相似的突变,而且突变率相似。

(四) 突变的可逆性

突变是可逆的。基因 A 可以突变为基因 a,基因 a 又可突变成原来的状态 A,即有正突变和回复突变。正突变和回复突变的频率往往是不同的。在自然界,通常是正突变的概率大于回复突变的概率,因为野生型基因内部许多位置的碱基改变都有可能产生新的表型,但是突变基因内部一般只有一个位置的碱基改变才能恢复成野生型。

(五) 突变的多方向性和复等位基因

一个基因可以向不同的方向发生突变。换句话说,它可以突变为一个以上的等位基因。如基因 A 可以突变为等位基因 a_1 或 a_2、a_3 等。因而,在这个座位上,一个个体的基因型可以是 AA,也可以是 Aa_1、Aa_2、a_1a_2 等任意组合。

基因发生突变后便形成它的等位基因。例如,正常血红蛋白基因 *HbA*,可以由于编码 β 链第 6 个氨基酸的碱基由 CTT 变为 CAT 而形成基因 *HbS*,*HbS* 便是 *HbA* 的等位基因。生物界存在着成千上万种不同的等位基因,例如,控制果蝇红、白眼,控制人类有、无耳垂,控制玉米胚乳有、无颜色的各对基因。

基因突变往往具有多方向性(图 12-3),因此能够形成许多个等位基因,这就是通常所说的复等位基因(multiple alleles)。复等位基因是一个基因内部不同位置发生突变所形成的。"突变的位置"可以指一个或几个碱基对的置换,也可以指移码。一般将一个基因的整个碱基排列顺序称为基因座(locus),而将发生突变的位置称为位点(site),一个基因座中可以有很多不同的突变位点。最小的突变位点称为突变子,突变子实际上就是一个碱基对。

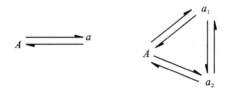

图 12-3 基因的多方向突变

箭头指示突变方向。

复等位基因主要有以下特点:①它们规定同一单位性状内多种差异的遗传;②在二倍体生物同一个体中,只能同时存在复等位基因中的 2 个成员;③复等位基因中的每 2 个成员之间存在着对性关系。因此,表型不同的 2 个纯合亲本杂交后,F_2 通常表现一对等位基因的分离比例,即 3:1 或者 1:2:1。此外,复等位基因在对性状的影响方面也有可能具有多效性。由于基因突变的多方向性,可以产生一系列的复等位基因,因此不仅增加了生物性状的多样性,为生物的适应性和育种提供了丰富的资源,而且加深了人们在分子水平上对基因内部结构的认识和理解。但是,基因突变的多方向性也不是无限的,它只能在一定范围内发生。这主要是因为突变的方向要受到构成此基因本身的化学物质的制约,一种基因的 DNA 序列不可能无限制地转变为其他 DNA 序列。例如,陆地棉花瓣基点的颜色是由一组复等位基因来控制的,它表现为从不显颜色到显不同深浅的紫红色,但从来没有出现过黑色或蓝色的基点。因此基因突变的多方向性是相对的。

复等位基因广泛存在于生物界。现在知道 *HbA* 基因的突变也是具有多方向性的,因而形成了一系列复等位基因,除了前面讲过的 *HbS* 外,还有 *HbSiriraj*、*HbLuhe* 等。

HbSiriraj 是由于编码 β 链第 7 个氨基酸的碱基由 CTT 变为 TTT 而形成的,*HbLuhe* 是由于编码 β 链第 7 个氨基酸的碱基由 TTT 变为 GTT 而形成的。这些复等位基因都相似地表现为血红蛋白病。

在人的 ABO 血型中,I^A、I^B、i 3 个复等位基因决定着红细胞表面抗原的特异性。但是任何一个人不会同时具有这 3 个等位基因,只有其中任意 2 个,表现出一种特定的血型。ABO 血型系统中 4 种表型及其可能的基因型见表 12-2。

表 12-2 ABO 血型的基因型和凝集反应

表型(血型)	基因型	抗原	抗体	血　　　清	白　细　胞
AB	$I^A I^B$	A、B	—	不能使任一血型的红细胞凝集	可被 O、A、B 型的血清凝集
A	$I^A I^A$ $I^A i$	A	β	可使 B 及 AB 的红细胞凝集	可被 O、B 型的血清凝集
B	$I^B I^B$ $I^B i$	B	α	可使 A 及 AB 的红细胞凝集	可被 O、A 型的血清凝集
O	ii	—	α、β	可使 A、B 及 AB 的红细胞凝集	不能被任一血型的血清凝集

（六）突变的平行性

亲缘关系相近的物种因遗传基础比较相似,经常发生相似的基因突变,称为突变的平行性。根据这个学说,当了解到一个物种或属内具有的变异类型后,就可以预见近缘的其他物种或属也同样存在相似的变异类型。例如,同属禾本科植物的大麦、小麦、黑麦、燕麦、高粱、玉米、黍、水稻、冰草等在籽粒的若干性状方面具有类似的变异类型(表 12-3)。

表 12-3　禾本科部分物种的品种(族)籽粒性状的变异

遗传变异的性状		黑麦	小麦	大麦	燕麦	黍	高粱	玉米	水稻	冰草
颜色	白色	+	+	+	+	+	+	+	+	
	红色	+	+	+			+			+
	绿色(灰绿色)	+	+	+	+	+		+	+	+
	黑色	+	+	+			+			
	紫色	+	+	+						+
品质	圆形	+	+	+	+	+	+	+	+	+
	长形	+	+	+	+	+	+	+		+
	玻璃质	+	+	+	+	+	+			
	粉质	+	+	+	+	+	+	+	+	+
	蜡质	+		+	+	+	+			

（七）突变的有利性和有害性

大多数基因的突变对于生物的生长和发育是有害的,只有少数突变能促进或加强某些生命活动而显示出对生物的有利性。因为现存的生物都是经历长期自然选择进化而来的,它们的遗传物质及其控制下的代谢过程,都已经达到了相对平衡和协调的状态。一旦某一基因发生突变,原有的协调关系不可避免地就要遭到破坏,生物赖以正常生活的代谢关系就会被打乱,从而引起不同程度的后果,一般表现为生育反常,极端的就会导致死亡,这种导致死亡的突变,称为致死突变(lethal mutation)。最早的致死突变现象是在小鼠(*Mus musculus*)的毛色遗传中发现的。在黑色中发现了一种黄色突变,但从未发现其纯合体,后来发现是因为这种突变的隐性纯合体具有致死效应。

大多数的致死突变都是隐性致死(recessive lethal),但也有少数是显性致死(dominant lethal)。致死突变可以发生在常染色体,也可以发生在性染色体,形成伴性致死(sexlinked lethal)。

有些突变对生产是有利的,例如可以用突变来筛选一些具有抗病、早熟等性能突变种。

第二节　基因突变的检出

一、果蝇常染色体突变的检出

果蝇常染色体的突变检出,一般要经过三代。例如,要检出果蝇第二条染色体的突变基因,可利用平衡致死品系。一条染色体上显性基因 Cy(curly,翻翅)纯合致死,另一条染色体上显性基因 S(star,星状眼)纯合致死。

首先利用翻翅星状眼母本与待测的雄蝇单对交配产生 F_1 代,在 F_1 代选取翻翅个体与翻翅星状眼母本单对交配产生 F_2 个体,F_2 个体中的翻翅雌雄个体单交配,根据 F_3 个体表型可以判断突变的有无。F_3 代出现翻翅个体和正常野生型果蝇,且两者比例为 2∶1,则表明所测染色体无基因突变;若 F_3 代出现翻翅个体和突变型果蝇,且两者比例为 2∶1,则表明所测染色体有基因突变;如果只有翻翅杂合体,则说明所测染色体产生隐性致死突变。果蝇隐性致死突变的检出过程如图 12-4 所示。

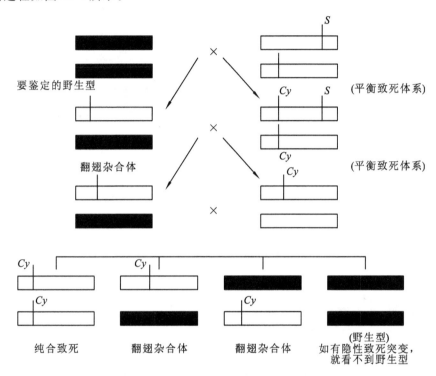

图 12-4 检出果蝇第二染色体隐性致死突变

二、植物突变体的检出

一般检测大多是二倍体的植物,因为突变往往出现在一条染色体的某个基因座位上,所以必须用种植单株后代的方法,才能够逐渐分离出纯合的突变个体。如果是显性突变,则在第二代个体中就能够表现出来,并且出现的个体数目较多。但只有到第三代才能鉴定出它们的基因型。如果是隐性突变,则在第二代就可以鉴定出它们的基因型。现在以大麦隐性突变的检测为例,假定在大麦的主茎穗中发生隐性突变($A \rightarrow a$),在 M_2 代(一般将诱变处理的种子长成的植株称为 M_1,M_1 自交得到的子代为 M_2,以此类推)中通常会出现约 1/4 的纯合突变体 aa,其他穗行正常,将 M_2 按穗行收获的各类单株按株行种成 M_3,其中有一行全部个体都为突变型,即上一代隐性突变体 aa 的后代(图 12-5)。

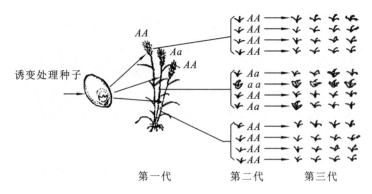

图 12-5　大麦诱发隐性突变后代遗传动态的示意图

第三节　突变的分子基础

一、引起突变的因素

（一）物理因素

1927 年 Muller 首先利用 X 射线进行诱发变异的研究，以后相继发现了紫外线、γ 射线、α 射线、β 射线、中子、超声波和激光等多种物理因素都有诱变作用。

（二）化学诱变因素

早在 1930 年 Rappapart 就发现亚硝酸可以使某些霉菌的突变增加。1942 年，Auerbach 等通过一系列的试验，发现了许多具有诱变作用的化学试剂，这类化学试剂就称为化学诱变剂或化学诱变因素（chemical mutagen）。化学诱变剂的种类有很多，从简单的无机物到复杂的有机物中都可以找到具有诱变作用的物质。根据化学诱变剂对 DNA 作用的特点，一般可以将其分为 4 类。

（1）碱基类似物　碱基类似物是指与核酸中 4 种碱基的化学结构相似的一类物质。这类物质能在不影响 DNA 复制的情况下，作为 DNA 的成分掺入 DNA 的分子中，从而引起碱基配对错误，造成碱基对的替换。较常用的碱基类似物是 5-溴尿嘧啶（5-Bu）和 2-氨基嘌呤（2-AP）。

（2）烷化剂　这是一类具有一个或多个活性烷基的化合物。它们中的烷基很不稳定，能转移到其他分子的电子密度较高的位置上，并置换出其中的氢原子，从而使其成为高度不稳定的物质。常见的烷化剂有甲基磺酸乙酯（EMS）、硫酸二乙酯（DES）和乙烯亚胺（EI）等。

（3）改变 DNA 中碱基的化合物　这类物质能够通过与 DNA 分子中的碱基作用，使碱基分子结构改变，进而导致碱基的替换，如亚硝酸（NA）和羟胺（HA）等。

（4）结合到 DNA 分子中的化合物　这类诱变剂能够结合到 DNA 分子中，引起 DNA 分子中遗传密码的阅读顺序发生改变，从而导致突变，如吖啶类染料和氮芥的衍生物等。

除了上述 4 类化学诱变剂以外，某些抗生素、叠氮化合物等也具有诱变效应。特别是叠氮化钠是一种诱变能力较强的诱变剂，在酸性条件下具有很高的诱变率。

二、诱变因素的作用机理

（一）物理因素的诱变机理

物理因素诱发突变的作用，通常可分为直接作用和间接作用两种。直接作用是指射线直接与被照射生物的 DNA 发生作用。当电离射线穿越被照射物体而碰撞 DNA 分子时，就会把 DNA 分子中原子核外围的电子从它们的轨道上撞击出去，使原子成为带正电荷的离子，这就称为初级电离。释放出来的电子被另一原子捕获，使其成为带负电荷的离子，因此离子是成对出现的。由初级电离产生的快速高能电子在其经过的路线上又可以使其他原子电离，这称为次级电离。每一高能电子大约可以产生 230 次的次级电离。次级电离的结果，轻则造成基因分子结构的改组，产生突变的新基因，重则造成染色体的断裂，引起染色体结构变异。

电离辐射的间接作用是指射线首先作用于介质。活的生物组织大约含有 75% 的水，因此水是电离辐射最丰富的靶分子。当射线穿入细胞时，首先会由水吸收，产生不稳定的 H^+ 和 OH^- 离子以及 $\cdot H$ 和 $\cdot OH$ 自由基，并可进一步产生过氧化氢和过氧化基等。过氧化氢、过氧化基和自由基团都是十分活跃的氧化剂，当它们与细胞内核酸等大分子发生化学反应时，就可能改变 DNA 的分子结构，从而导致基因的突变。

电离辐射对 DNA 的作用没有特异性；紫外线则会特异地作用于 DNA 的嘧啶，容易形成嘧啶二聚体。如果形成胸腺嘧啶二聚体 $T=T$，则在 DNA 复制时，此处不能正常配对，结果会使子链存在缺口，可因缺口处随机插入碱基而发生突变。但是由于紫外线的能量较低，穿透力较弱，因此一般适用于生殖细胞和微生物的诱变处理。它的最有效的诱变波长是 260 nm，这正是 DNA 分子的吸收波长。

在太空进行的空间诱变也是一项有效的人工诱变技术。太空中存在着大量的各种物理射线，可诱发突变，其他如失重、超净、无地球磁场的影响，以及卫星发射和返回时的剧烈震动等因素，也是产生突变的重要原因。

上述各种物理因素的诱变作用是随机的，性质和条件相同的辐射可以诱发不同的变异，性质和条件不同的辐射也可以诱发相同的变异。因此，现阶段只能期望通过辐射处理得到变异，还不能通过一定的辐射处理获得一定的变异。

（二）化学诱变因素的作用机理

从化学诱变剂的作用特点可以发现，它们诱发突变的机制主要是碱基替换和移码突变。例如，亚硝酸是一种有效的诱变剂（图 12-6）。已知它能作用于腺嘌呤（A），使其脱去分子中的氨基而转化为次黄嘌呤（H）。由于次黄嘌呤的分子结构特点，它能暂时与胞嘧啶（C）配对。在以后的复制过程中，次黄嘌呤又被鸟嘌呤（G）所代替，从而形成了 C-G 碱基对，结果使 A-T 转变为 C-G。亚硝酸还能使胞嘧啶脱去氨基转化成尿嘧啶，从而最终把 C-G 碱基对转化为 A-T 碱基对。因此，利用亚硝酸诱发的突变还可以利用它诱发回复突变。

5-溴尿嘧啶（5-Bu）也是一种有效的化学诱变剂，它的分子结构与胸腺嘧啶（T）很相似，它能代替胸腺嘧啶与 A 配对，在某些情况下又与胞嘧啶（C）相似而和鸟嘌呤（G）互补配对，结果使 A-T 转变为 C-G，或使 C-G 转变为 A-T（图 12-7）。

吖啶橙（acridine）、原黄素（proflavine）和吖黄素（acriflavine）等吖啶类染料分子均含有吖啶稠环。这种 3 环分子的大小和 DNA 的碱基对大小差不多，可以嵌合到 DNA 的碱基对之

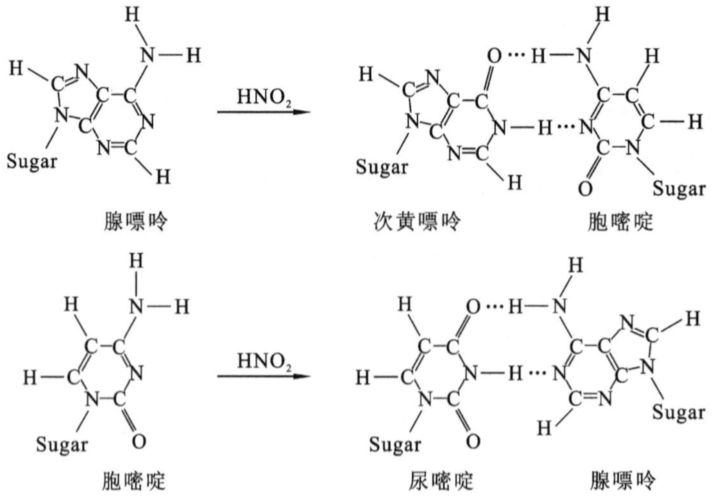

图 12-6 亚硝酸的脱氨基作用

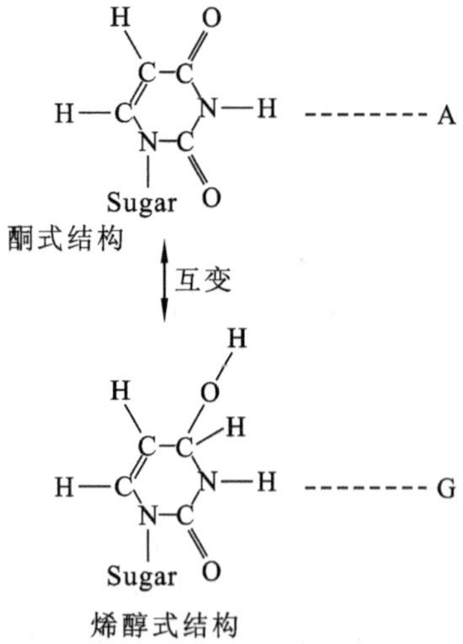

图 12-7 5-Bu 的酮式和烯醇式结构及与 A、G 配对,在 DNA 复制中 5-Bu 的
掺入导致 A-T 转变为 G-C 和 G-C 转变为 A-T

间,于是原来相邻的 2 个碱基对分开了一定的距离,含有这种染料分子的 DNA 在复制时,由于某种目前尚不知晓的原因,可以插入 1 个碱基,偶尔也可插入 2 个。这样就出现 1 个或几个碱基对的插入突变。有时也有很低频率的单碱基缺失突变。所有这些突变,都引起移码,即阅读框的改变(图 12-8)。

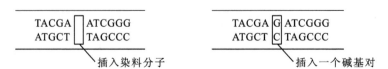

图 12-8 嵌合剂引起碱基插入和移码突变

化学诱变剂引起突变的作用方式和产生的突变形式见表 12-4。

表 12-4　诱变因素的类型及诱变功能

诱变因素	作用方式	突变形式
碱基类似物(5-Bu、2-AP)	掺入作用	A-T 向 G-C 转换
羟胺(HA)	与胞嘧啶起反应	G-C 向 A-T 转换
亚硝酸(NA)	氧化脱氨基作用、交联	A-T 向 G-C 转换、缺失
烷化剂(EMS、DES)	烷化碱基(主要是 G)	A-T 向 G-C 转换
	烷化磷酸基团	A-T 向 T-A 颠换
	丧失烷化的嘌呤	G-C 向 C-G 颠换
	糖-磷酸骨架的断裂	巨大损伤
吖啶类	碱基之间的相互作用	移码
紫外线(UV)	形成嘧啶的水合物	G-C 向 A-T 转换
	形成嘧啶二聚体、交联	移码

三、突变的遗传效应

不论自发突变还是诱发突变,突变的本质都是基因的核苷酸序列即碱基序列发生了改变。基因的碱基序列包括编码序列和非编码序列。编码序列负责编码各类蛋白质产物,序列中的碱基发生变化时,有可能影响所合成的蛋白质的结构。非编码序列虽然不被转录和翻译,但是含有影响转录和翻译的各种调节因子,突变位点存在于其中时,有可能影响到基因的有效表达。

(一)碱基序列改变的遗传效应

基因碱基序列的改变,存在各种不同形式(图 12-9),总结起来有碱基置换和移码突变,以及其他的一些形式。

1. 碱基置换及遗传效应

碱基置换(base substitution)是指 DNA 中核苷酸的一个碱基被另一个碱基所替代(图 12-9)。其中,一个嘌呤被另一个嘌呤,或者一个嘧啶被另一个嘧啶所替代时,称为转换(transition);而嘌呤与嘧啶之间的替代,称为颠换(transversion)(图 12-10)。但不论是颠换还是转换,都只改变被置换碱基的那个密码子,也就是说一次碱基置换只改变一个密码子,不涉及其他的密码子。

DNA 碱基的置换,首先改变了 DNA 转录所得 RNA 上的密码子,进而可能引起多肽链的变化。遗传学上将密码子改变后产生的不同结果归纳为以下三类(表 12-5)。

表 12-5　点突变的类型(以酪氨酸(Tyr)的密码子为例)

	无义突变			同义突变		错义突变	
DNA	TAC →	TAA	TAG	TAC →	TAT	TAC →	TCC
	↓	↓	↓	↓	↓	↓	↓
RNA	UAC	UAA	UAG	UAC	UAU	UAC	UCC
	↓	↓	↓	↓	↓	↓	↓
氨基酸	Tyr	终止	终止	Tyr	Tyr	Tyr	Ser

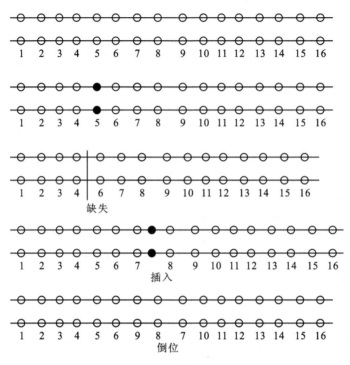

图 12-9　基因碱基序列改变的形式

⊖,碱基;●,变化后的碱基;|,碱基变化的位置;—,DNA 链;⊖—⊖—⊖,密码子

图 12-10　转换与颠换

实线表示颠换,虚线表示转换

(1) 产生无义突变:DNA 发生的碱基置换,有时会将 RNA 决定的某个氨基酸密码子改变成终止信号,如在 DNA 非编码链上 ATG 的 G 被 T 置换而成为 ATT 时,与此相应的 mRNA 上的密码子便由 UAC 变成 UAA,即由决定酪氨酸(Tyr)的密码子转变成了终止信号,翻译便到此停止,形成不完全的多肽链,不再具有原来的活性和功能,这称为无义突变(nonsense mutation)。

(2) 产生同义突变:由于密码子存在着简并性,虽然某一密码子中的碱基被置换了,但新密码子所决定的氨基酸和原有密码子所决定的是相同的。例如,一个 DNA 分子中 GCG 第 3 位的 G 被 A 置换后成为 GCA,则 mRNA 中相应的密码子 CGC 就变成 CGU,但 CGC 和 CGU 都是精氨酸的密码子,翻译出来的蛋白质就没有变化,从而没有突变的表现,这称为同义突变(samesense mutation)。

(3) 产生错义突变:当碱基置换产生一个能翻译出另一种氨基酸的密码子时,在蛋白质的一级结构中便出现一个氨基酸的差异,这样有时会引起明显的突变,这种突变称为错义突变(missense mutation)。例如,人的血红蛋白分子含有 4 条多肽链,即由两条 α 链和两条 β 链组成,每条 α 链含有 141 个氨基酸,每条 β 链含有 146 个氨基酸。正常人的 β 链的第 6 个氨基酸是谷氨酸。当它被缬氨酸代替时,就会产生镰刀形细胞贫血症(HbS)。β 链正常的第 63 个氨基酸是组氨酸,若它被酪氨酸所取代,就会发生高铁血红蛋白症(HbMS)。研究表明,这两种遗传性血液病是血红蛋白基因产生错义突变的结果。

上述蛋白质中氨基酸的改变是由于 mRNA 中的密码子变化而引起的。mRNA 中密码子的核苷酸的改变是由于 DNA 中核苷酸变化引起的。在上例中,正常血红蛋白 β 链的第 6 个氨基酸是谷氨酸,它的密码子在 mRNA 中是 GAA,在 DNA 非编码链中就是 CTT。如果 DNA 中 CTT 的第 2 位碱基 T 被 A 置换而成为 CAT,那么 mRNA 中相应的密码子 GAA 就变成 GUA。而 GUA 是缬氨酸的密码子,这样翻译出来的 β 链第 6 个氨基酸便是缬氨酸而不是谷氨酸了。同样,DNA 中的 GTA 的 G 如被 A 置换,那么 mRNA 中相应的密码子由 CAU 变成了 UAU,这样 β 链第 63 个氨基酸便是酪氨酸而不是组氨酸了。

2. 移码突变的遗传效应

移码突变(frame shift mutation)是指 DNA 分子中,一个或少数几个邻接的核苷酸的插入或缺失,造成这一位置以后的一系列编码发生移位错误的突变。

移码突变的效应一般比较剧烈。例如,某野生型基因 DNA 模板链的一段是 CTT CTT CTT CTT…,转录的 mRNA 则是 GAA GAA GAA GAA…,按照密码子合成的多肽链是谷氨酸多肽链。如果在这一段模板链的开头插入一个 C,就变成 CCT TCT TCT TCT…,转录的 mRNA 就相应变成 GGA AGA AGA AGA…,按照密码子合成的肽链则是一个以甘氨酸开头的精氨酸多肽了。如果这一段模板链开头的碱基 C 缺失,就变成 TTC TTC TTC TTC…,转录出的 mRNA 就相应变成 AAG AAG AAG AAG…,按照密码子合成的肽链则是赖氨酸多肽了。由此可以看出,移码的结果将引起翻译合成的该段肽链的改变,肽链的改变又将引起蛋白质性质的改变,最终引起性状的变异,严重时还会造成个体的死亡。

3. 其他形式

突变的另外一种形式称为重排(rearrangement),这种突变是因为基因内外的 DNA 片段序列相互交换位置产生的。如倒位(inversion)突变,就是 DNA 序列的一部分被切割下来后,再以相反的方向插入到原来的位置产生的。相对于点突变而言,长片段 DNA 序列的改变称为大片段突变,它将对所编码的蛋白质和生物体表型产生较大的影响。

此外,DNA 单链或双链的断裂也可能导致突变的发生。现在知道电离辐射对 DNA 链具有强烈的断裂作用;过氧化物、巯基化合物、某些金属离子以及 DNA 酶等也都能引起 DNA 链的断裂。

(二)突变发生不同时期的遗传效应

在高等动植物中,突变可以发生在个体发育的任一时期,体细胞和性细胞中都可能发生突变。研究表明,性细胞比体细胞发生突变的概率更大,这可能是因为性母细胞在减数分裂的晚期对外界环境条件有较大的敏感性。

1. 性细胞的突变

性细胞发生的突变可以通过受精过程直接传递给后代。若突变发生在有机体的一个配子中,则子代中只有一个个体是这个突变基因的杂合体;若突变发生在精母细胞或小孢子母细胞中,则有几个雄配子可以同时具有这几个突变基因,因而子代中可能不止一个是这个突变基因的杂合体。

　　杂合体发生突变的表型效应可产生于后代或子代,因突变基因的显、隐性而异。显性基因突变为隐性基因的过程称为隐性突变(recessive mutation),隐性基因突变为显性基因的过程称为显性突变(dominant mutation)。性细胞发生显性突变时($d \rightarrow D$),突变性状就能在子代个体上表现出来($dd \rightarrow Dd$),但是通过自交产生的第2代中才会出现纯合突变体(DD),而检出纯合突变体则有待于第3代。性细胞发生隐性突变时($D \rightarrow d$),子代(Dd)表型与原始亲本(DD)相同,自交产生的第2代出现纯合体(dd)时才能表现突变性状(图12-11)。因此,显性突变时相对表现得早而纯合得慢,隐性突变相对表现得晚而纯合得快。

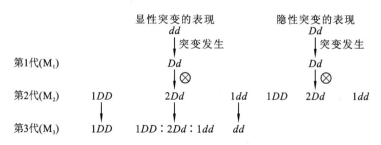

图 12-11　性细胞发生显性突变与隐性突变的表现

2. 体细胞的突变

　　体细胞也可以发生突变。由于体细胞是二倍体,所以只有显性突变(如 $aa \rightarrow Aa$)或者是处于纯合状态的隐性突变(如 $Aa \rightarrow aa$)才能在当代个体中表现出来。体细胞突变后,通过突变细胞的分裂,形成变异的组织和器官时才能在性状上有明显的表现。这种表现往往使个体产生镶嵌的现象,即一部分组织表现为原有性状,而另一部分组织表现为突变性状。镶嵌的程度取决于突变发生的早晚。突变发生得越早,则嵌合的变异部分就越大;突变发生得越晚,嵌合的变异部分就越小。例如,在许多园艺植物中,有一种体细胞突变称为芽变,若芽变发生在茎生长点分生组织细胞中,则由它形成的芽发育而成的整个枝条带有突变性状,容易通过无性繁殖而保存下来。若在晚期花芽产生突变,变异性状就只局限于一个花朵或果实,甚至仅局限于它们的一部分,如郁金香花瓣上发生条斑状的变异,红果番茄的果肉半边红、半边黄的变异等。芽变在农业生产上具有重要意义。在园艺作物中一旦发现优良芽变,即可直接采用无性繁殖方法选育成优良的品种。例如:温州早橘就来源于温州蜜橘的芽变;马铃薯的男爵、红纹白等著名品种也是由芽变获得的;菊花、大丽花、玫瑰、郁金香、碧冬茄等花卉植物的许多品种也是通过芽变获得的。

　　体细胞的突变往往不能通过受精过程传递给子代。所以,在不能进行无性繁殖的植物中,体细胞突变常常会消失。在能进行无性繁殖的植物中,体细胞的突变容易通过扦插、压条或嫁接等无性繁殖方法而保留下来。因此,目前利用突变剂处理植物,期望获得突变类型时,往往需要将受过处理的植物组织进行离体培养,使它先形成愈伤组织,再使愈伤组织经过胚胎发生途径(产生胚状体)形成植株。通常认为胚状体起源于单细胞,这样得到的植株会是基因型一致的同质体。经过器官发生途径(产生根、茎、叶)时,植株的器官分别起源于不同细胞,因而容易成为嵌合体。

　　(三) 大突变与微突变的遗传效应

　　细胞内不同的基因控制的形状不同,因此不同基因突变引起的性状也不同。发生大突变时基因性状明显,容易识别,一般是控制质量性状的基因。发生微突变时突变基因引起微小的性状改变,一般是微小基因的变异,引起的是数量性状的改变。微突变有利的突变利用价值更高,而且具有多基因效应累加产生显著的突变效应的优势,在育种中具有非常高的应用价值。

第四节　突变的修复

DNA复制错误和许多自发损伤引起的自发突变,以及环境中各种诱变剂引起的诱发突变,都改变了基因的碱基组成,使DNA复制的忠实性受到了严重的威胁。在长期的进化中,生物形成了各种修复系统,用以保障生物原有的体系。

一、光复活

光复活(photoreactivation)是专一地针对紫外线引起的DNA损伤而形成的嘧啶二聚体在损伤部位就地修复的修复途径。光复活作用是在可见光(300~600 nm)的活化作用下,由光复活酶(photoreactivating enzyme,PR酶)催化完成的。在暗处,光复活酶能识别紫外线照射所形成的嘧啶二聚体(如胸腺嘧啶二聚体),并和它相结合,形成酶-DNA的复合物,当照以可见光时,这种酶利用可见光提供的能量能使二聚体解开成为单体,然后酶从复合物中释放出来,完成修复的过程,见图12-12。

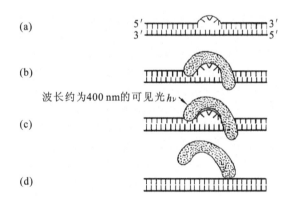

图 12-12　光复活过程的模式图

(a)形成嘧啶二聚体;(b)光复活酶结合于损伤部位;(c)酶被可见光所激活;(d)修复后酶释放

二、切除修复

暗修复又称切除修复(excision repair),它并不是表示修复过程只在黑暗中进行,而是说,光不起任何作用。这种修复机制是利用双链DNA中一段完整的互补链,去恢复损伤链所丧失的信息,就是把含有二聚体DNA的片段切除,然后通过新的核苷酸的再合成进行修补,所以又称切除修复。其修复过程见图12-13。具体如下:①UV照射后,会形成胸腺嘧啶二聚体。②一种特定的核酸内切酶识别胸腺嘧啶二聚体的特定位置,在二聚体附近将一条链切断,造成缺口。③DNA聚合酶以未受伤的互补DNA链为模板,合成新的DNA片段,弥补DNA的缺口。DNA的合成方向为由 $5' \rightarrow 3'$。④专一的核酸外切酶能够切除含有二聚体的一段多核苷酸链。⑤DNA连接酶把缺口封闭,DNA回复原状。

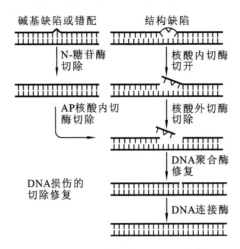

图 12-13　嘧啶二聚体的切除修复模型

三、重组修复

重组修复（recombinational repair）是在 DNA 进行复制的情况下进行的，故又称复制后修复。它是一种越过损伤部位而进行的修复途径，大致分为三个步骤，包括复制、重组和再合成，其中最重要的一步是重组。其修复过程如图 12-14 所示。具体如下：①DNA 分子的一条链上有嘧啶二聚体。②DNA 分子复制，越过嘧啶二聚体，在二聚体对面的互补链上留下缺口。③核酸内切酶在完整的 DNA 分子上形成一个切口，使有切口的 DNA 链与极性相同的但有缺口的同源 DNA 链的游离端互换。④二聚体对面的缺口现在由新核苷酸链片段（粗线）弥补起来。这个新片段是以完整的 DNA 分子为模板合成的。⑤DNA 连接酶使新片段与旧链衔接，重组修复完成。

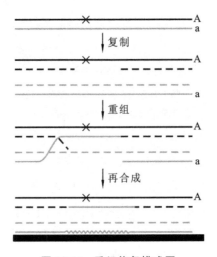

图 12-14　重组修复模式图

四、SOS 修复

"SOS"是国际上通用的紧急呼救信号。SOS 修复是指 DNA 受到严重损伤、细胞处于危急状态时所诱导的一种 DNA 修复方式,修复结果只是能维持基因组的完整性,提高细胞的生成率,但留下的错误较多,故又称为错误倾向修复(error-prone repair)。错误倾向修复使细胞有较高的突变率。

SOS 修复的定义:一种能够引起误差修复的紧急呼救修复,是在无模板 DNA 情况下合成酶的诱导修复。在正常情况下无活性有关酶系,DNA 受损伤而复制又受到抑制情况下发出信号,激活有关酶系,对 DNA 损伤进行修复,其中 DNA 聚合酶起重要作用,在无模板情况下,进行 DNA 修复再合成,并将 DNA 片段插入受损 DNA 空隙处。

在正常情况下,修复蛋白的合成是处于低水平状态的,这是由于它们的 mRNA 合成受到阻遏蛋白 LexA 的抑制。细胞中的 RecA 蛋白也参与了 SOS 修复。当 DNA 的两条链都有损伤并且损伤位点邻近时,损伤不能被切除修复或重组修复,这时在限制性核酸内切酶和核酸外切酶的作用下造成损伤处的 DNA 链空缺,再由损伤诱导产生一整套的特殊 DNA 聚合酶——SOS 修复酶类,催化空缺部位 DNA 的合成,这时补上去的核苷酸几乎是随机的,仍然保持了 DNA 双链的完整性,使细胞得以生存,但这种修复带给细胞很高的突变率。SOS 修复机制见图 12-15。

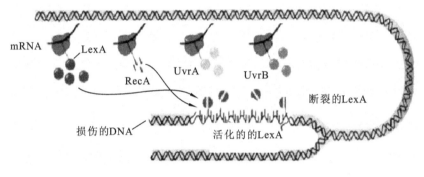

图 12-15 SOS 修复机制

损伤的 DNA 与 RecA 结合,活化的 LexA 自身断裂,SOS 修复酶类得以合成,应该说目前对真核细胞的 DNA 修复的反应类型、参与修复的酶类和修复机制了解还不多,但 DNA 损伤修复与细胞突变、寿命、衰老、肿瘤发生、辐射效应、某些毒物的作用都有密切的关系。人类遗传性疾病已发现 4000 多种,其中不少与 DNA 修复缺陷有关,这些 DNA 修复缺陷的细胞表现出对辐射和致癌剂的敏感性增加,例如:着色性干皮病就是第一个被发现的 DNA 修复缺陷性遗传病,患者皮肤和眼睛对太阳光特别是紫外线十分敏感,身体曝光部位的皮肤干燥脱屑,色素沉着,容易发生溃疡,皮肤癌发病率高,常伴有神经系统障碍、智力低下等,患者的细胞对嘧啶二聚体和烷基化的清除能力降低。

习题

1. 名词解释:

基因突变、自发突变、诱发突变、正突变、可见突变、反突变、生化突变、致死突变、中性突变、条件致死突变、回复突变、错义突变、同义突变、终止突变、移码突变、转座因子、复制型转座、转换、碱基对替换、颠换。

2. 引起自发突变的原因有哪些?试举例说明。

3. 为什么基因突变大多是有害的？

4. 基因突变的特征有哪些？试举例说明。

5. 突变的平行性说明了什么问题？有何实践意义？

6. 如何区分基因突变和染色体结构变异？

7. 在高秆小麦田里突然出现一株矮化植株，怎样验证它是由于基因突变还是由于环境影响产生的？

8. 试述物理因素诱变的机理。辐射诱变的遗传学效应有哪些？

9. 诱发突变有何意义？

10. 化学诱变剂有哪几类？诱变机理是什么？有哪些遗传效应？

11. 紫外线照射生物体后，有哪些 DNA 损伤？其修复途径主要有哪些？

12. 什么是 SOS 修复？其机理是什么？

13. DNA 损伤修复后，为什么还有变异？

14. DNA 损伤修复的生物学意义主要有哪些？

15. 简述几类生物突变的检出方式和原理。

参考文献

[1] 李惟基.遗传学[M].北京:中国农业大学出版社,2007.

[2] 陈茂林,袁力,梅辉,等.遗传学[M].武汉:湖北科学技术出版社,2005.

[3] 张建民.现代遗传学[M].北京:化学工业出版社,2005.

第十三章

细胞质遗传

　　生物性状的遗传并不都是按照孟德尔方式进行的,早在 1909 年法国植物学家 C. Correns 首先报道了不符合孟德尔遗传定律的遗传现象,他使用紫茉莉进行杂交试验,发现后代只有母本表型。因为母本为合子提供了主要细胞质成分,所以人们推测细胞质中可能存在遗传物质。这种核外遗传的研究也预示了后来线粒体 DNA 和叶绿体 DNA 的发现,到了 1953 年之后人们才相继发现线粒体和叶绿体中存在 DNA。此后,人们对线粒体和叶绿体中含有的遗传物质进行了详细的分析,明确了线粒体和叶绿体中含有的核外遗传物质构成了独特的线粒体 DNA (mitochondria DNA,mtDNA)和叶绿体 DNA(chloroplast DNA,ctDNA),其编码的基因不仅对于自身功能具有重要意义,而且对于维持整个细胞的功能是不可或缺的。染色体外遗传因子所决定的遗传现象在真核生物中称为核外遗传(extranuclear inheritance)或细胞质遗传(cytoplasmic inheritance)。

第一节　线粒体遗传的分子基础

一、酵母代谢缺陷的小菌落突变体的发现

　　20 世纪 40 年代末,法国学者 B. Ephrussi 等在酿酒酵母中发现了小菌落突变型,这种突变型在糖类代谢中不能利用氧气的缺陷菌株,细胞生长也很缓慢,只能长成很小的菌落,故称这种突变型为小菌落突变型(petite)。多次试验表明,小菌落本身遗传稳定。当培养大菌落酵母时,会产生少数的小菌落,然而培养小菌落时,则只产生小菌落,并不会回复到正常的大菌落。B. Ephrussi 将小菌落酵母菌(接合型 A)同野生型的酵母菌(接合型 a)杂交,再将其减数分裂所得的 4 个单倍体子囊孢子分别培养,结果决定接合型的核等位基因(A,a)仍按 1∶1 分离,然而菌落表型出现差异,一种小菌落型酵母与野生型酵母杂交后,合子减数分裂后所得的 4 个子囊孢子表型都是正常的,而另一种小菌落型(抑制型)酵母与野生型酵母杂交后,合子减数分裂后所得的 4 个子囊孢子全是小菌落表型(图 13-1)。这一结果表明核基因决定的性状按照 1∶1 分离,而小菌落性状则并没有表现出 1∶1 分离。原因在于决定小菌落酵母菌表型的遗传物质存在于细胞质中,其遗传行为与核基因不同,事实上,这种遗传物质就位于细胞质的线粒体中,虽然线粒体遗传物质自身能够复制,但不同于核基因在减数分裂中按照孟德尔方式进行的分离,不同来源的线粒体在细胞质内共存且含有多个拷贝,在细胞减数分裂时随机分配到子细胞中,因此,就有酵母子代由线粒体基因决定的表型出现均一化的现象。只要子囊孢子获得正常的线粒体,由它们长成的菌落就都是正常的。事实上,通过氯化铯密度梯度离心,检

测出小菌落的线粒体 DNA 与大菌落的线粒体 DNA(mitochondrial DNA,mtDNA)的主要差别在于小菌落突变体不含线粒体 DNA 或者线粒体 DNA 发生大片段缺失。这一试验表明,线粒体含有重要的决定生物表型的遗传物质,其正常行使功能对于生物体至关重要,一旦突变或缺失导致线粒体不能正常执行其功能,或者线粒体蛋白质合成受阻,都能够造成表型的缺陷。

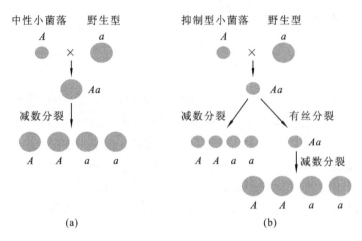

图 13-1　酵母小菌落性状的遗传

二、线粒体基因组

(一) 线粒体基因组的一般性质

线粒体所包含的 DNA 构成了线粒体基因组,线粒体基因组是 20 世纪 60 年代通过电子显微镜在线粒体内观察到的纤维状物质,后来通过物理、化学方法将其提取出来,确定了它的 DNA 特征。随着遗传重组技术的出现,对线粒体的研究更加详细,目前已经对多个物种的线粒体 DNA 完成了测序,其中人类线粒体 DNA 序列,也称为剑桥参考序列(Cambridge reference sequence),全长 16569 bp,在 1981 年由剑桥大学的 Fred Sanger 完成,是第一个完整测序的基因组。

线粒体 DNA 是裸露的 DNA 双链分子,主要呈环状,少数呈线形,位于线粒体基质中称为拟核(nucleoid)的高度浓缩结构,遍布线粒体基质中,不限于一个位点。每个线粒体常含有多个拷贝的线粒体 DNA 分子,酵母细胞中有 1～45 个线粒体,每个细胞又含有多个线粒体,因此每个细胞含有的线粒体 DNA 分子是多数的。此外,每个物种的线粒体基因组大小不一,动物细胞中的线粒体基因组较小,为 10～39 kb,均呈环状,其中人类的线粒体大小为 16569 bp,酵母的为 60～80 kb;而四膜虫属(*Tetrahymena*)和草履虫等原生动物的线粒体大小为 50 kb,是线形分子。植物的线粒体基因组比动物的大而复杂,且大小分布范围广,大小从 200 kb 到 2500 kb 不等,如在葫芦科中西瓜的线粒体 DNA 长度是 330 kb,而香瓜(*Cucumis melon*)是 2500 kb,二者相差达 7 倍。

线粒体 DNA 的复制:线粒体 DNA 主要以 D 环复制,少数采用 θ 型以及滚环方式复制。但是,不同于核 DNA 复制与细胞分裂的同步性,线粒体 DNA 与细胞分裂是不同步的。有些线粒体 DNA 分子在细胞周期中复制多次,而另一些可能一次也不复制。线粒体 DNA 复制的动力学研究显示,细胞内线粒体 DNA 复制的调节与核 DNA 复制的调节是彼此独立的,但线粒体 DNA 的复制仍受核基因的控制,因为其复制所需的聚合酶是由核基因编码的,需在细胞质中合成后转运到线粒体。维持线粒体功能所需的蛋白质中少部分由线粒体基因组编码,而多数蛋白质仍然由核基因编码,因此,线粒体是半自主性的细胞器。线粒体 DNA 所包含的遗传信息能被转录,用以合成线粒体自身所特有的某些蛋白质、核糖体 RNA(rRNA)以及 tRNA(表 13-1)。然而,线粒体基因组编码的蛋白质总数很少,大部分线粒体蛋白质由核基因编码,因此线粒体基因组大小与动物的复杂程度没有直接关系。相比于动物线粒体,植物不仅含有更大的线粒体基因组,结构上也更加多样,并能为较多的蛋白质编码。

表 13-1　线粒体基因组编码的蛋白质和 rRNA、tRNA 的数量

物种	大小/kb	编码蛋白质的基因数量	编码 rRNA、tRNA 的基因数量
真菌	19～100	8～14	10～28
原生生物	6～100	3～62	2～29
植物	200～2500	27～34	27～34
哺乳动物	16～17	13	24

(二) 线粒体 DNA 的组成

根据线粒体的内共生起源学说,线粒体作为寄生在细胞内的细胞器,在漫长的进化过程中丢失了大部分功能基因,改由基因组为其编码,而仅保留了为少量线粒体自身所需的蛋白质和 RNA 编码的基因,虽然不同动物种类的线粒体基因组的构成上略有差异,但线粒体基因组的基本结构是相似的。哺乳动物中线粒体 DNA 经碱变性离心后能将两条链分离,密度较大的链称为重链(H 链),密度较小的称为轻链(L 链),两条链都具有编码功能,拥有独立的启动子,在相似的位点都能以相反方向转录形成两个大的转录本,因此转录后的精确加工十分必要。研究发现,原始转录产物的断裂正好发生在 mt-tRNA 前后,因此推测 mt-tRNA 序列的二级结构可能作为加工酶的识别信号,在原始转录产物加工过程中起着"标点符号"的作用。

不仅如此,线粒体基因组排列非常致密紧凑,无内含子。如人类线粒体基因组的 16569 bp 中(图 13-2),除与 DNA 复制起始有关的 D 环外,几乎没有多余碱基是不编码的。人线粒体 DNA 编码 13 个蛋白质,它们分别是细胞色素 b(cytochrome b,Cyt b)、细胞色素氧化酶的 3 个亚基(Cox I～Cox III)、ATP 合成酶的 2 个亚基以及 NADH 脱氢酶的 7 个亚基(ND1～ND6,ND4L)的编码序列。另外还编码 22 个 tRNA 基因,分别位于 rRNA 和 mRNA 基因之间。线粒体基因组两条链均具有编码功能,其中除 ND6 蛋白和 12 个 tRNA 基因由轻链编码外,其余蛋白质、rRNA 和 tRNA 基因均由重链编码,因此线粒体基因多是重叠的,但两条链的使用上不平衡,重链执行更多的编码功能。

酵母线粒体基因组约 80 kb,较哺乳动物大 5 倍,而且 DNA 组成上具有显著特征。首先,酵母线粒体含多个独立的转录单位,每个转录单位含有不止一个基因,其核糖体大小亚基的两个 rRNA 基因相距达 25000 kb,中间是大的非编码序列;同时酵母线粒体有两个断裂基因,如

遗传学

编码细胞色素 c 氧化酶亚基Ⅰ(CoxⅠ)的基因以及细胞色素 b 的基因均有若干个内含子。作为真核生物,酵母的核基因中也较少有内含子的存在,因此酵母线粒体基因中内含子的发现多少令人感到意外,而且酵母线粒体基因的内含子具有自剪切功能,可以将它们自身从 RNA 转录物中剪切除去。很显然,这种自剪切过程是一种 RNA 所介导的催化作用。

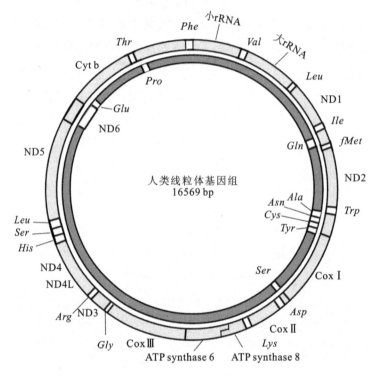

图 13-2　人类线粒体基因组

ND,NADH 脱氢酶亚基;ATP synthase,ATP 合成酶亚基;Cox,细胞色素 c 氧化酶亚基;rRNA,线粒体核糖体 RNA;其他,tRNA 基因

植物线粒体基因组不仅庞大,而且更加复杂,同时拥有了许多独特的生物学功能。然而其作为线粒体的基本功能是一致的,都是细胞重要的氧化磷酸化场所,为细胞的生命活动提供能量来源。因此,植物线粒体基因组主要编码的蛋白质是细胞呼吸和氧化磷酸化相关蛋白质,其中编码蛋白质的基因有 3 个是细胞色素氧化酶复合物的大亚单位 CoxⅠ、CoxⅡ和CoxⅢ的基因,还有 4 个植物的 ATP 合成酶复合物亚单位的基因,同时还为核糖体蛋白质小亚单位rps4、rps13、rps14 以及 NADH-辅酶 Q 氧化还原酶复合物的几个亚单位基因编码;另外,还有线粒体蛋白质合成系统中的 3 个 rRNA(5S、18S 和 26S)基因和 tRNA 基因。

植物线粒体基因组的独特之处在于:其一,存在大量的非编码序列。其二,许多转录本存在 RNA 编辑(editing),即转录产物在合成后发生一些核苷酸变化现象,如 C 转变成 U,因RNA 编辑使得植物线粒体密码子发生改变,可使终止密码子转变成编码氨基酸的密码子,因此编辑现象是植物线粒体功能的重要方面,在高等植物中都存在。其三,一些线粒体信使RNA 是通过反式剪切(trans-splicing)形成的。所谓反式剪切,是指一个基因的不同片段分散在线粒体 DNA 分子上,独立转录成 RNA 后,经特定的剪切方式将它们拼接到一起的过程。例如,小麦的 NADH 还原酶的一个亚基 nadl 基因在线粒体 DNA 上被分成 4 段,分别转录成

4 个独立转录本,最后拼接到一起。其四,植物线粒体基因组内存在的基因间隔序列和重复序列常常会介导同源重组的发生,导致嵌合体基因的出现,此类变异与植物的雄性不育关系密切。

(三) 线粒体的基因表达

1. 线粒体是半自主的细胞器

通过从功能上认识线粒体与细胞核的关系,可以了解线粒体是半自主性的。首先,它所含有的 DNA 能以独立的周期进行稳定的复制并在细胞分裂后传递给后代,同时线粒体基因能转录和翻译其自身编码的遗传信息,合成所需要的部分多肽,即线粒体的遗传信息的传递和表达是独立于核基因组之外进行的。然而,线粒体内为完成上述基本功能所需蛋白质的基因绝大多数由核基因编码,尤其是 DNA 复制、RNA 转录所需的酶类大部分是由核基因编码,合成后转运到线粒体内的;线粒体也是为细胞提供能量而进行三羧酸循环和氧化磷酸化的场所,为完成这一功能的绝大多数蛋白质都是由核基因编码的,这种受核基因组和线粒体基因组共同控制的现象,体现了二者共生进化的关系,也为某些生物学表型的产生提供了重要的内在机制。例如,杂交育种中常使用的雄性不育系就是受这种核与细胞质间互作的影响而产生的,已经在育种中发挥了重要作用。

2. 线粒体表达体系的半自主性

不仅在功能上线粒体是半自主的,其蛋白质表达体系也具有独特性,在线粒体的基因组中,mRNA 没有 5′端的帽结构,起始密码子常常位于 mRNA 5′端。这一结构特点表明线粒体蛋白质的合成装置与细胞质中核糖体有所不同。但不同真核生物线粒体内的核糖体都由大小两个亚基组成,大小范围从 55S 至 80S 不等,从核糖体组分来源看,每个亚基含有一条由线粒体 DNA 转录而来的 rRNA 分子,而线粒体核糖体蛋白质则全部由核基因编码,在细胞质核糖体上合成,然后转运到线粒体中。

3. 线粒体的遗传编码体系的独特性

20 世纪 80 年代人们发现线粒体遗传密码体系与核基因并不完全相同。经过对酵母、果蝇及人类线粒体中全部三联密码的分析,发现多个差异密码子(表 13-2)。线粒体的遗传编码体系的独特性主要包括:①密码子的独特性,例如密码子 AUA 在线粒体内编码甲硫氨酸,而不是编码通用的异亮氨酸,且在人类线粒体中 AUA 还兼有起始翻译的功能;线粒体内 UGA 编码色氨酸而不是终止信号;人线粒体内 AGA 和 AGG 也不编码精氨酸,而是终止密码子;相反,动物线粒体内 UGA 不编码终止密码子而是编码色氨酸。②密码子的摇摆性更明显,密码子的摇摆性是指在密码子与反密码子的配对中,前两对核苷酸严格遵守碱基配对原则,第三对核苷酸有一定的自由度,因而使某些 tRNA 可以识别 1 个以上的密码子。在线粒体中常见的密码子-反密码子配对规则比较宽松,例如,线粒体基因组以 CU 开头的全部 4 个密码子均编码苏氨酸,因为线粒体基因组的 tRNA 可以识别反密码子的第三位置上 4 个核苷酸(A、U、G、C)中的任何一个,这样就大大增加了 tRNA 对密码子的识别范围,因此,尽管线粒体基因组仅编码 22 个 tRNA,远远低于细胞质中的 tRNA 种类,但线粒体 tRNA 足以保证线粒体蛋白质合成的需求。

表 13-2　哺乳动物线粒体密码子

第二碱基

第一碱基	U		C		A		G		第三碱基
U	UUU	苯丙氨酸	UCU	丝氨酸	UAU	酪氨酸	UGU	半胱氨酸	U
	UUC		UCC		UAC		UGC		C
	UUA	亮氨酸	UCA		UAA	Stop	UGA	色氨酸	A
	UUG		UCG		UAG	Stop	UGG	色氨酸	G
C	CUU	亮氨酸	CUU	脯氨酸	CAU	组氨酸	CGU	精氨酸	U
	CUC		CCC		CAC		CGC		C
	CUA		CCA		CAA	谷氨酰胺	CGA		A
	CUG		CCG		CAG		CGG		G
A	AUU	异亮氨酸	ACU	苏氨酸	AAU	天冬酰胺	AGU	色氨酸	U
	AUC		ACC		AAC		AGC		C
	AUA	甲硫氨酸	ACA		AAA	赖氨酸	AGA	Stop	A
	AUG		ACG		AAG		AGG	Stop	G
G	GUU	缬氨酸	CGU	丙氨酸	GAU	天冬氨酸	GGU	甘氨酸	U
	GUC		GCC		GAC		GGC		C
	GUA		GCA		GAA	谷氨酸	GGA		A
	GUG		GCG		GAG		GGG		G

三、人类线粒体相关的遗传病

　　线粒体基因组虽然在全部生物基因组中所占比例微小,但对于维持线粒体机能是必需的,核遗传物质的突变能够导致多种疾病的发生,线粒体基因组是否也存在发生突变导致疾病的风险呢?答案是肯定的,近年来已经发现人类有些疾病是由于线粒体 DNA 突变导致的,例如,Leber 遗传性视神经病(LHON)最早由 Lhon 发现,是一种急性或亚急性发作的母系遗传病,是由线粒体呼吸链复合物遗传突变所致,发病时为急性或亚急性眼球后神经炎,导致严重双侧视神经萎缩和大面积中心暗点而突然丧失视力,伴有色觉障碍等。通常两眼都受累,或者一只眼睛失明不久,另一只也很快失明。视神经和视网膜神经元的退化是 LHON 的主要病理特性,同时还伴有周围神经退化、震颤、心脏传导阻滞和肌张力降低等表现。目前已知,在 9 种编码线粒体氧化磷酸化和电子传递蛋白的基因(ND1、ND2、CO1、ATP6、CO3、ND4、ND5、ND6、CYTB)中,至少有 18 种潜在的错义突变可直接或间接地导致 LHON 病征的出现,但常见的 11778A 突变占全部 LHON 病征的 50%～70%。LHON 发病年龄以 20～30 岁为主,病程进展较快。除了 LHON 之外,线粒体 DNA 的大片段缺失是 Pearson 髓-胰综合征的发病基础,该病征的主要表现为儿童时期骨髓细胞大量丢失,出生不久即发现贫血,伴有胰腺外分泌功能不全,最后发生肝、肾功能衰竭。本病预后较差,尚无有效治疗方法。

　　高等生物生殖过程中雌配子和雄配子对于合子的贡献是不同的,主要体现在雌配子含有大量的细胞质,提供给合子主要的线粒体来源,相反,雄配子仅含有极少量的细胞质,因此,对于合子贡献了核基因组和仅微量的线粒体基因组。因此,线粒体遗传病的主要特点有两个。

其一,就是突变的线粒体 DNA 只通过母亲卵子传递给子女,父源性的突变线粒体 DNA 很难将其传递给子女,因此,表现为典型的母体遗传(maternal inheritance)。母体遗传也称为母性遗传,是指遗传的性状与雄性生殖细胞无关,只通过雌性生殖细胞遗传的现象。母体遗传可区分为延迟遗传(delayed inheritance)和细胞质遗传两类,线粒体遗传病的遗传方式属于细胞质遗传的范畴。其二,线粒体遗传病具有异质性。由于细胞质内包含多个线粒体,每个线粒体含有多个线粒体 DNA 分子,当一个细胞内多个线粒体 DNA 中既有在特定位置上发生突变的线粒体 DNA 又有野生型线粒体 DNA 的时候,就称为线粒体的异质性。只有当某个特定位置上的突变同时发生在所有线粒体 DNA 的同一基因时,才称为线粒体的纯质性(同序性)。因此,线粒体遗传病的症状随着突变线粒体 DNA 在所有线粒体 DNA 中所占比例的多少而产生差异,其中纯质性突变的个体完全没有正常的线粒体 DNA,因此表型最为严重,突变线粒体 DNA 异质性个体是否受累,则取决于突变线粒体 DNA 所占的比例是否达到了阈值。第三,线粒体遗传病传递可以有同质性传递,也可能出现携带者,即患者的母亲本身是异质性的,携带致病的线粒体 DNA,但没有发病。

第二节　叶绿体遗传及其分子基础

一、叶绿体遗传现象

叶绿体的生物发生:叶绿体(chloroplast)属于质体的一种,是植物细胞内除线粒体之外的由双层膜包围的结构。叶绿体起源于前质体,在光刺激下前质体发生膨大,体积增加,双层膜的内层不断扩张,形成突起的囊状结构,最终形成圆盘状排列堆积在一起,形成基粒结构。最后,进行光合作用所需的所有蛋白质和叶绿素被运输到相应位置(主要是在基粒),开始光合作用。叶绿体的生物合成及其结构和功能的维持依赖于核基因组与叶绿体基因组的相互协调来完成,这一过程涉及核质互作。

莱茵衣藻是最早的叶绿体遗传研究材料,它是单细胞藻类,通常进行无性生殖,但有时通过接合型不同的配子进行有性生殖。衣藻的接合型是由一对细胞核等位基因 mt^+ 和 mt^- 所决定的。配子融合形成合子,而合子萌发后发生减数分裂,形成 4 个单倍体产物,其中决定配子交配型的核基因按 2∶2 分离。有一些基因包括影响光合作用能力的基因、一些抗性基因却表现为母体遗传。天然衣藻是链霉素敏感型的,基因型为 sm^-s,当敏感型衣藻与从衣藻中分离得到的对链霉素具有抗性的突变体 sm^-r 进行杂交时,显示出典型的母体遗传。当接合型 mt^+ sm^-r 与 mt^- sm^-s 杂交时,几乎所有的子代都是链霉素抗性的;反交时(mt^+ sm^-s 与 mt^- sm^-s 杂交),则几乎所有子代都是链霉素敏感型的,这是一种典型的依赖于叶绿体基因组的母体遗传现象,而且母体遗传现象并不只限于链霉素抗性型,还有其他与叶绿体相关的一些性状的遗传也符合这一规律。

二、叶绿体遗传的分子基础

(一) 叶绿体基因组

在高等植物中,叶绿体基因组所含有的 DNA(chloroplast DNA,cpDNA)大小为 120~

160 kb,而藻类的 cpDNA 分布范围更广泛,一种伞藻(*Acetabularia*)的叶绿体基因组大约为 2000 kb。每种植物所含有的叶绿体数目不同,每个叶绿体含有的 cpDNA 的数目也有差异。衣藻类仅含有一个叶绿体,但每个叶绿体含有 100 个 cpDNA 分子,而另一种单细胞生物绿眼虫则含有大约 15 个叶绿体,每个叶绿体含有 40 个 cpDNA 分子,因此每个物种所含有的 cpDNA 的总数量取决于其所含叶绿体的数量和每个叶绿体中 cpDNA 的拷贝数。此外,叶绿体的数目在植物的一生中不是固定不变的,cpDNA 的数量会随着叶绿体的老化而逐渐减少。cpDNA 多是裸露的环状双螺旋分子,偶有一些物种含有大的线状 cpDNA,cpDNA 位于叶绿体的拟核区,同一物种含有相同的 cpDNA,而不同物种的 cpDNA 组织排列有所不同,但其编码的基因非常相似。另外,叶绿体基因组与核基因组最大的化学组成区别在于其不含有 5′-甲基胞嘧啶,这一特点可作为鉴定 cpDNA 提纯程度的指标。

(二)叶绿体基因组的结构特征

1. 叶绿体基因组的基本结构

大多数植物的叶绿体基因组呈双链环状,含有两个高度保守的反向重复(inverted repeat,IR)序列,2 个 IR 序列相似但不完全相同,IR 序列很少发生突变,推测 IR 序列对于稳定叶绿体的结构具有重要作用。两个 IR 序列之间由两段一大一小的单拷贝序列分隔开,分别是长单拷贝序列(LSC)和短单拷贝序列(SSC)。因为 IR 序列的存在,在 cpDNA 复性过程中每条单链上的两个重复恰好可以互补形成稳定的双链结构,而它们两侧的非重复区则形成大小不等的两个单链 DNA 环,这两个单链序列分别称为大、小单拷贝序列。不同植物中叶绿体的差异主要体现在大、小单拷贝区的长度上(图 13-3)。

2. 叶绿体的半自主性

叶绿体拥有一个相对独立的遗传系统。首先,cpDNA 能够自主复制,但是叶绿体 DNA 的复制酶及绝大多数参与蛋白质合成的组分都是由核基因编码(这一点与线粒体类似)。其二,大部分蛋白在细胞质中合成后转运到叶绿体,根据叶绿体蛋白质的来源可以分为 3 类,第一类完全是由叶绿体 DNA 编码的,在其叶绿体核糖体上合成,如光合系统 I P700 Chla 蛋白质和相对分子质量为 3.2×10^4 的膜蛋白 pbA;第二类由核 DNA 编码,在细胞质核糖体上合成,然后转运到叶绿体中,如光合系统 II cha/b 蛋白质。第三类则是由核 DNA 与叶绿体 DNA 共同编码的,如 1,5-二磷酸核酮糖羧化酶的大小亚基分别由叶绿体基因组和核基因组编码,它们分别在叶绿体和细胞质合成后在叶绿体整合为全酶。其三,叶绿体基因组也含有相对独立的转录和翻译系统,组成的核糖体属于原核型,沉降系数为 70S;组成 50S 和 30S 小亚基的 23S、4.5S、5S 和 16S rRNA 基因都是由叶绿体 DNA 编码,另外,叶绿体 DNA 还为自身蛋白质合成必需的约 30 多个 tRNA 基因编码。由此可知,叶绿体基因组只能编码组成叶绿体的部分多肽,而整个叶绿体的生物发生、增殖以及其机能的发挥却依赖于核基因组和叶绿体基因组的共同控制,所以叶绿体也是半自主性细胞器。

(三)叶绿体基因组的组成和基因结构

植物叶绿体 DNA 的限制性内切酶识别位点作图和整个核苷酸序列分析表明,陆生植物含有结构上几乎完全相同的叶绿体基因组。陆生植物叶绿体基因组编码 105～113 个基因,最具有特征的是两个 IR 序列,分别含有 4 个核糖体 rRNA 基因,以 16S、23S、4.5S 和 5S 的顺序排列,被 4 个 tRNA 基因间隔开。除此之外,叶绿体 DNA 分子共编码约 30 个 tRNA 基因。

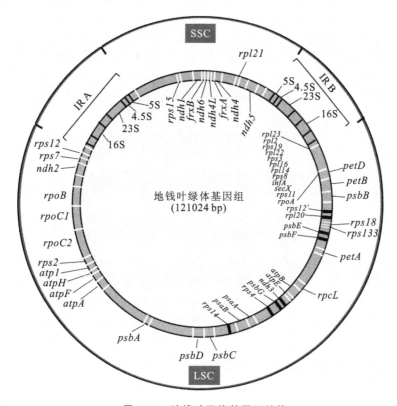

图 13-3　地钱叶绿体基因组结构

atp，ATP 合成酶基因；*frx*，铁氧还蛋白；*infA*，起始因子 A；*mpb*，叶绿体透过酶；*ndh*，NADH 脱氢酶；*pet*，细胞色素 b/f 复合物；*psa*，光合系统 I；*psb*，光合系统 II；*rbs*，核酮糖二磷酸羧化酶；*rpl* 和 *secX*，核糖体大亚单位蛋白；*rpo*，RNA 聚合酶；*rps*，核糖体小亚单位蛋白；SSC，短单拷贝序列；LSC，长单拷贝序列。转录方向：标识在基因图外围的基因按逆时针方向转录；基因图内侧的基因按顺时针方向转录。编码 tRNA 的基因未展示。

叶绿体基因组还为一些蛋白质编码，包括约 20 个叶绿体核糖体蛋白质(全部核糖体蛋白质的 1/3)，参与叶绿体蛋白质表达，而线粒体中完全不编码任何与蛋白质表达相关的基因；叶绿体特异性 RNA 聚合酶(*rpo*)的四个亚基；光合系统 I(*psa*)和 II(*psb*)部分中的几个蛋白质；ATP 合成酶的亚基；电子传递链中酶复合物的部分蛋白质；核酮糖-1,5-二磷酸羧化酶(*rbs*)的大亚基等。

　　叶绿体基因组不仅拥有总量高于线粒体基因组的基因组成，而且基因的表达调控更加精细、复杂，主要表现在两条链具有更加均衡的编码功能，转录本众多，分布于正反两条链上，呈交叉排列。

第三节　母体影响

一、母体影响

　　细胞质遗传的典型特征是在正反交时，子代仅表现出雌性亲本的表型，其机理在于该表型取决于核外遗传物质而不是核遗传物质。但是，有时由于母体中核基因的某些产物积累在卵母细胞的细胞质中,子代表型不能真实反映自身的基因型,而出现与母体表型相同的遗传现象,称为母体影响(maternal effect)。母体影响与细胞质遗传有相似之处,但不同于细胞质遗传,决定母体影响的性状的基因位于核内,是由于母体核基因产物在卵母细胞残留导致子一代基因型出现延迟表达的现象。母体影响有两种:一种是短暂的,只影响子代个体的幼龄期;另一种是持久的,影响子代个体终生。

（一）短暂的母体影响

欧洲麦粉蛾(*Ephestia kuhuniella*)皮肤及复眼颜色的遗传就是典型的母体影响的例子。野生型幼虫的皮肤中含有色素,成虫复眼为深褐色,由一对基因(Aa)控制,有色个体与无色个体(aa)杂交,不论正交或反交,其子一代均为有色的,但当子一代(Aa)与aa个体杂交时,则后代的表型取决于有色亲本的性别,如果父本为Aa,则半数后代幼虫的皮肤是着色的,成虫复眼为深褐色,而另一半后代幼虫无色,成虫复眼为红色。相反,当以Aa为母本进行测交时,后代幼虫皮肤都是有色的,但到成虫时其中半数为褐色眼,半数为红眼。这种独特的结果不同于核基因的测交,也不同于细胞质遗传(图13-4)。原因在于基因Aa杂合体中基因A的产物能使幼虫体着色,因为卵母细胞中有基因A存在,经减数分裂产生的卵不论基因型是A或a,它们的细胞质中都含有基因A的产物。因此,当以Aa基因型个体为母本进行测交时,子一代基因型无论是Aa或aa都表现出幼虫有色的表型,这一表型类似于细胞质遗传。然而,这一基因的产物仅在幼虫阶段起作用。随着发育的进行,由于这种个体缺少基因A,而决定幼虫颜色的母体基因产物渐渐消失,所以到成虫时又恢复了红眼表型。相反,当以Aa基因型个体为父本进行测交时,子代所得的表型分离比与普通核基因遗传完全一致。母性的影响是暂时的,随着发育的进行,母体基因产物的消失,核基因的表型会逐渐显现出来,因为母体细胞质中的色素物质是由核基因型决定的。

图13-4 欧洲麦粉蛾幼虫体色和成虫眼色的遗传

（二）持久的母体影响

母体影响不完全是暂时的,有时尽管母体基因产物仅能存在于子代中很短时间,但是由于该基因产物的作用产生了不可逆的效应时,母体影响也会是持久的。在椎实螺(*Lymnaea peregra*,俗称田螺)的外壳旋转方向的研究中,人们观察到母体基因对后代表型的持久影响。椎实螺是雌雄同体的,在群养时,一般会行异体受精,两个个体相互交换精子,与自身的卵子进行受精。

椎实螺外壳的旋转方向有右旋和左旋两种,自然界中以右旋为主,由一对等位基因控制,右旋(D)对左旋(d)为显性。右旋(DD)雌性与左旋的雄性(dd)交配时,F_1代全为右旋,不仅如此,如果F_1代自体受精,其F_2代仍然都是右旋。然而,在F_2自交后有3/4的雌性所产生的F_3代为右旋,1/4雌性产生的F_3代为左旋。如何解释F_2代外壳全为右旋而F_3代才表现出性状分离的结果?首先需要从椎实螺外壳旋转方向的形成机制入手。椎实螺外壳的旋转方向取决于早期的卵裂方向,如果卵裂方向是向右旋转 45°,则无论其基因型如何,由其长成的个体都是右旋的。相反,如果早期的卵裂方向是向左旋转 45°,则由其长成的个体都是左旋的。当母本基因型为 Dd 时,母体中的核基因 D(右旋)的产物积累在卵母细胞的细胞质中,使 F_2 代中的 dd 个体的表型也为右旋。当雌性亲本为左旋(dd),雄性亲本为右旋(DD)进行反交时,尽管基因型为 Dd,但因母体的 d 基因产物在卵母细胞质中,所以 F_1 代全是左旋。自交到 F_3 代才表现出与基因型一致的表型,即右旋与左旋之比为 3∶1 的分离,因此该现象称为延迟遗传。

第四节　细胞质遗传与植物雄性不育

20 世纪 70 年代初,袁隆平和他的助手在海南岛三亚发现了花粉败育的野生稻(一种细胞质雄性不育系,CMS-WA),这一发现为利用杂交进行水稻育种打开了突破口。随后,在袁隆平等人的共同努力下,利用该野败育型细胞质雄性不育材料和其他种质资源育成了著名的水稻"三系"杂交育种体系。从 1976 年杂交稻开始推广,至今杂交稻已占我国全部水稻种植面积的 50%～60%,目前已有 30 多个国家种植杂交稻,增产幅度达到 20%～30%,局部地区增产达到 50%以上,为我国乃至全世界粮食安全发挥了重要的作用,杂交稻的诞生及推广是第二次"绿色革命"的重要标志。

一、植物的雄性不育

植物的雄性不育是指雌雄同株植物雄性生殖器官不能产生正常功能的雄配子——花粉,而雌性生殖器官正常可育的现象,是高等植物中普遍的自然现象。经调查,目前已发现植物 43 科 617 个物种中有雄性不育现象。雄性不育主要表现在植物雄性器官发育异常,花药中无花粉,孢子发生异常,导致花粉败育,花药不开裂、花粉不能萌发或不能形成花粉管等方面。导致雄性不育的因素有环境因素和遗传因素,由环境因素导致的雄性不育不可遗传,而基因控制的雄性不育是稳定可遗传的。高等植物的雄性不育是杂交育种中可利用的重要工具,根据雄性不育遗传的机制,可以分为核不育型和质-核不育型。

(一)核不育型

核不育型是一种由核内基因决定的雄性不育类型。核不育型属于自然界中常见的自发突变,在水稻、小麦、大麦、玉米、谷子、番茄和油菜等作物中均曾发现过,已知在番茄中有 30 多对核基因能分别决定这种不育类型,而玉米中也已发现 14 个核不育基因。核不育型的败育过程发生于花粉母细胞减数分裂的早期,由于不能形成正常的花粉,败育得比较彻底,因此能育株与不育株有明显的界线。核不育型的遗传类型多属隐性基因控制,少数为显性基因控制。然而,自然界中核不育突变型往往因为不能产生后代而被淘汰,仅有少数能通过环境因素的调节而恢复育性,保存了后代,如石明松发现的光敏核不育型水稻、在山西发现的太谷核不育型小麦等。遗传分析显示多数核不育型都受核内一对隐性基因(msms)控制,正常可育型为相对的显性基因(MsMs)所控制,呈简单的孟德尔式分离。雄性不育株(msms)与正常株(MsMs)杂交,F_1 代植株为雄性可育(Msms);F_1 代自交产生的 F_2 代中可育株与不育株之比为 3∶1,鉴于自交后的分离现象,核不育种质难以用有性生殖的方法保持雄性不育系,因此,核不育型在育种上的应用受到限制。

（二）质-核不育型

现在被广泛用于杂交育种的不育系多属细胞质不育系(cytoplasmic male sterility,CMS)，受线粒体或叶绿体遗传物质的影响而产生，但由于线粒体和叶绿体是半自主性的细胞器，细胞质不育系多数受核基因的控制，因此，细胞质不育系也是由细胞质和细胞核基因互作共同控制的不育类型，也称为质-核不育型。

质-核不育主要表现出多种表型异常，如花丝异常、花药不外露、花粉粒不饱满等。质-核不育类型的不育性由细胞质不育基因和相对应的核基因共同决定。当细胞质不育基因(S)与核内相对应的纯合隐性育性恢复基因(rfrf)共同存在时，个体才表现出不育性状。在进行杂交或回交时，父本核内没有可育核基因是杂交子代一直保持雄性不育的前提条件。另一方面，如果细胞质基因是正常可育的基因(N)，即使核基因仍为rfrf，个体仍是正常可育的；如果核内存在显性育性恢复基因(Rf)，则不论细胞质基因是S或N，个体均表现育性正常。

因此，质-核雄性不育是典型的细胞质和细胞核两个遗传体系相互作用的结果。质-核雄性不育在实践中通过三系，即不育系、保持系和恢复系的建立使得利用雄性不育进行杂交育种成为可能。三系中不育系(质-核双不育，Srfrf)花粉败育，不能自交结实，通过与保持系(质育-核不育，Nrfrf)的亲本杂交，能够获得纯合的子代不育系(Srfrf)，从而使不育系得以维持稳定遗传。而当不育系(质-核双不育，Srfrf)与恢复系(质-核双可育，NRfRf)杂交时即可产生育性完全恢复的子代(质不育-核可育，SRfrf)，可以作为种子使用(图13-5)。这样通过基于质-核雄性不育的三系的利用，在两个杂交区域内经过一代杂交就可以获得全部所需的基因型的子代，省去了大量后期筛选和培育的工作，大大地免除了人工去雄，降低种子成本，保证了种子的纯度。

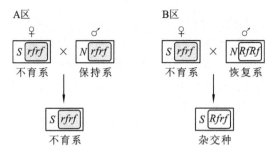

图 13-5　植物雄性不育系在三系育种中的应用

二、高等植物雄性不育性的遗传机制

高等植物雄性不育在作物育种上的广泛利用，也吸引人们对其遗传机制进行探讨。由于细胞质雄性不育表现为母本遗传特性，因此推测线粒体或叶绿体基因组所发生的变异是细胞质雄性不育的主要原因，其中线粒体发生变异导致的细胞质雄性不育研究得较为充分。

对于线粒体与雄性不育系的关系，最初根据线粒体DNA的核酸内切酶图谱的比较观察到不育系和正常植株间存在差异。后来，在小麦、高粱、油菜等作物中也有类似的发现。线粒体不育基因表达产物多数位于线粒体膜上，可通过影响ATP的生成使细胞能量代谢发生紊乱，导致花粉发育中细胞异常甚至细胞凋亡。

玉米细胞质雄性不育系依据恢复育性的核基因不同而分为3类：cms-S型、cms-C型和

cms-T 型。这 3 类玉米不育系可分别由核提供的不同显性基因而恢复其花粉育性：cms-T 型由两个基因 *Rf1* 和 *Rf2* 恢复，cms-S 型和 cms-C 型则分别由 *Rf3* 与 *Rf4* 恢复。1986 年，Dewey 发现 cms-T 型玉米 mtDNA 中有一个特异的 3547 bp 的片段，它含有两个长的可读框（ORF）：T-*urf13* 和 ORF25，分别编码相对分子质量为 13000 和 25000 的多肽，根据基因序列分析 T-*urf13* 是来源于 3 个基因区段的嵌合基因，其编码的相对分子质量为 13000 的多肽广泛存在于 cms-T 型玉米所有器官的线粒体膜中，可能与 ATP 生成相关，是细胞质不育基因。而 cms-T 型细胞质不育的育性恢复基因 *Rf1* 可以特异性地抑制 T-*urf13* 的表达，使其多肽的含量减少约 80%。与 cms-T 型玉米相似，cms-C 型不育现象也涉及线粒体能量产生环节，即呼吸链基因的变异。cms-S 型玉米雄性不育的机制尚不清楚，但目前杂交育种使用的主要类型是 cms-C 型和 cms-S 型不育系。使用 RFLP 标记或者 PCR 方法对玉米不同类型的线粒体基因组进行剖析，不仅能够深入了解不育的机制，还能进一步发现更多的不育类型。

值得一提的是，在 2013 年在杂交稻发展历程中占据重要地位的水稻野败育型 CMS-WA（由袁隆平等人发现）雄性不育系的研究取得了重要进展，由刘耀光等人通过转录组比较分析发现了 CMS-WA 的不育机制在于不育系含有线粒体基因 *WA352*——一个进化中新获得的嵌合基因，其所表达的蛋白质能够与由核基因编码的线粒体蛋白 CoxⅡ发生相互作用，从而抑制 CoxⅡ在线粒体内参与调控过氧化物降解的功能，导致细胞氧化应激的产物在线粒体积累，刺激了凋亡信号，最终引起花粉发育过程中的花粉绒毡层细胞凋亡，花粉败育。而 *WA352* 基因引发的细胞质不育可被两个核育性恢复基因逆转，因此水稻野败育型 CMS-WA 是典型的质-核不育类型。

习题

1. 请举例说明细胞质遗传的特征。

2. 请简述线粒体和叶绿体基因组的半自主性。

3. 请简述线粒体和叶绿体基因组的结构特征。

4. 请简述线粒体翻译体系与细胞质翻译体系的差别。

5. 什么是植物的雄性不育？植物的雄性不育有哪些类型？其产生机制如何？是如何在生产实践中应用的？

6. 请简述如何区分细胞质遗传与母体影响。

参考文献

[1] D Peter Snustad，Nichael J Simmons. Principles of Genetics[M]. 赵寿元，等译. 3 版. 北京：高等教育出版社，2011.

[2] 杨金水. 基因组学[M]. 3 版. 北京：高等教育出版社，2012.

[3] 戴灼华，王亚馥，栗翼玟. 遗传学[M]. 2 版. 北京：高等教育出版社，2007.

[4] Hugh Fletcher，Ivor Hickey，Paul Winter. Genetics[M]. 张博，等译. 3 版. 北京：科学出版社，2010.

[5] 肖莉莉，黄原. 线粒体 DNA 复制及其调控[J]. 中国生物化学与分子生物学报，2006，22(6)：435-441.

第十四章

群体遗传与进化

群体遗传学(population genetics)是遗传学的一个分支学科,是以孟德尔遗传定律为基础,应用数学和统计学的方法研究群体遗传结构(population genetic structure)及其在世代间变化规律的科学。群体中各种基因的频率,以及由不同的交配体制所带来的各种基因型在数量上的分布称为群体的遗传结构。现代综合进化论认为种群是生物进化的基本单位,生物进化的实质是群体遗传结构的变化,进化机制的研究属于群体遗传学的研究范畴,获知了不同世代中遗传结构的演变方式就可探讨生物的进化,所以群体遗传学也是进化的理论基础。1908年,英国数学家哈迪(G. H. Hardy)和德国医生温伯格(W. Weinberg)开创了群体遗传学研究领域。

第一节　群体的遗传组成

一、孟德尔群体

群体遗传学研究的对象是群体,是能相互交配并能繁育后代的个体集合,在这样的群体里基因的传递仍以孟德尔遗传定律为基础,因此称为孟德尔群体(Mendilian population)。杜布赞斯基(T. Dobzhansky)1955 年指出:"一个孟德尔群体,是一群能够互交繁育的个体,它们享有一个共同的基因库。"显然,在有性繁殖的生物中,一个物种就是一个最大的孟德尔群体,不同的物种分属于不同的孟德尔群体。孟德尔群体中异性个体间是随机交配的,即群体中的每个个体都有与异性个体同等的交配机会。

二、基因库

基因库(gene pool)是一个孟德尔群体全部个体所携带的全部基因或遗传信息的总和。对二倍体生物来说,每个个体含有两个基因组,一个由 N 个个体组成的群体就包含 $2N$ 个基因组,在其基因库中,除性连锁基因外,每个基因座(locus)就具有 $2N$ 个基因。

三、基因频率和基因型频率

在一个自由交配的群体里,每个个体不可能脱离群体而单独生存。在研究群体的遗传组成时,是用基因频率(gene frequency)和基因型频率(genotype frequency)表示,而不是用个体的基因和基因型表示的。

基因频率是指在一个群体中,某特定等位基因数量占该基因座全部等位基因总数的比例,也称为等位基因频率(allele frequency)。任一基因座的全部等位基因频率之和等于 1。基因频率是决定群体基因性质的基本因素,环境条件不变,基因频率就不会改变。

基因型频率是指在一个群体中,某特定基因型的个体数占全部个体数的比例。任一基因座的全部等位基因组成的基因型频率的总和也是 1。

假设在一个由 N 个个体组成的群体中有一对等位基因 A、a 位于常染色体上,在可能的三种基因型中,有 n_1 个 AA 个体,n_2 个 Aa 个体,n_3 个 aa 个体,若用 P、H、Q 分别代表 AA、Aa、aa 三种基因型频率,用 p、q 分别代表 A 和 a 的基因频率。此三种基因型的频率及 A 和 a 的基因频率见表 14-1。

表 14-1　基因型频率和基因频率的计算及二者的关系

基因型频率	$P = f(AA) = \dfrac{n_1}{N}$	$P+H+Q=1$
	$H = f(Aa) = \dfrac{n_2}{N}$	
	$Q = f(aa) = \dfrac{n_3}{N}$	
基因频率	$p = f(A) = \dfrac{2n_1 + n_2}{2N} = P + \dfrac{1}{2}H$	$p+q=1$
	$q = f(a) = \dfrac{2n_3 + n_2}{2N} = Q + \dfrac{1}{2}H$	

在群体遗传学中,对基因库的描述基因频率优于基因型频率。首先,等位基因数总是较基因型少一些。例如,一个基因座有 3 个等位基因,就要用 6 种基因型频率来描述基因库,若用基因频率只需 3 种即可。再者,在配子形成时,只含等位基因,而无基因型。在世代相传的过程中只有等位基因是连续的,而基因库的进化也是通过等位基因频率的改变而实现的。

第二节　哈迪-温伯格定律——遗传平衡定律

1908 年,英国数学家哈迪(G. H. Hardy)和德国医生温伯格(W. Weinberg)分别提出群体中基因频率的平衡法则——遗传平衡定律(Law of Genetic Equilibrium),又称哈迪-温伯格定律(Hardy-Weinberg Law)。

一、哈迪-温伯格定律的主要内容及理想群体

(一)哈迪-温伯格定律的主要内容

(1) 在一个无限大的随机交配的孟德尔群体中,如果没有进化压力(如突变、自然选择、遗传漂变和迁移),则各代基因频率保持不变。

(2) 任何一个大群体内,常染色体上的基因无论初始基因频率和基因型频率如何,只需经

过一代的随机交配,这个群体的基因频率和基因型频率即达到平衡并将逐代保持不变。

(3) 当一个群体达到平衡状态后,基因频率和基因型频率的关系是

$$P = p^2, H = 2pq, Q = q^2,并且\ p^2 + 2pq + q^2 = 1$$

哈迪-温伯格定律指出,当群体平衡时基因型频率取决于等位基因频率,二者之间的关系如图 14-1 所示:①杂合子的极大值为 0.5,而且只有当 A 和 a 的频率都为 0.5 时,Aa 才有极大值;②若基因频率为 0.33~0.66,杂合体的基因频率最大;③当一个等位基因的频率降低时,其另一个等位基因的纯合体频率升高。

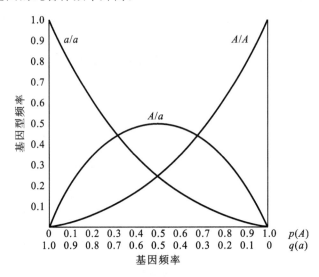

图 14-1 基因型频率和基因频率的关系

(二)哈迪-温伯格定律的理想群体

哈迪-温伯格定律需要满足下列条件才能成立。

(1) 群体无限大,不会由于任何基因的传递而产生基因频率的随意或者太大的波动。

(2) 群体内个体是随机交配,而不是有选择地交配。

(3) 群体内个体间不存在育性和生活力等方面的差异,不同的群体间完全隔离。

(4) 无世代重叠(nonoverlapping generation)。任何世代群体内所有个体同时出生,同时生长发育,同时达到性成熟,同时死亡。也就是说,群体年龄结构(age distribution)相同。

(5) 没有进化压力(如突变、自然选择、遗传漂变和迁移)。

上述这些条件在自然界是不可能存在的,所以称具备这些条件的群体为理想群体(ideal population)。在自然界中哈迪-温伯格平衡实际上是不可能的,遗传平衡是一种理想的状态,但提供了一个基准来衡量遗传的改变。

二、哈迪-温伯格定律的论证

哈迪-温伯格定律的推导包括三个步骤:①从亲本到它们所产生的配子;②从配子的随机组合到所产生的合子基因型频率;③由合子的基因型频率计算子代的基因频率。

(一)基因频率在世代间的恒定性

如果在一个随机交配的大群体中,雌雄个体都以同等的机会进行交配。假设初世代(0 世

代)群体中特定基因座上仅有一对等位基因 A 和 a,其频率分别为 p 和 q,根据概率理论,各种雌、雄配子随机组合产生的下一代(1 世代)群体中基因型频率结果见表 14-2。

表 14-2　随机交配产生子代群体中的基因型及其频率

雄配子及其频率 雌配子及其频率	$p(A)$	$q(a)$
$p(A)$	$p^2(AA)$	$pq(Aa)$
$q(a)$	$pq(Aa)$	$q^2(aa)$

由表 14-2 可知,1 世代群体中基因型频率分别为

$$P_1 = f(AA) = p^2, \quad H_1 = f(Aa) = 2pq, \quad Q_1 = f(aa) = q^2$$

1 世代群体中等位基因 A 和 a 频率分别为

$$p_1 = P_1 + \frac{1}{2}H_1 = p^2 + \frac{1}{2} \times 2pq = p(p+q) = p$$

$$q_1 = Q_1 + \frac{1}{2}H_1 = q^2 + \frac{1}{2} \times 2pq = q(p+q) = q$$

由此可见,1 世代群体中等位基因频率与初始群体中等位基因频率相等。

为了更好地理解基因频率在世代保持不变的现象,现给予举例说明。

例:在一群兔子中,有黄色脂肪型(B)和白色脂肪型(b)之分,其中白色脂肪型约有 16%。若群体中个体随机交配,后代的基因频率有何变化?

解:已知白色脂肪型 $f(bb) = Q = 16\%$。

则

$$q_0 = f(b) = \sqrt{0.16} = 0.4$$

并且

$$p_0 = f(B) = 1 - 0.4 = 0.6$$

群体中个体随机交配的结果见表 14-3。

表 14-3　随机交配产生子代群体中的基因型及其频率

雄配子及其频率 雌配子及其频率	$0.6(B)$	$0.4(b)$
$0.6(B)$	$0.36(BB)$	$0.24(Bb)$
$0.4(b)$	$0.24(Bb)$	$0.16(bb)$

归纳整理得 3 种基因型频率分别为

$$P = f(BB) = 0.36, \quad H = f(Bb) = 2 \times 0.24 = 0.48, \quad Q = f(bb) = 0.16$$

在 F_1 代中的基因频率为

$$p_1 = P + \frac{1}{2}H = 0.36 + \frac{1}{2} \times 0.48 = 0.6 = p_0$$

$$q_1 = Q + \frac{1}{2}H = 0.16 + \frac{1}{2} \times 0.48 = 0.4 = q_0$$

同理,如果再把 F_1 代的所有个体随机交配,获得 F_2 代,把所得结果再归纳后整理,得 F_2 代的基因频率与 F_1 代的基因频率结果相同。

结论:在一个没有其他因素影响、可以随机交配的大群体中,各代基因频率保持恒定。

(二)随机交配达到群体的遗传平衡

例:在一个 100 只的群体中,AA 有 43 只,aa 有 15 只,Aa 有 42 只。若没有其他因素的影

响,让这个群体中的个体随机交配,观察该群体上下代间基因频率和基因型频率有何变化。

解:已知 $P_0 = f(AA) = \frac{43}{100} = 0.43, H_0 = f(Aa) = \frac{42}{100} = 0.42, Q_0 = f(aa) = \frac{15}{100} = 0.15$。

则
$$p_0 = P_0 + \frac{1}{2}H_0 = 0.43 + \frac{0.42}{2} = 0.64$$

$$q_0 = Q_0 + \frac{1}{2}H_0 = 0.15 + \frac{0.42}{2} = 0.36$$

群体中个体随机交配结果见表 14-4。

表 14-4 随机交配产生子代群体中的基因型及其频率

雄配子及其频率 / 雌配子及其频率	0.64(A)	0.36(a)
0.64(A)	0.41(AA)	0.23(Aa)
0.36(a)	0.23(Aa)	0.13(aa)

整理得

F$_1$ 代基因型频率
$$P_1 = p_0^2 = 0.41, \quad H_1 = 2p_0q_0 = 0.46, \quad Q_1 = q_0^2 = 0.13$$

F$_1$ 代基因频率
$$p_1 = P_1 + \frac{1}{2}H_1 = 0.41 + \frac{0.46}{2} = 0.64$$

$$q_1 = Q_1 + \frac{1}{2}H_1 = 0.13 + \frac{0.46}{2} = 0.36$$

让 F$_1$ 代个体再随机交配,则

F$_2$ 代基因型频率
$$P_2 = p_1^2 = 0.41, \quad H_2 = 2p_1q_1 = 0.46, \quad Q_2 = q_1^2 = 0.13$$

F$_2$ 代基因频率
$$p_2 = P_2 + \frac{1}{2}H_2 = 0.64, \quad q_2 = Q_2 + \frac{1}{2}H_2 = 0.36$$

经比较上下代可以看出,基因型频率
$$P_1 \neq P_0, \quad H_1 \neq H_0, \quad Q_1 \neq Q_0$$

但经 F$_1$ 代随机交配后,则
$$P_1 = P_2, \quad H_1 = H_2, \quad Q_1 = Q_2$$

而等位基因频率则自始至终保持不变,即
$$p_0 = p_1 = p_2, \quad q_0 = q_1 = q_2$$

结论:无论初始群体中基因型频率如何,如果没有其他因素的干扰,只要经过一代随机交配,群体就可以达到平衡。

还需指出,一个随机交配的群体,不仅对于一对基因,而且对于数量性状的多对基因来说,都可以达到平衡。从平衡的情况看,一对基因群体和复等位基因群体,如果它们不平衡,经过一代随机交配就可达到平衡;两对以上基因群体和性连锁群体,如果它们不平衡,一般要经过多代随机交配才能达到渐近平衡。

哈迪-温伯格定律是群体遗传学理论的基础,它揭示了理想群体中等位基因频率和基因型频率内在的规律。由于存在着这一规律,群体的遗传特性才能保持相对的稳定。虽然该定律是在十分简化的条件下提出的,但为现实生物群体在进化力作用下等位基因频率改变的比较提供了基本依据。实践中,它有助于对现实群体的遗传机制认识,对生物进化的理解,对动、植物育种工作具有重要的理论指导意义。

三、哈迪-温伯格定律的应用

(一)估算群体中有害隐性等位基因杂合体频率

如果二倍体生物的常染色体某基因座上一对等位基因 A 和 a 是完全显性,根据从群体中抽取的样本个体数,不能估算群体中显性纯合体和杂合体频率,但能估算隐性纯合体频率。如果群体处于平衡状态,根据遗传平衡定律,就可估算群体中杂合体频率,从而进一步估算群体中等位基因频率和基因型频率。

例:在一平衡群体中,大约每 10000 人中就有 1 人是苯丙酮尿症(phenylketonuria,PKU)患者,则这一群体中携带致病基因的杂合子的频率是多少?

解:因为 PKU 是常染色体隐性遗传病(设基因型为 aa),正常人(基因型为 AA)和致病基因携带者(基因型为 Aa)在表型上是不能区分的,因而基因型频率不能直接计算出来。然而,可以通过哈迪-温伯格定律先求出隐性纯合体基因频率,因为 $f(aa)=q^2=0.0001$,则 a 的频率是 0.01,因此 A 的频率为 $p=1-0.01=0.99$,可求出杂合子基因型频率 $f(Aa)=2pq=2\times 0.99\times 0.01=0.0198$。

由此可见,大量的有害隐性 PKU 基因隐藏在杂合子中,杂合子中 PKU 基因的数目比纯合子中约大 200 倍。如果试图通过阻止 aa 个体的生育来降低 PKU 基因频率将是很困难的。

(二)判断群体是否达到遗传平衡

分析某一群体是否达到平衡,一般采用以下两种方法检测。

(1)比较上、下代间的基因型频率。若两代间的基因型频率完全一致,可直接判断该群体是平衡群体;若上、下代间的基因型频率差别很大,则认为该群体是不平衡群体。

(2)χ^2 检验法。如果实得基因型频率与理论基因型频率差异小或符合程度大($P\geqslant 0.05$),则表明此群体已达平衡;如果差异大或符合程度小($P<0.05$),则说明此群体未达到遗传平衡,必须经一代随机交配才能达到平衡。

例 1:下面是 2 个群体的基因型组成。试问:这 2 个群体是否达到了哈迪-温伯格遗传平衡?

(1)1000AA。

(2)490AA,420Aa,90aa。

解:(1)因为群体中只有一种基因型 AA,繁殖的子代仍是 AA 基因型,上、下代间基因型完全一样,所以该群体达到了哈迪-温伯格遗传平衡。

(2)在这一群体中,当代的基因型频率和基因频率分别为

$$P=f(AA)=\frac{490}{490+420+90}=0.49$$

$$H=f(Aa)=\frac{420}{490+420+90}=0.42$$

$$Q=f(aa)=\frac{90}{490+420+90}=0.09$$

$$p = P + \frac{1}{2}H = 0.49 + \frac{0.42}{2} = 0.7$$

$$q = Q + \frac{1}{2}H = 0.09 + \frac{0.42}{2} = 0.3$$

预测下一代的各基因型频率为

$$P_1 = f(AA) = p^2 = 0.7^2 = 0.49$$

$$H_1 = f(Aa) = 2pq = 2 \times 0.7 \times 0.3 = 0.42$$

$$Q_1 = f(aa) = q^2 = 0.3^2 = 0.09$$

在 1000 个下代群体中,3 种基因型个体同上代相同,即 490AA,420Aa,90aa,所以该群体为哈迪-温伯格遗传平衡群体。

例 2:红-黑田鼠($Clethrionomys\ gapperi$)的血红蛋白基因座上由两个共显性等位基因 M 和 J 组成三种基因型:MM、MJ 和 JJ。1976 年在加拿大北部发现一个田鼠群体,群体中有 12 只 MM 型,53 只 MJ 型,12 只 JJ 型,这是否是哈迪-温伯格遗传平衡群体?

解:根据已知条件可以得到

$$p = f(M) = \frac{2 \times 纯合子 + 杂合子}{2 \times 总的个体数(N)} = \frac{2 \times 12 + 53}{2 \times 77} = 0.50$$

$$q = f(J) = 1 - p = 1 - 0.50 = 0.50$$

由于该群体不能直接确定上、下代间的基因型频率是否一致,必须用 χ^2 检验法进行检测。χ^2 检验的计算结果见表 14-5。

表 14-5 红-黑田鼠血红蛋白基因型比例的 χ^2 检验

基因型	MM	MJ	JJ
预期值(e)	$p^2 \times N = 0.5^2 \times 77 = 19.3$	$2pq \times N = 2 \times 0.5^2 \times 77 = 38.5$	$q^2 \times N = 0.5^2 \times 77 = 19.3$
实际值(o)	12	53	12
差值(d)	7.3	-14.5	7.3
d^2	53.29	210.25	53.29
d^2/e	2.76	5.46	2.76
$\chi^2 = \sum \dfrac{d^2}{e}$		10.98	

查 χ^2 表,当自由度为 1(因为计算 3 种基因型频率时是从 2 种基因频率 p 和 q 中获得的),χ^2 值为 10.98 时,$P < 0.05$,表明观察值与预测值之间有明显差异。也就是说,上述红-黑田鼠群体不是一个哈迪-温伯格遗传平衡群体。

(三) 平衡群体中 X 连锁基因频率的计算

性连锁基因(sex-linked genes)在群体中的状况要比常染色体基因复杂,以 XY 型为例,雌性(XX)有两条 X 染色体,一条来自父方,一条来自母方;而雄性(XY)只有一条来自母方的 X 染色体,因而只携带一份 X 连锁基因。因此 X 染色体上的基因在群体中的分布就处于不平衡状态,群体中的 X 连锁基因有 2/3 存在于雌性个体中,1/3 存在于雄性个体中。

由于雄性(XY)个体只有一条 X 染色体,所带基因都是"半合基因",因而无论是显性或隐性半合基因都可直接反映出来,所以在雄性中 X 连锁基因的频率与基因型频率是一致的。

对于伴 X 隐性性状,男性发病率与女性发病率之比为 q/q^2 即 $1/q$,即当男性发病率为 1

时,女性发病率为 q。q 值越小,男性发病个体所占比例越大。对于伴 X 显性遗传病来说,男性发病率与女性发病率之比为 $p/(p^2+2pq)=1/(1+q)$,女性发病率高于男性。

例:人类中,红绿色盲男性患者(X^cY)在男性群体中约占 8%。预期色盲女性患者在女性中出现的频率多大? 在总人口中出现的频率又为多少?

解:假定:①就色盲基因而言,人类为哈迪-温伯格遗传平衡群体;②人类的婚姻状况对色盲这一性状是随机的。

由于男性 X^cY 的频率

$$Q = f(X^c) = q = 0.08$$

则女性中色盲患者频率

$$Q = f(X^cX^c) = q^2 = 0.08^2 = 0.0064$$

又由于男女比例为 1∶1,则色盲女性患者在总人口中的比例为 0.32%。

计算随机交配群体中平衡的伴性基因频率,要从配子异型的性别入手。对于哺乳动物(包括人)、果蝇群体,应从雄性群体(XY 个体)入手;在 ZW 型性别决定的生物(如鸟类等)中,则应首先考虑雌性群体(ZW 个体)。

由于雄性的 X 染色体仅来自母方,所以母亲的 X 基因频率将决定下一代群体中雄性的 X 基因频率;而雌性的 X 染色体来自父母双方,因而其基因频率是父母基因频率的平均数。虽然群体中所有常染色体基因频率是恒定的,但在每一代中两性的 X 基因频率是来回摆动而呈振荡式的,且每一代减少一半的差异直到平衡(图 14-2)。所以在 X 连锁群体中,如果它们未达到哈迪-温伯格遗传平衡,一般要经过连续多代随机交配才能达到渐近平衡。达到平衡的速度视其差异的程度而异,即 X 连锁基因在雄性中的频率 p_x 与在雌性中的频率 p_{xx} 间的差异越大,达到平衡所需的时间越长。

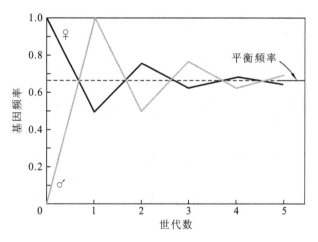

图 14-2　X 连锁基因频率的变化

(四) 平衡群体中复等位基因频率的计算

遗传平衡定律同样适用于复等位基因。由复等位基因组成的基因型种类较多,基因频率的计算比较复杂。在此仅以其中最简单的情况即同一座位具有 3 个等位基因如人的 ABO 血型为例,来说明复等位基因频率的计算。

决定人类 ABO 血型的基因位于 9q34,在这一座位上有 3 个等位基因 I^A、I^B、i。I^A 和 I^B 是共显性,I^A 和 I^B 都对 i 显性。设 I^A、I^B、i 的频率分别为 p、q、r,并且 $p+q+r=1$。在自由

婚配的情况下,后代的基因型频率见表 14-6。

表 14-6 ABO 血型自由婚配后代基因型频率

雌配子及其频率 ＼ 雄配子及其频率	$p(I^A)$	$q(I^B)$	$r(i)$
$p(I^A)$	$p^2(I^A I^A)$ A 型	$pq(I^A I^B)$ AB 型	$pr(I^A i)$ A 型
$q(I^B)$	$pq(I^A I^B)$ AB 型	$q^2(I^B I^B)$ B 型	$qr(I^B i)$ B 型
$r(i)$	$pr(I^A i)$ A 型	$qr(I^B i)$ B 型	$r^2(ii)$ O 型

又设 $\overline{A}$、$\overline{B}$、$\overline{AB}$、$\overline{O}$ 为各血型的频率。整理归纳表 14-6,得

$$\overline{A} = p^2 + 2pr, \quad \overline{B} = q^2 + 2qr, \quad \overline{AB} = 2pq, \quad \overline{O} = r^2$$

在平衡状态下,基因频率与基因型频率的关系为

$$(p + q + r)^2 = p^2 + 2pq + q^2 + 2pr + 2qr + r^2 = 1$$

为了更好地掌握复等位基因频率的计算方法,下面举实例进行说明。

例:在一个 1000 人的平衡群体中,已知 O 血型有 490 人,A 血型有 320 人。问:其他血型的人数各是多少?

解:已知 $\overline{O} = r^2 = \dfrac{490}{1000} = 0.49$,则 $r = \sqrt{0.49} = 0.7$。

又由于 $\overline{A} + \overline{O} = p^2 + 2pr + r^2 = (p + r)^2$,因此 $p + r = \sqrt{\overline{A} + \overline{O}}$。

则

$$p = \sqrt{\overline{A} + \overline{O}} - r = \sqrt{\frac{320}{1000} + \frac{490}{1000}} - 0.7 = 0.2$$

$$q = 1 - p - r = 1 - 0.2 - 0.7 = 0.1$$

从而有

$$\overline{AB} = 2pq = 2 \times 0.2 \times 0.1 = 0.04$$

$$\overline{B} = q^2 + 2qr = 0.1^2 + 2 \times 0.1 \times 0.7 = 0.15$$

即在 1000 人的平衡群体中,AB 血型的有 40 人,B 血型的人有 150 人。

(五)平衡群体中多位点基因频率的计算

在有多对自由组合(独立遗传)的基因时,如果要计算多对基因或基因型共同出现的频率,可遵循下列通式:

某种基因型出现的频率＝各对基因的基因型分别出现的频率乘积

例:在某人群中,已知 I^A、I^B、i 的频率分别为 0.28、0.17、0.55,L^M、L^N 的频率分别为 0.54、0.46,R、r 的频率分别为 0.92、0.08。求:$BMNRh^+$、$ABMRh^-$ 基因型在群体中出现的频率各为多少?

解:依据通式,可得

(1) $BMNRh^+$ 的频率 $= (0.17^2 + 2 \times 0.17 \times 0.55) \times 2 \times 0.54 \times 0.46$
$$\times (0.92^2 + 2 \times 0.92 \times 0.08) = 0.107$$

(2) $ABMRh^-$ 的频率 $= (2 \times 0.28 \times 0.17) \times 0.54^2 \times 0.08^2 = 1.777 \times 10^{-4}$

第三节 影响群体基因频率的因素

遗传平衡定律所讲的群体是理想群体,在自然界中不可能有无限大的随机交配的群体,也不可能有绝对不受自然选择等因素干扰的基因。假如遗传平衡定律完全适合自然界的生物群体,那么生物的进化就不可能发生。因此,严格地说,这个定律只有在实际上不存在的理想条件下才成立,因为自然界的生物群体中,影响遗传平衡状态的各种因素始终存在且不断地起作用,其结果是导致群体和遗传结构的变化,从而也引起了生物的进化。下面着重讨论在 4 种进化因子(突变、自然选择、迁移和遗传漂变)作用下,群体的基因频率的变化。

一、突变

突变(mutation)是遗传物质经历可探测和可遗传的结构改变的过程,是生物群体遗传变异最基本的因素,是生物进化的最原始的动力,是一切新基因的来源,也是群体基因频率变化的重要原因。等位基因的新组合可以通过重组而产生,但新的等位基因只有当突变发生时才能产生,突变提供了进化作用的遗传基础。等位基因频率的改变相对较弱,主要是由于突变速率非常慢,而且新产生的突变的表型效应对生物体常常是有害的,并从群体中被排除。然而少数的突变可能对个体有利,会被保留下来,并在群体中传播开。如果没有其他因素(主要是选择因素)的存在,即使有新的突变发生,群体也将达到哈迪-温伯格遗传平衡状态。

突变对改变群体的遗传组成有两个作用:一是突变影响群体的基因频率,二是突变为自然选择提供了原始材料。

(一) 可逆突变基因频率的变化

假定一个基因座上的基因 A 突变为 a,根据突变的可逆性规律,突变基因 a 也可以回复突变为 A,一般情况下正向突变的频率要大于回复突变的频率。设基因 A 频率为 p,基因 a 频率为 $q=1-p$;正向突变 A→a 的突变率为 u,回复突变率为 v,则每代有 pu 即 $(1-q)u$ 的基因 A 突变为 a,有 qv 的基因 a 回复突变为 A。

当 $pu>qv$ 时,基因 a 频率增加,即正突变多于回复突变;当 $pu<qv$ 时,基因 A 频率增加,基因 a 频率减少,即正突变少于回复突变。

突变一代后基因 a 频率变为

$$\Delta q = pu - qv = (1-q)u - qv, \quad \Delta p = qv - pu$$

经过多代突变后,当正向突变与回复突变相等时,即 $pu=qv$ 时,$\Delta p = \Delta q = 0$,基因频率保持不变,群体达到遗传平衡。平衡时,基因频率取决于基因的突变率而与初始基因频率无关。

$$q = \frac{u}{u+v}, \quad p = \frac{v}{u+v}$$

例:设一个群体开始时基因频率 $p=0.9,q=0.1$,正向突变 A→a 的突变率 $u = 3 \times 10^{-6}$,$a \to A$ 的回复突变率 $v = 5 \times 10^{-7}$。求:

(1) 突变一代后群体中基因 a 的频率改变了多少?

(2) 经过多代突变,群体达到遗传平衡后,基因 A 和 a 的频率各为多少?

解:(1) 根据已知条件可得突变一代后群体中基因 a 频率变化为

$$\Delta q = pu - qv = 0.9 \times 3 \times 10^{-6} - 0.1 \times 5 \times 10^{-7} = 2.65 \times 10^{-6}$$

因此,突变一代后群体中基因 a 频率增加了 2.65×10^{-6}。

(2)经过多代突变,群体达到遗传平衡后基因 A 和 a 的频率分别为

$$p = \frac{v}{u+v} = \frac{5 \times 10^{-7}}{3 \times 10^{-6} + 5 \times 10^{-7}} = 0.143$$

$$q = 1 - p = 1 - 0.143 = 0.857$$

即经过多代突变,群体达到遗传平衡后基因 A 的频率由原来的 0.9 变为 0.143,基因 a 的频率由原来的 0.1 变为 0.857。

(二)不可逆突变基因频率的变化

如果只有正向突变 $A \rightarrow a$,没有回复突变,即 $v = 0$,也没有其他因素的干扰,则群体最后将趋于纯合性的 aa。假设基因 A 的初始频率为 p_0,经过一代突变后,群体中基因 A 的频率为

$$p_1 = p_0 - p_0 u = p_0(1-u)$$

同理,二代突变后,群体中基因 A 的频率为

$$p_2 = p_1 - up_1 = p_0(1-u) - up_0(1-u) = p_0(1-u)^2$$

若其他因素不变,经过 n 个世代后,群体中基因 A 的频率为

$$p_n = p_0(1-u)^n。$$

例:在一个群体中,$D \rightarrow d$ 的突变率为 4×10^{-6},而基因 D 的初始频率为 0.8,在没有其他因素的干扰下,50000 世代后,群体中基因 D 和 d 的频率分别为多少? 需要多少世代基因 D 的频率将降至 0.4?(假设没有回复突变。)

解:(1) 50000 世代后,群体中基因 D 和 d 的频率分别为

$$p_n = p_0(1-u)^n = 0.8 \times (1 - 4 \times 10^{-6})^{50000} = 0.655$$

$$q_n = 1 - p_n = 1 - 0.655 = 0.345$$

即经 50000 世代的自发突变,群体中基因 D 的频率由原来的 0.8 降为 0.655,基因 d 的频率升至 0.345。

(2)已知 $p_0 = 0.8$,$p_n = 0.4$,$u = 4 \times 10^{-6}$。

代入 $p_n = p_0(1-u)^n$,得

$$0.4 = 0.8 \times (1 - 4 \times 10^{-6})^n$$

取对数得

$$\lg \frac{0.4}{0.8} = n \lg(1 - 4 \times 10^{-6})$$

$$n = 173286$$

即需要经过 173286 世代的连续突变,该群体的基因 D 的频率才能降为 0.4。

从上面的例子可以看到,仅靠突变改变群体的遗传结构是非常缓慢的,因为大多数基因的突变率是很低的($10^{-7} \sim 10^{-4}$),况且还有回复突变。不过也有一些生物(如微生物)的世代周期很短,突变有可能成为改变基因频率的重要因素。

二、自然选择

突变可以改变基因的频率,但这种改变是否增加或减少生物体对环境的适应是随机的。

自然选择（natural selection）是改变群体基因频率的重要因素，也是生物进化的驱动力量。由自然选择引起的群体结构改变，都能使群体向更加适合于环境的方向发展。自然选择是 1858 年 C. Darwin 和 A. R. Wallace 在《进化论》中首先提出的。他们认为在自然界中，物种个体之间繁殖能力的不同导致个体具有不同的生存适应性。在任何生物群体中，最强竞争者具有最多的繁殖机会，即具有最多的机会将其基因传递给后代，显示出"优胜劣汰"。

（一）适合度与选择系数

适合度（fitness）又称适应值（adaptive value），是指在一定的环境下，一种生物体能够生存并把它的基因传递到后代基因库中的能力，即适合度（W）＝存活能力×生育能力。通常将具有最高生殖效能的基因型的适合度定为 1，致死或不育基因型个体的适合度定为 0，其他基因型的适合度在 0～1 范围内。

在现代的阐述中，自然选择是基于三个前提：①群体中各个个体的生存和繁殖能力不同，这些差异主要是由基因型决定的；②所有生物都需产生比生存下来并能繁殖的子代要多得多的后代；③在每一世代中，在特定的环境条件，对生存有利的基因型在繁殖期处于过剩的状态，因此，对子代的贡献是不成比例的。这样，增强生存和繁殖的等位基因的频率将逐代增加，使种群在相应环境中能更好地生存和繁殖。群体中的这种渐进的遗传改进构成了进化适应的进程。

选择系数（selective coefficient）是指在选择作用下，某一基因型在群体中不利于生存和繁殖的相对程度，反映某种基因型的相对淘汰率，常用"s"表示，它和适合度的关系是：$s＝1-W$，当选择系数 $s＝0$ 时，$W＝1$。不同基因型适合度和选择系数的计算方法见表 14-7。

表 14-7 适合度和选择系数的计算方法

基 因 型	AA	Aa	aa
初始参与交配的个体数	70	90	40
子代个体数	140	120	40
每个个体的平均子代数	2	1.33	1
适合度 W	$\frac{2}{2}=1$	$\frac{1.33}{2}=0.67$	$\frac{1}{2}=0.5$
选择系数 s	0	$1-0.67=0.33$	$1-0.5=0.5$

具有相同基因型的个体在不同的环境条件下，其适合度可能不同。最典型的例子就是英国曼彻斯特的桦尺蠖（*Biston betularia*，也称椒花蛾）体色多态性的现象。1848 年以前，英国的桦尺蠖都是浅灰色的，极少见到黑色的桦尺蠖，后来在英国的曼彻斯特等一些工业区，由于工业污染逐渐使桦尺蠖的栖息环境黑化，这些地区黑色桦尺蠖的比例迅速上升。对桦尺蠖颜色多态性的深入研究表明，桦尺蠖栖息的树皮颜色对鸟类捕食桦尺蠖体色具有很强的选择性。桦尺蠖是在夜间活动，白天则停歇在树干上，鸟类常常在白天捕食桦尺蠖。在未污染地区，树皮上大多长满地衣，桦尺蠖栖息在上面时，浅色型与背景颜色极其相近；而黑色型很明显（图 14-3（a）），易被鸟类识别而捕食。在污染地区，工业废气使地衣不能生长，结果树皮裸露，呈黑褐色，在此背景下，浅色型桦尺蠖易被鸟类识别而捕食（图 14-3（b））。

有学者在这些地区进行了桦尺蠖的捉放试验（捕捉、标记、释放、再捕捉），以对其适合度进行研究，结果表明在非污染地区浅色型的比黑色型的生存率和适合度高。在污染地区正好相

(a)   (b)

图 14-3　浅灰色桦尺蠖和黑色突变型桦尺蠖

反,黑色型的比浅色型的生存率和适合度高(表 14-8)。也就是说,适合度不是一成不变的,随着环境的变化适合度会发生相应的变化。

表 14-8　桦尺蠖在污染区与非污染区的相对适合度

基因型及表型	污　染　区		非　污　染　区	
	D_(黑)	dd(浅)	D_(黑)	dd(浅)
释放量	154	64	407	393
回收量	82	16	19	54
生存率	0.53	0.25	0.047	0.137
适合度	1	$\dfrac{0.25}{0.53}=0.47$	$\dfrac{0.047}{0.137}=0.343$	1

(二) 自然选择对基因频率的改变

自然选择对遗传的影响是多方面的。有时自然选择可以剔除遗传变异,但有时又可以维持遗传变异;它既可以改变基因频率,也可以阻止基因频率的改变;它既可以使群体产生遗传趋异(genetic divergence),也能维持群体的遗传一致性(uniformity)。究竟发生哪种作用主要取决于群体中基因型的相对适合度和等位基因的频率。

1. 对隐性纯合体不利的选择

在一个大的随机交配的群体中,有一对等位基因 A、a,假设等位基因 A 对 a 完全显性,三种基因型 AA、Aa、aa 的频率分别为 p^2、$2pq$ 和 q^2。其中杂合体 Aa 的表型与纯合体 AA 的表型相同,而且不受选择的作用,即适合度 $W=1$。如果选择只对隐性个体 aa 起作用,则群体中有害的隐性基因甚至是致死的隐性基因仍可以杂合体的形式保持下去。当隐性纯合体在选择上处于不利情况时,经过一代自然选择后,隐性基因频率的改变见表 14-9。

表 14-9　显性完全,选择对隐性性状不利时基因频率 q 的改变

基　因　型	AA	Aa	aa	合计
初始基因型频率	p^2	$2pq$	q^2	1
适合度	1	1	$1-s$	
选择后基因型频率	p^2	$2pq$	$q^2(1-s)$	$1-sq^2$
选择后相对基因型频率	$\dfrac{p^2}{1-sq^2}$	$\dfrac{2pq}{1-sq^2}$	$\dfrac{q^2(1-s)}{1-sq^2}$	1

基　因　型	AA	Aa	aa	合计
选择后基因 a 频率		$\dfrac{q^2(1-s)}{1-sq^2}+\dfrac{1}{2}\times\dfrac{2pq}{1-sq^2}=\dfrac{q(1-sq)}{1-sq^2}$		
选择后基因 a 频率的改变 Δq		$\dfrac{q(1-sq)}{1-sq^2}-q=\dfrac{-sq^2(1-q)}{1-sq^2}$		

从表 14-9 可以看出,经过一代选择后,基因 a 的频率从 q 变成了 $\dfrac{q(1-sq)}{1-sq^2}$,基因 a 频率的

改变 $\Delta q=\dfrac{-sq^2(1-q)}{1-sq^2}$ 是一负值,表明随着自然选择的作用,q 值将减小。

当 q 很小时,分母近似为 1,$\Delta q\approx -sq^2(1-q)$,此式反映了 q 值的大小与 Δq 的关系,即 q 值越小,Δq 也越小。此时,即使在十分严酷的选择作用下也没有 aa 个体留下后代,即 $s=1$,基因 a 的频率每代也只减少 $q^2(1-q)$,即如果 $q=0.01$,每代也只减少 $(1-0.01)\times 0.01^2=0.0001$。如果 $s<1$,则基因 a 的频率降低就更加缓慢。

当隐性纯合个体致死或不能生育,即 $s=1$ 时,一代选择后,基因 a 的频率为

$$q_1=\frac{q_0(1-sq_0)}{1-sq_0^2}=\frac{q_0(1-q_0)}{1-q_0^2}=\frac{q_0}{1+q_0}$$

同理,经第二代选择后,基因 a 的频率为

$$q_2=\frac{q_1}{1+q_1}=\frac{q_0}{1+2q_0}$$

则经过 n 世代后,群体中隐性基因频率 q_n 为

$$q_n=\frac{q_0}{1+nq_0}$$

如果想进一步推算要达到某一基因频率时所需的世代数,可将上式转化为

$$n=\frac{1}{q_n}-\frac{1}{q_0}$$

例:假设在 10000 个人中有一个人因为某种隐性基因纯合体而呈畸形,若采用绝育后再结婚或结婚不准生育的方法来降低这种致病基因的频率,问:经过 50 代后这种致病基因的频率是多少? 经过多少世代这种畸形者出现的频率将减少到 1/1000000?

解:(1) 已知 $q_0^2=\dfrac{1}{10000}$,则 $q_0=0.01$。

又已知 $s=1$,则 50 代后这种致病基因的频率为

$$q_{50}=\frac{q_0}{1+nq_0}=\frac{0.01}{1+50\times 0.01}=0.0067$$

(2) 已知 $q_0=0.01$,$q_n=\sqrt{\dfrac{1}{1000000}}=0.001$

则

$$n=\frac{1}{q_n}-\frac{1}{q_0}=\frac{1}{0.001}-\frac{1}{0.01}=900$$

即需要经过 900 代才能将这种畸形者出现的频率从 1/10000 减少到 1/1000000。

由于自然选择所依据的是表型而非基因型,也就是说如果选择的对象是隐性表型,杂合体就不会成为选择的对象,因此只要群体中的杂合体能够成活并产生后代,隐性基因就不会从群

体中消失。

自然选择取决于群体中基因的实际频率,这是因为基因 a 的频率变异的相对比例会影响自然选择对降低隐性性状的效率。当隐性基因频率相对较高时,很多纯合隐性个体存在于群体中,它们的适合度是低的,因此将导致基因频率有很大改变。相反,则基因频率改变比较小。不同选择系数对隐性纯合体的作用也是明显的,当 $s<1$ 时是对隐性纯合体的不完全选择,当 $s=1$ 时则是对隐性纯合体的完全选择,即所有 aa 个体完全被淘汰。但不管在任何选择系数下,隐性基因频率从 0.99 降到 0.10 都是比较快的,特别是当隐性基因频率 $q=2/3$ 时,Δq 有最大值,即当 q 等于或接近 2/3 时选择的效果最明显。当隐性基因频率变得很小时,其改变量也随之减小,见表 14-10。

表 14-10 不同选择系数对隐性基因频率改变所需的世代数

隐性基因频率的改变 Δq	不同 s 值所需的世代数			
	$s=1$(致死)	$s=0.5$	$s=0.1$	$s=0.01$
0.99→0.75	1	8	38	382
0.75 * →0.50	1	3	18	176
0.50→0.25	2	6	31	310
0.25→0.10	6	14	71	710
0.10→0.01	90	185	924	9240
0.01→0.001	900	1805	9023	90231
0.001→0.0001	9000	18005	90023	900230

× q 等于或接近 2/3 时基因频率改变最快。

2. 对显性基因不利的选择

假定决定生物性状的一对等位基因 A 对 a 为完全显性,如果选择对显性基因不利,带有显性基因个体的基因型有 AA 和 Aa 两种,则选择的效果非常好。如果带显性基因的个体是致死的,即 $s=1$ 时,一代选择就可使基因 A 的频率降至 0。如果对显性基因的选择系数不是1,而是 $s<1$,那么,选择后,群体中各种基因型频率变化见表 14-11。

表 14-11 显性完全,选择对显性基因不利时群体中基因频率 p 的变化

基 因 型	AA	Aa	aa	合计
初始频率	p^2	$2pq$	q^2	1
适合度	$1-s$	$1-s$	1	
选择后频率	$p^2(1-s)$	$2pq(1-s)$	q^2	$1-sp(2-p)$
选择后相对频率	$\dfrac{p^2(1-s)}{1-sp(2-p)}$	$\dfrac{2pq(1-s)}{1-sp(2-p)}$	$\dfrac{q^2}{1-sp(2-p)}$	1
选择后基因 A 的频率		$\dfrac{p^2(1-s)}{1-sp(2-p)}+\dfrac{1}{2}\times\dfrac{2pq(1-s)}{1-sp(2-p)}=\dfrac{p(1-s)}{1-sp(2-p)}$		
选择后基因 A 的频率改变 Δp		$\dfrac{p(1-s)}{1-sp(2-p)}-p=-\dfrac{sp(1-p)^2}{1-sp(2-p)}$		

从表 14-11 中可看到,当 s 很小时,$1-sp(2-p)$ 接近于 1,选择前后基因 A 频率改变量

Δp 的计算公式可改变为 $\Delta p \approx -sp(1-p)^2$。由于 $p=1-q$，所以 $\Delta p \approx -sq^2(1-q)$。

说明当选择系数很小时，Δp 与 Δq 同样都接近 $-sp^2(1-q)$。如果对显性个体和对隐性个体的选择系数相同，则等位基因频率的改变，显性基因会更大些。因为当选择对隐性基因不利时，部分隐性基因存在于杂合体中，不受自然选择的影响。

3. 对杂合体有利的选择

自然界中，不同纯合体间杂交获得的杂种一代往往比它们的双亲表现更强大的生长速率和代谢功能，这种现象称为超显性（over dominance），也称为杂合优势（heterozygote advantage）。当存在杂合优势时，两个等位基因都不能通过自然选择而被除去。由于杂合子的适合度高于纯合体，在每一代中，杂合子将比纯合子产生更多的子代，对杂合子的自然选择要保持群体中的两个等位基因。自然选择最终产生平衡，等位基因频率不再改变。

假定在某群体中有一对等位基因 A 和 a，如果杂合体 Aa 具有选择优势，适合度最高，定为 1，纯合体 AA、aa 的适合度相对较低，分别为 s 和 t，经过一代选择后，基因 a 频率的改变见表 14-12。

表 14-12　选择对杂合体有利时群体中基因频率 q 的变化

基　因　型	AA	Aa	aa	合计
初始频率	p^2	$2pq$	q^2	1
适合度	$1-s$	1	$1-t$	
选择后频率	$p^2(1-s)$	$2pq$	$q^2(1-t)$	$1-sp^2-tq^2$
选择后相对频率	$\dfrac{p^2(1-s)}{1-sp^2-tq^2}$	$\dfrac{2pq}{1-sp^2-tq^2}$	$\dfrac{q^2(1-t)}{1-sp^2-tq^2}$	1
选择后基因 a 的频率		$\dfrac{q^2(1-t)}{1-sp^2-tq^2}+\dfrac{1}{2}\times\dfrac{2pq}{1-sp^2-tq^2}=\dfrac{q(1-tq)}{1-sp^2-tq^2}$		
选择后基因 a 的频率的改变 Δq		$\dfrac{q(1-tq)}{1-sp^2-tq^2}-q=\dfrac{pq(sp-tq)}{1-sp^2-tq^2}$		

对杂合体有利的选择不同于前面讲到的选择方式，这种选择将导致群体中出现稳定的平衡多态。群体达到遗传平衡时，$\Delta q=0$，如果两等位基因同时在群体中存在，即 p 和 q 不等于 0，那么只有 $sp-tq=0$。这样，等位基因的遗传平衡频率就是

$$q=\frac{s}{t+s}, \quad p=\frac{t}{t+s}$$

说明平衡群体中等位基因频率与初始群体中等位基因频率无关，完全由不利于两种纯合体的选择系数 s 和 t 决定，但仅取决于其相对大小，与其实际值无关。例如，当 $s=0.1$，$t=0.3$ 和 $s=0.02$，$t=0.06$ 时，得到的平衡频率都是 $p=0.75$。

杂合优势没有普遍性自然选择形式。镰状细胞贫血症是选择对杂合体有利造成遗传平衡多态现象的典型例子，在非洲的某些群体中这种病比较普遍。Hb^sHb^s 纯合体产生异常的血红蛋白，多数个体在性成熟前死亡，选择系数接近 1，但是在恶性疟原虫引起的疟疾流行区，杂合体 Hb^AHb^s 比纯合体 Hb^AHb^A 对恶性疟原虫抵抗力更强，具有选择优势。因此在这些地区，纯合体 Hb^sHb^s 死于贫血的概率大，而 Hb^AHb^A 死于疟疾的概率大，致病基因 Hb^s 以杂合体的形式保留下来，且频率高于世界其他地区。

例：1955 年阿里森（Allison）发现，在非洲的某一群体中，婴儿时期 3 种基因型：Hb^AHb^A、

$Hb^A Hb^s$、$Hb^s Hb^s$符合遗传平衡时的频率。镰状细胞贫血症患者的频率为 4%,并且患者都在未成年前死亡,即选择系数 $t=1$。问:纯合体 $Hb^A Hb^A$ 的选择系数 s 是多少?

解:已知 $q^2=0.04$,则 $q=0.2$,$p=1-0.2=0.8$。

又因为 $t=1$,得

$$s = \frac{tq}{p} = \frac{1 \times 0.2}{0.8} = 0.25$$

即 $Hb^A Hb^A$ 的选择系数 s 是 0.25。

此例说明,杂合子的适合度比正常纯合子稍有增加后,就可补偿隐性纯合子的致死而丧失的隐性基因,使群体保持多态现象。

无论两种纯合体的选择系数、初始等位基因频率如何,只要 $q=\dfrac{s}{t+s}$ 相同,随着世代增加,这些群体均向同一平衡值接近,但纯合体选择系数、初始等位基因频率不同的群体,接近平衡的时间不一样。图 14-4(a)是假定超显性选择的群体中基因型 AA 和 aa 适合度分别为 $W_1=0.8$ 和 $W_2=0.9$,等位基因 a 的初始频率分别为 1.0、0.8、0.3 和 0 的情况下,等位基因 a 随世代变化的曲线图。图 14-4(b)是同一数据的群体中等位基因 a 的频率与适合度之间的关系。

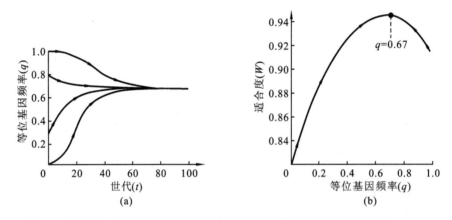

图 14-4　选择对杂合体有利时等位基因频率变化与适合度的关系

4. 其他的选择情况

通过以上自然选择对不同性状的选择情况的讨论,其他的选择情况下基因频率改变的公式可以从表 14-12 中得到印证,这里就不再推导和解释,下面将有关的计算公式列入表 14-13。

表 14-13　自然选择在不同情况下基因频率改变的计算公式

选择的类型	AA	Aa	aa	基因频率改变的计算
选择对隐性纯合不利	1	1	$1-s$	$\Delta q = -spq^2/(1-sq^2)$
选择对显性基因不利	$1-s$	$1-s$	1	$\Delta p = -spq^2/(1-s+sq^2)$
不选择显性基因	1	$1-s/2$	$1-s$	$\Delta q = -spq^2/[2(1-sq)]$
选择对杂合体有利	$1-s$	1	$1-t$	$\Delta q = pq(sp-tp)/(1-sp^2-tp^2)$
选择对杂合体不利	1	$1-s$	1	$\Delta q = spq(q-p)/(1-2spq)$

(三) 突变与自然选择联合作用对群体基因频率的改变

在生物进化的过程中,突变和自然选择是很难分开的。也就是说,突变和自然选择总是同时起作用的。一方面,自然选择具有从群体中去除有害等位基因的趋势,随着基因频率降低,每代频率的改变也在减小。当这种有害基因十分罕见时,基因频率的改变十分微小。另一方面,突变会不断产生新的等位基因。通过突变,新等位基因的产生可以精确地抗衡那些通过自然选择而丢失的等位基因,从而获得平衡。

假定自然选择对隐性基因 a 不利,在选择系数 s 很小的情况下,它的频率每一代将减少 $sq^2(1-q)$,如果这时 $A \rightarrow a$ 的突变率为 u,每经一代,基因 a 的频率又将增加 $pu = (1-q)u$,因 a 的频率很低,故其回复突变可忽略不计。在自然选择使基因 a 减少的频率与突变使基因 a 增加的频率相同时,自然选择与突变之间达到平衡,即

$$sq^2(1-q) = (1-q)u$$

则

$$q^2 = \frac{u}{s}$$

q 值就是突变和选择同时作用下群体平衡时基因 a 的频率。

例:人类全色盲是常染色体上隐性突变基因。据统计,大约每 80000 个人中有一个是全色盲纯合体。他们的子女存活率只有 50%。求:人类中全色盲基因的突变率是多少?

解:已知 $s = 0.5$, $q^2 = \frac{1}{80000}$,得

$$u = sq^2 = 0.5 \times \frac{1}{80000} = 6.25 \times 10^{-6}$$

即人类中全色盲基因的突变率是 6.25×10^{-6}。

三、迁移

迁移(migration)是指一个群体的个体迁入另一个群体,并杂交定居,造成群体间的基因流动,因此又称基因流(gene flow)。在一定条件下,迁移也能改变群体的基因频率。

由于基因突变率一般非常低,而且一个特殊的突变基因可能仅在一个群体中发生,而不在另一个群体中发生,迁移可将稀有基因传播到其他群体,像突变一样,成为迁入群体遗传变异的来源。

遗传漂移和自然选择使群体之间的差异增加,而迁移的遗传效应正好相反。等位基因横跨群体间障碍而慢慢扩散,造成迁入群体中等位基因的频率逐渐改变,群体间遗传相似性增加,因此迁移是一种倾向于阻止群体发生变异的均化力量(homogenzing force)。

假定在没有其他因素影响下,一个体数为 N 的群体基因频率为 p_0, q_0。若从另一基因频率为 p_m, q_m 的群体中迁入 M 个个体,在混合群体中迁入者所占比例(迁移率)为 $m = \frac{M}{N+M}$,原有个体所占比例为 $1-m = \frac{N}{N+M}$ (图 14-5),则迁入后混合群体的基因频率为

$$p_1 = (1-m)p_0 + mp_m = m(p_m - p_0) + p_0$$
$$q_1 = (1-m)q_0 + mq_m = m(q_m - q_0) + q_0$$

迁入后混合群体基因频率的改变为

$$\Delta p = p_1 - p_0 = (1-m)p_0 + mp_m - p_0 = m(p_m - p_0)$$

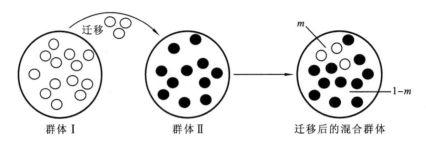

图 14-5 群体间迁移导致基因频率的改变

$$\Delta q = q_1 - q_0 = (1-m)q_0 + mq_m - q_0 = m(q_m - q_0)$$

可见,迁移导致的基因频率的改变取决于迁移率和迁入群体和原群体之间的基因频率的差异。若两群体之间的基因频率无差别,即 $q_m - q_0 = 0$,那么 Δq 也为零。

例:某一海岛上有 9000 个人,N 血型占 9%;后来从大陆迁去 1000 个人,这些人中 N 血型占 16%。问:现有群体中 3 种血型的频率各是多少?(假定迁移后的混合群体为遗传平衡群体。)

解:已知迁移率 $m = \dfrac{1000}{1000 + 9000} = 0.1, q_0 = \sqrt{0.09} = 0.3, q_m = \sqrt{0.16} = 0.4$。

则　　　　　　$q_1 = m(q_m - q_0) + q_0 = 0.1 \times (0.4 - 0.3) + 0.3 = 0.31$

　　　　　　　$p_1 = 1 - 0.31 = 0.69$

迁移后,混合群体中各种血型的频率分别为

　　　　　　M 血型频率 $= p^2 = 0.69^2 = 0.476$

　　　　　　MN 血型频率 $= 2pq = 2 \times 0.69 \times 0.31 = 0.428$

　　　　　　N 血型频率 $= q^2 = 0.31^2 = 0.096$

即在 10000 个人的混合群体中 M 血型占 47.6%,MN 血型占 42.8%,N 血型占 9.6%。

四、遗传漂变

(一)遗传漂变的概念

哈迪-温伯格定律是基于一个无限大的群体而言的,在大群体中,不同基因型的个体生育的子代数虽有波动,却不会明显影响基因频率。但是如果在一个有限的群体,即在小的隔离的群体中,基因频率会发生一种特殊的改变,这种改变与由突变、选择和迁移引起的变化完全不同。

由于群体较小,以致抽样误差而造成的群体内基因频率的随机波动,称为遗传漂变(genetic drift)。遗传漂变没有确定方向,世代群体间基因频率变化是随机的,因此又称为随机遗传漂变(random genetic drift)。它是由遗传学家 S. Wright 于 1930 年提出的,有时人们也把遗传漂变称为 S. Wright 效应(莱特效应)。

(二)产生遗传漂变的原因

所有的遗传漂变都是由于取样误差而产生的,但在自然群体中取样误差的发生有各种途径。

1. 群体剖分

假定初始理想群体剖分成若干个大小均为 N 的地方群体,除大小有限外,这些地方群体均具备理想群体条件,群体中等位基因是中性(neutral)的。由于组成第 1 代地方群体 2N 个配子随机来自初始理想群体,必然存在着取样误差,因此,初始理想群体中等位基因频率可能与各地方群体中等位基因频率不同。

每个地方群体产生无限多的配子,但只有 2N 个配子被随机抽取组成下一代繁殖体,在此过程中,遗传抽样误差进一步加剧,导致不同地方群体中等位基因频率不同,从而产生遗传漂变(图 14-6)。

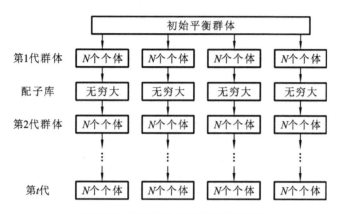

图 14-6　群体再分与遗传抽样过程

2. 奠基者效应

奠基者效应(founder effect)是指由少数个体离开大群体后,形成一个相对隔离的状态,它们的基因型对将形成的新群体的基因频率会产生重大影响。新的群体随后可以增大,但群体的基因库源自最初建立时存在的基因。

例如,在大西洋南部有一个特里斯坦-达库尼亚(Trissain da Cunha)火山岛,1817 年苏格兰人 Willian Glass 及其家族移居该岛,始终与外界保持着遗传隔离的状态。1855 年这个岛的人群繁衍到 100 个人左右,群体中 26% 的基因是由 Glass 夫妇遗传下来的。1961 年岛上火山爆发,约有 300 名居民迁居英格兰。在这约 300 个人组成的群体中,仍有 14% 的基因来自奠基者 Glass 夫妇。

3. 瓶颈效应

瓶颈效应(bottleneck effect)是指偶然事件(如飓风、地震、火山爆发等生态环境骤变)使原来某个大群体中的个体数急剧减少,成为一个很小的群体(类似"瓶颈"),导致某些基因从基因库中随机丢失的现象。群体经历瓶颈后,即使群体可能快速重新扩展到原来群体的个体数量,但群体基因频率不可能恢复到原来的水平,除非通过突变或基因流才可能恢复到原来群体的水平。

例如,自然界中,生态条件突然变得严峻,植物群体内植株因数目急剧减少而面临灭绝的危险,随后,虽然生态条件恢复正常,植物群体恢复到原来的大小,但在瓶颈期间,遗传漂变在很大程度上改变了等位基因频率,因此,改变了重新恢复起来的植物群体遗传结构。瓶颈效应也可看成奠基者效应的一种类型,如图 14-7 所示。

(三)遗传漂变的估算

遗传漂变是随机的,无法预测它的方向,但可以预测漂变引起的基因频率偏离的程度。群体越小,基因频率偏离的程度越大。用基因频率的标准差与样本的大小的关系可以定量描述

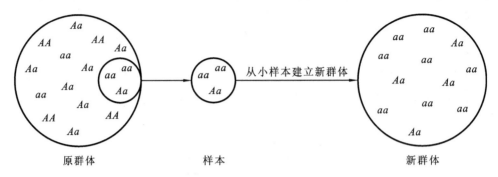

图 14-7 奠基者效应与瓶颈效应的示意图

遗传漂变作用。

知道有效群体大小(effective population size)就能估计出基因频率可能偏离的程度。假定一个有效群体有 N 个个体,就常染色体上某一座位而言,共有 $2N$ 个基因,这一座位的一对等位基因为 A 和 a,基因频率为 p 和 q,而 $p+q=1$,由于遗传漂变群体中变异的总量可以通过基因频率的变化来测定,基因频率改变的方差 S^2、标准差 S 表示为

$$S^2 = \frac{pq}{2N}, \quad S = \sqrt{\frac{pq}{2N}}$$

标准差 S 能用来计算基因频率 95% 可信范围,表明这个群体的 p 或 q 有 95% 的可能是在预期范围内的。此 95% 可信范围近似等于 $p\pm2S$ 或 $q\pm2S$。如果 $p=q=0.5$,当样本容量越小时,p 的随机波动范围越大;反之,当样本容量越大时,p 的随机波动范围越小。见表 14-14。

表 14-14 样本容量与基因 A 频率的随机波动

样本容量(N)	配子数($2N$)	方差($\frac{pq}{2N}$)	标准差($\sqrt{\frac{pq}{2N}}$)	在群体中 95% 的个体数中 p 的预期范围($p\pm2S$)
5	10	0.25	0.16	0.18~0.82
50	100	0.0025	0.05	0.4~0.6
500	1000	0.00025	0.016	0.468~0.532

为了解释 95% 可信范围,假设 100 个 $N=50$ 的群体,$p=0.5$,遗传漂变可导致有些群体中基因频率发生改变;95% 可信范围说明,在下一代中,100 个群体中有 95 个群体的基因频率 p 为 0.4~0.6。

(四)遗传漂变的效应

遗传漂变的效应首先是引起了群体中基因频率的改变,而这些改变对群体的遗传结构有着明显的作用。其次是减少群体中的遗传变异,遗传漂变会使杂合性减少,随之等位基因逐渐被固定,群体便失去遗传变异。

遗传漂变与群体大小有关,群体越小,遗传漂变速度越快,甚至只要几代就可以造成某个基因的固定,另一个基因的消失,从而改变群体的遗传结构;而大的群体遗传漂变速度非常慢,可以随机达到平衡。图 14-8 是遗传漂变作用的计算机模拟图。

图 14-8 显示,初始等位基因频率均为 0.5 时,每代个体数为 50 的群体,经过 30~60 代的随机漂变,等位基因就被固定;而个体数为 5000 的群体到 100 代仍能保持原来的基因频率。

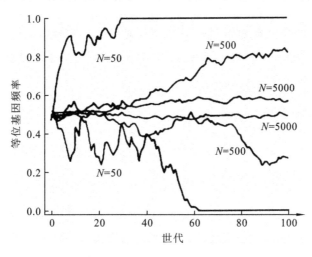

图 14-8　群体大小与遗传漂变

第四节　物种形成与自然选择学说

一、物种的概念

物种(species)是分类的基本单元,又是繁殖单元,至今没有一个统一的概念。林奈认为,物种由形态相似的个体组成,同种个体可以自由交配,产生可育的后代,异种杂交则不育,林奈相信物种不变。达尔文认为,一个物种可变为另一个物种,物种处于不断变化之中,种间存在着连续性,因此物种是人为的分类单位。现代生物学认为物种是个体间可以自由交配并能产生可育后代的自然群体。不同物种的个体间则不能交配或交配不育。物种的这种特性使之成为一个不连续的和独立的进化单位。一个种的全体成员具有一个共同的基因库,这一基因库是其他种的个体所不具有的。遗传、变异和选择是物种形成和新品种选育的三大要素,隔离是保障物种形成的最后阶段,是物种形成的不可或缺的条件。

有关物种的概念中应注意以下几点:①物种是由生殖、遗传、生态、行为和相互识别系统等联系起来的个体集合;②物种是一个可随时间而进化改变的个体集合;③生殖隔离是区分物种的可靠标准;④物种是生态系统中的功能单位,不同物种占有不同的生态位;⑤表型特征是区分物种的重要特征,对于无性生殖生物来说是最重要的区分特征。

二、物种形成

物种形成(speciation)或称物种起源(origin of species)是指一个原来在遗传上是纯合的群体经过遗传分化,最后产生两个或两个以上发生生殖隔离的群体的过程,或者是由一个物种演变为另一个物种的过程。物种形成是生物进化的主要标志。

(一)物种形成的环节

现代综合进化论认为物种形成有三个基本环节:一是突变和基因重组,这种可遗传的变异为物种形成提供了原材料,没有变异就没有进化,也就谈不上物种形成;二是自然选择,通过自然选择淘汰对生物生存不利的遗传变异,保留有利变异,从而影响物种形成的方向;三是隔离,隔离导致遗传物质交流的中断,使群体的遗传差异不断加深,直至新种形成。

(二) 隔离在物种形成中的作用

隔离是物种形成的重要条件,也是有性生殖生物中物种形成的标准。不同群体之间发生隔离之后,由于它们对不同地域条件的适应不同,就使两个群体在遗传上发生分化,并由于自然选择、随机遗传漂变等因素形成遗传多样性,使等位基因频率改变,或者造成染色体重排。随着群体的进一步分化,各个群体之间在遗传上的差异也就越来越大,形成所谓半分化种(semispecies)。如果发生了遗传性变异的个体或群体不与原来的群体隔离开来,仍然任其随机交配,那么,形成的新基因仍然与原群体中的基因交流,使基因频率在群体中保持不变,新的变异在群体中会很快消失,也就不能形成具有新的遗传性状的新种。如果分化过程继续进行,当两个遗传差异很大的群体间杂交时就会出现生殖隔离,最后形成两个或两个以上的种,即新群体一旦与原群体产生了生殖隔离,新物种就产生了。表 14-15 列出的物种隔离机制是基于杜布赞斯基的原始资料。

表 14-15　隔离机制的分类

合子前生殖隔离: 阻止受精和杂种合子的形成	(1) 地理隔离:在异地分布的群体间,由于其分布区域不相重叠而造成直接的基因交流受到限制; (2) 生态隔离:群体生存在同一地域内的不同栖息地所造成的隔离; (3) 季节隔离:交配或开花发生在不同的季节; (4) 行为隔离:雌雄性别间相互的吸引力微弱或缺乏; (5) 机械隔离:繁殖器官的大小、形态、结构不同,不能受精; (6) 配子隔离:雌雄配子不能相互吸引或者精子及精粉在不相容的雌性生殖管道上没有活力
合子后生殖隔离: 减少杂种生活力和育性	(1) 杂种不活:杂合子不能成活或不能达到性成熟阶段; (2) 杂种不育:杂种不能产生有功能的配子; (3) 杂种败坏:F_2代或回交后代的生殖力或生活力降低

生殖隔离保持了物种之间的不可交配性或交配不育性,从而保证了一个物种的相对稳定性。生殖隔离是巩固由自然选择积累下来的变异的重要因素,是保持物种形成的最后阶段,所以在物种形成中,生殖隔离是一个不可缺少的条件。

(三) 物种形成的方式

物种形成的途径可以概括为渐变式和暴发式两种。

1. 渐变式物种形成

渐变式物种形成(gradual speciation)是通过产生物种形成原材料的突变、影响物种形成方向的选择和物种形成必要条件的隔离等进化因子,在相当长的进化过程中不断变化,原来的物种形成若干亚种,进一步逐渐累积变异造成生殖隔离而成为新种。达尔文认为物种形成主要是渐变式的。渐变式物种形成又可分为继承式物种形成和分化式物种形成两种方式。

继承式物种形成(successional speciation),是指物种通过逐渐积累变异的方式,经历悠久的地质年代,由一系列的中间类型过渡到新的物种,通常指一个物种在同一地区内逐渐演变成另一个物种(其数目不增加)。如在东南欧的第三纪地层中发现许多田螺化石,可以看到各种类型逐渐演变的过程(图 14-9)。*Paludina hoernesi* 就是在长久的历史演变过程中由原物种 *P. neumayri* 经一系列中间类型的过渡而形成的新物种。

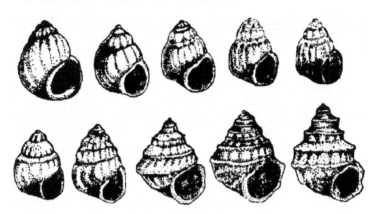

图 14-9　田螺的继承式物种形成过程

左上为 *Paludina neumayri*,右下为 *P. hoernesi*,这两个物种之间有许多中间类型分布在中间地层中。

分化式物种形成(differentiated speciation),是指一个物种的两个或两个以上群体,由于地理隔离或生态隔离,逐渐分化成两个或两个以上的新种。它的特点是种的数目越变越多,而且需要经过亚种的阶段,如地理亚种(geographic subspecies)或生态亚种(ecological subspecies),然后才变成不同的新种。例如,15 世纪初期,人们在非洲西北角的一个岛上放了一窝欧洲野兔,400 多年后即 19 世纪,岛上的野兔与欧洲野兔已经有了明显的差别,体型比欧洲野兔小一半,毛色与生活习性也有了很大的变异,而且两种野兔彼此杂交不育,产生了生殖隔离,这就是在地理隔离的条件下形成的区别于原物种的新物种。又如,寄生于人体的蛔虫(*Ascaris lumbricoides*)和猪体内的蛔虫(*A. suum*)在形态上无区别,应该是同源的,但是它们之间不能杂交,这表明生态隔离已使它们形成了具有生殖隔离的两个物种。

2. 暴发式物种形成

暴发式物种形成(sudden speciation)是指不需要悠久的演变历史,在较短时间内即可形成新种。一般不经过亚种阶段,通过远缘杂交、染色体加倍、染色体变异或突变等方法,在自然选择的作用下逐渐形成新种。如根据对果蝇唾液腺染色体的研究,发现果蝇属中存在着不同倒位特点的种,例如 *D. simulans* 和 *D. melanogaster* 是两个比较相似的种,在形态上极相似,可以进行杂交,但杂种不育。经细胞学研究得知,这两个物种染色体数目相同,但结构有区别。有 1 个长的倒位、5 个短的倒位和 14 个小节上的差异。这说明物种的差异可能是染色体畸变形成的。

多倍化和远缘杂交等方式是植物暴发式物种形成的常见途径。据估计,大约有 1/2 的有花植物通过多倍体途径进化。多倍体形成途径之一是种间杂种通过染色体加倍形成异源多倍体。如芸薹属(*Brassica*)的各种种间就是由于染色体的多倍化形成的。它的染色体组内的基数(n)有 8(b)、9(c)、10(a)。根据种间杂交和染色体组分析已弄清物种之间的相互关系(图 14-10)。

三、自然选择学说

自然选择学说(theory of natural selection)是达尔文进化论的核心理论,也是现代进化科

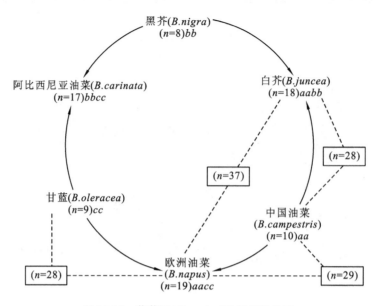

图 14-10　芸薹属(*Brassica*)物种间的关系

------，人工合成的新种，是部分异源多倍体；————，自然形成的物种。

学的主要理论基础。达尔文认为生物具有巨大的繁殖力,有无限增加个体数的倾向,这样就和有限的生活条件(空间、食物等)发生矛盾,因而造成大比例的死亡,这就是"生存斗争"。在生存斗争中,对生存和生殖有利的变异被保存,不利的变异被淘汰,这种"物竞天择,适者生存"的过程称为自然选择,即自然选择是在生存斗争中实现的,通过对微小的有利变异的积累而促进生物进化。

在达尔文自然选择学说的基础上,再结合当时遗传学、细胞学、数学等学科的研究成果,杜布赞斯基在 1937 年发表了《遗传学和物种起源》,对选择论和基因论进行了综合,提出了现代综合进化论(modern synthetic theory of evolution)。随后,美国学者 E. Mayr 在物种概念方面,G. G. Sjmpson 在古生物学方面,德国学者 R. Rensch 在动物学方面,G. L. Strbbins 在植物学方面,都分别论述了一些进化机制,以及杜布赞斯基在 1970 年发表的另一论著《进化过程的遗传学》,都加强和发展了现代综合进化论,使它很快为多数生物学家所接受,成为当代生物进化论(进化生物学)的主流。现代综合进化论认为生物进化的基本单位是种群而不是个体,进化机制的研究属于群体遗传学范畴,进化的实质是种群基因频率的改变。突变和基因重组、自然选择、隔离是物种形成及生物进化的三个基本环节,突变和基因重组为进化提供原材料;自然选择使有利变异被积累,不利变异被淘汰,使基因频率发生定向改变;隔离是把前两个阶段的多样性固定下来,没有隔离就没有种群分化和新种形成。

第五节　分 子 进 化

分子进化(molecular evolution)是指生物在进化过程中,生物大分子(DNA、RNA 和蛋白质)结构和功能的变化以及这些变化与生物进化的关系,即 DNA、RNA 和蛋白质水平上的进化过程。分子生物学技术的发展,如基因组学的研究、基因克隆技术、PCR 技术、限制性内切酶片段分析、分子杂交技术、蛋白质和 DNA 序列分析等,使人们能从生物大分子的信息来推断生物进化历史。

生物进化的早期研究,主要基于生物形态、生理生化特征比较观察以及少量的化石资料来判断物种间的亲缘关系。由于形态学、细胞学表型标记有限,而且随亲缘关系渐远表型差异迅速扩大,远缘物种间可比性大大降低,因而推断的进化关系往往不准确。

分子水平研究发现,在生物大分子中蕴藏了丰富的生物进化的遗传信息。研究表明,在不同物种中,相应核酸和蛋白质序列组成存在广泛差异,并且这些差异在长期生物进化过程中产生,具有相对稳定的遗传特性;物种间的核苷酸或氨基酸序列相似程度越高,其亲缘关系越近,反之则亲缘关系越远;从分子水平研究获得的生物进化信息与地质研究估计的数据十分接近。因此,从分子水平研究生物进化具有以下优点:①根据生物所具有的核酸和蛋白质结构上的差异程度,可以估测生物种类的进化时期和速度;②可以比较亲缘关系极远类型之间的进化信息;③分子水平研究更利于对结构简单的微生物进化的阐述。

一、分子钟

分子钟概念最初是由 E. Zuckerkandl 和 L. Pauling 于 1962 年提出的。他们比较了来源于不同生物系统的血红蛋白分子的氨基酸序列之后,以化石的证据为参照,粗略地划分系统的分歧时间,并提出生物大分子在进化过程中普遍存在有规律的"钟",对于任何给定的基因(或蛋白质),其分子进化速率大致恒定。

1971 年 Richard Dickerson 在分析细胞色素 c、血红蛋白和纤维素蛋白多肽时,对每种蛋白质,将两物种间具有差异的氨基酸位点数目和物种分歧所需时间(从古生物学中得到的,单位为百万年(Ma))关系进行作图。结果发现,相同的蛋白质所得的数据都位于一条线上,但不同的蛋白质的平均替换速率是完全不同的。这一研究结果表明每种蛋白质的替换速率是恒定的,蛋白质家族中所遵循的这种变化率反映了自然选择对其功能性改变的约束力。

分子进化速率是以每年每个位置氨基酸或核苷酸替换数来表示的。以蛋白质分子为例,其进化速率为

$$K_m = \frac{D_{aa}}{N_{aa}} \div (2T)$$

式中:N_{aa} 是构成同源蛋白质的氨基酸个数;D_{aa} 是两种不同生物同源蛋白质的氨基酸差异数;T 是两种生物的分歧进化时间。式中要除以 $2T$,是因为分歧进化是向两条路线进行的。换句话说,就是从一种生物回溯到分歧点再到第二种生物,其演化时间正好是 $2T$。

例如,血红蛋白 α 链,鲤鱼与马有 66 个氨基酸差异,地质资料表明,鱼类起源于 4 亿多年前的志留纪,若以 4 亿年作为鲤鱼与马的分歧进化时间,则从鲤鱼到马的进化速率为

$$K_{aa} = 66/141 \div (2 \times 4 \times 10^8) \text{个(氨基酸)/年} \approx 0.6 \times 10^{-9} \text{个(氨基酸)/年}$$

马与人有 18 个氨基酸差异,高等哺乳动物的进化约出现于 8000 万年前,如果以此作为马与人的分歧进化时间,则从马到人的进化速率为

$$K_{aa} = 18/141 \div (2 \times 8 \times 10^7) \text{个(氨基酸)/年} \approx 0.8 \times 10^{-9} \text{个(氨基酸)/年}$$

即血红蛋白的 α 链分子,无论是在从鱼到马,还是在从马到人的进化过程中,其进化速率基本上都是相同的。

分子钟假说的核心是在进化中核苷酸的替换率是恒定的。其实这是相对的,核苷酸位点的进化速率随其功能而不同。分子进化的普遍原理是蛋白质序列的进化也适用于 DNA 序列的进化,但二者之间也有些重要的差异。

二、核酸进化

(一) DNA 含量的进化

在进化过程中,生物的 DNA 含量逐渐增加,不同物种之间的 DNA 含量具有很大的差异。总的趋势是高等生物的 DNA 含量比低等生物的高,具有更大的基因组。因为高等生物需要更多的基因传递和表达更为复杂的遗传信息。例如,ΦX_{174} 病毒有 $6\sim10$ 个基因(大约 6000 个核苷酸对),而人类基因组计划研究表明人的基因组有 2 万~3 万个基因。

但是,DNA 含量不一定总是与生物的高级程度成正比。例如:肺鱼的 DNA 含量几乎是哺乳动物的 40 倍;玉米的 DNA 含量是哺乳动物的 2 倍。原因是在这些生物体中出现了多倍化,或者重复序列及内含子大量增加(表 14-16)。

表 14-16 各类生物的 DNA 含量

生　物	基因组的核苷酸对	生　物	基因组的核苷酸对
猕猴	2.87×10^9	果蝇	0.1×10^9
鸟	1.2×10^9	玉米	7.0×10^9
蜥蜴	1.9×10^9	链孢霉	4.0×10^7
蛙	6.2×10^9	大肠杆菌	4.0×10^6
大多数硬骨鱼	0.9×10^9	T_4 噬菌体	2.0×10^5
肺鱼	111.7×10^9	λ 噬菌体	1.0×10^5
棘皮动物	0.8×10^9	ΦX_{174}	6.0×10^3

(二) DNA 序列的进化

在进化过程中,不仅 DNA 含量发生变化,核苷酸顺序也发生了变化。通过分子杂交技术可测定不同物种的 DNA 差异,从而估计物种间的亲缘关系。高等生物的 DNA 包含大量的重复序列,这类 DNA 的进化趋势尚未弄清,所以通常仅用非重复 DNA 进行杂交试验。表 14-17 是分子杂交的部分结果。

表 14-17 DNA 分子杂交试验测得的核苷酸替换率

物种间 DNA 的比较	核苷酸差异/(%)	分歧后的年份×2	每年替换率/10^{-7}	世代时间/年	每代替换率/10^{-7}
人-黑猩猩	2.5	3×10^7	0.8	10	8
人-长臂猿	5.1	6×10^7	0.8	10	8
人-猕猴	9.3	9×10^7	0.9	$2\sim4$	2.7
人-卷尾猴	15.8	13×10^7	1.2	$2\sim4$	3
人-非洲狐猴	42	16×10^7	2.6	$1\sim2$	3.9
小鼠-大鼠	30	2×10^7	15.0	0.33	5
牛-绵羊	11.2	5×10^7	2.2	$1\sim2$	3.3

从表 14-17 的数据可见,远缘种之间核苷酸差异大于近缘种。如人和黑猩猩核苷酸顺序差异是 2.5%,而人和非洲狐猴的是 42%。然而,核苷酸对的差异不一定与种的分化时间成正比,如大鼠和小鼠的亲缘关系较近,但核苷酸差异达到 30%。因此,有人推测核苷酸的替换率

受物种世代长短的影响,如果以世代作为统计标准,则核苷酸的替换率大致上是一个恒数。

三、蛋白质进化

蛋白质是生物形态与新陈代谢的物质基础,而它的氨基酸序列是由基因编码的。有一些蛋白质在各种不同的生物中执行着同一种功能,但是不同生物的这种蛋白质的氨基酸序列存在着差异,比较分析不同物种之间的氨基酸序列的差异,可以估测不同生物之间的进化关系。

蛋白质进化中研究得最多的是细胞色素 c 的氨基酸序列差异。细胞色素 c 是真核生物线粒体中与呼吸有关的一种蛋白质,由 104 个氨基酸组成。细胞色素 c 氨基酸序列的分析表明(表 14-18),黑猩猩的氨基酸和人的完全一样,猕猴的细胞色素 c 与人的只有一个氨基酸的差异,而酵母菌、链孢霉的细胞色素 c 和人的相差较远,有 40 多个氨基酸不同。这说明不同物种间亲缘关系越近,氨基酸差异数越少;亲缘关系越远,氨基酸差异数越多。

表 14-18 人与不同生物细胞色素 c 氨基酸数的比较

生物	氨基酸差异数	生物	氨基酸差异数	生物	氨基酸差异数
黑猩猩	0	鸡	13	小麦	35
猕猴	1	响尾蛇	14	链孢霉	43
袋鼠	10	金枪鱼	21	酵母菌	44
豹	11	鲨鱼	23		
马	12	天蚕蛾	31		

根据不同细胞色素 c 的氨基酸差异,就可以估测各类生物相互分化的大致时间及分子进化树(图 14-11)。

由于细胞色素 c 是进化很慢的蛋白质,所以不适合用来测定关系密切的生物之间的进化变异。对于亲缘关系较近的物种,则应采用进化速度比细胞色素 c 快的蛋白质。如长 115 个氨基酸的碳酸酐酶 I(carbonic anhydrase I)就可以用来较精确地测定人与其他灵长类动物的关系(图 14-12)。

四、分子进化中性学说

分子进化有两个显著的特点,即进化的保守性和进化速率的相对恒定性。进化的保守性是指功能越重要的生物大分子进化速率越慢,或者说,引起表型发生明显变化的突变发生的频率较低。进化的保守性反过来说明生物大分子的进化并不是随机的,也在一定程度上解释了不同的蛋白质或不同的基因进化速率有所不同。进化速率的相对恒定性是指同一种生物大分子随时间进化的速率(蛋白质上的氨基酸或基因上的脱氧核苷酸的替换速率)是相对恒定的;当然不同的蛋白质或不同的基因其进化速率有所不同。

分子进化速率与种群大小、世代寿命和物种的生殖力均无关。蛋白质电泳表明,物种存在广泛的种内多态性,而这些多态性并无可见的表型效应,与环境条件也无明显相关。这些都是达尔文的自然选择学说无法解释的。日本的木村资生(M. Kimura)1968 年总结了分子进化的特点,提出了分子进化的中性突变随机漂移学说(neural mutation-random drift theory),简称中性学说。

分子进化的中性学说认为,生物进化过程中,绝大部分核苷酸替换是中性或近似中性的突变随机固定的结果,而不是达尔文正向选择的结果。许多蛋白质多态性必须在选择上为中性

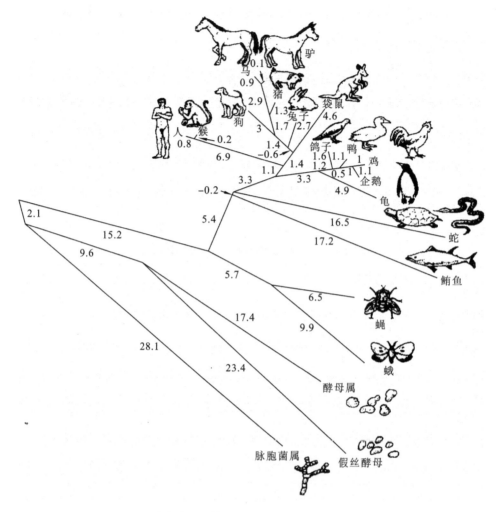

图 14-11　由细胞色素 c 氨基酸序列差异推导出的 20 种生物的进化树

图中数字为每分枝所需的核苷酸替换的最低数目。

或近中性,并在群体中由突变与遗传漂变间的平衡维持。中性学说的要点如下;

①突变大多数是中性的。中性突变是指那些不影响蛋白质功能的突变,即对生物体的生存和生殖既无利也无害的突变。进化中的 DNA 或蛋白质的变化只有一小部分是适应性的,大部分是中性的。选择对这它们无作用,只是由遗传漂变作用在群体中固定。中性突变主要来源于同义突变、"非功能性"DNA 顺序中的突变和不改变蛋白质功能的结构基因的突变。

②分子进化的主导因子是中性突变而不是有利突变。核苷酸和氨基酸替换率是恒定的,可根据不同物种同一蛋白质分子的差别来估计物种进化的历史,推测生物的系统发育,对不同系统发育事件的实际年代作出大致的估计。

③生物进化是偶然的、随机的。分子进化过程中,选择作用是微不足道的,遗传漂变才起主导作用。遗传漂变使中性突变基因在群体中依靠机会自由结合,并在群体中传播,从而推动物种进化。

分子进化的中性学说曾被认为是与达尔文学说相对立的,或者是非达尔文主义的进化学说。但越来越多的证据表明,两者并不是互相排斥,而是互为补充的,中性学说认为遗传漂变在进化过程中起到很大的作用,但并不否认进化过程中自然选择的作用。中性学说是对生物

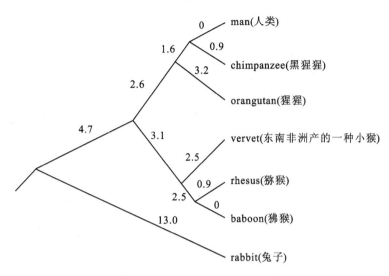

图 14-12　基于碳酸酐酶 I 所建立的灵长类的进化树

图中数字为根据进化过程中不同碳酸酐酶 I 分子所估计发生的核苷酸替换数目。

分子水平进化的一种理论，自然选择则是在个体、形态水平对生物进化的解释，因此，不能简单地把二者放在对立的地位，而应该以科学的态度思考它们在生物进化中的作用和意义。

习题

1. 名词解释：

孟德尔群体、基因库、基因频率、基因型频率、适合度、选择系数、遗传漂变、分子进化。

2. 遗传平衡定律的内容是什么？它有什么意义？

3. 基因频率与基因型频率有何不同？在对基因库的描述中哪个更常用？为什么？

4. 影响基因频率改变的因素主要有哪些？各因素的具体作用是什么？

5. 在新物种形成时有哪些隔离方式？它们所起的作用分别是什么？

6. 在人类群体中，为何有害隐性等位基因难以被完全清除，而总是保持着低的频率？

7. 为什么显性伴性遗传病的发病率女性高于男性，而隐性伴性遗传病的发病率男性高于女性？

8. 在小鼠群体中，A 座位上有两个等位基因（A 和 a）。研究表明在这个群体中有 384 只小鼠的基因型为 AA，210 只小鼠的基因型为 Aa，260 只小鼠的基因型为 aa。该群体中这两个等位基因的频率是多少？

9. 在随机交配的群体中，一个中性突变的隐性性状在男性中占 40%，在女性中占 16%。该基因的频率是多少？有多少女性是杂合的？有多少男性是杂合的？

10. 囊性纤维变性是一种常染色体遗传病。在欧洲的人群中，每 2500 个人就有一人患此病。如一对表型正常的夫妇生育一个患有此病的孩子，此后，该妇女又与另一表型正常的男子再婚。再婚的双亲所生一孩子患该病的概率是多大？

11. 某群体中显性个体（$B\_$）占 84%。该群体中显性杂合体（Bb）在显性个体的群体中占多少？

12. 人类中，红绿色盲男性患者（$X^c Y$）在男性群体中约占 8%。预期色盲女性患者在女性中出现的频率多大？在总人口中出现的频率又为多少？（假设就色盲基因而言，人类为遗传平衡群体，人类的婚姻状况对色盲性状是随机的。）

13. 在玉米群体中，已知白化苗（ww）由于不能合成叶绿素，故全部自然淘汰。经检测某群体白化苗的发生率为 16%，如果没有其他因素的影响，50 代后，群体中杂合体的频率为多大？

14. 人类的软骨发育不全是由常染色体显性基因引起的，其突变率为 5×10^{-5}，相对于正常的适应性约为 0.2。达到平衡时此基因的频率是多少？

15. 在一个大的随机交配群体中，A 突变为 a 的突变率为 0.2×10^{-3}，a 回复突变为 A 的频率为 0.3×10^{-4}。当该原始群体中基因频率为 0.2 时，经随机交配得到的后代群体是否发生了遗传漂变？当原始群体中基因 A 的频率为多大时，群体才不会因突变而发生遗传漂变？

16. 当隐性纯合致死时，在群体中该致死等位基因的最高频率是多少？当该致死基因频率达到最高时，群体的基因型组成是什么？这时如果群体再随机交配一代后，该隐性致死基因的频率是多少？

17. 一个大的随机交配的群体中，10% 的男性是红绿色盲。从这个群体中随机选出 1000 个人的样本，将其迁移到一个南太平洋的岛上，这个岛上原有 1000 名居民，其中 30% 的男性是色盲。假定哈迪-温伯格遗传平衡始终成立，这些移民到达后，经过一个世代，男性和女性中各有多少色盲？

18. 在印第安部落中，白化病患者是完全没有或非常稀少的（约 1/20000）。但是在下面的 3 个印第安人群中，白化病患者的频率非常高：A 1/277，B 1/140，C 1/247。假设这 3 个群体文化上相关但语言不同。如何解释这 3 个部落中异常高的白化病频率？

19. 南太平洋 A 岛的群体中有 1% 是白化病患者，B 岛的群体有 4% 是白化病患者，假如两岛的群体同样大，每个群体的婚配都是随机的。由于地壳的剧烈变化，两岛合二为一，两群体成为一个随机交配的单位。在混合的群体中白化病基因的频率是多少？混合后的群体下一代的白化病发病率是多少？

参考文献

[1] 徐晋麟,徐沁,陈淳.现代遗传学原理[M].3 版.北京:科学出版社,2011.

[2] 梁红.遗传学[M].2 版.北京:化学工业出版社,2010.

[3] 贺竹梅.现代遗传学教程[M].2 版.北京:高等教育出版社,2011.

[4] 卢龙斗.普通遗传学[M].北京:科学出版社,2009.

[5] 徐刚标.植物群体遗传学[M].北京:科学出版社,2009.

[6] 袁志发.群体遗传学、进化与熵[M].北京:科学出版社,2011.

[7] 张建民.现代遗传学[M].北京:化学工业出版社,2005.

[8] 刘祖洞.遗传学(下册)[M].2 版.北京:高等教育出版社,1991.

[9] Hugh Fletcher,Ivor Hickey,Paul Winter.遗传学[M].张博,等译.3 版.北京:科学出版社,2010.

[10] 张飞雄.普通遗传学[M].北京:科学出版社,2004.

[11] 李雅轩,胡英考.新编遗传学学习指导[M].北京:科学出版社,2012.